ルベーグ積分 要点と演習

相川弘明・小林政晴 著

Lebesgue integral
-Essential approach and exercise-

共立出版

はじめに

　本書は Lebesgue 積分の半期の授業の教科書である．Lebesgue 積分の要点を基本的なものに限り，できる限り少ないページ数できちんと伝えるのが目標である．Lebesgue 積分の広がりは独立した演習問題から学ぶ．Lebesgue 積分を独習する人のために演習問題には解答をつけた．

　Lebesgue 積分入門には Euclid 空間上の Riemann 積分の拡張として Lebesgue 積分を導入し，それを一般の測度空間に拡張するアプローチと，最初から一般の測度空間に Lebesgue 積分を導入するアプローチがある．本書では後者のアプローチを採用した．Lebesgue 積分の定義や収束定理には測度の可算加法性があればよく，Euclid 空間の Lebesgue 測度の詳しい性質は不要だからである．このアプローチでは，同じような議論を繰り返す必要がなく，少ないページ数で Lebesgue 積分と収束定理にたどり着くことができる．

　第 1 章では一般の Lebesgue 積分の定義と収束定理およびその応用をまとめる．Lebesgue 積分に必要不可欠な要点に絞り込んでいる．約 50 ページと少し長く見えるが，これは丁寧に記述したためである．半期の講義ではここまでが中間試験の範囲である．とりあえずこの最初の要点を理解すれば，Lebesgue 測度の存在を信じることにより，Lebesgue 積分を活用できるようになる．議論の背景にあるのは「〜から生成される σ-加法族」である．このアイデアをこの章でしっかり自分のものにしておきたい．

　第 2 章では外測度を導入し，Hopf の拡張定理によって Lebesgue 測度，直積測度を構成する．これによって Fubini の定理を正確に与えることができ，具体的な問題への応用が格段に広がる．正確な議論のためには σ-加法族以外の集合族が必要になる．あまり多くの集合族の概念をもちだしても理解が困難になるので，ここでは単調族だけを導入する．

第3章では2変数関数としての可測性，Lebesgue 可測集合の近似，Lebesgue 非可測集合，Cantor 集合，Cantor 関数，Borel 可測と Lebesgue 可測の違いなど，少し進んだ内容を考察する．Lebesgue 積分を解析学に応用する際に非可測関数が現れることはほとんどないので初読の際にはスキップしてよい．

第4章は Lebesgue 積分の L^p 空間などへの応用である．Lebesgue 測度の存在と Fubini の定理を仮定すれば，第1章の直後に読むこともできる．早く応用に進みたければ第2章や第3章をスキップしてもよい．第1章の知識だけで取りかかれるところも多い．第2章および第4章の一部が期末試験の範囲となるであろう．Hölder の不等式に代表されるような各種不等式にはかなり技巧的なものもある．しかしそれらは Lebesgue 積分でなくても意味のあるものであり，すでに知っていることも多い．一方，本質的上限などは測度がなければ定義できないものであり，少し詳しく解説した．任意の測度空間で成り立つ L^p 空間の性質と Euclid 空間の Lebesgue 測度に関する L^p 空間固有の性質を区別して記述した．この章の最後に Weierstrass の多項式近似定理と複素解析への簡単な応用を与えた．

講義の際の小テストなどに使えるような基本的な問題を本文中に載せた．一方，演習問題は独立していて，そのレベルは単に当てはめるだけのものから，本来ならば本文中の定理とするようなものまで幅広い．Clarkson の不等式のような有用な結果も紹介している．内容によっておおまかに分類してある．演習問題はどこから始めてもよい．途中でやめてもよい．基礎知識の不足に気がついたら，その時点で本文に戻ればよい．演習問題に解答をつけることの是非はある．読者の考える余地を奪ってしまうのではないかと？ しかし，積分論の骨組みだけから独力で自分の解答を作り上げるのは難しい．とくに集合族を利用して測度や積分の性質を導くところなどは習わなければ気がつかない．習うべきものは習って，新しい問題に挑戦すればよい．本書の解答例がベストであるとは限らない．自分に納得のいく解答を考えてほしい．

Lebesgue 積分は細かい議論の積み重ねでできており，ついつい引用を繰り返しがちである．しかし，引用が重なると理解が困難になる．定義・定理から例題にいたるまで小見出しをつけ，番号による引用は極力避けた．また，他書を参照しなくて済むように，有理数の稠密性，上極限・下極限などを第5章で補足した．

2018年7月   著者

目 次

第1章　Lebesgue積分の定義と収束定理　1
- 1.1　Lebesgue積分とは ……………………………… 1
- 1.2　σ-加法族と可測集合 ……………………………… 3
- 1.3　可測関数 ……………………………………………… 11
- 1.4　可測関数列 ………………………………………… 16
- 1.5　測度 ………………………………………………… 19
- 1.6　積分の定義 ………………………………………… 24
- 1.7　ほとんどいたるところ …………………………… 29
- 1.8　積分の具体例 ……………………………………… 34
- 1.9　収束定理 …………………………………………… 38
- 1.10　収束定理の応用 …………………………………… 46
- 1.11　まとめ ……………………………………………… 52

第2章　Lebesgue測度の構成とFubiniの定理　53
- 2.1　外測度 ……………………………………………… 53
- 2.2　Carathéodory可測集合 …………………………… 55
- 2.3　測度の完備化 ……………………………………… 57
- 2.4　Hopfの拡張定理 …………………………………… 59
- 2.5　1次元Lebesgue測度の構成 ……………………… 63
- 2.6　直積測度の構成 …………………………………… 67
- 2.7　Fubiniの定理 ……………………………………… 72
- 2.8　一般次元Lebesgue測度 …………………………… 78

2.9	Fubini の定理の応用	80
2.10	広義積分（積分の極限値）	83
2.11	まとめ	86

第3章 可測性と Lebesgue 測度の詳しい性質　　87

3.1	2変数関数としての可測性	87
3.2	Lebesgue 可測集合と Lebesgue 可積分関数の近似	89
3.3	Lebesgue 非可測集合	95
3.4	Cantor 集合と非可測集合・非可測関数	97
3.5	まとめ	100

第4章 Lebesgue 積分の運用　　101

4.1	L^p 空間	101
4.2	Euclid 空間上の L^p 空間	108
4.3	Weierstrass の多項式近似定理	114
4.4	Lebesgue 積分と複素解析	116
4.5	まとめ	117

第5章 準備　　119

5.1	有理数と実数・濃度	119
5.2	上限・下限	122
5.3	上極限・下極限	124
5.4	級数	127
5.5	まとめ	130

第6章 演習問題　　131

問題の解答　　161

演習問題の解答　　181

参考文献　　239

索　引　　241

主 な 記 号

記号	意味
$\mathbb{N}$	自然数全体
$\mathbb{Z}$	整数全体
$\mathbb{Q}$	有理数全体
$\mathbb{R}$	実数全体
$\overline{\mathbb{R}}$	拡張実数全体 $\mathbb{R} \cup \{\pm\infty\}$
$\mathbb{C}$	複素数全体
	集合族にはスクリプト文字を使う.
$\mathscr{A}$	A. 有限加法族, σ-加法族
$\mathscr{B}$	B. σ-加法族
$\mathscr{B}(X)$	位相的 Borel 集合全体の族
$\mathscr{B}(\mathbb{R}^d)$	$\mathbb{R}^d$ の Borel 集合全体の族
$\mathscr{C}$	C. 閉集合全体の族
$\mathscr{E}$	E. 一般の集合族
$\mathscr{I}$	I. 区間塊全体の族
$\mathscr{I}_0$	区間全体の族
$\mathscr{K}$	K. 直積塊全体の族
$\mathscr{K}_0$	直積全体の族
$\mathscr{L}(\mathbb{R}^d)$	L. $\mathbb{R}^d$ の Lebesgue 可測集合全体の族
$\mathscr{M}_\Gamma$	M. Γ-可測集合全体の族
$\mathscr{O}$	O. 開集合全体の族
$\mathscr{T}$	T. 単調族
$\sigma[\mathscr{E}]$	$\mathscr{E}$ から生成される σ-加法族
$\tau[\mathscr{E}]$	$\mathscr{E}$ から生成される単調族
X	全体集合
2^X	X の部分集合全体の族
1_E	E の特性関数
m, m_d	Lebesgue 測度
μ, ν, λ	測度
$(X, \mathscr{B}, \mu)$	測度空間
Γ	外測度

第1章

Lebesgue 積分の定義と収束定理

　一般集合 X の上の測度，可測集合族，可測関数を導入し，その Lebesgue（ルベーグ）積分を定義する．この積分に対して Lebesgue の収束定理のような美しく有用な定理を示す．いままで慣れ親しんできた積分は実数上の Lebesgue 測度に関する Lebesgue 積分になり，一般の Lebesgue 積分の定理を用いることができる．

　集合の集合を**集合族**という．測度とは X のある集合族（可測集合族）に対して定義された正の関数である．測度は面積や体積と共通の性質「**可算加法性**」をみたすものである．測度が定義される集合族は σ-加法族である．最小の σ-加法族は空集合 $\emptyset$ と X 全体からなるものである．最大の σ-加法族は X のすべての部分集合からなる族 2^X である．興味ある σ-加法族は $\{\emptyset, X\}$ と 2^X の中間にある．

　X 上の実数値関数 f はどのような実数 α に対しても $\{x \in X : f(x) > \alpha\}$ が可測集合であるときに可測関数とよばれる．正の可測関数は常に積分確定であり，一般の可測関数は正の部分と負の部分に分解して積分が定義される．可測関数とその積分には連続性は不要である．X はまったく一般の集合でよい．以上が Lebesgue 積分の枠組みである．

1.1 Lebesgue 積分とは

　Riemann（リーマン）積分は縦割りの近似で与えられ，Lebesgue 積分は横割りの近似で与えられることを直観的に説明しよう．1次元だと差がはっきりしないので，2次元の重積分を考える．$f(x,y) = \sin x \sin y + 1$ の正方形 $S = [-\pi, \pi] \times [-\pi, \pi]$ 上の積分

$$\iint_{[-\pi,\pi]\times[-\pi,\pi]} (\sin x \sin y + 1) dx dy = 4\pi^2$$

を考察する．これは図 1.1 の中央のグラフの下の体積である．

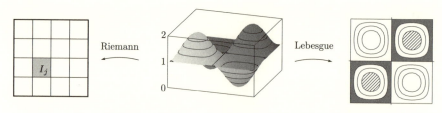

図 1.1　Riemann 積分の分割（左），体積（中央），Lebesgue 積分の分割（右）

Riemann 積分ではまず正方形 S を小長方形 I_j に細かく分割する（図 1.1 左）．1 つ 1 つの I_j では，<u>連続性によって $f(x,y)$ が定数に近いから</u>，I_j 上の体積はほぼ直方体の体積であり，それを加えたもの（Riemann 和）が求める体積に近い．分割を細かくした Riemann 和の極限を Riemann 積分という．

Lebesgue 積分では不連続な関数も積分できる．不連続関数に対しては分割を細かくしても $f(x,y)$ が小長方形上で定数に近いことは期待できない．そこで，長方形に限らず S を自由に分割する．図 1.1 の右図は $f(x,y)$ の等高線による分割である．斜線部分の 2 つの円板形の和は $\{(x,y): 7/4 \leq f(x,y) \leq 2\}$ であり，濃灰色の図形は $\{(x,y): 1 \leq f(x,y) \leq 5/4\}$ である．これらの図形のサイズは小さくないにもかかわらず，それぞれの上で $f(x,y)$ はほぼ定数で，誤差は高々 $1/4$ である．したがってこれらの図形の上で f を定数で近似し，その値に底面積をかけ，すべての図形に関して加えれば積分の近似値が得られる．しかも，誤差は高々 $1/4 \times$ 底面積 $= \pi^2$ に過ぎない．さらに，値域の分割を細かくすれば，誤差のコントロールも自由自在である．最も注目すべき点は <u>f の連続性はどこにも使われていないこと</u>である．これが Lebesgue 積分の真骨頂であり，平面 $\mathbb{R}^2$ に限らず，一般集合上での積分が定義できる理由である．

一般集合上では面積は **測度** に拡張される．測度のみたすべき性質は何だろうか？長方形に限らず，$\{(x,y): a \leq f(x,y) \leq b\}$ のような形の集合の測度を測ることができなくてはならない．そのための関数 f の条件は何か？　より一般に測度を測ることができる集合（**可測集合**）とはどのようなものだろうか？　可測集合の合併や共通部分は再び可測集合になってほしい．このような基本的な質問に答えるのが **σ-加法族** であり，**可測関数** であり，測度の **可算加法性** である．非負可測関数の Lebesgue 積分は無条件に定義され，積分と極限の順序交換を保証する収束定理は定義から自動的に導かれる．

1.2 σ-加法族と可測集合

直観的には測度を定義できる集合を可測集合という．可測集合に合併や共通部分の集合演算を行ってもまた可測集合になってほしい．本書では X を全体集合とする．全体集合に S を使う書物もある．

定義 1.1： 有限加法族

X の部分集合からなる族 $\mathscr{A}$ が**有限加法族**（**algebra**）であるとは次の3条件をみたすときである．

(i) $\emptyset \in \mathscr{A}$
(ii) $E \in \mathscr{A} \implies X \setminus E \in \mathscr{A}$
(iii) $E_1, E_2 \in \mathscr{A} \implies E_1 \cup E_2 \in \mathscr{A}$

ここで $X \setminus E = \{x \in X : x \notin E\}$ は E の**補集合**（complement）である．これを E^c とも表すが，この記号を使うときは全体集合が何であるかに注意．$\mathscr{A}$ が有限加法族ならば，補集合をとることにより，$E_1, E_2 \in \mathscr{A} \implies E_1 \cap E_2 = (E_1^c \cup E_2^c)^c \in \mathscr{A}$ である．さらに，数学的帰納法から，

$$E_1, E_2, \ldots, E_n \in \mathscr{A} \implies E_1 \cup E_2 \cup \cdots \cup E_n \in \mathscr{A}, \; E_1 \cap E_2 \cap \cdots \cap E_n \in \mathscr{A}$$

である．有限加法族より強い性質をもった σ-加法族を定義して，可算無限の操作ができるようにする．

問 1.1 次の **de Morgan**（ド・モルガン）の法則を示せ．
(i) $X \setminus \bigcup_{\lambda \in \Lambda} A_\lambda = \bigcap_{\lambda \in \Lambda} (X \setminus A_\lambda)$ (ii) $X \setminus \bigcap_{\lambda \in \Lambda} A_\lambda = \bigcup_{\lambda \in \Lambda} (X \setminus A_\lambda)$

定義 1.2： σ（シグマ）-加法族

X の部分集合からなる族 $\mathscr{B}$ が **σ-加法族**（**σ-algebra**）であるとは次の3条件をみたすときである．

(i) $\emptyset \in \mathscr{B}$
(ii) $E \in \mathscr{B} \implies X \setminus E \in \mathscr{B}$
(iii) $E_n \in \mathscr{B} \implies \bigcup_{n=1}^{\infty} E_n \in \mathscr{B}$

注意 1.1 定義だけ見ていると σ-加法族は有限加法族より複雑に思えるが，そうではない．可算の操作を許すことにより，簡単になることの方が多い．例えば Euclid

（ユークリッド）空間の任意の開集合は可算個の球の合併で表される（定理 5.3 第 2 可算公理）．有限加法族が必要になるのは第 2 章の測度の構成の箇所である．

注意 1.2 上の条件 (iii) で $n = 1$ の代わりに $n = 0$ から始めた方が都合のよいことも多い．この場合を含むように可算個の合併を $\bigcup_n E_n$ と書く．可算個を表す添字は n の他に m, i, j, k, ℓ などが用いられる．一方，非可算個の合併は $\bigcup_\alpha E_\alpha$ のように添字にギリシャ文字を使って表す．この記法は共通部分，和，積などについても同様である．Lebesgue 積分では可算個の操作と非可算個の操作をしっかり区別しなければならない．

注意 1.3 集合の合併 $\bigcup$ および共通部分 $\bigcap$ を集合の「和」および「積」ということがあり，それに関する操作で閉じていることから「algebra」が用いられている．しかし，これは代数学の algebra とは別のものである．また，σ-加法族を σ-**集合体**（σ-**field**）とよぶ書物もある．

問 1.2 $\{\emptyset, X\}$ および 2^X は σ-加法族であることを示せ．$\{\emptyset, X\}$ は X の最小の σ-加法族であり，2^X は X の最大の σ-加法族である．すなわち，$\mathscr{B}$ を X 上の σ-加法族とすると $\{\emptyset, X\} \subset \mathscr{B} \subset 2^X$ である．

問 1.3 $E_0 \subset X$ を 1 つ固定する．このとき，$\{\emptyset, E_0, X \setminus E_0, X\}$ は σ-加法族であることを示せ．

命題 1.3：σ-加法族の条件：可算個の和 $\Longleftrightarrow$ 可算個の共通部分

σ-加法族の条件 (iii) は「$E_n \in \mathscr{B} \implies \bigcap_{n=1}^\infty E_n \in \mathscr{B}$」に取り替えられる．

【証明】 $E_n \in \mathscr{B}$ とする．$\mathscr{B}$ が σ-加法族のとき，$\bigcap_n E_n = X \setminus (\bigcup_n (X \setminus E_n))$ と表せば $\bigcap_n E_n \in \mathscr{B}$ がわかる．一方，σ-加法族の条件 (i), (ii) に加えて，「$E_n \in \mathscr{B} \implies \bigcap_{n=1}^\infty E_n \in \mathscr{B}$」をみたすときは，$\bigcup_n E_n = X \setminus (\bigcap_n (X \setminus E_n))$ と表せば，$\bigcup_n E_n \in \mathscr{B}$ がわかる． ∎

定義 1.4：集合の極限

集合列 $\{E_n\}$ が**単調増加**とは $E_1 \subset E_2 \subset \cdots$ のときをいう．その極限集合は $E = \bigcup_{n=1}^\infty E_n$ である．これを簡単に $E_n \uparrow E$ と表す．集合列 $\{E_n\}$ が**単調減少**とは $E_1 \supset E_2 \supset \cdots$ のときをいう．その極限集合は $E = \bigcap_{n=1}^\infty E_n$ である．これを簡単に $E_n \downarrow E$ と表す．一般の集合列の極限については演習 1.5 参照．

命題 1.5： 有限加法族 + 単調性 $\implies$ σ-加法族

$\mathscr{A}$ を有限加法族とする．以下の単調性のどちらかが成り立てば，$\mathscr{A}$ は σ-加法族である．
  (i) $E_n \in \mathscr{A}$, $E_n \uparrow E \implies E \in \mathscr{A}$
  (ii) $E_n \in \mathscr{A}$, $E_n \downarrow E \implies E \in \mathscr{A}$

【証明】 $E_n \in \mathscr{A}$ とする．$\mathscr{A}$ は有限加法族であるから，$F_n = E_1 \cup \cdots \cup E_n \in \mathscr{A}$ であり，$F_n \uparrow \bigcup_{n=1}^{\infty} E_n$．したがって (i) を仮定すれば，$\bigcup_{n=1}^{\infty} E_n \in \mathscr{A}$ となる．ゆえに $\mathscr{A}$ は σ-加法族．一方，(ii) を仮定すると，$F_n^c \in \mathscr{A}$ で $F_n^c \downarrow (\bigcup_{n=1}^{\infty} E_n)^c$ より，$(\bigcup_{n=1}^{\infty} E_n)^c \in \mathscr{A}$．さらにこの補集合をとると $\bigcup_{n=1}^{\infty} E_n \in \mathscr{A}$．したがって $\mathscr{A}$ は σ-加法族． ∎

例題 1.1： 有限加法族と σ-加法族

$\mathscr{A} = \{E \subset X : E$ または $X \setminus E$ は有限集合$\}$ は有限加法族であることを示せ．また，$\mathscr{A}$ が σ-加法族になるための X の条件を求めよ．

【解答例】 $\emptyset \in \mathscr{A}$ および「$E \in \mathscr{A} \implies X \setminus E \in \mathscr{A}$」は明らかである．$E_1, E_2 \in \mathscr{A}$ とする．E_1 と E_2 がどちらも有限集合ならば，$E_1 \cup E_2$ も有限集合で，$E_1 \cup E_2 \in \mathscr{A}$ である．$X \setminus E_1$ が有限集合ならば，$X \setminus (E_1 \cup E_2) \subset X \setminus E_1$ であるから，$X \setminus (E_1 \cup E_2)$ は有限集合であり，$E_1 \cup E_2 \in \mathscr{A}$ である．$X \setminus E_2$ が有限集合のときも同様にして $E_1 \cup E_2 \in \mathscr{A}$ である．以上から $\mathscr{A}$ は有限加法族である．

$\mathscr{A}$ が σ-加法族になる必要十分条件は X が有限集合であることである．これが十分条件であることは明らかである．必要性を示そう．X が無限集合であれば，X は無限個の相異なる元 $x_1, x_2, \ldots$ を含む．このとき自然数 n に対して 1 点集合 $E_n = \{x_{2n}\}$ は $\mathscr{A}$ に属する．ところがその可算和は $E := \bigcup_{n=1}^{\infty} E_n = \{x_2, x_4, \ldots\}$ であるから，E と $X \setminus E$ はどちらも無限集合となり，$E \notin \mathscr{A}$ である．

定義 1.6： 可測空間

$\mathscr{B}$ を X の σ-加法族とする．これと全体集合を組にして $(X, \mathscr{B})$ を**可測空間**といい，$E \in \mathscr{B}$ を**可測集合**（**measurable set**）という．

注意 1.4 $\mathscr{B}$ の代わりに $\mathfrak{M}$（ドイツ文字の M）もよく使われる．これは measurable sets をよく表している．

定義 1.7: 互いに素・直和・分割

集合族 $\{E_n\}$ が**互いに素**（**mutually disjoint** または **pairwise disjoint**）とは $n \neq m \implies E_n \cap E_m = \emptyset$ となっているときをいう．互いに素な集合族 $\{E_n\}$ に対し $\bigcup_n E_n$ を**直和**（**disjoint union**）といい，「$\bigcup_n E_n$（直和）」と表す．$E = \bigcup_n E_n$（直和）のとき，互いに素な集合族 $\{E_n\}$ を E の**分割**（**partition**）という．

注意 1.5 ここに定義した「直和」はベクトル空間の「直和」とは異なる．「非交差和」とよぶ書物もある．誤解が生じなければ「$\sum_n E_n$」も簡潔な記法である．「$\bigsqcup_n E_n$」が使われることもある．

命題 1.8: σ-加法族の別の条件

X の部分集合からなる族 $\mathscr{B}$ が次の 4 条件をみたせば σ-加法族になる．

(i) $\emptyset \in \mathscr{B}$
(ii) $E \in \mathscr{B} \implies X \setminus E \in \mathscr{B}$
(iii) $E_1, E_2 \in \mathscr{B} \implies E_1 \cap E_2 \in \mathscr{B}$
(iv) $\{E_n\} \subset \mathscr{B}$ が互いに素 $\implies \bigcup_{n=1}^{\infty} E_n \in \mathscr{B}$

【証明】 まず，条件 (ii) と (iii) より $E_1, E_2 \in \mathscr{B} \implies E_1 \cap E_2^c \in \mathscr{B}$ であることに注意する．$\{E_n\} \subset \mathscr{B}$ が互いに素と限らないときにも $\bigcup_{n=1}^{\infty} E_n \in \mathscr{B}$ となることをいえばよい．そこで $F_1 = E_1$ とし，$n \geq 2$ のとき $F_n = E_n \cap E_1^c \cap \cdots \cap E_{n-1}^c \in \mathscr{B}$ とすれば $\{F_n\}$ は互いに素で，$\bigcup_{n=1}^{\infty} E_n = \bigcup_{n=1}^{\infty} F_n \in \mathscr{B}$ となる． ∎

問 1.4 上の証明の $\{F_n\}$ は互いに素で，$\bigcup_{n=1}^{\infty} E_n = \bigcup_{n=1}^{\infty} F_n$ となることを示せ．

定義 1.9: 集合族から生成された σ-加法族

$\mathscr{E}$ を X の集合族とするとき

$$\sigma[\mathscr{E}] = \bigcap \mathscr{B} \quad (\mathscr{B} \text{ は } \mathscr{E} \text{ を含む } X \text{ の } \sigma\text{-加法族})$$

を $\mathscr{E}$ から**生成された σ-加法族**という．これは $\mathscr{E}$ を含む X の最小の σ-加法族である．

注意 1.6 上の定義式 $\sigma[\mathscr{E}] = \bigcap \mathscr{B}$ の $\bigcap$ は集合族に関する共通部分を表す．一般に

$$\bigcap_{\mathscr{B} \text{の条件}} \mathscr{B} = \{E \subset X : \text{条件をみたす\underline{任意の}}\mathscr{B}\text{に対して } E \in \mathscr{B}\},$$

$$\bigcup_{\mathscr{B} \text{の条件}} \mathscr{B} = \{E \subset X : \text{条件をみたす\underline{ある}}\mathscr{B}\text{に対して } E \in \mathscr{B}\}$$

である．集合の共通部分や合併と勘違いしないように．

問 1.5 $\sigma[\mathscr{E}]$ は $\mathscr{E}$ を含む X の最小の σ-加法族であることを確かめよ．

例えば，$\mathscr{E} = \{E_0\}$ とすれば，$\sigma[\mathscr{E}] = \{\emptyset, E_0, X \setminus E_0, X\}$ となる（問 1.3 参照）．$\mathscr{E}$ が有限個の集合からなる族ならば，それらの和・共通部分・補集合をとることによって得られるすべての集合からなる族が $\sigma[\mathscr{E}]$ である．$\mathscr{E}$ が無限個の集合からなる場合には順番に構成していくことはできない．最小性を上手に使って特徴付けることになる．定義からすぐにわかる次の性質を使うとよい．

命題 1.10 ： 集合族から生成された σ-加法族の基本的性質

(i) $\mathscr{E}$ が最初から σ-加法族であれば，$\sigma[\mathscr{E}] = \mathscr{E}$ である．
(ii) $\mathscr{E}$ が何であっても $\sigma[\sigma[\mathscr{E}]] = \sigma[\mathscr{E}]$ である．
(iii) $\mathscr{E}_1 \subset \mathscr{E}_2$ ならば，$\sigma[\mathscr{E}_1] \subset \sigma[\mathscr{E}_2]$ である．

問 1.6 $\mathscr{B} = \{E \subset \mathbb{R} : E \text{ または } \mathbb{R} \setminus E \text{ は高々可算集合}\}$ は $\mathbb{R}$ 上の σ-加法族になることを示せ．さらに，$\mathscr{E} = \{\{x\} : x \in \mathbb{R}\}$ とすれば $\mathscr{B} = \sigma[\mathscr{E}]$ であることを示せ．

定義 1.11 ： 位相的 Borel（ボレル）集合族

X を位相空間とし，$\mathscr{O}$ を X のすべての開集合からなる族とする．このとき $\sigma[\mathscr{O}]$ を X の**位相的 Borel 集合族**といい $\mathscr{B}(X)$ で表す．$\mathscr{B}(X)$ に属する集合を位相的 Borel 集合という．「位相的」を省略することも多い．

例題 1.2 ： 位相的 Borel 集合族は閉集合から生成される

X を位相空間とし，すべての閉集合からなる族を $\mathscr{C}$ とする．このとき $\mathscr{B}(X) = \sigma[\mathscr{C}]$ であることを示せ．

【解答例】 $F \in \mathscr{C}$ とすると $X \setminus F \in \mathscr{O}$ であり, $F = X \setminus (X \setminus F) \in \sigma[\mathscr{O}]$ となる. すなわち, $\mathscr{C} \subset \sigma[\mathscr{O}]$ である. したがって, $\sigma[\mathscr{C}] \subset \sigma[\sigma[\mathscr{O}]] = \sigma[\mathscr{O}]$. 逆に $U \in \mathscr{O}$ とすると $X \setminus U \in \mathscr{C}$ であり, $U = X \setminus (X \setminus U) \in \sigma[\mathscr{C}]$ となる. すなわち, $\mathscr{O} \subset \sigma[\mathscr{C}]$ である. したがって $\sigma[\mathscr{O}] \subset \sigma[\sigma[\mathscr{C}]] = \sigma[\mathscr{C}]$. ゆえに $\mathscr{B}(X) = \sigma[\mathscr{O}] = \sigma[\mathscr{C}]$.

定義 1.12: $\mathbb{R}^d$ 上の **Borel 集合族**

$\mathbb{R}^d$ の位相的 Borel 集合族を簡単に **Borel 集合族** といい $\mathscr{B}(\mathbb{R}^d)$ で表す. とくに $d=1$ のときは $\mathscr{B}(\mathbb{R})$ と表す. $\mathscr{B}(\mathbb{R}^d)$ に属する集合を Borel 集合という.

例題 1.3: $\mathbb{R}$ の Borel 集合族は半開半閉区間から生成される

$\mathscr{I}_0 = \{(\alpha, \beta] : \alpha, \beta \in \mathbb{R}\}$ とおく. このとき $\sigma[\mathscr{I}_0] = \mathscr{B}(\mathbb{R})$ であることを示せ.

【解答例】 $\mathscr{O}$ を開集合全体の族とすると, 定義から $\sigma[\mathscr{O}] = \mathscr{B}(\mathbb{R})$ である. $(\alpha, \beta] = (\alpha, \beta+1) \setminus (\beta, \beta+1) \in \sigma[\mathscr{O}]$ より, $\mathscr{I}_0 \subset \sigma[\mathscr{O}]$ となる. さらに $\sigma[\cdot]$ を作用させて, $\sigma[\mathscr{I}_0] \subset \sigma[\sigma[\mathscr{O}]] = \sigma[\mathscr{O}] = \mathscr{B}(\mathbb{R})$ である. 逆向きの包含関係を示そう. $U \in \mathscr{O}$ を任意の開集合とする. このとき $x \in U$ は U の内点だから, $x \in (a_x, b_x) \subset U$ となる実数 a_x, b_x が存在する. 有理数 $\mathbb{Q}$ の稠密性から, $\alpha_x, \beta_x \in \mathbb{Q}$ で $a_x < \alpha_x < x < \beta_x < b_x$ となるものが存在する. このとき

$$U = \bigcup_{x \in U} (\alpha_x, \beta_x]$$

である. 右辺は $x \in U$ が動いてできる非可算個の合併に見えるが, $\alpha_x, \beta_x \in \mathbb{Q}$ であるから, 現れてくる区間 $(\alpha_x, \beta_x]$ は可算個しかなく, 右辺は高々可算な和集合であって, $U \in \sigma[\mathscr{I}_0]$ となり, $\mathscr{O} \subset \sigma[\mathscr{I}_0]$ である. さらに $\sigma[\cdot]$ を作用させて, $\mathscr{B}(\mathbb{R}) = \sigma[\mathscr{O}] \subset \sigma[\sigma[\mathscr{I}_0]] = \sigma[\mathscr{I}_0]$ となる.

例題 1.4: Borel 集合族は半無限区間から生成される

$\mathscr{E} = \{(\alpha, +\infty) : \alpha \in \mathbb{R}\}$ とおく. このとき $\sigma[\mathscr{E}] = \mathscr{B}(\mathbb{R})$ であることを示せ.

【解答例】 $(\alpha, +\infty)$ は $\mathbb{R}$ の開集合だから, $\mathscr{E} \subset \mathscr{B}(\mathbb{R})$ である. よって $\sigma[\mathscr{E}] \subset \sigma[\mathscr{B}(\mathbb{R})] = \mathscr{B}(\mathbb{R})$ である. 逆に, $\alpha, \beta \in \mathbb{R}$ に対して $(\alpha, \beta] = (\alpha, +\infty) \setminus (\beta, +\infty) \in \sigma[\mathscr{E}]$ であるから例題 1.3 の集合族 $\mathscr{I}_0$ は $\sigma[\mathscr{E}]$ に含まれる. したがって, 例題 1.3 より, $\mathscr{B}(\mathbb{R}) = \sigma[\mathscr{I}_0] \subset \sigma[\mathscr{E}]$ である.

問 1.7 以下の集合族から生成される σ-加法族は Borel 集合族 $\mathscr{B}(\mathbb{R})$ と一致することを示せ.
  (i) 両端が有理数である開区間全体   (ii) 両端が無理数である閉区間全体

注意 1.7 半開半閉区間の有限和を **区間塊** という. 区間塊の全体は有限加法族になる (補題 2.7). この性質のため, 半開半閉の区間がしばしば用いられる. しかし, Borel 集合を定義するのには半開半閉区間にこだわる必要はない. 開区間や閉区間

からなる集合族から出発してよい.

有限次元の Euclid 空間でも同様である. 中心 x, 半径 r の開球 $\{y : |y - x| < r\}$ を $B(x, r)$ で表す. 簡単のため 2 次元の場合を示す.

> **例題 1.5**: **Borel 集合族は可算個の球の族, 区間の直積の族から生成される**
> $\mathscr{E}_1 = \{B(x, r) : x$ は $\mathbb{R}^2$ の有理点, $r \in \mathbb{Q}\}$, $\mathscr{E}_2 = \{(a_1, b_1) \times (a_2, b_2) : a_1, b_1, a_2, b_2 \in \mathbb{Q}\}$, $\mathscr{E}_3 = \{(a_1, b_1] \times (a_2, b_2] : a_1, b_1, a_2, b_2 \in \mathbb{Q}\}$ とすると $\mathscr{B}(\mathbb{R}^2) = \sigma[\mathscr{E}_1] = \sigma[\mathscr{E}_2] = \sigma[\mathscr{E}_3]$ であることを示せ.

【解答例】 $\mathscr{O}$ を $\mathbb{R}^2$ の開集合全体とする. 定義から $\mathscr{B}(\mathbb{R}^2) = \sigma[\mathscr{O}]$ であるので, $\sigma[\mathscr{O}] = \sigma[\mathscr{E}_1] = \sigma[\mathscr{E}_2] = \sigma[\mathscr{E}_3]$ を示せばよい. 定義から $\mathscr{E}_1, \mathscr{E}_2 \subset \mathscr{O}$ であるから, $\sigma[\mathscr{E}_1], \sigma[\mathscr{E}_2] \subset \sigma[\mathscr{O}]$ である. 逆の包含関係を示そう. 任意に開集合 $U \neq \emptyset$ をとる. このとき $x \in U$ は内点だから, $r_x > 0$ が存在して $B(x, r_x) \subset U$ である. 有理数は稠密だから $\rho_x \in \mathbb{Q}$ で $0 < \rho_x < r_x/2$ となるものが存在する. また, 有理点は稠密だから有理点 $q_x \in \mathbb{Q}^2$ で $|q_x - x| < \rho_x$ となるものが存在する. このとき $x \in B(q_x, \rho_x) \subset B(x, 2\rho_x) \subset B(x, r_x) \subset U$ である. したがって, $U = \bigcup_{x \in U} B(q_x, \rho_x)$ となる. ここで, $\bigcup_{x \in U}$ は一見すると非可算的に見えるが, $\{q_x\} \subset \mathbb{Q}^2$, $\{\rho_x\} \subset \mathbb{Q}$ であるから, $\{B(q_x, \rho_x)\}$ は可算個しかなく, $\bigcup_{x \in U} B(q_x, \rho_x)$ は可算和であり, $U \in \sigma[\mathscr{E}_1]$ である. したがって, $\mathscr{O} \subset \sigma[\mathscr{E}_1]$ で, この $\sigma[\cdot]$ をとって, $\sigma[\mathscr{O}] \subset \sigma[\mathscr{E}_1]$ で, 結局 $\sigma[\mathscr{O}] = \sigma[\mathscr{E}_1]$ となる. また, $(x_1 - r_x/2, x_1 + r_x/2) \times (x_2 - r_x/2, x_2 + r_x/2) \subset B(x, r_x)$ に注意して, 有理数の稠密性を成分ごとに用いれば, 頂点がすべて有理点である長方形 (2 次元の開区間) I_x で $x \in I_x \subset B(x, r_x)$ となるものがとれる. このとき $U = \bigcup_{x \in U} I_x$ であり, 上と同様にして $\sigma[\mathscr{O}] = \sigma[\mathscr{E}_2]$ である. さらに

$$(a_1, b_1) \times (a_2, b_2) = \bigcup_{q_j \in \mathbb{Q}: q_j < b_j} (a_1, q_1] \times (a_2, q_2],$$

$$(a_1, b_1] \times (a_2, b_2] = \bigcap_{q_j \in \mathbb{Q}: b_j < q_j} (a_1, q_1) \times (a_2, q_2)$$

に注意すれば $\sigma[\mathscr{E}_2] = \sigma[\mathscr{E}_3]$ がわかり, 結局, $\sigma[\mathscr{O}] = \sigma[\mathscr{E}_1] = \sigma[\mathscr{E}_2] = \sigma[\mathscr{E}_3]$ となる.

問 1.8 $\mathscr{E}_1 = \{B(x, r) : x$ は $\mathbb{R}^d$ の有理点, $r \in \mathbb{Q}\}$, $\mathscr{E}_2 = \{(a_1, b_1) \times \cdots \times (a_d, b_d) : a_1, b_1, \ldots, a_d, b_d \in \mathbb{Q}\}$, $\mathscr{E}_3 = \{(a_1, b_1] \times \cdots \times (a_d, b_d] : a_1, b_1, \ldots, a_d, b_d \in \mathbb{Q}\}$ とすると $\mathscr{B}(\mathbb{R}^d) = \sigma[\mathscr{E}_1] = \sigma[\mathscr{E}_2] = \sigma[\mathscr{E}_3]$ であることを示せ.

2 つの集合 X と Y があり, $f : X \to Y$ とする. このとき $A \subset X$ の**像**を $f(A) = \{f(x) : x \in A\}$ と定義し, $B \subset Y$ の**逆像**を $f^{-1}(B) = \{x \in X : f(x) \in B\}$ で定義する. 逆像を定義するには f が 1:1 である必要はなく, どのような場合にも定義される. もし f が 1:1 ならば $f^{-1}(\{y\})$ は 1 点 $f^{-1}(y)$ のみからなる集合であ

り，$f^{-1}(B) = \{f^{-1}(y) : y \in B\}$ となる．Lebesgue 積分では逆像が重要な役割を果たす．

例題 1.6： 逆像と σ-加法族・押し出しと引き戻し

2つの集合 X と Y があり，$f : X \to Y$ とする．このとき以下を示せ．

- $\mathscr{B}_X$ を X の σ-加法族とすると $\{F \subset Y : f^{-1}(F) \in \mathscr{B}_X\}$ は Y の σ-加法族である．
- $\mathscr{B}_Y$ を Y の σ-加法族とすると $\{f^{-1}(F) : F \in \mathscr{B}_Y\}$ は X の σ-加法族である．

【解答例】 逆像の性質（問 1.9）を用いて，σ-加法族の3条件を確認する．前半のために，$\mathscr{B} = \{F \subset Y : f^{-1}(F) \in \mathscr{B}_X\}$ とする．

(i) $\emptyset = f^{-1}(\emptyset) \in \mathscr{B}_X$．ゆえに $\emptyset \in \mathscr{B}$．
(ii) $F \in \mathscr{B}$ ならば，$f^{-1}(Y \setminus F) = X \setminus f^{-1}(F) \in \mathscr{B}_X$．ゆえに $Y \setminus F \in \mathscr{B}$．
(iii) $F_n \in \mathscr{B}$ ならば $f^{-1}(\bigcup_n F_n) = \bigcup_n f^{-1}(F_n) \in \mathscr{B}_X$．ゆえに $\bigcup_n F_n \in \mathscr{B}$．

後半のために，$f^{-1}(\mathscr{B}_Y) = \{f^{-1}(F) : F \in \mathscr{B}_Y\}$ とする．

(i) $\emptyset = f^{-1}(\emptyset) \in f^{-1}(\mathscr{B}_Y)$．
(ii) $E \in f^{-1}(\mathscr{B}_Y)$ ならば，$F \in \mathscr{B}_Y$ があって，$E = f^{-1}(F)$．ゆえに $X \setminus E = X \setminus f^{-1}(F) = f^{-1}(Y \setminus F) \in f^{-1}(\mathscr{B}_Y)$．
(iii) $E_n \in f^{-1}(\mathscr{B}_Y)$ ならば，$F_n \in \mathscr{B}_Y$ があって，$E_n = f^{-1}(F_n)$．ゆえに $\bigcup_n E_n = \bigcup_n f^{-1}(F_n) = f^{-1}(\bigcup_n F_n) \in f^{-1}(\mathscr{B}_Y)$．

注意 1.8 上の例題の $\{F \subset Y : f^{-1}(F) \in \mathscr{B}_X\}$ を $f(\mathscr{B}_X)$ で表し，$\mathscr{B}_X$ の f による**押し出し**という．$\{f^{-1}(F) : F \in \mathscr{B}_Y\}$ を $f^{-1}(\mathscr{B}_Y)$ で表して，$\mathscr{B}_Y$ の f による**引き戻し**という．押し出し $f(\mathscr{B}_X)$ の記号は紛らわしい．これは $\{f(E) : E \in \mathscr{B}_X\}$ ではない！

問 1.9 $f : X \to Y$ とする．このとき $E, E_\alpha, F \subset Y$ に対して，以下を示せ．
 (i) $f^{-1}(Y \setminus E) = X \setminus f^{-1}(E)$ (ii) $f^{-1}(F \setminus E) = f^{-1}(F) \setminus f^{-1}(E)$
 (iii) $f^{-1}(\bigcup_\alpha E_\alpha) = \bigcup_\alpha f^{-1}(E_\alpha)$ (iv) $f^{-1}(\bigcap_\alpha E_\alpha) = \bigcap_\alpha f^{-1}(E_\alpha)$

問 1.10 可測空間 $(X, \mathscr{B}_X)$ から可測空間 $(Y, \mathscr{B}_Y)$ への写像 f がある．次の2条件は同値である

ことを示せ．
  (i) 引き戻し $f^{-1}(\mathscr{B}_Y)$ は $\mathscr{B}_X$ に含まれる．
  (ii) 押し出し $f(\mathscr{B}_X)$ は $\mathscr{B}_Y$ を含む．

1.3 可測関数

複素数値関数については実部・虚部に分解すればよいから，実数値関数のみ考える．さらに，実数全体を拡張して $\overline{\mathbb{R}} = \mathbb{R} \cup \{\pm\infty\}$ に値をとる拡張された実数値関数も取り扱う．$\overline{\mathbb{R}}$ に対しては不定形にならないような演算，例えば，$(+\infty) + (+\infty) = +\infty$，$a > 0$ のとき $a \times (+\infty) = +\infty$ を行うことができる．ただし，$a = 0$ のときは $0 \times (\pm\infty) = 0$ と約束することが多い．$\overline{\mathbb{R}}$ を $\tan^{-1} x$ によって $[-\pi/2, \pi/2]$ へ位相同型に写すことによって，$\overline{\mathbb{R}}$ の開集合を自然に定義し，拡張された極限値を考えることもできる．

定義 1.13： 可測関数

$(X, \mathscr{B})$ を可測空間とする．f を X 上の拡張された実数値関数，すなわち $f : X \to \overline{\mathbb{R}} = \mathbb{R} \cup \{\pm\infty\}$ とする．このとき f が可測関数（より詳しくは $\mathscr{B}$-可測関数）であるとは任意の実数 α に対して $\{x \in X : f(x) > \alpha\} \in \mathscr{B}$ となることと定義する．

命題 1.14： 可測関数の同値条件

$(X, \mathscr{B})$ を可測空間，f を X 上の実数値関数とするとき，以下は同値である．
  (i) f は $\mathscr{B}$-可測である．
  (ii) 任意の実数 α に対して $\{x \in X : f(x) \geq \alpha\} \in \mathscr{B}$．
  (iii) 任意の実数 α に対して $\{x \in X : f(x) < \alpha\} \in \mathscr{B}$．
  (iv) 任意の $E \in \mathscr{B}(\mathbb{R})$ に対して $f^{-1}(E) \in \mathscr{B}$．

【証明】 $\{x \in X : f(x) > \alpha\} = \bigcup_{n=1}^{\infty} \{x \in X : f(x) \geq \alpha + 1/n\}$ に注意すれば，(ii) $\implies$ (i) がわかる．同様に，$\{x \in X : f(x) \geq \alpha\} = \bigcap_{n=1}^{\infty} \{x \in X : f(x) > \alpha - 1/n\}$ を用いれば，(i) $\implies$ (ii) がわかる．また，$\{x \in X : f(x) < \alpha\} = X \setminus \{x \in X : f(x) \geq \alpha\}$ より，(ii) $\iff$ (iii) がわかる．$\{x \in X : f(x) > \alpha\} = f^{-1}((\alpha, +\infty))$ であるから，$\mathscr{E} = \{(\alpha, +\infty) : \alpha \in \mathbb{R}\}$ とすれば，(i) は $\mathscr{E} \subset \{E \subset \mathbb{R} : f^{-1}(E) \in \mathscr{B}\}$ と書き直される．一方，(iv) は

$\mathcal{B}(\mathbb{R}) \subset \{E \subset \mathbb{R} : f^{-1}(E) \in \mathcal{B}\}$ と書き直され，$\mathcal{E} \subset \mathcal{B}(\mathbb{R})$ であるから (iv) $\Longrightarrow$ (i) である．ところが，$\{E \subset \mathbb{R} : f^{-1}(E) \in \mathcal{B}\}$ は $\mathbb{R}$ の σ-加法族（押し出し，例題 1.6）であるから，(i) を仮定すれば $\mathcal{B}(\mathbb{R}) = \sigma[\mathcal{E}] \subset \{E \subset \mathbb{R} : f^{-1}(E) \in \mathcal{B}\}$ となって，(i) $\Longrightarrow$ (iv) がわかる． ∎

注意 1.9 上の証明をよく見ると，次のことがわかる．$\mathcal{E}$ を $\mathbb{R}$ の集合族で $\sigma[\mathcal{E}] = \mathcal{B}(\mathbb{R})$ となるものとする．このとき f が $\mathcal{B}$-可測である必要十分条件は，任意の $E \in \mathcal{E}$ に対して $f^{-1}(E) \in \mathcal{B}$ となることである．

1 次元 Borel 集合族を $\overline{\mathbb{R}}$ に拡張し，$\mathcal{B}(\mathbb{R})$ および $\{-\infty\}$ と $\{\infty\}$ から生成された σ-加法族を $\mathcal{B}(\overline{\mathbb{R}})$ で表す．f が拡張された実数値関数のときは命題 1.14 の (iv) は「任意の $E \in \mathcal{B}(\overline{\mathbb{R}})$ に対して $f^{-1}(E) \in \mathcal{B}$」に取り替えられる．

問 1.11 $\mathcal{B}(\overline{\mathbb{R}}) = \{E \cup F : E \in \mathcal{B}(\mathbb{R}), F \subset \{-\infty, \infty\}\}$ となることを示せ．

問 1.12 $\mathcal{E} = \{(\alpha, +\infty] : \alpha \in \mathbb{R}\}$ とすれば，$\mathcal{B}(\overline{\mathbb{R}}) = \sigma[\mathcal{E}]$ であることを示せ．

問 1.13 $\mathcal{B}$ がどのような σ-加法族であっても，定数関数が $\mathcal{B}$-可測関数であることを示せ．

集合 E 上で 1，それ以外で 0 となる関数を E の**特性関数**といい 1_E で表す．χ_E を使う書物も多い．

例題 1.7: 可測集合と可測関数

$E \subset X$ が $\mathcal{B}$-可測集合である必要十分条件は 1_E が $\mathcal{B}$-可測関数であることを示せ．

【解答例】 $\alpha < 0$ のとき $\{x \in X : 1_E(x) > \alpha\} = X$，$0 \leq \alpha < 1$ のとき $\{x \in X : 1_E(x) > \alpha\} = E$，$\alpha \geq 1$ のとき $\{x \in X : 1_E(x) > \alpha\} = \emptyset$ より明らかである．

問 1.14 上の例題の細部を詰めよ．

命題 1.15: 可測関数の定数倍は可測関数

$f : X \to \overline{\mathbb{R}}$ が $\mathcal{B}$-可測関数ならば，その定数倍 af も $\mathcal{B}$-可測関数である．

【証明】 $a = 0$ のときは $af \equiv 0$ は $\mathcal{B}$-可測関数である（問 1.13）．$a > 0$ のとき，$\{x \in X : af(x) > \alpha\} = \{x \in X : f(x) > \alpha/a\} \in \mathcal{B}$ であるから，af は $\mathcal{B}$-可測関数である．$a < 0$ のとき，$\{x \in X : af(x) > \alpha\} = \{x \in X : f(x) < \alpha/a\}$ であるから，命題 1.14 によって af は $\mathcal{B}$-可測関数である． ∎

> **命題 1.16：可測関数の 2 乗は可測関数**
> $f: X \to \overline{\mathbb{R}}$ が $\mathscr{B}$-可測関数ならば f^2 も $\mathscr{B}$-可測関数である．

【証明】 α を任意の実数とする．$\alpha < 0$ ならば $\{x \in X : f(x)^2 > \alpha\} = X \in \mathscr{B}$ である．$\alpha \geq 0$ ならば

$$\{x \in X : f(x)^2 > \alpha\} = \{x \in X : f(x) > \sqrt{\alpha}\} \cup \{x \in X : f(x) < -\sqrt{\alpha}\}$$

である．命題 1.14 によって $\{x \in X : f(x) > \sqrt{\alpha}\}$ と $\{x \in X : f(x) < -\sqrt{\alpha}\}$ はどちらも $\mathscr{B}$ に属するから，f^2 は $\mathscr{B}$-可測関数である． ∎

> **命題 1.17：可測関数の和は可測関数**
> $f: X \to \overline{\mathbb{R}}$ および $g: X \to \overline{\mathbb{R}}$ は $\mathscr{B}$-可測関数で，$f + g$ が確定するならば，$f + g$ も $\mathscr{B}$-可測関数である．

【証明】 α を任意の実数とする．有理数全体 $\mathbb{Q}$ は $\mathbb{R}$ で稠密であるから

$$\{x : f(x) + g(x) > \alpha\} = \bigcup_{q \in \mathbb{Q}} \{x : f(x) > q\} \cap \{x : g(x) > \alpha - q\}. \tag{1.1}$$

実際，$f(x) > q$ かつ $g(x) > \alpha - q$ ならば，$f(x) + g(x) > \alpha$ であるから，(1.1) の右辺は左辺に含まれる．逆に，x を (1.1) の左辺の点とする．すなわち，$f(x) + g(x) > \alpha$ とする．$f + g$ が確定しているから，$f(x)$ と $g(x)$ はどちらも $-\infty$ ではない．まず，$g(x)$ が有限値のときを考えよう．式変形して $f(x) > \alpha - g(x)$ となるので，有理数の稠密性から $q \in \mathbb{Q}$ を $f(x) > q > \alpha - g(x)$ ととれる．すなわち，$f(x) > q$ かつ $g(x) > \alpha - q$ となり，この x は (1.1) の右辺に属する．$g(x) = +\infty$ のときは，$q \in \mathbb{Q}$ を $f(x) > q$ ととれば（これは $f(x) \neq -\infty$ より可能），$g(x) > \alpha - q$ が自動的に成り立つので，この場合も x は (1.1) の右辺に属する．以上から (1.1) がわかった．

f と g の可測性より，$\{x : f(x) > q\}$ と $\{x : g(x) > \alpha - q\}$ はどちらも $\mathscr{B}$ に属し，その共通部分，さらに可算個の合併も $\mathscr{B}$ に属する．すなわち，(1.1) は $\mathscr{B}$ に属するから，$f + g$ は $\mathscr{B}$-可測関数である． ∎

命題 1.18： 可測関数の積は可測関数

$f: X \to \mathbb{R}$ および $g: X \to \mathbb{R}$ が $\mathscr{B}$-可測関数ならば fg も $\mathscr{B}$-可測関数である.

【証明】 $fg = \dfrac{(f+g)^2 - (f-g)^2}{4}$ と積を表現しておいて，命題 1.15，命題 1.16 および命題 1.17 を用いればよい． ∎

問 1.15 $f: X \to \overline{\mathbb{R}}$ および $g: X \to \overline{\mathbb{R}}$ が $\mathscr{B}$-可測関数のとき，fg は $\mathscr{B}$-可測関数か？ ただし $0 \cdot (\pm\infty) = 0$ と約束する．

例題 1.8： 可測関数の正の部分・負の部分は可測

関数 f の正の部分 f^+ および負の部分 f^- を $f^+(x) = \max\{f(x), 0\}$, $f^-(x) = \max\{-f(x), 0\}$ で定義すると $f = f^+ - f^-$ である．f が $\mathscr{B}$-可測関数ならば f^+ と f^- はどちらも $\mathscr{B}$-可測関数であることを示せ．

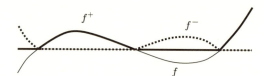

図 1.2 関数の正の部分 f^+ （太線）・負の部分 f^- （点線）．$f^- \geq 0$ に注意

【解答例】 任意の実数 α に対して

$$\{x : f^+(x) > \alpha\} = \begin{cases} \{x : f(x) > \alpha\} & (\alpha \geq 0) \\ X & (\alpha < 0) \end{cases}$$

f は可測関数ゆえ $\{x : f(x) > \alpha\}$ は可測集合．一方，X は常に可測集合．ゆえに $\{x : f^+(x) > \alpha\}$ は α によらず可測集合．したがって，f^+ は可測関数．また

$$\{x : f^-(x) > \alpha\} = \begin{cases} \{x : -f(x) > \alpha\} & (\alpha \geq 0) \\ X & (\alpha < 0) \end{cases}$$

f は可測関数ゆえ，$\{x : -f(x) > \alpha\} = \{x : f(x) < -\alpha\}$ は可測集合．よって $\{x : f^-(x) > \alpha\}$ は α によらず可測集合．したがって，f^- は可測関数．

問 1.16 $f: X \to \overline{\mathbb{R}}$ および $g: X \to \overline{\mathbb{R}}$ が $\mathscr{B}$-可測関数のとき，次の関数は $\mathscr{B}$-可測関数であるこ

とを示せ．ただし，a, b は実定数で，演算の結果は確定とする．
　　(i) $af + bg$　　(ii) $|f|$　　(iii) $f \vee g$　　(iv) $f \wedge g$
ここに $(f \vee g)(x) = \max\{f(x), g(x)\}$，$(f \wedge g)(x) = \min\{f(x), g(x)\}$ である．

定義 1.19： Borel 可測関数

X を位相空間とする．X 上の関数 f が **Borel 可測関数**であるとは f が $\mathscr{B}(X)$-可測のときをいう．ここに，$\mathscr{B}(X)$ は X の位相的 Borel 集合族，すなわち，開集合族 $\mathscr{O}$ より生成される σ-加法族である．

---

f を X 上の実数値連続関数とすると $\{x \in X : f(x) > \alpha\} = f^{-1}((\alpha, +\infty))$ は開集合であり，$\mathscr{B}(X)$ に属する．したがって次の命題を得る．

命題 1.20： 連続関数は Borel 可測

位相空間 X 上の連続関数は Borel 可測である．

問 1.17　g および h を $\mathbb{R}$ 上の Borel 可測関数とする．このとき
$$f(x) = \begin{cases} g(x) & (x < a) \\ h(x) & (a \leq x) \end{cases}$$
は $\mathbb{R}$ 上の Borel 可測関数であることを示せ．

問 1.18　以下の $\mathbb{R}$ 上の実数値関数は Borel 可測関数か？

(i) $\begin{cases} \dfrac{\sin x}{x} & (x \neq 0) \\ 1 & (x = 0) \end{cases}$　　(ii) $\begin{cases} \dfrac{\sin x}{x} & (x \neq 0) \\ 0 & (x = 0) \end{cases}$　　(iii) $\begin{cases} \sin \dfrac{1}{x} & (x \neq 0) \\ 1 & (x = 0) \end{cases}$

注意 1.10　いままで $f + g$ や fg などの可測性を直接証明したが，2 変数連続関数を Borel 写像とみて，写像の合成によって可測性を示すこともできる．抽象的になるのでこの方法は演習 3.16 に回す．

命題 1.21： 可測関数から導かれる可測集合

$f : X \to \overline{\mathbb{R}}$ および $g : X \to \overline{\mathbb{R}}$ は $\mathscr{B}$-可測関数とする．このとき $\{x \in X : f(x) > g(x)\}$ は $\mathscr{B}$-可測集合である．

【証明】 命題 1.17 の証明と同じように有理数 $\mathbb{Q}$ の稠密性を用いると

$$\{x \in X : f(x) > g(x)\} = \bigcup_{q \in \mathbb{Q}} \{x \in X : f(x) > q\} \cap \{x \in X : q > g(x)\} \quad (1.2)$$

である．命題 1.14 で見たように $\{x : q > g(x)\} \in \mathscr{B}$ であり，(1.2) の右辺は $\mathscr{B}$ の集合の可算和になるから，$\{x : f(x) > g(x)\} \in \mathscr{B}$ である． ∎

問 1.19 (1.2) を示せ．

問 1.20 $f : X \to \overline{\mathbb{R}}$ および $g : X \to \overline{\mathbb{R}}$ は $\mathscr{B}$-可測関数とする．このとき $\{x : f(x) \leq g(x)\}$, $\{x : f(x) = g(x)\}$, $\{x : f(x) \neq g(x)\}$ は可測集合であることを示せ．

1.4 可測関数列

$f_n : X \to \overline{\mathbb{R}}$ を $\mathscr{B}$-可測関数の列とする．命題 1.17 と問 1.16 を繰り返し使えば $f_1 + \cdots + f_n$ や $\max\{f_1, \ldots, f_n\}$, $\min\{f_1, \ldots, f_n\}$ は $\mathscr{B}$-可測関数であることがわかる．可測関数のよいところは，可算無限個にまで拡張できることである．

命題 1.22 ：可測関数列の上限・下限は可測関数

$f_n : X \to \overline{\mathbb{R}}$ を $\mathscr{B}$-可測関数の列とする．このとき $\sup_n f_n$ と $\inf_n f_n$ は $\mathscr{B}$-可測関数である．

【証明】 α を任意の実数とする．このとき

$$\{x \in X : \sup_n f_n(x) > \alpha\} = \bigcup_n \{x \in X : f_n(x) > \alpha\} \quad (1.3)$$

に注意すれば $\sup_n f_n$ が $\mathscr{B}$-可測関数であることがわかる．一方，

$$\{x \in X : \inf_n f_n(x) < \alpha\} = \bigcup_n \{x \in X : f_n(x) < \alpha\} \quad (1.4)$$

であるから，命題 1.14 より，$\inf_n f_n$ が $\mathscr{B}$-可測関数であることがわかる． ∎

問 1.21 (1.3) および (1.4) を示せ．真の不等号 $>$, $<$ を $\geq$, $\leq$ に取り替えることができるか考察せよ．

注意 1.11 上の命題では 関数列であることが大切である．非可算個の関数族に関する上限や下限の可測性は保証されない．たとえば実数値関数 $f_a(x)$ を $x=a$ のとき $f_a(x)=1$, $x\neq a$ のとき $f_a(x)=0$ と定義すると，$f_a(x)$ は Borel 可測関数．しかし E が 1 次元 Lebesgue 非可測集合ならば（定理 3.12），$\sup_{a\in E}f_a(x)=1_E(x)$ は Lebesgue 非可測関数である．

命題 1.23：可測関数の上極限・下極限は可測関数

$f_n:X\to\overline{\mathbb{R}}$ を $\mathscr{B}$-可測関数の列とする．このとき $\limsup_{n\to\infty}f_n$ と $\liminf_{n\to\infty}f_n$ は $\mathscr{B}$-可測関数である．さらに，これらが一致すれば $\lim_{n\to\infty}f_n$ は $\mathscr{B}$-可測関数である．

【証明】 上極限・下極限の定義 $\limsup_{n\to\infty}f_n(x)=\inf_{N\geq 1}\left(\sup_{n\geq N}f_n(x)\right)$, $\liminf_{n\to\infty}f_n(x)=\sup_{N\geq 1}\left(\inf_{n\geq N}f_n(x)\right)$ と命題 1.22 より明らか． ∎

定義 1.24：単関数

有限個の集合 $E_1,\ldots,E_n\subset X$ および $a_1,\ldots,a_n\in\mathbb{R}$ に対して $f=\sum_{j=1}^n a_j 1_{E_j}$ と表される関数を**単関数**という．

問 1.22 $\mathbb{R}$ 上の単関数 $f=1\cdot 1_{[0,2)}+2\cdot 1_{[1,3)}$ に対し，互いに素な集合 $\{E_j\}$ および相異なる値 $\{a_j\}$ を選んで，$f=\sum_j a_j 1_{E_j}$ の形に表せ．

問 1.23 f が X 上の単関数である必要十分条件は f の値域 $f(X)$ が有限集合であることを示せ．

問 1.24 $f=\sum_{j=1}^n a_j 1_{E_j}$ が単関数のとき，a_j と E_j を取り直して $\{E_j\}$ は互いに素とできることを示せ．

問 1.25 $E_1,\ldots,E_n\in\mathscr{B}$ ならば，単関数 $f=\sum_{j=1}^n a_j 1_{E_j}$ は $\mathscr{B}$-可測であることを示せ．この逆が成り立つか考察せよ．

命題 1.25：非負可測関数は可測単関数の単調増加極限・可算和

f を非負可測関数とすると可測単関数 φ_n で $\varphi_n\uparrow f$ となるものが存在する．さらに，可算無限個の $\alpha_j\geq 0$ および可測集合 $E_j\in\mathscr{B}$ を見つけて，

$$f=\sum_j \alpha_j 1_{E_j} \qquad (1.5)$$

と表すことができる．（$\alpha_j\geq 0$ であるから，級数は $+\infty$ を込めれば確定．）

表 1.1 値域の分割

X	E_0^n	E_1^n		$\cdots$	E_j^n		$\cdots$	E_∞^n	
φ_n	0	$\dfrac{0}{2^n}$		$\cdots$	$\dfrac{j-1}{2^n}$		$\cdots$	n	
φ_{n+1}	0	$\dfrac{0}{2^{n+1}}$	$\dfrac{1}{2^{n+1}}$	$\cdots$	$\dfrac{2j-2}{2^{n+1}}$	$\dfrac{2j-1}{2^{n+1}}$	$\cdots$	$\dfrac{n2^{n+1}}{2^{n+1}}$ $\cdots$ $\dfrac{(n+1)2^{n+1}-1}{2^{n+1}}$	$n+1$

【証明】 表 1.1 のように f の値域を分割し, $E_j^n = \{x : \frac{j-1}{2^n} \leq f(x) < \frac{j}{2^n}\}$, $E_\infty^n = \{x : n \leq f(x) \leq \infty\}$ とすれば,

$$\varphi_n = \sum_{j=1}^{n2^n} \frac{j-1}{2^n} 1_{E_j^n} + n 1_{E_\infty^n}$$

が求める単関数である. 図 1.3 参照. 命題 1.14 より $E_j^n, E_\infty^n \in \mathscr{B}$ であり, φ_n は $\mathscr{B}$-可測単関数となる. 任意の $x \in X$ に対して以下の 2 つの性質が成り立つ.

<u>$\varphi_n(x) \leq \varphi_{n+1}(x)$.</u> $f(x) \geq n$ のとき. 定義より $\varphi_n(x) = n \leq \varphi_{n+1}(x)$. $0 \leq f(x) < n$ のとき. $x \in \bigcup_{j=1}^{n2^n} E_j^n$, つまり $1 \leq {}^\exists j \leq n2^n$ s.t.

$$\frac{2j-2}{2^{n+1}} = \frac{j-1}{2^n} \leq f(x) < \frac{j}{2^n} = \frac{2j}{2^{n+1}}, \quad \varphi_n(x) = \frac{j-1}{2^n} \tag{1.6}$$

である. このとき, $\frac{2j-2}{2^{n+1}} \leq f(x) < \frac{2j-1}{2^{n+1}}$ または $\frac{2j-1}{2^{n+1}} \leq f(x) < \frac{2j}{2^{n+1}}$ であり, $\varphi_{n+1}(x) = \frac{2j-2}{2^{n+1}}$ または $\varphi_{n+1}(x) = \frac{2j-1}{2^{n+1}}$ となる. どちらも $\varphi_n(x) = \frac{j-1}{2^n}$ 以上であるから, $\varphi_n(x) \leq \varphi_{n+1}(x)$.

<u>$\varphi_n(x) \uparrow f(x)$.</u> $f(x) = +\infty$ のとき. 定義より $\varphi_n(x) = n$ であり, $\varphi_n(x) \uparrow f(x)$. $f(x) < +\infty$ のとき. n が大きくなれば, $f(x) < n$ となる. ここで, (1.6) をよく見ると, $\varphi_n(x) \geq f(x) - 2^{-n}$ である. ゆえに $\varphi_n(x) \uparrow f(x)$.

さらに $f = \varphi_1 + \sum_{n=1}^\infty (\varphi_{n+1} - \varphi_n)$ と級数で表し, 非負可測単関数 $\varphi_{n+1} - \varphi_n$ を $\sum_{j=1}^{J_n} \alpha_{n,j} 1_{E_j^n}$ などと表すことにより (1.5) を得る. ∎

注意 1.12 φ_n の作り方から, f が有界ならば φ_n は f に一様収束する. より詳しくいうと $0 \leq f \leq M$ のとき, $n \geq M$ ならば $f - 2^{-n} \leq \varphi_n \leq f$ である.

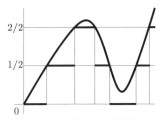 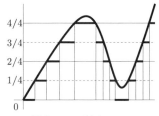

図1.3 単関数による近似. φ_1（左），φ_2（右）

注意 1.13 命題 1.25 により任意の非負可測関数 f は (1.5) のように表される．これは単関数の有限和を 可算無限和に拡張したものであるが，その性質はかなり異なる．$\{E_j\}$ は互いに素と限らないので，f のとる値は連続的になり得る．例えば $\mathbb{R}$ 上の非定数連続関数 f の値域は区間を含み非可算であるが，$\mathbb{R}$ の Borel 集合 E_j を用いて (1.5) のような可算和で f を表すことができる．

問 1.26 $\{E_j\}$ が互いに素ならば (1.5) のように表される関数 f の値域は高々可算であることを示せ．また，$\{E_j\}$ が互いに素でないならば値域は一般には非可算であることを例によって示せ．

1.5 測度

> **定義 1.26：測度**
>
> $(X, \mathscr{B})$ を可測空間とする．$\mu : \mathscr{B} \to [0, +\infty]$ が以下の条件をみたすとき**測度**（**measure**）という．
>
> (i) 非負性．$0 = \mu(\emptyset) \leq \mu(E) \leq +\infty$ （$\forall E \in \mathscr{B}$）．
> (ii) 可算加法性．$\{E_n\} \subset \mathscr{B}$ が互いに素ならば，$\mu(\bigcup_n E_n) = \sum_n \mu(E_n)$．
>
> 可測空間に測度を加えた $(X, \mathscr{B}, \mu)$ を**測度空間**という．

注意 1.14 測度 μ はその定義域 $\mathscr{B}$ も含めていると考えて $\mathscr{B}$-可測のことを μ-可測ともいう．ギリシャ文字の μ, ν, λ で測度を表すことが多い．Euclid 空間の Lebesgue 測度には m や $\mathcal{L}$, λ などがよく使われる．

Lebesgue 積分のすごいところは測度空間があれば，それがどんな変なものであっても積分が定義できることである．いままで習ってきた実数上の積分には線分の長さを拡張した **Lebesgue 測度**が対応する．Euclid 空間の Lebesgue 測度に基づいた Lebesgue 積分が Riemann 積分の拡張になる．実はこの最も大切な Lebesgue 測

度の構成は少し難しい．そこで，Lebesgue 測度の構成は後回しにして，簡単に検証できる測度を調べる．一般の測度に関する積分をすべて Lebesgue 積分という．Euclid 空間の Lebesgue 測度に関する積分だけに限定されない．

問 1.27 X 任意，$\mathscr{B} = 2^X$．$x_0 \in X$ を固定．任意の $E \in \mathscr{B}$ に対して $x_0 \in E$ のとき $\mu(E) = 1$，$x_0 \notin E$ のとき $\mu(E) = 0$ とすると μ は測度になることを示せ．これを **Dirac**（ディラック）**測度**または**点測度**という．

問 1.28 X 任意，$\mathscr{B} = 2^X$．このとき $\mu(E) = \#(E)$ とすると μ は測度になることを示せ．ただし，E が有限集合のとき，$\#(E)$ は E の要素の個数を表し，E が無限集合のときは $\#(E) = \infty$ とする．これを**計数測度**という．

問 1.29 $\mathscr{B} = \{E \subset \mathbb{R} : E$ または $\mathbb{R} \setminus E$ は高々可算集合$\}$ は $\mathbb{R}$ 上の σ-加法族になる（問 1.6）．$\mathscr{B}$ に対して

$$\mu(E) = \begin{cases} 0 & (E \text{ が高々可算集合のとき}) \\ 1 & (\mathbb{R} \setminus E \text{ が高々可算集合のとき}) \end{cases}$$

とおくと，μ は $\mathscr{B}$ 上の測度であることを示せ．

命題 1.27：測度の基本的性質

$(X, \mathscr{B}, \mu)$ を測度空間とする．このとき，以下の性質が成り立つ．

(i) 単調性．$E, F \in \mathscr{B}$，$E \subset F \implies \mu(E) \leq \mu(F)$．
(ii) 可算劣加法性．$E_n \in \mathscr{B} \implies \mu(\bigcup_n E_n) \leq \sum_n \mu(E_n)$．
(iii) 単調増加極限．$E_n \in \mathscr{B}$，$E_n \uparrow E \in \mathscr{B} \implies \mu(E_n) \uparrow \mu(E)$．
(iv) 単調減少極限．$E_n \in \mathscr{B}$，$E_n \downarrow E \in \mathscr{B}$，$\mu(E_1) < \infty \implies \mu(E_n) \downarrow \mu(E)$．

【証明】　(i) $\mu(F) = \mu(F \setminus E) + \mu(E) \geq \mu(E)$．

(ii) $F_1 = E_1$，$F_n = E_n \setminus (E_1 \cup \cdots \cup E_{n-1})$ $(n \geq 2)$ とおくと，

(a) $\{F_n\}$ は互いに素
(b) 任意の N に対して，$\bigcup_{n=1}^N E_n = \bigcup_{n=1}^N F_n$
(c) $\bigcup_{n=1}^\infty E_n = \bigcup_{n=1}^\infty F_n$

したがって $\mu\left(\bigcup_{n=1}^\infty E_n\right) = \mu\left(\bigcup_{n=1}^\infty F_n\right) = \sum_{n=1}^\infty \mu(F_n) \leq \sum_{n=1}^\infty \mu(E_n)$

(iii) E_n が単調増加のとき，(ii) で定義した F_n は $F_n = E_n \setminus E_{n-1}$ $(n \geq 2)$ となり，(b) は $E_N = \bigcup_{n=1}^N F_n$ となる．ゆえに

$$\lim_{N\to\infty} \mu(E_N) = \lim_{N\to\infty} \mu\Big(\bigcup_{n=1}^{N} F_n\Big) = \lim_{N\to\infty} \Big(\sum_{n=1}^{N} \mu(F_n)\Big)$$

$$= \sum_{n=1}^{\infty} \mu(F_n) = \mu\Big(\bigcup_{n=1}^{\infty} F_n\Big) = \mu\Big(\bigcup_{n=1}^{\infty} E_n\Big).$$

(iv) $\mu(E_1) < \infty$ とする．$E = \bigcap_n E_n$ とおく．$A_n = E_1 \setminus E_n$ とすれば，$A_n \uparrow E_1 \setminus E$．したがって (iii) より，$\mu(E_1 \setminus E_n) = \mu(A_n) \uparrow \mu(E_1 \setminus E)$．ここで $\infty > \mu(E_1) = \mu(E_1 \setminus E_n) + \mu(E_n) = \mu(E_1 \setminus E) + \mu(E)$ であるから，現れる測度はすべて有限であり，$\mu(E_n) \downarrow \mu(E)$． ∎

問 1.30 上の証明の (a), (b), (c) を確かめよ．

問 1.31 上の命題 (iv) で条件 $\mu(E_1) < \infty$ がないとどうなるか？

> **定理 1.28：1 次元 Lebesgue 測度**
>
> $(\mathbb{R}, \mathscr{B}(\mathbb{R}))$ 上の測度 m で区間 $[a,b]$ に対しては $m([a,b]) = b - a$ となるものが存在する．これを 1 次元 Lebesgue 測度という．（正確には m を完備化する．）

Lebesgue 測度の構成は少し手順が必要なので第 2 章で述べる．Lebesgue 測度による積分がいままでの積分の延長になる．なお，条件 $m([a,b]) = b - a$ で閉区間 $[a,b]$ を開区間や半開半閉区間に取り替えてもよい．1 点の Lebesgue 測度は 0 になるからである．Lebesgue 測度の構成の際には半開半閉区間 $(a,b]$ がしばしば用いられる．半開半閉区間の有限和（区間塊）からなる集合族は有限加法族になるというメリットがあるからである（補題 2.7）．

> **例題 1.9：1 点の Lebesgue 測度は 0**
>
> 1 点の Lebesgue 測度は 0 である．また可算集合の Lebesgue 測度は 0 である．とくに有理数全体 $\mathbb{Q}$ の Lebesgue 測度は 0 である．

【解答例】 $x \in \mathbb{R}$ とする．$\{x\}$ は閉集合であり，$\mathscr{B}(\mathbb{R})$ に属するので Lebesgue 測度を考えることができる．$\{x\} = \bigcap_{n \geq 1}[x - 1/n, x + 1/n]$ であり，$m([x - 1/n, x + 1/n]) = 2/n \to 0$ であるから，命題 1.27 によって $m(\{x\}) = 0$ である．次に E を可算集合とすれば $E = \bigcup_{n=1}^{\infty}\{x_n\}$ と表される．測度の可算劣加法性から $m(E) \leq \sum_{n=1}^{\infty} m(\{x_n\}) = 0$．

この節の最後では測度 0 の集合について考えよう．論理の流れのために，ここに配置してあるが，積分の定義自体には不要である．第 1.7 節「ほとんどいたるとこ

ろ」で読み直してもよい.

> **定義 1.29: 零集合, 完備測度空間**
>
> X の部分集合 A が**零集合** (**null set**) とは $A^* \in \mathscr{B}$ で $A \subset A^*$ かつ $\mu(A^*) = 0$ となるものがあるときをいう. 零集合全体からなる族を $\mathscr{N}$ で表す. 一般には零集合は $\mathscr{B}$ に属するとは限らない. 零集合が $\mathscr{B}$ に属するとき, すなわち $\mathscr{N} \subset \mathscr{B}$ となるとき, 測度空間 $(X, \mathscr{B}, \mu)$ を**完備測度空間**という. あるいは簡単に測度 μ は完備であるという.

問 1.32 $A_n \in \mathscr{N} \implies \bigcup_n A_n \in \mathscr{N}$ を確かめよ.

> **定理 1.30: 測度の完備化**
>
> 測度空間 $(X, \mathscr{B}, \mu)$ に対して $\mathscr{B}^* = \{E \cup A : E \in \mathscr{B}, A \in \mathscr{N}\}$ とすると $\mathscr{B}^*$ は $\mathscr{B} \cup \mathscr{N}$ を含む σ-加法族であり, $\mathscr{B}^* = \sigma[\mathscr{B} \cup \mathscr{N}]$ となる.

【証明】 定義から $\mathscr{B} \cup \mathscr{N} \subset \mathscr{B}^* \subset \sigma[\mathscr{B} \cup \mathscr{N}]$ は明らかである. $\mathscr{B}^*$ が σ-加法族であることを示そう.

(i) $\emptyset \in \mathscr{B}^*$ は明らかである.

(ii) $E \cup A \in \mathscr{B}^*$ ($E \in \mathscr{B}, A \in \mathscr{N}$) とすると, $A^* \in \mathscr{B}$ で $A \subset A^*$ かつ $\mu(A^*) = 0$ となるものがある. $X \setminus A = (X \setminus A^*) \cup (A^* \setminus A)$ より, $X \setminus (E \cup A) = (X \setminus E) \cap (X \setminus A)$ は

$$\underbrace{((X \setminus E) \cap (X \setminus A^*))}_{\in \mathscr{B}} \cup \underbrace{((X \setminus E) \cap (A^* \setminus A))}_{\subset A^*} \in \mathscr{B}^*.$$

(iii) $E_n \cup A_n \in \mathscr{B}^*$ ($E_n \in \mathscr{B}, A_n \in \mathscr{N}$) とすると,

$$\bigcup_n (E_n \cup A_n) = \underbrace{\left(\bigcup_n E_n\right)}_{\in \mathscr{B}} \cup \underbrace{\left(\bigcup_n A_n\right)}_{\in \mathscr{N}} \in \mathscr{B}^*.$$

以上から $\mathscr{B}^*$ は σ-加法族であり, $\sigma[\mathscr{B} \cup \mathscr{N}] = \mathscr{B}^*$ がわかる. ∎

注意 1.15 μ を $\mathscr{B}^*$ に $\mu(E \cup A) = \mu(E)$ と拡張すると, $\mathscr{B}^*$ 上の測度になること

を次の章で見る．このように完備とは限らない測度を拡張して完備測度にすることができる．これを測度の**完備化**という．

命題 1.31： 測度の近似

$B \subset X$ が $B \in \mathscr{B}^*$ となる必要十分条件は

$$\exists F, \exists \widetilde{F} \in \mathscr{B} \text{ で } F \subset B \subset \widetilde{F} \text{ かつ } \mu(\widetilde{F} \setminus F) = 0. \tag{1.7}$$

【証明】 $B \in \mathscr{B}^*$ とすると $B = E \cup A$ $(E \in \mathscr{B}, A \in \mathscr{N})$ と表される．さらに $\exists A^* \in \mathscr{B}$ で $A \subset A^*$ かつ $\mu(A^*) = 0$ となるものがある．$F = E$, $\widetilde{F} = E \cup A^*$ とすれば，(1.7) が成り立つ．逆に，(1.7) が成り立っていれば，$E = F$, $A = B \setminus F$, $A^* = \widetilde{F} \setminus F$ とすると，$A \subset A^* \in \mathscr{B}$ で $\mu(A^*) = 0$ となり，$A \in \mathscr{N}$ がわかり，$B = E \cup A \in \mathscr{B}^*$ がわかる． ∎

命題 1.32： 可測関数の近似

測度空間 $(X, \mathscr{B}, \mu)$ の完備化を $(X, \mathscr{B}^*, \mu)$ とする．f が $\mathscr{B}^*$-可測関数ならば，$\mathscr{B}$-可測関数 g で X 全体で $|g| \leq |f|$ であり，零集合を除けば $f = g$ となるものが存在する．

【証明】 正の部分と負の部分に分けることにより，$f \geq 0$ としてよい．命題 1.25 によって，$\alpha_j \geq 0$ および $E_j \in \mathscr{B}^*$ が存在して $f = \sum_j \alpha_j 1_{E_j}$ と表すことができる．ここで命題 1.31 により $\exists F_j, \exists \widetilde{F}_j \in \mathscr{B}$ で $F_j \subset E_j \subset \widetilde{F}_j$ かつ $\mu(\widetilde{F}_j \setminus F_j) = 0$ となるものがある．$g = \sum_j \alpha_j 1_{F_j}$ とすれば X 上で $0 \leq g \leq f$ であり，零集合 $\bigcup_j (\widetilde{F}_j \setminus F_j)$ を除けば $f = g$ である． ∎

問 1.33 X 上の可測関数列 $\{f_n\}$ に対して以下を示せ．

(i) $f_n(x)$ が $f(x)$ に収束しないような x 全体は $\bigcup_{\varepsilon > 0} \limsup_{n \to \infty} \{x : |f_n(x) - f(x)| \geq \varepsilon\}$.

(ii) μ-a.e. に $f_n \to f \iff \mu(\limsup_{n \to \infty} \{x : |f_n(x) - f(x)| \geq \varepsilon\}) = 0$ $(\forall \varepsilon > 0)$.

ただし，$\limsup_{n \to \infty} E_n$ は上極限集合 $\bigcap_{N=1}^\infty \bigcup_{n=N}^\infty E_n$ を表す．ヒント．$f_n(x) \to f(x)$ を正確に書くと $\forall \varepsilon > 0$ に対して $\exists N$ s.t. $\forall n \geq N$ ならば $|f_n(x) - f(x)| < \varepsilon$. これを否定する．

1.6 積分の定義

Lebesgue 積分では基本的に非負の関数の積分を定義する．このように限定することにより，条件収束級数のような振動する複雑さを避けることができる．一般符号関数 f に対しては f の正の部分 f^+ と負の部分 f^- の積分を定義し，その差で f の積分を定義する．さらに，複素数値関数の場合は実部および虚部をそれぞれ積分して加える．

それでは測度空間 $(X, \mathscr{B}, \mu)$ 上の積分を定義しよう．いろいろな集合演算を行うから，集合はすべて $\mathscr{B}$ に入る（$\mathscr{B}$-可測集合）とし，関数はすべて $\mathscr{B}$-可測とする．測度 μ に $\mathscr{B}$ も含めて，$\mathscr{B}$-可測の代わりに μ-可測ということもある．<u>以下 μ-可測なものだけを考え，証明の中では「μ-可測」を省略する</u>．

定義 1.33：非負可測単関数の積分

非負可測単関数 $\varphi = \sum_{j=1}^{J} \alpha_j 1_{A_j}$ （$\alpha_j > 0$, $A_j \in \mathscr{B}$）の積分を

$$\int_X \varphi \, d\mu = \sum_{j=1}^{J} \alpha_j \mu(A_j) \tag{1.8}$$

と定義する．さらに $E \in \mathscr{B}$ に対して $\int_E \varphi \, d\mu = \int_X 1_E \varphi \, d\mu$ とする．

補題 1.34：非負可測単関数の積分は well-defined

定義 (1.8) は φ の表現によらない．すなわち，φ が別の表現 $\sum_{k=1}^{K} \beta_k 1_{B_k}$ をもったとすると，

$$\sum_{j=1}^{J} \alpha_j \mu(A_j) = \sum_{k=1}^{K} \beta_k \mu(B_k). \tag{1.9}$$

【証明】 $\{A_j\}$ と $\{B_k\}$ はそれぞれ互いに素としてよい．実際 $A_j \cap A_k \neq \emptyset$ であれば，$A_j \cup A_k = (A_j \setminus A_k) \cup (A_j \cap A_k) \cup (A_k \setminus A_j)$ は直和であり，

$$\alpha_j 1_{A_j} + \alpha_k 1_{A_k} = \alpha_j 1_{A_j \setminus A_k} + (\alpha_j + \alpha_k) 1_{A_j \cap A_k} + \alpha_k 1_{A_k \setminus A_j}$$

$$\alpha_j \mu(A_j) + \alpha_k \mu(A_k) = \alpha_j \mu(A_j \setminus A_k) + (\alpha_j + \alpha_k) \mu(A_j \cap A_k) + \alpha_k \mu(A_k \setminus A_j)$$

となる．この操作を有限回繰り返せばよい（詳しくは問 1.34）．さて，$A_0 =$

$X \setminus (A_1 \cup \cdots \cup A_J)$ および $B_0 = X \setminus (B_1 \cup \cdots \cup B_K)$ とおく．このとき $\{A_j\}_{j=0}^{J}$ および $\{B_k\}_{k=0}^{K}$ は X の分割になる．ここで j をとめると $\{A_j \cap B_k\}_k$ は A_j の分割であり，k をとめると $\{A_j \cap B_k\}_j$ は B_k の分割である．$\alpha_0 = \beta_0 = 0$ とおく．測度の加法性より，$\sum_{j=1}^{J} \alpha_j \mu(A_j)$ は

$$\sum_{j=0}^{J} \alpha_j \mu(A_j) = \sum_{j=0}^{J} \alpha_j \Big(\sum_{k=0}^{K} \mu(A_j \cap B_k) \Big) = \sum_{k=0}^{K} \Big(\sum_{j=0}^{J} \alpha_j \mu(A_j \cap B_k) \Big)$$

となる．ここで最後の和は $\mu(A_j \cap B_k) > 0$ のところのみ現れる．とくに $^\exists x \in A_j \cap B_k \neq \emptyset$ であるから，$\varphi(x) = \alpha_j = \beta_k$ となる．したがって，上の和は

$$\sum_{k=0}^{K} \Big(\sum_{j=0}^{J} \beta_k \mu(A_j \cap B_k) \Big) = \sum_{k=0}^{K} \beta_k \Big(\sum_{j=0}^{J} \mu(A_j \cap B_k) \Big)$$
$$= \sum_{k=0}^{K} \beta_k \mu(B_k) = \sum_{k=1}^{K} \beta_k \mu(B_k)$$

となり，(1.9) がわかった． ∎

問 1.34 非負可測単関数 $\varphi = \sum_{j=1}^{J} \alpha_j 1_{A_j}$ に対し，各 A_j を有限分割して，互いに素な可測集合列 $\{F_k\}$ および正数列 $\{\gamma_k\}$ を $\varphi = \sum_k \gamma_k 1_{F_k}$ かつ $\sum_j \alpha_j \mu(A_j) = \sum_k \gamma_k \mu(F_k)$ ととれることを示せ．

命題 1.35： 非負可測単関数の積分の性質

φ と ψ を非負可測単関数とする．このとき次が成り立つ．

(i) 単調性．$\varphi \leq \psi$ ならば，$\int_X \varphi d\mu \leq \int_X \psi d\mu$．
(ii) 線形性．$a, b \geq 0$ ならば，$\int_X (a\varphi + b\psi) d\mu = a \int_X \varphi d\mu + b \int_X \psi d\mu$．
(iii) 積分範囲の加法性．$E, F \in \mathscr{B}$ が互いに素ならば，
$\int_{E \cup F} \varphi d\mu = \int_E \varphi d\mu + \int_F \varphi d\mu$．

【証明】 $\varphi = \sum_{j=1}^{J} \alpha_j 1_{A_j}$, $\psi = \sum_{k=1}^{K} \beta_k 1_{B_k}$ とする．ただし $\{A_j\}$ と $\{B_k\}$ はそれぞれ互いに素である．

(i) 補題 1.34 とほとんど同様にして，(「とくに $^\exists x \in A_j \cap B_k \neq \emptyset$ であるから，

$\alpha_j = \varphi(x) \leq \psi(x) = \beta_k$ となる」に変更)，(1.9) を不等号に変えたものが成り立つ．すなわち，$\int_X \varphi d\mu \leq \int_X \psi d\mu$ である．

(ii) $a\varphi + b\psi = \sum_{j,k}(a\alpha_j + b\beta_k)1_{A_j \cap B_k}$ であるから，

$$\int_X (a\varphi + b\psi)d\mu = \sum_{j,k}(a\alpha_j + b\beta_k)\mu(A_j \cap B_k)$$

$$= a\sum_{j,k}\alpha_j\mu(A_j \cap B_k) + b\sum_{j,k}\beta_k\mu(A_j \cap B_k)$$

$$= a\sum_j \alpha_j\mu(A_j) + b\sum_k \beta_k\mu(B_k)$$

$$= a\int_X \varphi d\mu + b\int_X \psi d\mu.$$

(iii) E と F は互いに素だから $1_{E \cup F} = 1_E + 1_F$ である．したがって (ii) より

$$\int_{E \cup F} \varphi d\mu = \int_X 1_{E \cup F}\varphi d\mu = \int_X (1_E + 1_F)\varphi d\mu = \int_E \varphi d\mu + \int_F \varphi d\mu. \quad \blacksquare$$

非負可測単関数の単調増加列は次の重要な性質をもつ．

補題 1.36： 非負可測単関数の積分の極限

φ_n および ψ を非負可測単関数とする．$\{\varphi_n\}$ が単調増加列で，$\psi \leq \lim_{n \to \infty} \varphi_n$ ならば

$$\int_X \psi d\mu \leq \lim_{n \to \infty} \int_X \varphi_n d\mu. \tag{1.10}$$

【証明】 $\psi = \sum_{j=1}^J \alpha_j 1_{E_j}$ とする．ただし，$\{E_j\}$ は互いに素，$\alpha_j > 0$．このとき $E = \bigcup_{j=1}^J E_j$ とすれば，$\int_X \psi d\mu = \int_E \psi d\mu$ であるから，E 上の積分を考えればよい．E 上で $\lim_{n \to \infty} \varphi_n \geq \psi$ は $x \in E$ ならば任意の $\varepsilon > 0$ に対して n が大きければ $\varphi_n(x) \geq \psi(x) - \varepsilon$ と表現され，集合 $F_n = \{x \in E : \varphi_n(x) \geq \psi(x) - \varepsilon\}$ を用いれば $E = \bigcup_n F_n$ となる．ここで $\{\varphi_n\}$ は単調増加より $\{F_n\}$ は単調増加集合列であり，$\mu(F_n) \uparrow \mu(E)$ である．ここでケースを 2 つに分けよう．

(i) $\mu(E) < \infty$ のとき．このときは $\mu(E) = \mu(E \setminus F_n) + \mu(F_n)$ は有限の等式だから，移項して $\mu(E \setminus F_n) = \mu(E) - \mu(F_n) \downarrow 0$ となる．そこで n_0 を選べば $n \geq n_0$ のとき $\mu(E \setminus F_n) < \varepsilon$ となる．ここで E 上で

$$0 < \min\{\alpha_j\} \leq \psi \leq \max\{\alpha_j\} < \infty$$

に注意すると，$n \geq n_0$ のとき

$$\int_X \psi d\mu = \int_E \psi d\mu = \int_{F_n} \psi d\mu + \int_{E\setminus F_n} \psi d\mu$$

$$\leq \int_{F_n}(\varphi_n + \varepsilon)\,d\mu + \max\{\alpha_j\}\mu(E\setminus F_n)$$

$$\leq \int_X \varphi_n d\mu + \varepsilon\mu(E) + \varepsilon\max\{\alpha_j\}.$$

ここで $n \to \infty$ とすれば $\int_X \psi d\mu \leq \lim_{n\to\infty}\int_X \varphi_n d\mu + \varepsilon(\mu(E) + \max\{\alpha_j\})$ である．
$\mu(E) + \max\{\alpha_j\} < \infty$ で $\varepsilon > 0$ は任意だから (1.10) が成り立つ．

(ii) $\underline{\mu(E) = \infty}$ のとき．このときは $\int_E \psi d\mu \geq \min\{\alpha_j\}\mu(E) = \infty$ であるから $\int_X \psi d\mu = \infty$ である．$\varepsilon > 0$ を小さく，$0 < \varepsilon < \min\{\alpha_j\}$ とすれば

$$\int_X \varphi_n d\mu \geq \int_{F_n}\varphi_n d\mu \geq \int_{F_n}(\psi - \varepsilon)d\mu \geq (\min\{\alpha_j\} - \varepsilon)\mu(F_n) \uparrow \infty$$

となり，このときも (1.10) が成り立つ． ∎

定義 1.37： 非負可測関数の積分

f を一般の非負可測関数とする．このとき f の積分を

$$\int_X f d\mu = \sup\left\{\int_X \varphi d\mu : \varphi\ \text{は}\ 0 \leq \varphi \leq f\ \text{となる可測単関数}\right\}$$

と定義する．さらに $E \in \mathscr{B}$ に対して $\int_E f d\mu = \int_X 1_E f d\mu$ と定義する．

補題 1.38： 非負可測関数の積分を非負可測単関数の増加列によって定義

f を一般の非負可測関数とする．$\{\varphi_n\}$ を非負可測単関数の増加列で $\varphi_n \uparrow f$ となるものとすれば，

$$\int_X f d\mu = \lim_{n\to\infty}\int_X \varphi_n d\mu.$$

【証明】 $\{\varphi_n\}$ を非負可測単関数の増加列で $\varphi_n \uparrow f$ となるものとする．$0 \leq \varphi_n \leq f$ であるから，積分の定義より $\int_X \varphi_n d\mu \leq \int_X f d\mu$ である．この極限をとって $\lim_{n\to\infty} \int_X \varphi_n d\mu \leq \int_X f d\mu$ がわかる．一方，ψ を非負可測単関数で $0 \leq \psi \leq f$ となるものとする．このとき $\psi \leq f = \lim_{n\to\infty} \varphi_n$ であるから，補題 1.36 より $\int_X \psi d\mu \leq \lim_{n\to\infty} \int_X \varphi_n d\mu$ となる．ψ は任意だったから，この不等式の ψ に関する sup をとって $\int_X f d\mu = \sup_{\psi \leq f} \int_X \psi d\mu \leq \lim_{n\to\infty} \int_X \varphi_n d\mu$ を得る．以上から求める等式が得られた． ∎

注意 1.16 f が非負可測単関数ならば，補題 1.38 の φ_n を f とすることができる．したがって定義 1.33 と定義 1.37 は一致する．

注意 1.17 命題 1.25 から補題 1.38 の条件をみたす非負可測単関数の増加列 $\{\varphi_n\}$ を具体的に作ることができる．補題 1.38 は非負可測単関数の増加列 $\{\varphi_n\}$ の取り方によらず，$\lim_{n\to\infty} \int_X \varphi_n d\mu$ は積分 $\int_X f d\mu$ になることを意味する．したがって，命題 1.25 で具体的に作った増加列 $\{\varphi_n\}$ に対する極限 $\lim_{n\to\infty} \int_X \varphi_n d\mu$ を積分の定義にしてもよい．線形性などのためにはこちらの定義の方が使いやすい．

補題 1.39：非負可測関数の積分の線形性

f, g を非負可測関数とすると $\int_X (f+g) d\mu = \int_X f d\mu + \int_X g d\mu$.

【証明】 命題 1.25 より，非負可測単関数の増加列 $\{\varphi_n\}$, $\{\psi_n\}$ で $\varphi_n \uparrow f$, $\psi_n \uparrow g$ となるものが存在する．命題 1.35 より

$$\int_X (\varphi_n + \psi_n) d\mu = \int_X \varphi_n d\mu + \int_X \psi_n d\mu$$

であるから，この極限をとると，補題 1.38 より求める等式が導かれる． ∎

一般符号関数 f は正の部分 $f^+ = \max\{f, 0\}$ と負の部分 $f^- = \max\{-f, 0\}$ を用いて，$f = f^+ - f^-$ と表すことができる．この分解を用いて f の積分を定義する．

> **定義 1.40: 可積分関数・積分確定**
> 一般符号関数 f が**可積分**とは，可測関数であって，$\int_X f^+ d\mu$ と $\int_X f^- d\mu$ の両方が有限値のときをいい，その積分を
> $$\int_X f d\mu = \int_X f^+ d\mu - \int_X f^- d\mu$$
> と定義する．なお，測度を明示するときは「μ-可積分」という．また，$\int_X f^+ d\mu$ と $\int_X f^- d\mu$ のどちらかが有限のとき f は**積分確定**という．さらに $E \in \mathscr{B}$ に対して $\int_E f d\mu = \int_X 1_E f d\mu$ と定義する．

注意 1.18 積分変数を明示するときは $\int f(x) d\mu(x)$ と書く．確率論を指向する書物では $\int f(x)\, \mu(dx)$ と書くことが多い．

1.7 ほとんどいたるところ

Lebesgue 積分では測度 0 の集合は影響しない．ある性質を考えるとき，その性質が成り立たないところが測度 0 であれば，その性質は成り立っていると思ってよいことが多い．そこで次のような定義をする．

> **定義 1.41: ほとんどいたるところ，a.e.**
> 性質が零集合を除いて成立するとき，その性質は**ほとんどいたるところ**成り立つという．英語では **almost everywhere** を省略して **a.e.** という．測度をはっきりさせるときは μ-**a.e.** という．

可測性が不明のときは「ほとんどいたるところ」は注意して使う必要がある．問 1.35 参照．この節で扱う関数はすべて可測であり，このような問題は生じない．

問 1.35 全体集合 X を 3 点集合 $\{a, b, c\}$ とする．$A = \{a\}$ とし，$\mathscr{B} = \{\emptyset, A, A^c, X\}$，$\mu(\emptyset) = \mu(A^c) = 0$，$\mu(A) = \mu(X) = 1$ とすれば，$(X, \mathscr{B}, \mu)$ は完備でない測度空間になることを確かめよ．さらに $\mathscr{B}$-可測関数 f と $\mathscr{B}$-非可測関数 g で μ-a.e. に $f = g$ となるものを見つけよ．

> **補題 1.42: 可積分関数は a.e. で有限値**
> X 上の可積分関数は X 上 a.e. に有限値である．すなわち，$\int_X |f| d\mu < \infty$ ならば，集合 $E = \{x \in X : |f(x)| = \infty\}$ は $\mu(E) = 0$ をみたす．

【証明】 $E_n = \{x \in X : |f(x)| \geq n\}$ とすると，E_n は可測集合であり，さらに，$E = \bigcap_{n \geq 1} E_n$ であるから E は可測集合である．$|f| \geq n 1_{E_n}$ であるから非負関数の積分の定義より

$$\infty > \int_X |f| d\mu \geq \int_X n 1_{E_n} d\mu = n \mu(E_n).$$

したがって $\mu(E) \leq \mu(E_n) \leq n^{-1} \int_X f d\mu \to 0$. ∎

問 1.36 Chebyshev（チェビシェフ）の不等式 $\mu(\{x \in X : |f(x)| \geq \lambda\}) \leq \dfrac{1}{\lambda^p} \int_X |f|^p d\mu$ $(p, \lambda > 0)$ を示せ．

零集合は積分に影響しないので，積分に関する種々の条件は a.e. に成り立っていればよい．これは頻繁に使われる．例えば X 上で a.e. に $f = g$ ならば $\int_X f d\mu = \int_X g d\mu$ である．「a.e. に」を省略してしまうことも多いので注意が必要である．

> **補題 1.43：積分が 0 の非負可測関数はほとんどいたるところ 0**
> 非負可測関数 f が $\int_X f d\mu = 0$ をみたせば，X 上で $f = 0$ μ-a.e. である．

【証明】 対偶を示す．$E_j = \{x : f(x) \geq 1/j\}$ とおくと $\{x : f(x) > 0\} = \bigcup_{j=1}^{\infty} E_j$ だから，$f = 0$ μ-a.e. でなければ $\exists j$ s.t. $\mu(E_j) > 0$. このとき $\int_X f d\mu \geq \int_X j^{-1} 1_{E_j} d\mu = j^{-1} \mu(E_j) > 0$. ∎

問 1.37 f を可積分関数とする．任意の有界可測関数 g に対して $\int_X f g d\mu = 0$ ならば，X で $f = 0$ μ-a.e. であることを示せ．

可積分関数 f の $f^+ - f^-$ 以外の分解を考えても同じ積分を得ることを確認しておこう．

> **補題 1.44：可積分関数の非負可積分関数による分解**
> f を可測関数，g と h を非負可積分関数とする．X 上で $f = g - h$ a.e. となっていれば，f は可積分関数であり，$\int_X f d\mu = \int_X g d\mu - \int_X h d\mu$.

【証明】 $0 \leq f^+, f^- \leq |f| \leq g + h$ が X で a.e. に成り立つから，$|f|, f^+, f^-$ は可積分である．さらに，補題 1.42 より非負可積分関数 g, h は a.e. で有限値であ

り，a.e. $x \in X$ に対して $f^+(x)$, $f^-(x)$, $g(x)$, $h(x)$ はすべて有限値である．したがって a.e. に成り立つ等式 $f(x) = f^+(x) - f^-(x) = g(x) - h(x)$ を移項して

$$f^+(x) + h(x) = f^-(x) + g(x) \quad (X \text{上 a.e.}).$$

これを積分して，非負関数の積分の線形性（補題1.39）を用いると

$$\int_X f^+ d\mu + \int_X h d\mu = \int_X f^- d\mu + \int_X g d\mu.$$

ここに出てくる4つの積分はどれも有限値なので移項すると

$$\int_X f d\mu = \int_X f^+ d\mu - \int_X f^- d\mu = \int_X g d\mu - \int_X h d\mu.$$

∎

命題 1.45： 積分の線形性

f と g が積分確定ならば $a, b \in \mathbb{R}$ に対し

$$\int_X (af + bg) d\mu = a \int_X f d\mu + b \int_X g d\mu.$$

ただし，右辺は $\infty - \infty$ のような不定形でないとする．

【証明】　定義から af と bg は積分確定で $\int_X af d\mu = a \int_X f d\mu$ かつ $\int_X bg d\mu = b \int_X g d\mu$ である．したがって，$a = b = 1$ のときを示せばよい．

<u>f, g どちらも可積分のとき．</u> $f = f^+ - f^-$, $g = g^+ - g^-$ より $f + g = (f^+ + g^+) - (f^- + g^-)$ となる．したがって，補題1.44より

$$\int_X (f + g) d\mu = \int_X (f^+ + g^+) d\mu - \int_X (f^- + g^-) d\mu.$$

非負関数の積分の線形性（補題1.39）より，右辺は

$$\left\{ \int_X f^+ d\mu + \int_X g^+ d\mu \right\} - \left\{ \int_X f^- d\mu + \int_X g^- d\mu \right\}$$

$$= \left\{ \int_X f^+ d\mu - \int_X f^- d\mu \right\} + \left\{ \int_X g^+ d\mu - \int_X g^- d\mu \right\}$$

$$= \int_X f d\mu + \int_X g d\mu$$

となり求める等式が得られた.

f, g のどちらかが可積分でないとき, 一般性を失うことなく $\int_X f d\mu = \infty$ としてよい. このとき $\int_X g d\mu \neq -\infty$ ならば, $f+g$ は積分確定で $\int_X (f+g) d\mu = \infty$ であることを示せばよい. 仮定より $\int_X f^+ d\mu = \infty$ かつ $\int_X f^- d\mu < \infty$ および $\int_X g^- d\mu < \infty$ である. ゆえに f^- と g^- は a.e. に有限であり $f+g = (f^+ + g^+) - (f^- + g^-)$ が a.e. に成り立つ. ここで $\int_X (f^+ + g^+) d\mu = \infty$ かつ $\int_X (f^- + g^-) d\mu < \infty$ となり, $f+g$ は積分確定で $\int_X (f+g) d\mu = \infty$ である. ∎

命題 1.46：積分の単調性

可測関数 f, g が積分確定で a.e. に $f \leq g$ をみたすとする. このとき, $\int_X f d\mu \leq \int_X g d\mu$ である. さらに $\int_X f d\mu = \int_X g d\mu$ でこの値が有限値ならば, $f = g$ が a.e. で成り立つ.

【証明】　まず, f と g がどちらも積分可能なケースを考える. このとき条件より a.e. に $0 \leq g - f$ であるから, 非負関数の積分として $0 \leq \int_X (g-f) d\mu$ である. 命題 1.45 より, $0 \leq \int_X (g-f) d\mu = \int_X g d\mu - \int_X f d\mu$ となるから, 求める不等式を得る.

次に f と g が積分可能とは限らないときを考える. $\int_X f d\mu = -\infty$ や $\int_X g d\mu = \infty$ のときは明らかに不等号が成り立つので, それ以外のとき, すなわち $\int_X f^- d\mu < \infty$ かつ $\int_X g^+ d\mu < \infty$ のときを考えればよい. 正負の部分の定義と $f \leq g$ から $0 \leq f^+ \leq g^+$, $0 \leq g^- \leq f^-$ がわかり, 非負関数の積分の定義より, $\int_X f^+ d\mu \leq \int_X g^+ d\mu < \infty$, $\int_X g^- d\mu \leq \int_X f^- d\mu < \infty$ となる. 結局, $f^\pm$ と $g^\pm$ はすべて積分可能であり, f と g も積分可能であるから, 最初のケースに帰着される.

さらに $\int_X f d\mu = \int_X g d\mu$ が有限値で成り立つとする. このとき f と g は可積分であるから, 積分の線形性 (命題 1.45) より, $\int_X (g-f) d\mu = \int_X g d\mu - \int_X f d\mu = 0$ となり, 補題 1.43 より $g - f = 0$, すなわち $f = g$ が a.e. で成り立つ. ∎

系 1.47：絶対値を中に入れると積分は大きくなる

可測関数 f が積分確定ならば $\left| \int_X f d\mu \right| \leq \int_X |f| d\mu$ が成り立つ.

【証明】　$-|f| \leq f \leq |f|$ を積分すれば $-\int_X |f|d\mu \leq \int_X fd\mu \leq \int_X |f|d\mu$ となり，$|\int_X fd\mu| \leq \int_X |f|d\mu$ がわかる．　■

f が複素数値関数の場合は $f = u + iv$，(u, v は実数値関数) とし，
$$\int_X fd\mu = \int_X ud\mu + i\int_X vd\mu$$
と定義する．このように実部と虚部に分けて考えれば，上の基本的な性質が単調性を除いて成り立つことがわかる．絶対値については次の性質が成り立つ．

> **命題 1.48：複素数値関数の絶対値積分**
> f を複素数値関数で積分確定とすると $|\int_X fd\mu| \leq \int_X |f|d\mu$ が成り立つ．

【証明】　右辺が無限大ならば明らかに不等式は成り立つので，右辺は有限としてよい．すなわち $|f|$ は可積分としてよい．$f = u + iv$ と実部・虚部に分けると $|u| \leq |f|$，$|v| \leq |f|$ であるから u, v は可積分であり $I = \int_X fd\mu$ は有限値複素数となる．$I = 0$ ならば求める不等式は明らかに成り立つので，$I \neq 0$ とする．このとき I の偏角を θ とすれば，$I = e^{i\theta}|I|$ である．よって
$$|I| = e^{-i\theta}I = \int_X e^{-i\theta}fd\mu = \int_X \mathrm{Re}(e^{-i\theta}f)d\mu$$
となる．ここで最後の等号は $\int_X e^{-i\theta}fd\mu$ が実数 $|I|$ であるからである．実数値関数の積分の単調性より
$$|I| = \int_X \mathrm{Re}(e^{-i\theta}f)d\mu \leq \int_X |\mathrm{Re}(e^{-i\theta}f)|d\mu \leq \int_X |e^{-i\theta}f|d\mu = \int_X |f|d\mu$$
となって求める不等式が得られた．　■

以下では簡単のため，断りがなければ，実数値関数のみについて結果を述べる．
部分集合上の積分は以下のように定義する．E を μ-可測集合とする．$1_E f$ が X 上で可積分であるとき f は E 上で可積分といい，E 上の積分を
$$\int_E fd\mu = \int_X 1_E fd\mu$$
と定義する（定義1.40）．これが線形性と単調性をもつことはすぐにわかる．さら

に積分範囲については次の性質をもつ.

> **命題 1.49：積分範囲の和**
>
> 可測集合 E, F が $\mu(E \cap F) = 0$ をみたせば, $E \cup F$ 上の可積分関数 f に対して $\int_{E \cup F} f d\mu = \int_E f d\mu + \int_F f d\mu$. とくに E, F が互いに素ならこの等式が成り立つ.

【証明】 一般に $1_{E \cup F} + 1_{E \cap F} = 1_E + 1_F$ であるが, 仮定より $1_{E \cap F} = 0$ μ-a.e. である. したがって, $1_{E \cup F} f = 1_E f + 1_F f$ が X で μ-a.e. に成り立ち, 積分の線形性より求める等式を得る. ∎

1.8 積分の具体例

1.8.1 級数

$X = \mathbb{N} = \{1, 2, \ldots\}$ とし μ を $\mathbb{N}$ 上の計数測度とする. このとき $\mathscr{B}$ は 2^X となり, X 上のすべての関数 f は可測関数である. さらに $f(n) = a_n$ とすれば,

$$\int_\mathbb{N} f d\mu = \sum_{n=1}^\infty f(n) = \sum_{n=1}^\infty a_n$$

であり,

$$f \text{ は } \mu\text{-可積分} \iff \sum_{n=1}^\infty a_n \text{ は絶対収束級数}$$

となる. したがって級数を Lebesgue 積分とみなすことができる. 級数に関する定理は Lebesgue 積分の定理の特別な場合である. 逆に級数に関する定理を Lebesgue 積分の定理に一般化することができる.

1.8.2 1次元の Lebesgue 積分

$X = \mathbb{R}$ 上の測度 m を区間 $[a, b]$ に対して $m([a, b]) = b - a$ となるように構成することができる（次章の Hopf（ホップ）の拡張定理). m に対応する σ-加法族は, 最初は $\mathscr{B} = \mathscr{B}(\mathbb{R})$（Borel 集合族）であり, $m(E) = 0$ となる Borel 集合 E に含まれる集合を付け加えた集合族 $\mathscr{L}(\mathbb{R})$（Lebesgue 可測集合族）にまで完備化することができる. これを 1 次元 Lebesgue 測度という.

$\mathbb{R}$ 上の連続関数 f に対して $\{x \in \mathbb{R} : f(x) > \alpha\}$ は開集合であるから Borel 集合である. したがって, 可測関数の定義から連続関数は Borel 可測関数になる. Borel 集合族 $\mathscr{B}(\mathbb{R})$ は σ-加法族で可算無限の操作ができるから, 連続関数の各点収束の極限で与えられる関数も Borel 可測関数である. Lebesgue 可測集合族は Borel 集合族を含むから, Borel 可測関数は Lebesgue 可測であり, とくに連続関数とその各点収束極限は Lebesgue 可測関数である. 積分するときには m を省略して

$$\int_{\mathbb{R}} f(x) dm(x) = \int_{\mathbb{R}} f(x) dx$$

と書く. これは Riemann 積分の拡張になっている.

有界区間 $[a,b]$ 上の実数値関数 f の Riemann 積分は以下のように定義される. $[a,b]$ の分割 $\Delta : a = x_0 < x_1 < \cdots < x_n = b$ を考え,

$$\overline{S}(\Delta) = \sum_{j=1}^{n} M_j |x_j - x_{j-1}|, \quad M_j = \sup_{x_{j-1} \leq \xi \leq x_j} f(\xi),$$

$$\underline{S}(\Delta) = \sum_{j=1}^{n} m_j |x_j - x_{j-1}|, \quad m_j = \inf_{x_{j-1} \leq \xi \leq x_j} f(\xi)$$

とする. このとき $x_{j-1} \leq {}^\forall \xi_j \leq x_j$ に対して,

$$\underline{S}(\Delta) \leq \sum_{j=1}^{n} f(\xi_j) |x_j - x_{j-1}| \leq \overline{S}(\Delta)$$

となる. 分割 Δ の幅 $|\Delta| = \max_{1 \leq j \leq n} |x_j - x_{j-1}|$ が 0 に収束するとき, $\overline{S}(\Delta)$ と $\underline{S}(\Delta)$ が同じ値に収束するならば, それを f の Riemann 積分とよび $\int_a^b f(x) dx$ で表す. これは $\sum_{j=1}^{n} f(\xi_j) |x_j - x_{j-1}|$ の極限値でもある. f が連続ならば $[a,b]$ で一様連続になり, $[a,b]$ で Riemann 積分可能であることがわかる.

注意 1.19 Riemann 積分を定義するには積分範囲と被積分関数がどちらも有界でなければならない. $[a,b]$ を非有界区間に取り替えたり, f を非有界にしたりすると $\overline{S}(\Delta)$ と $\underline{S}(\Delta)$ は有限値でなくなってしまう. 後で述べる広義積分は積分範囲と被積分関数を有界なものに切ってその極限値として与えられる. Lebesgue 積分ではそのような制約はない. 積分範囲や被積分関数が非有界であっても, これらが可測集合・可測関数であれば, 被積分関数の正の部分, 負の部分の Lebesgue 積分を

定義できる．その積分のどちらかが有限値であれば，その差として Lebesgue 積分が確定するのである．

Riemann 積分可能であれば Lebesgue 可測かつ Lebesgue 積分可能である．次の命題のポイントは Lebesgue 可測性を示すことである．

命題 1.50： Riemann 積分可能 $\Longrightarrow$ Lebesgue 積分可能

有界区間 $[a,b]$ 上の関数 f が Riemann 積分可能ならば Lebesgue 積分可能であり，Riemann 積分と Lebesgue 積分の値は一致する．

【証明】 $[a,b]$ の 2^n 等分割 $\Delta_n : x_j = a + (b-a)j/2^n$ $(j = 0, \ldots, 2^n)$ を考え，$(a,b]$ 上で

$$\overline{f}_n = \sum_{j=1}^{2^n} M_j 1_{(x_{j-1}, x_j]}, \quad M_j = \sup_{x_{j-1} \leq \xi \leq x_j} f(\xi),$$

$$\underline{f}_n = \sum_{j=1}^{2^n} m_j 1_{(x_{j-1}, x_j]}, \quad m_j = \inf_{x_{j-1} \leq \xi \leq x_j} f(\xi),$$

とおく．さらに $\overline{f}_n(a) = \underline{f}_n(a) = f(a)$ とおけば，$\overline{f}_n$ と $\underline{f}_n$ はどちらも Borel 可測単関数で，2^n 等分の特性から，$\underline{f}_n \leq \underline{f}_{n+1} \leq f \leq \overline{f}_{n+1} \leq \overline{f}_n$ である．この極限をとって，$\lim \underline{f}_n = \underline{f}$, $\lim \overline{f}_n = \overline{f}$ とすれば，これらは Borel 可測関数で $\underline{f} \leq f \leq \overline{f}$ となる．さらに，上 Riemann 和 $\overline{S}(\Delta_n)$，下 Riemann 和 $\underline{S}(\Delta_n)$ は

$$\overline{S}(\Delta_n) = \sum_{j=1}^{2^n} M_j(x_j - x_{j-1}) = \int_a^b \overline{f}_n dx,$$

$$\underline{S}(\Delta_n) = \sum_{j=1}^{2^n} m_j(x_j - x_{j-1}) = \int_a^b \underline{f}_n dx$$

をみたす．Riemann 積分可能ならば，これらの極限値は一致し，f の Riemann 積分値となる．一方，すぐ後で示す単調収束定理（定理 1.52）から $\overline{f}_n$ と $\underline{f}_n$ の Lebesgue 積分はそれぞれ $\overline{f}$ と $\underline{f}$ の Lebesgue 積分に収束する．したがって，

$$\int_a^b \overline{f} dx = \int_a^b \underline{f} dx$$

で，両辺の差をとって $\int_a^b (\overline{f} - \underline{f}) dx = 0$．ここで $\overline{f} - \underline{f} \geq 0$ であるから，$\overline{f} - \underline{f} = 0$

a.e. となる．したがって，$\underline{f} = f = \overline{f}$ a.e. となって，f は Lebesgue 可測かつ Lebesgue 積分可能で f の Lebesgue 積分値は Riemann 積分値に一致する． ■

Riemann 積分不可能であるが Lebesgue 積分可能な関数を簡単に作ることができる．例えば

$$f(x) = \begin{cases} 1 & (x \in \mathbb{Q}) \\ 0 & (x \in \mathbb{R} \setminus \mathbb{Q}) \end{cases}$$

とすると，有理数および無理数の稠密性から，$[a,b]$ のどのような分割 Δ に対しても $\sup_{x_{j-1} \leq \xi \leq x_j} f(\xi) = 1$, $\inf_{x_{j-1} \leq \xi \leq x_j} f(\xi) = 0$ である．したがって $\overline{S}(\Delta) = b - a$, $\underline{S}(\Delta) = 0$ となり，これらは同じ極限値をもたない．したがって Riemann 積分の意味では $\int_a^b f(x)dx$ は存在しない．一方，Lebesgue 積分の意味では $m(\mathbb{Q}) = 0$ であるから $f = 0$ が $\mathbb{R}$ 上で m-a.e. に成り立ち，$\int_a^b f(x)dx = 0$ となる．

注意 1.20 有界区間上の有界可測関数は常に積分可能である．一方，可測性が不明な関数が Riemann 積分可能であることを直接検証することは現実的にはほとんど不可能なので，命題 1.50 を用いて Lebesgue 可積分性を示すことはない．命題 1.50 の価値は Riemann 積分に対する既知の結果はそのまま Lebesgue 積分に使えることにある．なお，有界関数が Riemann 積分可能である必要十分条件は Lebesgue 測度に関してほとんどいたるところ連続であることがわかっている（[14, 定理 3.8], [16, 定理 3.3.1]）．

1.8.3 d 次元 Lebesgue 積分

d 次元の Lebesgue 測度を m_d で表す．次元がわかるときは添字を省略して簡単に m と書く．これは $\mathbb{R}^d$ で定義され，直方体に対して

$$m([a_1, b_1] \times \cdots \times [a_n, b_n]) = (b_1 - a_1) \cdots (b_d - a_d)$$

をみたすものである．次章で述べる Hopf（ホップ）の拡張定理（定理 2.10）により，m は $\mathbb{R}^d$ の Borel 集合族 $\mathscr{B}(\mathbb{R}^d)$ に拡張され，さらに完備化されて Lebesgue 可測集合族 $\mathscr{L}(\mathbb{R}^d)$ まで拡張される．積分のときには m を省略して

$$\int_{\mathbb{R}^d} f(x) dm(x) = \int_{\mathbb{R}^d} f(x) dx$$

と書く．これは Riemann 積分の重積分の拡張になっている．Lebesgue 測度 m の構成は次章で行う．しばらくは Lebesgue 測度の存在を信じて様々な性質を調べていく．

問 1.38 有界区間 $K = [a,b] \times [c,d]$ 上の関数 $f(x,y)$ が Riemann 積分可能ならば Lebesgue 可測かつ Lebesgue 積分可能であり，Riemann 積分と Lebesgue 積分の値は一致することを示せ．

1.9 収束定理

この節では Lebesgue 積分の様々な収束定理を示す．おおまかな議論の流れは図 1.4 のようになる．

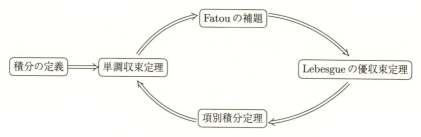

図 1.4 Lebesgue 積分の様々な収束定理

以下，測度空間 $(X, \mathscr{B}, \mu)$ を固定し，関数はすべて μ-可測関数，集合は μ-可測集合とする．関数列 $\{f_n\}$ が単調増加 ($f_1 \leq f_2 \leq \cdots$) または単調減少 ($f_1 \geq f_2 \geq \cdots$) のときをあわせて単調という．もちろん単調性は a.e. に成立していればよい．例えば $\{f_n\}$ が **a.e. に単調増加**とは，単調性が破れる集合 $E_n = \{x : f_n(x) > f_{n+1}(x)\}$ がすべて $\mu(E_n) = 0$ をみたすことである．このとき $E = \bigcup_n E_n$ とすれば，測度の劣加法性から $\mu(E) = 0$ であり，E は積分に影響しないので，積分範囲を $X \setminus E$ に制限しておけば，はじめから例外なく $f_1 \leq f_2 \leq \cdots$ が成り立つとしてよい．

可算個の条件が a.e. に成り立っていれば，はじめから例外なく条件が成り立つとしてよい．記述を簡単にするため証明の中では「a.e. の議論」は省略する．なお，「ほとんどいたるところの収束」を**概収束**とよぶ書物もある．単調列に対しては少しの仮定で極限と積分の順序交換が可能になる．これを**単調収束定理**という．単調収束定理の基本は非負で単調増加のときである．

> **定理 1.51: 非負関数の単調収束定理**
>
> 可測関数列 $\{f_n\}$ が $f_n \geq 0$, $f_n \uparrow f$ a.e. をみたせば,
> $$\lim_{n \to \infty} \int_X f_n d\mu = \int_X f d\mu.$$

【証明】 積分の単調性から $\lim_{n\to\infty} \int_X f_n d\mu \leq \int_X f d\mu$ は明らかである. 逆向きの不等号を示そう. そのためには, 任意の $0 < c < 1$ に対し,

$$\lim_{n \to \infty} \int_X f_n d\mu \geq c \int_X f d\mu \tag{1.11}$$

を示せばよい. 積分 $\int_X f d\mu$ の定義を思い出して, $0 \leq \varphi \leq f$ となる単関数 φ を任意にとり, $X_n = \{x \in X : f_n(x) \geq c\varphi(x)\}$ とする. f_n が f に各点収束し, $\varphi \leq f$ で φ は有限値であることより, $X_n \uparrow X$ である. このとき X_n 上では $\varphi \leq f_n/c$ であるから,

$$\int_{X_n} \varphi d\mu \leq \frac{1}{c} \int_{X_n} f_n d\mu \leq \frac{1}{c} \int_X f_n d\mu.$$

一方, 単関数 φ は $\varphi = \sum_{j=1}^J \alpha_j 1_{E_j}$ ($\alpha_j > 0$, E_j 可測) と表されるから, 測度の単調増加極限の性質 (命題 1.27) より

$$\int_{X_n} \varphi d\mu = \sum_{j=1}^J \alpha_j \mu(E_j \cap X_n) \uparrow \sum_{j=1}^J \alpha_j \mu(E_j \cap X) = \int_X \varphi d\mu$$

である. したがって

$$\int_X \varphi d\mu = \lim_{n \to \infty} \int_{X_n} \varphi d\mu \leq \lim_{n \to \infty} \frac{1}{c} \int_X f_n d\mu.$$

$0 \leq \varphi \leq f$ となる単関数 φ は任意だったから, 積分の定義より, (1.11) が得られ, $0 < c < 1$ は任意だったから定理が得られた. ■

一般符号の場合や単調減少の場合には追加の仮定が少し必要である.

定理 1.52: 一般の単調収束定理

可測関数列 $\{f_n\}$ が

(i) $f_n \uparrow f$ または $f_n \downarrow f$ a.e.
(ii) $\int_X |f_1| d\mu < \infty$

をみたせば，$\displaystyle\lim_{n\to\infty} \int_X f_n d\mu = \int_X f d\mu.$

【証明】 $\{f_n\}_n$ が単調増加列のときは $\{f_n - f_1\}_n$ は非負関数の単調増加列になる．積分の線形性（命題 1.45）および非負関数の単調収束定理より

$$\int_X f d\mu - \int_X f_1 d\mu = \int_X (f - f_1) d\mu = \int_X \lim_{n\to\infty} (f_n - f_1) d\mu$$
$$= \lim_{n\to\infty} \int_X (f_n - f_1) d\mu = \lim_{n\to\infty} \int_X f_n d\mu - \int_X f_1 d\mu.$$

両辺に有限値 $\int_X f_1 d\mu$ を加えればよい．$\{f_n\}_n$ が単調減少列のときは $\{f_1 - f_n\}_n$ は非負関数の単調増加列になる．積分の線形性および非負関数の単調収束定理より

$$\int_X f_1 d\mu - \int_X f d\mu = \int_X (f_1 - f) d\mu = \int_X \lim_{n\to\infty} (f_1 - f_n) d\mu$$
$$= \lim_{n\to\infty} \int_X (f_1 - f_n) d\mu = \int_X f_1 d\mu - \lim_{n\to\infty} \int_X f_n d\mu.$$

両辺から有限値 $\int_X f_1 d\mu$ を引いて -1 をかければよい． ■

問 1.39 上の定理で f_1 が非可積分のときはどうなるか？

定理 1.53: Fatou（ファトウ）の補題

可測関数列 $\{f_n\}$ が $f_n \geq 0$ a.e. をみたせば，

$$\int_X \left(\liminf_{n\to\infty} f_n\right) d\mu \leq \liminf_{n\to\infty} \left(\int_X f_n d\mu\right).$$

【証明】 $g_n(x) = \inf_{k \geq n} f_k(x)$ とおくと，$g_n(x) \leq f_n(x)$ であり，下極限の定義から，$g_n(x) \uparrow \liminf_{n\to\infty} f_n(x)$ である．したがって定理 1.51 より

$$\int_X \Big(\liminf_{n\to\infty} f_n\Big)d\mu = \int_X \Big(\lim_{n\to\infty} g_n\Big)d\mu = \lim_{n\to\infty}\Big(\int_X g_n d\mu\Big)$$
$$\le \liminf_{n\to\infty}\Big(\int_X f_n d\mu\Big).$$

最後の不等号は，$\int_X g_n d\mu \le \int_X f_n d\mu$ の下極限をとることより． ∎

問 1.40 Fatou の補題で $f_n \ge 0$ が成り立たない場合はどうなるか考察せよ．

問 1.41 $f_n \ge 0$ で，$f_n \to f$ かつ $\lim_{n\to\infty}\int_X f_n d\mu = \int_X f d\mu < \infty$ ならば，
$$\lim_{n\to\infty}\int_X |f_n(x) - f(x)|\,d\mu(x) = 0$$
となることを示せ．ヒント．$f_n + f - |f_n - f| \ge 0$．

Lebesgue の優収束定理は極限と積分の順序交換を保障する十分条件を与える．

定理 1.54：Lebesgue の優収束定理

可測関数列 $\{f_n\}$ が

(i) $f_n \to f$ a.e.
(ii) $|f_n| \le {}^\exists g$ a.e. （ただし，$\int_X g d\mu < \infty$）

をみたせば，$\displaystyle\lim_{n\to\infty}\int_X |f_n - f|\,d\mu = 0$ かつ $\displaystyle\lim_{n\to\infty}\int_X f_n d\mu = \int_X f d\mu$．

【証明】 $|f_n| \le g$ の極限をとって $|f| \le g$ も成り立つ．したがって三角不等式より X 上で $2g - |f_n - f| \ge 0$ である．これに Fatou の補題を用いると
$$\int_X 2g d\mu = \int_X \liminf_{n\to\infty}(2g - |f_n - f|)d\mu \le \liminf_{n\to\infty}\int_X (2g - |f_n - f|)d\mu$$
$$= 2\int_X g d\mu - \limsup_{n\to\infty}\int_X |f_n - f|\,d\mu.$$

両辺から $0 \le 2\int_X g d\mu < \infty$ を引いて移項すれば
$$\limsup_{n\to\infty}\int_X |f_n - f|\,d\mu \le 0.$$

これから最初の主張が得られる．2番目の主張は $|\int_X f_n d\mu - \int_X f d\mu| \le \int_X |f_n - f|\,d\mu$ より明らか． ∎

問 1.42 f を X 上の μ-可積分関数とする．このとき
$$\lim_{n\to\infty}\int_X n\sin\Big(\frac{f(x)}{n}\Big)d\mu(x)$$
を求めよ．ヒント．$|\sin t| \leq |t|$ と Lebesgue の収束定理．

Lebesgue の優収束定理にでてきた $|f_n| \leq g$ a.e. をみたす可積分関数 g を関数列 $\{f_n\}$ の**優関数**という．$\mu(X) < \infty$ のときには定数を優関数とすることができる．これを**有界収束定理**という．

系 1.55：有界収束定理

$\mu(X) < \infty$ とする．可測関数列 $\{f_n\}$ が

(i) $f_n \to f$ a.e.
(ii) $|f_n| \leq {}^{\exists}M$ a.e. （ただし，M は定数）

をみたせば，$\displaystyle\lim_{n\to\infty}\int_X |f_n - f|d\mu = 0$ かつ $\displaystyle\lim_{n\to\infty}\int_X f_n d\mu = \int_X f d\mu$.

定理 1.56：項別積分定理

任意の可測関数列 $\{f_n\}$ について
$$\int_X \Big(\sum_{n=1}^{\infty}|f_n|\Big)d\mu = \sum_{n=1}^{\infty}\int_X |f_n|d\mu$$
は常に成立．さらに，これが有限値であれば，
$$\int_X \Big(\sum_{n=1}^{\infty}f_n\Big)d\mu = \sum_{n=1}^{\infty}\int_X f_n d\mu.$$

【証明】 $F_N = \sum_{n=1}^{N}|f_n|$ とすると，非負関数の単調収束定理（定理1.51）により，$\int_X F_N d\mu \uparrow \int_X \sum_{n=1}^{\infty}|f_n|d\mu$．線形性より左辺は $\sum_{n=1}^{N}\int_X |f_n|d\mu$ であるから，$N \to \infty$ として
$$\sum_{n=1}^{\infty}\int_X |f_n|d\mu = \lim_{N\to\infty}\sum_{n=1}^{N}\int_X |f_n|d\mu = \int_X \sum_{n=1}^{\infty}|f_n|d\mu.$$

もし上が有限値ならば，$\sum_{n=1}^{\infty}|f_n|$ は可積分関数である．$\sum_{n=1}^{\infty}|f_n|$ を部分和 $\sum_{n=1}^{N}f_n$ の優関数として Lebesgue の優収束定理を用いれば $\sum_{n=1}^{N}\int_X f_n d\mu =$

$\int_X \sum_{n=1}^N f_n d\mu \to \int_X \left(\sum_{n=1}^\infty f_n\right) d\mu$, すなわち

$$\sum_{n=1}^\infty \int_X f_n d\mu = \lim_{N\to\infty} \sum_{n=1}^N \int_X f_n d\mu = \int_X \left(\sum_{n=1}^\infty f_n\right) d\mu.$$

∎

問 1.43 上の定理の 2 番目の主張では $\sum_{n=1}^\infty f_n$ が a.e. に存在することを認めている．これはなぜか？

問 1.44 f を $\mathbb{R}$ 上の Lebesgue 可積分関数とする．$\int_\mathbb{R} \sum_{n=0}^\infty \dfrac{f(x+n)}{3^n} dx$ を求めよ．

問 1.45 項別積分定理から非負関数の単調収束定理を導け．これによって，<u>単調収束定理，Fatou の補題，Lebesgue の優収束定理，項別積分定理は同値であることがわかる</u>．

Lebesgue の優収束定理や有界収束定理の添字 n を連続パラメータにすることができる．

定理 1.57： 連続パラメータに対する収束定理

$t_0 \in (a,b)$ とし，2 変数関数 $f(t,x)$ は $(a,b) \times X$ で定義され，以下の条件をみたすとする．

(i) 任意に $t \in (a,b)$ を固定すると $f(t,\cdot)$ は X 上可積分．
(ii) a.e. $x \in X$ を固定すると $\lim_{t\to t_0} f(t,x) = f(t_0, x)$．
(iii) X 上の非負可積分関数 $g(x)$ があって，$|f(t,x)| \le g(x)$ ($\forall t \in (a,b)$，a.e. $x \in X$)．

このとき $\lim_{t\to t_0} \int_X f(t,x) d\mu(x) = \int_X f(t_0, x) d\mu(x)$．

【証明】 $F(t) = \int_X f(t,x) d\mu(x)$ とすると $\lim_{t\to t_0} F(t) = F(t_0)$ が示すことである．極限の性質より，これは t_0 に収束する任意の数列 $\{t_n\}$ に対して，$\lim_{n\to\infty} F(t_n) = F(t_0)$ となることと同値である．これは $h_n(x) = f(t_n, x)$ とおけば

$$\lim_{n\to\infty} \int_X h_n(x) d\mu(x) = \int_X h_0(x) d\mu(x)$$

と書き換えられ，Lebesgue の優収束定理に帰着できる． ∎

Lebesgue の優収束定理の応用として**積分記号下の微分**の十分条件を与えよう．

> **定理 1.58： 積分記号下の微分**
>
> 2変数関数 $f(t,x)$ は $(a,b) \times X$ で定義され，以下の条件をみたすとする．
>
> (i) 任意に $t \in (a,b)$ を固定すると $f(t,\cdot)$ は X 上可積分．
> (ii) a.e. $x \in X$ を固定すると $f(\cdot, x)$ は (a,b) で微分可能．
> (iii) X 上の可積分関数 $g(x) \geq 0$ があって，$\left|\frac{\partial f}{\partial t}(t,x)\right| \leq g(x)$ $(\forall t \in (a,b),$ a.e. $x \in X)$．
>
> このとき $\int_X f(t,x) d\mu(x)$ は (a,b) で微分可能で
> $$\frac{d}{dt} \int_X f(t,x) d\mu(x) = \int_X \frac{\partial}{\partial t} f(t,x) d\mu(x) \quad \forall t \in (a,b).$$

【証明】 $F(t) = \int_X f(t,x) d\mu(x)$ とする．任意の $t_0 \in (a,b)$ に対して微分

$$\lim_{t \to t_0} \frac{F(t) - F(t_0)}{t - t_0} = \lim_{t \to t_0} \int_X \frac{f(t,x) - f(t_0,x)}{t - t_0} d\mu(x) \quad (1.12)$$

を計算する．零集合は積分に影響しないから，すべての $x \in X$ に対して $f(\cdot, x)$ は (a,b) で微分可能としてよい．平均値の定理より t と t_0 の間に t' が存在して

$$\frac{f(t,x) - f(t_0,x)}{t - t_0} = \frac{\partial f}{\partial t}(t', x).$$

条件 (iii) より右辺の絶対値は t に関係ない可積分関数 $g(x)$ で押さえられ，条件 (ii) より $t \to t_0$ のとき左辺は $\frac{\partial}{\partial t} f(t_0, x)$ に収束する．ゆえに Lebesgue の優収束定理（定理 1.57）より，(1.12) の極限と積分を交換して

$$\lim_{t \to t_0} \frac{F(t) - F(t_0)}{t - t_0} = \int_X \frac{\partial}{\partial t} f(t_0, x) d\mu(x)$$

となる．すなわち，$F(t)$ は $t = t_0$ で微分可能で，積分記号下の微分が成り立つ．$t_0 \in (a,b)$ は任意だったから定理を得る． ∎

1.9 収束定理

注意 1.21 定理 1.57 では条件 (i) は条件 (iii) から自動的に出るので，省略できる．一方，定理 1.58 では条件 (i) は条件 (iii) から出るとは限らないので，省略できない．

f が非負可測関数であるとき，$E \in \mathscr{B}$ に $\int_E f d\mu$ を対応させる**不定積分**は測度になる．f が可積分関数であるときには不定積分は**符号付き測度**になる．これは将来，Radon-Nikodym の定理に現れてくる．

定理 1.59：不定積分の性質

f は X 上の可積分関数とする．このとき $E \in \mathscr{B}$ に $\int_E f d\mu$ を対応させる不定積分は以下の性質をもつ．

(i) $\{E_n\}$ が互いに素ならば，$E = \bigcup_n E_n$ に対して $\int_E f d\mu = \sum_n \int_{E_n} f d\mu$．

(ii) $E_n \uparrow E$ または $E_n \downarrow E$ ならば $\int_E f d\mu = \lim_{n \to \infty} \int_{E_n} f d\mu$．

【証明】 項別積分定理や優収束定理を $1_E f$ や $1_{E_n} f$ に用いればよい． ∎

定理 1.60：不定積分の絶対連続性

f は可積分関数とする．このとき任意の $\varepsilon > 0$ に対して $\delta > 0$ が存在して

$$\mu(E) < \delta \implies \left| \int_E f d\mu \right| < \varepsilon$$

となる．この性質を**不定積分の絶対連続性**という．

【証明】 $X_\infty = \{x \in X : |f(x)| = \infty\}$, $X_n = \{x \in X : |f(x)| > n\}$ とおくと，$X_n \downarrow X_\infty$ で f は可積分だから $\mu(X_\infty) = 0$ となる．したがって，定理 1.59 より

$$\int_{X_n} |f| d\mu \downarrow \int_{X_\infty} |f| d\mu = 0.$$

そこで N を十分大きくして $\int_{X_N} |f| d\mu \leq \frac{\varepsilon}{2}$ とできる．このとき $\mu(E) < \frac{\varepsilon}{2N}$ ならば，

$$\left| \int_E f d\mu \right| \leq \int_E |f| d\mu \leq \int_{E \setminus X_N} |f| d\mu + \int_{X_N} |f| d\mu$$

$$\leq \int_E N d\mu + \frac{\varepsilon}{2} = N\mu(E) + \frac{\varepsilon}{2} < \varepsilon.$$

したがって，$\delta = \dfrac{\varepsilon}{2N}$ で定理が成り立つ． ∎

1.10 収束定理の応用

Lebesgue の優収束定理に代表される収束定理を用いて，数々の興味深い結果を厳密な議論によって導くことができる．可測性は検証しなくてもわかっていることが多い．まず，基本的な例題から始めよう．

例題 1.10：優収束定理と積分記号下の微分

f を $\mathbb{R}$ 上の Lebesgue 可積分関数とする．$F(x) = \displaystyle\int_0^\infty \dfrac{f(y)}{x+y} dy$ は以下の性質をもつことを示せ．

(i) $F(x)$ は $0 < x < \infty$ で連続である．
(ii) $\displaystyle\lim_{x \to \infty} F(x) = 0$.
(iii) $F(x)$ は $0 < x < \infty$ で微分可能である．
(iv) $F(x)$ は $0 < x < \infty$ で何回でも微分可能である．

【解答例】 (i) $g(x, y) = \dfrac{f(y)}{x+y}$ とすると，g は y について可積分で，$x > a > 0$ ならば

$$|g(x,y)| \leq \dfrac{|f(y)|}{a} \quad (0 \leq y < \infty). \tag{1.13}$$

右辺は x に関係ない可積分関数だから Lebesgue の収束定理から

$$\lim_{x \to x_0} F(x) = \lim_{x \to x_0} \int_0^\infty \dfrac{f(y)}{x+y} dy = \int_0^\infty \lim_{x \to x_0} \dfrac{f(y)}{x+y} dy = \int_0^\infty \dfrac{f(y)}{x_0+y} dy = F(x_0)$$

が $x_0 > a$ に対して成立．すなわち $F(x)$ は $x > a$ で連続．$a > 0$ は任意だから $F(x)$ は $x > 0$ で連続．

(ii) (1.13) と Lebesgue の収束定理から $x \to \infty$ とすれば，

$$\lim_{x \to \infty} F(x) = \int_0^\infty \lim_{x \to \infty} \dfrac{f(y)}{x+y} dy = 0.$$

(iii) g を x で偏微分して，$x > a > 0$ では

$$|g_x(x,y)| = \left| \dfrac{-f(y)}{(x+y)^2} \right| \leq \dfrac{|f(y)|}{a^2} \quad (0 \leq y < \infty).$$

右辺は x に関係ない可積分関数だから．積分記号下の微分ができて

$$F'(x) = \int_0^\infty \dfrac{-f(y)}{(x+y)^2} dy \tag{1.14}$$

が $x > a$ で成り立つ．$a > 0$ は任意だから，$x > 0$ で $F(x)$ は微分可能で，(1.14) が成立する．

(iv) g_x を x で偏微分して，$x > a > 0$ では

$$|g_{xx}(x, y)| = \left|\frac{2f(y)}{(x+y)^3}\right| \leq \frac{2|f(y)|}{a^3} \quad (0 \leq y < \infty).$$

右辺は x に関係ない可積分関数だから (1.14) の積分記号下の微分ができて

$$F''(x) = \int_0^\infty \frac{2f(y)}{(x+y)^3} dy$$

が $x > a$ で成り立つ．$a > 0$ は任意だから，$x > 0$ で $F(x)$ は 2 回微分可能でこの式が成り立つ．以下，この議論を繰り返せば $F(x)$ は $x > 0$ で何回でも微分可能であることがわかる．

収束定理の実戦的な応用として，偏微分方程式の初期値問題と境界値問題を考察しよう．最初は熱方程式の初期値問題への応用である．簡単のため空間 1 次元のときを考察する．高次元の場合もほとんど同様である．$f(x)$ を $\mathbb{R}$ 上の関数とする．$t > 0$, $-\infty < x < \infty$ で定義された関数 $u(t, x)$ に対して

$$\left(\frac{\partial}{\partial t} - \frac{\partial^2}{\partial x^2}\right) u(t, x) = 0 \quad (t, x) \in \mathbb{R}^+ \times \mathbb{R} \tag{1.15}$$

$$u(0, x) = f(x) \qquad x \in \mathbb{R} \tag{1.16}$$

を熱方程式の初期値問題という．この問題の解を**熱核**

$$p(t, x) = \frac{1}{\sqrt{4\pi t}} \exp\left(-\frac{x^2}{4t}\right)$$

によって与えることができる．

定理 1.61：熱方程式の初期値問題の解

$f(x)$ が $\mathbb{R}$ 上の有界連続関数のとき，

$$u(t, x) = \int_{-\infty}^\infty p(t, x - y) f(y) dy = \frac{1}{\sqrt{4\pi t}} \int_{-\infty}^\infty \exp\left(-\frac{(x-y)^2}{4t}\right) f(y) dy$$

は熱方程式の初期値問題 (1.15), (1.16) の解である．

この定理の証明はある程度のボリュームがあるのでいくつかのステップに分けて考察しよう．積分記号下の微分を用いれば $u(t, x)$ の微分は熱核 $p(t, x)$ の微分に帰着される．

補題 1.62: 熱核は熱方程式をみたす

熱核 $p(t,x) = \dfrac{1}{\sqrt{4\pi t}} \exp\left(-\dfrac{x^2}{4t}\right)$ は熱方程式 (1.15) をみたす.

【証明】 定義どおり微分する.

$$\frac{\partial p}{\partial x} = \frac{1}{\sqrt{4\pi t}}\left(-\frac{2x}{4t}\right)\exp\left(-\frac{x^2}{4t}\right),$$

$$\frac{\partial^2 p}{\partial x^2} = \frac{1}{\sqrt{4\pi t}}\left\{\left(-\frac{2x}{4t}\right)^2 - \frac{1}{2t}\right\}\exp\left(-\frac{x^2}{4t}\right),$$

$$\frac{\partial p}{\partial t} = -\frac{1}{2t\sqrt{4\pi t}}\exp\left(-\frac{x^2}{4t}\right) + \frac{1}{\sqrt{4\pi t}}\left(\frac{x^2}{4t^2}\right)\exp\left(-\frac{x^2}{4t}\right).$$

これから $\dfrac{\partial p}{\partial t} = \dfrac{\partial^2 p}{\partial x^2}$ となって, (1.15) が成り立つ. ∎

補題 1.63: 熱方程式成立

$f(x)$ が $\mathbb{R}$ 上の有界連続関数のとき, $u(t,x) = \displaystyle\int_{-\infty}^{\infty} p(t, x-y)f(y)dy$ は熱方程式 (1.15) をみたす.

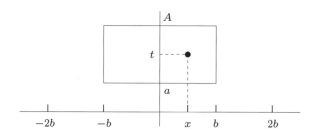

図 1.5 積分記号下の微分により熱方程式成立

【証明】 $|f(y)| \leq M$ とする. $0 < a < A$ および $b > 0$ を任意に固定して $a < t < A$ かつ $|x| < b$ で $u(t,x)$ は熱方程式 (1.15) をみたすことを示そう. これがわかれば a, A, b の任意性より, $t > 0$, $-\infty < x < \infty$ で熱方程式 (1.15) が成り立つ.

1.10 収束定理の応用　49

以下 $a < t < A$ かつ $|x| < b$ とする．図 1.5 参照．積分範囲を 2 つに分ける．

(i) $\underline{|y| \geq 2b}$ のとき．$|x| < b \leq |y|/2$ ゆえ，$|x-y| \geq |y| - |x| \geq |y|/2$ であるから，

$$\Big| \exp\Big(-\frac{(x-y)^2}{4t} \Big) f(y) \Big| \leq M \exp\Big(-\frac{(|y|/2)^2}{4A} \Big),$$

$$\int_{|y| \geq 2b} M \exp\Big(-\frac{y^2}{16A} \Big) dy < \infty.$$

(ii) $\underline{|y| \leq 2b}$ のとき．

$$\Big| \exp\Big(-\frac{(x-y)^2}{4t} \Big) f(y) \Big| \leq M, \quad \int_{|y| \leq 2b} M dy < \infty.$$

以上から $\int_{-\infty}^{\infty} \exp\Big(-\frac{(x-y)^2}{4t} \Big) f(y) dy$ は収束して意味をもつ．

熱核 $p(t, x-y)$ は熱方程式 (1.15) をみたすから，$u(t, x)$ に積分記号下の微分を用いることができることを示せばよい．2 つの場合に分けて積分記号下の微分の条件を確かめる．

(i) $\underline{|y| \geq 2b}$ のとき．$|x-y| \geq |y| - |x| \geq |y|/2$ であるから

$$\Big| \frac{\partial p}{\partial x} \Big| \leq \frac{1}{\sqrt{4\pi a}} \cdot \frac{|x-y|}{2a} \cdot \exp\Big(-\frac{(x-y)^2}{4A} \Big) \leq \frac{1}{\sqrt{4\pi a}} \cdot \frac{2|y|}{2a} \cdot \exp\Big(-\frac{(|y|/2)^2}{4A} \Big),$$

$$\Big| \frac{\partial^2 p}{\partial x^2} \Big| \leq \frac{1}{\sqrt{4\pi a}} \Big\{ \Big(\frac{|x-y|}{2a} \Big)^2 + \frac{1}{2a} \Big\} \exp\Big(-\frac{(x-y)^2}{4A} \Big)$$

$$\leq \frac{1}{\sqrt{4\pi a}} \Big\{ \Big(\frac{2|y|}{2a} \Big)^2 + \frac{1}{2a} \Big\} \exp\Big(-\frac{(|y|/2)^2}{4A} \Big),$$

$$\Big| \frac{\partial p}{\partial t} \Big| \leq \frac{1}{2a\sqrt{4\pi a}} \exp\Big(-\frac{(x-y)^2}{4A} \Big) + \frac{1}{\sqrt{4\pi a}} \Big(\frac{(x-y)^2}{4a^2} \Big) \exp\Big(-\frac{(x-y)^2}{4A} \Big)$$

$$\leq \frac{1}{2a\sqrt{4\pi a}} \exp\Big(-\frac{(|y|/2)^2}{4A} \Big) + \frac{1}{\sqrt{4\pi a}} \Big(\frac{(2|y|)^2}{4a^2} \Big) \exp\Big(-\frac{(|y|/2)^2}{4A} \Big)$$

となり，右辺は t, x によらない $|y| \geq 2b$ 上の可積分関数である．

(ii) $\underline{|y| \leq 2b}$ のとき．$|x-y| \leq 3b$ ゆえ，$\exp(負数) \leq 1$ から，

$$\Big| \frac{\partial p}{\partial x} \Big| \leq \frac{1}{\sqrt{4\pi a}} \cdot \frac{3b}{2a},$$

$$\left|\frac{\partial^2 p}{\partial x^2}\right| \leq \frac{1}{\sqrt{4\pi a}}\left\{\left(\frac{3b}{2a}\right)^2 + \frac{1}{2a}\right\},$$

$$\left|\frac{\partial p}{\partial t}\right| \leq \frac{1}{2a\sqrt{4\pi a}} + \frac{1}{\sqrt{4\pi a}}\left(\frac{(3b)^2}{4a^2}\right)$$

となり，右辺は有界で $|y| \leq 2b$ で可積分である．

以上 (i), (ii) から，$a < t < A$ かつ $|x| < b$ で積分記号下の微分が正当化され，$u(t,x)$ は熱方程式をみたす．ところが $a, A, b > 0$ は任意だったから $u(t,x)$ は $\mathbb{R}^+ \times \mathbb{R}$ 全体で熱方程式をみたす． ■

初期条件成立を見るために Gauss（ガウス）積分の公式を用いる（例題 2.4 参照）．

$$\int_{-\infty}^{\infty} \exp(-x^2) dx = \sqrt{\pi}. \tag{1.17}$$

補題 1.64：初期条件成立

$f(x)$ が $\mathbb{R}$ 上の有界連続関数のとき，$u(t,x) = \displaystyle\int_{-\infty}^{\infty} p(t, x-y) f(y) dy$ は熱方程式の初期条件 (1.16) をみたす．

【証明】　まず $f(y)$ が定数 C のときを考える．このとき

$$\int_{-\infty}^{\infty} p(t, x-y) f(y) dy = C \int_{-\infty}^{\infty} p(t, y) dy = \frac{C}{\sqrt{4\pi t}} \int_{-\infty}^{\infty} \exp\left(-\frac{y^2}{4t}\right) dy$$

$$= \frac{2C\sqrt{t}}{\sqrt{4\pi t}} \int_{-\infty}^{\infty} \exp(-z^2) dz = \frac{C\sqrt{\pi}}{\sqrt{\pi}} = C = f(x)$$

であるから初期条件 (1.16) 成立．ここで，$z = y/\sqrt{4t}$ と変数変換し，(1.17) を用いた．

一般のとき $\lim_{t\downarrow 0} u(t,x) \to f(x)$ を示そう．平行移動すればよいので $x = 0$ としてよい．前半より

$$|u(t,0) - f(0)| = \left|\int_{-\infty}^{\infty} p(t, 0-y)(f(y) - f(0)) dy\right| \leq \int_{-\infty}^{\infty} p(t, -y)|f(y) - f(0)| dy$$

となる．右辺が 0 に収束することを示せばよい．f は $x = 0$ で連続なので，任意の $\varepsilon > 0$ に対して $\delta > 0$ があって $|y| < \delta$ では $|f(y) - f(0)| < \varepsilon$ となる．したがって

$$\int_{-\delta}^{\delta} p(t,-y)|f(y)-f(0)|dy \leq \varepsilon \int_{-\delta}^{\delta} p(t,-y)dy \leq \varepsilon \int_{-\infty}^{\infty} p(t,-y)dy = \varepsilon.$$

一方,$|f| \leq M$ とすると,$t \to 0$ のとき

$$\int_{|y|\geq \delta} p(t,-y)|f(y)-f(0)|dy \leq \frac{2M}{\sqrt{4\pi t}} \int_{|y|\geq \delta} \exp\Big(-\frac{y^2}{4t}\Big)dy$$
$$= \frac{4M}{\sqrt{\pi}} \int_{\delta/\sqrt{4t}}^{\infty} \exp(-z^2)dz \to 0.$$

ここで,変数変換 $z = y/\sqrt{4t}$ および (1.17) を用いた.以上から $u(t,0) \to f(0)$. ∎

問 1.46 定理 1.61 の仮定を「f は連続可積分」に取り替えても同じ結論が成り立つことを示せ.

問 1.47 $s,t > 0$ とすると $\int_{-\infty}^{\infty} p(s,x-y)p(t,y)dy = p(s+t,x)$ となることを示せ(熱核の半群の性質).

次に Dirichlet(ディリクレ)問題への応用を与えよう.$\mathbb{R}^d$ 上の 2 階の偏微分作用素

$$\Delta = \frac{\partial^2}{\partial x_1^2} + \cdots + \frac{\partial^2}{\partial x_d^2}$$

を**ラプラシアン**という.$\Delta u = 0$ となる関数 u を**調和関数**という.D を領域とする.D 内の調和関数で D の境界で与えられた境界値をとるものを見つけることを **Dirichlet 問題**という.以下,簡単のため 2 変数関数 $u(x,y)$ について考える.このとき u が調和である条件は

$$\Delta u = \Big(\frac{\partial^2}{\partial x^2} + \frac{\partial^2}{\partial y^2}\Big)u = \frac{\partial^2 u}{\partial x^2} + \frac{\partial^2 u}{\partial y^2} = 0$$

となる.$\mathbb{R}^+ = (0,\infty)$ とする.$\mathbb{R} \times \mathbb{R}^+$ を**上半平面**という.$\mathbb{R} \times \mathbb{R}^+$ 上の Dirichlet 問題を解こう.すなわち,$\mathbb{R}$ 上の関数 $f(x)$ に対して

$$\Delta u(x,y) = 0 \quad (x,y) \in \mathbb{R} \times \mathbb{R}^+ \tag{1.18}$$

$$u(x,0) = f(x) \quad x \in \mathbb{R} \tag{1.19}$$

となる $u(x,y)$ を求めよう.この解は **Poisson**(ポアソン)**核** $P(x,y) = \dfrac{y}{\pi(x^2+y^2)}$ によって与えられる.

52　第1章　Lebesgue積分の定義と収束定理

> **定理 1.65： 上半平面上の Dirichlet 問題**
>
> 境界関数 f が連続可積分関数ならば，
> $$u(x,y) = \int_{-\infty}^{\infty} P(x-\xi,y)f(\xi)d\xi = \frac{1}{\pi}\int_{-\infty}^{\infty} \frac{yf(\xi)}{(x-\xi)^2+y^2}d\xi \quad (1.20)$$
> は $\mathbb{R}\times\mathbb{R}^+$ 上の Dirichlet 問題 (1.18) および (1.19) の解である．

熱方程式の初期値問題と同じようにいくつかのステップに分けてこの定理を証明する．やり方は同様なので，各ステップを問にしよう．

問 1.48　$u(x,y)$ は $\mathbb{R}\times\mathbb{R}^+$ で連続．

問 1.49　$u(x,y) \in C^\infty(\mathbb{R}\times\mathbb{R}^+)$．

問 1.50　$u(x,y)$ は $\mathbb{R}\times\mathbb{R}^+$ で調和．

問 1.51　$u(x,y)$ は境界条件 (1.19) をみたす．

問 1.52　定理 1.65 の仮定を「f は有界連続」に取り替えても同じ結論が成り立つことを示せ．

1.11　まとめ

- σ-加法族．可測集合族．生成される σ-加法族．位相的 Borel 集合族は開集合から生成される σ-加法族．
- 可測関数．可測単関数．可測性は可算個の操作で不変．可測性は σ-加法族に依存．位相的 Borel 集合族に関して可測な関数が Borel 可測関数．連続関数は Borel 可測．
- 測度．可算加法性．単調増加性．
- 非負可測関数の積分はそれ以下の非負可測単関数の積分の上限．非負可測関数は常に積分確定．一般符号関数は正の部分と負の部分に分けて積分．
- 零集合．ほとんどいたるところ．完備化．だめなところを除外して考える．
- 単調収束定理，Fatou の補題，Lebesgue の優収束定理，項別積分定理．連続パラメータの優収束定理，積分記号下での微分．
- $\mathbb{R}$ では区間の長さを与える特別な測度が存在（証明は次章），その完備化が Lebesgue 測度．$\mathbb{R}^d$ には d 次元の Lebesgue 測度．
- 偏微分方程式の初期値問題と境界値問題のような具体的な問題への応用．

第 2 章

Lebesgue 測度の構成とFubiniの定理

測度の可算加法性は美しい性質であるが，一方では可算加法性をみたすように測度を作ることは難しい．ここでは測度より弱い条件をみたす外測度を導入する．外測度は測度より簡単に作ることができる．いったん外測度ができてしまえば，Hopf（ホップ）の拡張定理によって測度を構成することができる．このアプローチにより Lebesgue 測度を厳密に定義するとともに，2 重積分に対応する直積測度および Fubini（フビニ）の定理を証明する．Fubini の定理の応用として広義積分を計算する．

この章では σ-加法族に加えて，有限加法族や単調族などのそれ以外の集合族が登場する．これらは測度の構成や Fubini の定理の証明にだけ必要である．多くの集合族に惑わされないでほしい．σ-加法族とそれ以外の集合族では重要度がまったく異なる．σ-加法族なしには Lebesgue 積分の定義すらできないが，それ以外の集合族はこの章の議論にだけ必要である．

2.1 外測度

> **定義 2.1：外測度**
>
> X を全体集合とする．X の任意の部分集合 A に定義された関数 $\Gamma(A)$ が以下の条件をみたすときに**外測度**とよぶ．
>
> (i) $0 \leq \Gamma(A) \leq +\infty$，$\Gamma(\emptyset) = 0$ （非負性）．
> (ii) $A \subset B \implies \Gamma(A) \leq \Gamma(B)$ （単調性）．
> (iii) $\Gamma(\bigcup_n A_n) \leq \sum_n \Gamma(A_n)$ （可算劣加法性）．

例題 2.1 : 測度から作られる外測度

$(X, \mathscr{B}, \mu)$ を測度空間とする。$\forall A \subset X$ に対して

$$\Gamma(A) = \inf\{\mu(E) : A \subset E,\ E \in \mathscr{B}\}$$

と定義すれば，Γ は外測度になることを示せ．

【解答例】 Γ の非負性と単調性は明らかである．可算劣加法性，すなわち，$A_n \subset X$ に対し

$$\Gamma\Big(\bigcup_{n=1}^{\infty} A_n\Big) \leq \sum_{n=1}^{\infty} \Gamma(A_n) \tag{2.1}$$

を示そう．(2.1) の右辺が $+\infty$ ならば明らかなので，有限のときを考えればよい．したがって，各 $\Gamma(A_n)$ は有限値としてよい．任意に $\varepsilon > 0$ をとる．定義より $\exists E_n \in \mathscr{B}$ で $A_n \subset E_n$ で $\mu(E_n) < \Gamma(A_n) + \dfrac{\varepsilon}{2^n}$ となるものがとれる．このとき $\bigcup_{n=1}^{\infty} A_n \subset \bigcup_{n=1}^{\infty} E_n \in \mathscr{B}$ で

$$\Gamma\Big(\bigcup_{n=1}^{\infty} A_n\Big) \leq \mu\Big(\bigcup_{n=1}^{\infty} E_n\Big) \leq \sum_{n=1}^{\infty} \mu(E_n) \leq \sum_{n=1}^{\infty}\Big(\Gamma(A_n) + \frac{\varepsilon}{2^n}\Big) = \sum_{n=1}^{\infty} \Gamma(A_n) + \varepsilon.$$

$\varepsilon > 0$ は任意なので (2.1) がわかる．

問 2.1 X 上の外測度 Γ_1 と Γ_2 から以下のように定義される集合関数は外測度になることを示せ．
 (i) $\Gamma(A) = \Gamma_1(A) + \Gamma_2(A)$ (ii) $\Gamma^*(A) = \max\{\Gamma_1(A), \Gamma_2(A)\}$

次の例では任意の非負集合関数から外測度を作る．これは Hopf の拡張定理の重要なステップである．

例題 2.2 : 非負集合関数から作られる外測度

X の部分集合からなる族 $\mathscr{E}$ と $\mathscr{E}$ 上の集合関数 α が
 (i) $\emptyset \in \mathscr{E}$
 (ii) $\exists X_n \in \mathscr{E}$ s.t. $X = \bigcup_n X_n$
 (iii) $\alpha(\emptyset) = 0$
 (iv) $0 \leq \alpha(E) \leq +\infty$ $(\forall E \in \mathscr{E})$
をみたすとする．$A \subset X$ に対して

$$\Gamma(A) = \inf\Big\{\sum_{j=1}^{\infty} \alpha(E_j) : A \subset \bigcup_{j=1}^{\infty} E_j,\ E_j \in \mathscr{E}\Big\}$$

と定義すると，Γ は X 上の外測度であることを示せ．

【解答例】 Γ の非負性, 単調性は明らかなので, 可算劣加法性

$$\Gamma\Big(\bigcup_{n=1}^{\infty} A_n\Big) \leq \sum_{n=1}^{\infty} \Gamma(A_n)$$

を示せばよい. 右辺は有限としてよい. 任意に $\varepsilon > 0$ をとる. 定義より, 各 n に対し $^{\exists}E_n^j \in \mathscr{E}$ で $A_n \subset \bigcup_j E_n^j$ で $\sum_j \alpha(E_n^j) < \Gamma(A_n) + \dfrac{\varepsilon}{2^n}$ となるものがとれる. このとき $\bigcup_{n=1}^{\infty} A_n \subset \bigcup_{n,j} E_n^j$ で, 可算の被覆になっている. したがって Γ の定義から

$$\begin{aligned}\Gamma\Big(\bigcup_{n=1}^{\infty} A_n\Big) &\leq \sum_{n,j} \alpha(E_n^j) = \sum_{n=1}^{\infty} \Big(\sum_j \alpha(E_n^j)\Big) \\ &\leq \sum_{n=1}^{\infty} \Big(\Gamma(A_n) + \frac{\varepsilon}{2^n}\Big) = \sum_{n=1}^{\infty} \Gamma(A_n) + \varepsilon.\end{aligned}$$

$\varepsilon > 0$ は任意なので可算劣加法性がわかった.

2.2 Carathéodory 可測集合

外測度に関する可測集合を定義する.

定義 2.2：外測度に対する Carathéodory（カラテオドリ）可測集合

Γ を外測度とする. $E \subset X$ が Γ-**可測集合**とは

$$\Gamma(T) = \Gamma(T \cap E) + \Gamma(T \setminus E) \quad (^{\forall}T \subset X) \tag{2.2}$$

をみたすときをいう. Γ-可測集合全体を $\mathscr{M}_\Gamma$ で表す.

注意 2.1 定義 2.2 で (2.2) を

$$\Gamma(T) \geq \Gamma(T \cap E) + \Gamma(T \setminus E) \quad (^{\forall}T \subset X) \tag{2.3}$$

に取り替え, $T \subset X$ を $\Gamma(T) < \infty$ となるものに限定してもよい. T は test 集合と思うと覚えやすい.

問 2.2 注意 2.1 を確かめよ.

問 2.3 $\Gamma(A) = 0$ ならば A の任意の部分集合は Γ-可測であることを示せ.

問 2.4 X は任意の集合とする. $E \subset X$ に対して, $\Gamma(E) = \begin{cases} 0 & (E = \emptyset) \\ 1 & (E \neq \emptyset) \end{cases}$ と定義すると, Γ は

外測度になることを示せ．さらに Γ-可測集合を求めよ．

> **定理 2.3： Carathéodory 可測集合全体は σ-加法族**
>
> Γ を外測度とする．このとき Γ-可測集合全体 $\mathscr{M}_\Gamma$ は σ-加法族であり，$\{E_n\} \subset \mathscr{M}_\Gamma$ が互いに素ならば
>
> $$\Gamma\Big(\bigcup_{n=1}^{\infty} E_n\Big) = \sum_{n=1}^{\infty} \Gamma(E_n). \tag{2.4}$$
>
> したがって Γ を $\mathscr{M}_\Gamma$ に制限すれば，$(X, \mathscr{M}_\Gamma, \Gamma)$ は完備測度空間になる．

【証明】 $\emptyset \in \mathscr{M}_\Gamma$ と「$E \in \mathscr{M}_\Gamma \implies X \setminus E \in \mathscr{M}_\Gamma$」は定義より明らかである．まず，$\mathscr{M}_\Gamma$ が共通部分に関して閉じていること，すなわち，$E_1, E_2 \in \mathscr{M}_\Gamma \implies E_1 \cap E_2 \in \mathscr{M}_\Gamma$ を示そう．任意の $T \subset X$ に対して，

$$\Gamma(T) = \Gamma(T \cap E_1) + \Gamma(T \setminus E_1)$$
$$= \Gamma(T \cap E_1 \cap E_2) + \Gamma(T \cap E_1 \setminus E_2) + \Gamma(T \setminus E_1)$$
$$\geq \Gamma(T \cap E_1 \cap E_2) + \Gamma(T \setminus (E_1 \cap E_2)).$$

ここで最初の等号は E_1 の Γ-可測性を T に用い，2 番目の等号は E_2 の Γ-可測性を $T \cap E_1$ に用いた．また，次の不等号は $T \setminus (E_1 \cap E_2) = (T \setminus E_1) \cup (T \cap E_1 \setminus E_2)$ と Γ の劣加法性からわかる．以上から $E = E_1 \cap E_2$ は (2.3) をみたし，$E_1 \cap E_2 \in \mathscr{M}_\Gamma$ となる．

次に $\{E_n\} \subset \mathscr{M}_\Gamma$ が互いに素なとき $E = \bigcup_{n=1}^{\infty} E_n \in \mathscr{M}_\Gamma$ で (2.4) が成り立つことを示そう．Γ の可算劣加法性から

$$\Gamma(T) \geq \sum_{n=1}^{\infty} \Gamma(T \cap E_n) + \Gamma(T \setminus E) \quad (\forall T \subset X) \tag{2.5}$$

を示せば $E \in \mathscr{M}_\Gamma$ がわかる．さらに (2.5) で $T = E$ とすれば (2.4) がわかる．さて，(2.5) を示すには右辺を有限和に変えた

$$\Gamma(T) \geq \sum_{n=1}^{N} \Gamma(T \cap E_n) + \Gamma(T \setminus E) \quad (\forall T \subset X) \tag{2.6}$$

を示せばよい（級数の定義）．そこで，(2.6) を N に関する帰納法で示そう．$N=1$ のときは $E_1 \in \mathscr{M}_\Gamma$ より明らかである．(2.6) が N まで成り立っていると仮定する．

T を $T \setminus E_{N+1}$ に取り替えると

$$\Gamma(T \setminus E_{N+1}) \geq \sum_{n=1}^{N} \Gamma((T \setminus E_{N+1}) \cap E_n) + \Gamma((T \setminus E_{N+1}) \setminus E) = \sum_{n=1}^{N} \Gamma(T \cap E_n) + \Gamma(T \setminus E).$$

ここで等号には $E_{N+1} \cap E_n = \emptyset$ $(n = 1, \ldots, N)$ より, $(T \setminus E_{N+1}) \cap E_n = T \cap E_n$ であることと, $E_{N+1} \subset E$ より, $(T \setminus E_{N+1}) \setminus E = T \setminus E$ であることを用いた. 両辺に $\Gamma(T \cap E_{N+1})$ を加えて, $E_{N+1} \in \mathscr{M}_\Gamma$ であることを用いると

$$\Gamma(T) \geq \Gamma(T \cap E_{N+1}) + \Gamma(T \setminus E_{N+1}) \geq \sum_{n=1}^{N+1} \Gamma(T \cap E_n) + \Gamma(T \setminus E).$$

したがって, 帰納法から (2.6) がすべての N に対して成り立ち, ゆえに (2.5) が成り立つ. 以上から $\mathscr{M}_\Gamma$ は補集合をとる操作, 共通部分をとる操作, 可算個の直和をとる操作で閉じており, σ-加法族である (命題 1.8). ∎

2.3 測度の完備化

全体集合が $\mu(X) < \infty$ となるような測度 μ を**有限測度**という. $\mu(X_n) < \infty$ となる $X_n \in \mathscr{B}$ があって $X = \bigcup_n X_n$ となっているとき μ を σ-**有限**という. X_n の代わりに $X_1 \cup \cdots \cup X_n$ を考えることにより, $X_n \uparrow X$ としてよい. 多くの重要な測度は σ-有限である. 例えば, 1 次元の Lebesgue 測度 m は σ-有限である. $\mathbb{R} = \bigcup_{n=1}^{\infty} [-n, n]$, $m([-n, n]) = 2n < \infty$ と見ればよい. なお, σ-有限性は外測度や後で出てくる有限加法的測度に対しても同様に定義される.

定理 2.4: 測度の完備化

$(X, \mathscr{B}, \mu)$ を σ-有限測度空間とする. 外測度 Γ を

$$\Gamma(A) = \inf\{\mu(E) : A \subset E, E \in \mathscr{B}\}$$

と定義すると, $(X, \mathscr{M}_\Gamma, \Gamma)$ は $(X, \mathscr{B}, \mu)$ の拡張になる. さらに, $\mathscr{N}$ を μ の零集合全体とすると $\mathscr{N} = \{A \subset X : \Gamma(A) = 0\}$ であり, $\mathscr{M}_\Gamma = \sigma[\mathscr{B} \cup \mathscr{N}]$ が成り立つ. 定理 1.30 参照.

【証明】 まず，$\mathscr{B} \subset \mathscr{M}_\Gamma$ を示そう．$E \in \mathscr{B}$ とする．任意の $T \subset X$ で $\Gamma(T) < \infty$ となるものに対して (2.3) が成り立つことを示そう．任意に $\varepsilon > 0$ をとると，定義より $F \in \mathscr{B}$ で $T \subset F$ かつ $\mu(F) < \Gamma(T) + \varepsilon$ となるものがある．このとき

$$\Gamma(T \cap E) + \Gamma(T \setminus E) \leq \mu(F \cap E) + \mu(F \setminus E) = \mu(F) < \Gamma(T) + \varepsilon.$$

$\varepsilon > 0$ は任意だったから (2.3) が成り立つ．以上から $\mathscr{B} \subset \mathscr{M}_\Gamma$ である．Γ の定義から $E \in \mathscr{B}$ ならば $\mu(E) = \Gamma(E)$ であるから $(X, \mathscr{M}_\Gamma, \Gamma)$ は $(X, \mathscr{B}, \mu)$ の拡張になっている．

次に，$\mathscr{M}_\Gamma = \sigma[\mathscr{B} \cup \mathscr{N}]$ を示そう．$A \in \mathscr{N}$ と $\Gamma(A) = 0$ は同値である（問 2.5）．定理 2.3 より $\mathscr{M}_\Gamma$ は $\mathscr{B}$ を含む σ-加法族である．問 2.3 より，$\mathscr{N} \subset \mathscr{M}_\Gamma$ であるから，$\sigma[\mathscr{B} \cup \mathscr{N}]$ の最小性より，$\sigma[\mathscr{B} \cup \mathscr{N}] \subset \mathscr{M}_\Gamma$ がわかる．逆に $\mathscr{M}_\Gamma \subset \sigma[\mathscr{B} \cup \mathscr{N}]$ であることを証明する．$A \in \mathscr{M}_\Gamma$ を任意にとる．$A \in \sigma[\mathscr{B} \cup \mathscr{N}]$ を示せばよい．2 つの場合に分ける．

$\underline{\Gamma(A) < \infty \text{ のとき}}$．定義から $E_n \in \mathscr{B}$ で $A \subset E_n$ かつ $\mu(E_n) < \Gamma(A) + \dfrac{1}{n}$ となるものがある．ここで $E = \bigcap_{n=1}^\infty E_n$ とすれば，$E \in \mathscr{B} \subset \mathscr{M}_\Gamma$ で，$A \subset E$ である．$A \in \mathscr{M}_\Gamma$ より (2.2) を $T = E_n$ に用いると

$$\mu(E_n) = \Gamma(E_n) = \Gamma(E_n \cap A) + \Gamma(E_n \setminus A) = \Gamma(A) + \Gamma(E_n \setminus A).$$

両辺から $\Gamma(A) < \infty$ を引いて，$E \subset E_n$ を用いれば

$$\Gamma(E \setminus A) \leq \Gamma(E_n \setminus A) = \mu(E_n) - \Gamma(A) < \frac{1}{n}$$

となる．よって $n \to \infty$ として，$\Gamma(E \setminus A) = 0$ であり，$E \setminus A \in \mathscr{N}$ となる．したがって，$A = E \setminus (E \setminus A) \in \sigma[\mathscr{B} \cup \mathscr{N}]$ である．

$\underline{\Gamma(A) = \infty \text{ のとき}}$．ここに X が σ-有限であることが必要である．σ-有限性より $X_n \in \mathscr{B}$ で $\mu(X_n) < \infty$，$\bigcup_n X_n = X$ となるものがある．$\Gamma(A \cap X_n) \leq \mu(X_n) < \infty$ ゆえ，前のケースから $A \cap X_n \in \sigma[\mathscr{B} \cup \mathscr{N}]$ である．したがって，$A = \bigcup_n (A \cap X_n) \in \sigma[\mathscr{B} \cup \mathscr{N}]$ である． ∎

> **定義 2.5：測度の完備化**
>
> 定理 2.4 の $(X, \mathscr{M}_\Gamma, \Gamma)$ を $(X, \mathscr{B}, \mu)$ の**完備化**といい，$(X, \overline{\mathscr{B}}, \overline{\mu})$ で表す．なお，記号の煩雑さを避けるために，拡張測度を同じ記号 μ で表すことも多い．

問 2.5 定理 2.4 のように σ-有限測度空間 $(X, \mathscr{B}, \mu)$ から外測度 Γ を作る．このとき $A \in \mathscr{N} \iff \Gamma(A) = 0$ を示せ．

問 2.6 $E \subset \mathbb{R}$ に対して $\mu(E) = \#(E)$ および $\nu(E) = \#(E \cap \mathbb{Q})$ と定義すると，μ および ν は σ-有限になるか？ 理由もつけて答えよ．ただし $\#(E)$ は E に含まれる点の個数を表す．

2.4 Hopfの拡張定理

測度の大切な性質は可算加法性である．可算加法性があれば Lebesgue 積分が美しく構築されるのは前の章で見たとおりである．その一方で可算加法性をみたす測度を作ることは難しい．いきなり可算加法性までいかずに，まず有限加法的測度を有限加法族の上に作る．有限加法的測度は測度の一歩手前のものであり，**予備測度**ともよばれる．

> **定義 2.6：有限加法的測度・予備測度**
>
> $\mathscr{A}$ を X 上の有限加法族とする．$\mathscr{A}$ 上の集合関数 μ_0 が**有限加法的測度（予備測度）**とは以下の 2 条件をみたすことである．
>
> (i) $0 = \mu_0(\emptyset) \leq \mu_0(E) \leq +\infty$ $(\forall E \in \mathscr{A})$．
> (ii) $E, F \in \mathscr{A}$ かつ $E \cap F = \emptyset$ ならば，$\mu_0(E \cup F) = \mu_0(E) + \mu_0(F)$．
>
> また，$X_n \in \mathscr{A}$ で $\mu_0(X_n) < \infty$ かつ $X_n \uparrow X$ となるものがあるとき μ_0 は σ-有限という．

問 2.7 μ_0 を有限加法族 $\mathscr{A}$ 上の有限加法的測度とする．$\{E_n\} \subset \mathscr{A}$ が互いに素なら $\mu_0\left(\bigcup_{n=1}^N E_n\right) = \sum_{n=1}^N \mu_0(E_n)$ であることを示せ．

注意 2.2 測度は有限加法的測度であるが，有限加法的測度は測度とは限らない．

実数 $\mathbb{R}$ 内の半開半閉の区間 $(a, b]$ を考える．ここに $-\infty \leq a \leq b \leq +\infty$ であり，$a = b$ のときは $(a, a] = \emptyset$ とし，$b = +\infty$ のときは $(a, +\infty] = (a, +\infty)$ と約束する．このような半開半閉の区間の有限個の和を**区間塊**（くかんかい）という．

> **補題 2.7 : 区間塊からなる有限加法族**
> (i) 任意の区間塊は $\bigcup_{j=1}^{J}(a_j,b_j]$（直和），$a_1 < b_1 < \cdots < a_J < b_J$，と一意的に表される．
> (ii) すべての区間塊からなる族 $\mathscr{I}$ は有限加法族である．

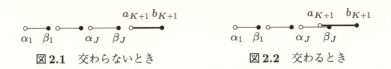

図 2.1　交わらないとき　　　　図 2.2　交わるとき

【証明】　(i) 区間塊 $E = \bigcup_{k=1}^{K}(a_k,b_k]$（直和とは限らない）を大きさの順の直和に並べ替えられることを示す．K に関する帰納法を用いよう．$K=1$ ならば明らかである．K まで正しいとして $K+1$ のときを考える．$\bigcup_{k=1}^{K+1}(a_k,b_k]$ の番号を付け替えて b_{K+1} が最大としてよい．帰納法の仮定から，最初の K 個を $\bigcup_{k=1}^{K}(a_k,b_k] = \bigcup_{j=1}^{J}(\alpha_j,\beta_j]$（直和），$\alpha_1 < \beta_1 < \cdots < \alpha_J < \beta_J$，とすることができる．このとき $J \leq K$ である．また，b_{K+1} の最大性より，$\beta_J \leq b_{K+1}$ である．もし $[a_{K+1},b_{K+1}]$ が $[\alpha_j,\beta_j]$（$1 \leq j \leq J$）のどれとも交わらなければ，$\alpha_1 < \beta_1 < \cdots < \alpha_J < \beta_J < a_{K+1} < b_{K+1}$ となって，$E = (\alpha_1,\beta_1] \cup \cdots \cup (\alpha_J,\beta_J] \cup (a_{K+1},b_{K+1}]$ が求めるものである（図 2.1）．もし，$[a_{K+1},b_{K+1}]$ が $[\alpha_j,\beta_j]$ と交われば，$(a_{K+1},b_{K+1}] \cup (\alpha_j,\beta_j] = (\min\{a_{K+1},\alpha_j\},\max\{b_{K+1},\beta_j\}]$ と E を構成する区間の個数を 1 つ減らすことができる（図 2.2）．したがって帰納法の仮定より E は大きさの順の区間の直和に並べ替えられる．一意性は明らかである．

(ii) 有限加法族の 3 条件を確かめる．$\emptyset = (a,a] \in \mathscr{I}$ は明らかである．前半により，任意の区間塊は $E = \bigcup_{j=1}^{J}(a_j,b_j]$（直和），$a_1 < b_1 < \cdots < a_J < b_J$，と表される．このとき

$$\mathbb{R} \setminus E = (-\infty, a_1] \cup (b_1, a_2] \cup \cdots \cup (b_{J-1}, a_J] \cup (b_J, +\infty]$$

となるから $\mathbb{R} \setminus E \in \mathscr{I}$ である．定義より $\mathscr{I}$ は合併で閉じているから，$\mathscr{I}$ は有限加法族である．■

注意 2.3　「区間塊」という述語は [3, p.12] や [13, 定理 3.2] などで使われている．有限個の区間の合併を簡潔に表している．

半開半閉の区間塊全体は有限加法族になる．これが半開半閉区間という人工的なものを考える理由である．一方，開区間の有限和からなる族や閉区間の有限和からなる族は有限加法族にならない．その理由は上の (ii) の証明にある．すなわち，$(a,b]$ の補集合は 2 つの半開半閉の区間 $(-\infty, a]$ および $(b, \infty]$ の直和で表されるのに対し，開区間の補集合を有限個の開区間の直和で表すことはできない．閉区間についても同様である．半開半閉区間が有限加法族と相性がよいのである．

一方，可算個の操作を許せば，半開半閉区間，開区間，閉区間のいずれからも同じ Borel 集合族 $\mathscr{B}(\mathbb{R})$ が生成される．第 1.2 節参照．

補題 2.8：Lebesgue 予備測度

補題 2.7 により，任意の区間塊は $E = \bigcup_{j=1}^{J} (a_j, b_j]$ （直和），$a_1 < b_1 < \cdots < a_J < b_J$，と一意的に表される．このとき $m_0(E) = \sum_{j=1}^{J}(b_j - a_j)$ と定義する．m_0 は $\mathscr{I}$ 上の有限加法的測度である．すなわち，$E, F \in \mathscr{I}$ かつ $E \cap F = \emptyset \implies m_0(E \cup F) = m_0(E) + m_0(F)$．

【証明】　まず $F = (c,d]$ のときを考える．$E \cap F = \emptyset$ であるから，$F \subset \mathbb{R} \setminus E$ であり，補題 2.7 より，$(c,d]$ は $(-\infty, a_1], (b_1, a_2], \ldots, (b_{J-1}, a_J], (b_J, +\infty]$ のいずれかの区間に含まれる．したがって m_0 の定義より，$m_0(E \cup F) = \sum_{j=1}^{J}(b_j - a_j) + (d - c) = m_0(E) + m_0(F)$ となる．F が一般の区間塊の場合にはこの議論を有限回繰り返せばよい．　■

この補題のように，有限加法族上の有限加法的測度を作るのはやさしい．ここから σ-加法族上の可算加法的測度を作るのが **Hopf の拡張定理** である．そのアイデアは例題 2.2 のように有限加法的測度から外測度を作り，定理 2.3 によって σ-加法族と測度を構築することである．

定義 2.9：有限加法的測度の可算加法性

$\mathscr{A}$ を有限加法族とし，μ_0 を $\mathscr{A}$ 上の有限加法的測度とする．$\{E_n\} \subset \mathscr{A}$ が互いに素で，$\bigcup_{n=1}^{\infty} E_n \in \mathscr{A}$ と仮定すれば，

$$\mu_0\left(\bigcup_{n=1}^{\infty} E_n\right) = \sum_{n=1}^{\infty} \mu_0(E_n)$$

となるとき，μ_0 は $\mathscr{A}$ で **可算加法的** という．

注意 2.4 $\mathscr{A}$ は有限加法族なので，$E_n \in \mathscr{A}$ の可算和 $\bigcup_{n=1}^{\infty} E_n$ は $\mathscr{A}$ に入るとは限らない．上の定義で $\bigcup_{n=1}^{\infty} E_n \in \mathscr{A}$ は 不可欠な仮定である．

> **定理 2.10： Hopf の拡張定理**
>
> $\mathscr{A}$ を有限加法族とし，μ_0 を $\mathscr{A}$ 上の有限加法的測度とする．μ_0 が $\mathscr{A}$ で可算加法的ならば，μ_0 は $\sigma[\mathscr{A}]$ に拡張されて測度になる．さらに，μ_0 が σ-有限ならば拡張は一意的である．

【証明】 例題 2.2 のように $A \subset X$ に対して

$$\Gamma(A) = \inf \Big\{ \sum_{j=1}^{\infty} \mu_0(E_j) : A \subset \bigcup_{j=1}^{\infty} E_j,\ E_j \in \mathscr{A} \Big\}$$

と定義すると Γ は外測度になる．

$E \in \mathscr{A}$ に対しては $\Gamma(E) = \mu_0(E)$ であることを示そう．まず，$E \subset E \in \mathscr{A}$ と見れば，定義より $\Gamma(E) \leq \mu_0(E)$ である．次に，μ_0 の可算加法性を用いて逆向きの不等号を示そう．$E_j \in \mathscr{A}$ を $E \subset \bigcup_{j=1}^{\infty} E_j$ となるようにとる．$\{E_j\}$ は互いに素と限らないので，$A_1 = E_1$，$A_2 = E_2 \setminus A_1$，…，$A_j = E_j \setminus (A_1 \cup \cdots \cup A_{j-1})$ とおく．このとき $\{A_j\}$ は互いに素で $E \subset \bigcup_{j=1}^{\infty} E_j = \bigcup_{j=1}^{\infty} A_j$ となる．したがって $E = \bigcup_{j=1}^{\infty} (E \cap A_j)$（直和）となる．$\mathscr{A}$ は有限加法族なので $E \cap A_j \in \mathscr{A}$ であり，μ_0 の可算加法性より

$$\mu_0(E) = \sum_{j=1}^{\infty} \mu_0(E \cap A_j) \leq \sum_{j=1}^{\infty} \mu_0(E_j).$$

$E \subset \bigcup_{j=1}^{\infty} E_j$ となる $E_j \in \mathscr{A}$ に関する下限をとって，$\mu_0(E) \leq \Gamma(E)$ を得る．以上から $\Gamma(E) = \mu_0(E)$ がわかった．

定理 2.3 により，Γ-可測集合全体 $\mathscr{M}_{\Gamma}$ は σ-加法族であり，Γ を $\mathscr{M}_{\Gamma}$ に制限すれば，$(X, \mathscr{M}_{\Gamma}, \Gamma)$ は完備測度空間になる．$\mathscr{A} \subset \mathscr{M}_{\Gamma}$ を示そう．$E \in \mathscr{A}$ とする．任意の $T \subset X$ をとり，(2.3) を示そう．$E_j \in \mathscr{A}$ を $T \subset \bigcup_{j=1}^{\infty} E_j$ となるようにとる．このとき，$T \cap E \subset \bigcup_{j=1}^{\infty}(E_j \cap E)$ かつ $T \setminus E \subset \bigcup_{j=1}^{\infty}(E_j \setminus E)$ であり，$\mu_0(E_j) = \mu_0(E_j \cap E) + \mu_0(E_j \setminus E)$ であるから

$$\sum_{j=1}^{\infty} \mu_0(E_j) = \sum_{j=1}^{\infty} \mu_0(E_j \cap E) + \sum_{j=1}^{\infty} \mu_0(E_j \setminus E) \geq \Gamma(T \cap E) + \Gamma(T \setminus E)$$

となる. $T \subset \bigcup_{j=1}^\infty E_j$ となる $E_j \in \mathscr{A}$ に関する下限をとって, $\Gamma(T) \geq \Gamma(T \cap E) + \Gamma(T \setminus E)$ となり, E は Γ-可測である. $E \in \mathscr{A}$ は任意より, $\mathscr{A} \subset \mathscr{M}_\Gamma$ となり, $\sigma[\mathscr{A}] \subset \sigma[\mathscr{M}_\Gamma] = \mathscr{M}_\Gamma$. これから μ_0 が $\sigma[\mathscr{A}]$ に測度として拡張されることがわかった.

最後に, μ_0 が σ-有限のとき, 拡張が一意的であることを示そう. μ を $\sigma[\mathscr{A}]$ 上の測度で $\mathscr{A}$ では μ_0 と一致するものとする. まず

$$\mu(E) \leq \Gamma(E) \quad (\forall E \in \sigma[\mathscr{A}]) \tag{2.7}$$

を示そう. $E \in \sigma[\mathscr{A}]$ とする. $E_j \in \mathscr{A}$ を $E \subset \bigcup_{j=1}^\infty E_j$ となるようにとる. このとき測度 μ の可算劣加法性より

$$\mu(E) \leq \sum_{j=1}^\infty \mu(E_j) = \sum_{j=1}^\infty \mu_0(E_j)$$

となり, 下限をとって (2.7) がわかる. 逆向きの不等号を μ_0 の σ-有限性を用いて示そう. $X_n \in \mathscr{A}$ を $\mu_0(X_n) < \infty$ で $X_n \uparrow X$ ととる. $X_n \in \mathscr{A}$ であるから $\mu(X_n) = \mu_0(X_n) = \Gamma(X_n) < \infty$ であり,

$$\mu(X_n \cap E) + \mu(X_n \setminus E) = \Gamma(X_n \cap E) + \Gamma(X_n \setminus E) < \infty$$

となる. (2.7) を $X_n \setminus E$ に用いれば $\mu(X_n \setminus E) \leq \Gamma(X_n \setminus E)$ であるから, $\mu(X_n \cap E) \geq \Gamma(X_n \cap E)$ となる. $n \to \infty$ として $\mu(E) \geq \Gamma(E)$ がわかる (命題 1.27). 以上より, $\sigma[\mathscr{A}]$ 上で $\mu = \Gamma$ であり, 拡張の一意性がわかった. ∎

問 2.8 Hopf の拡張定理の一意性には予備測度の σ-有限性が必要であることを, 以下の例によって確かめよ. $E \subset \mathbb{R}$ に対して

$$\mu(E) = \begin{cases} 0 & (E = \emptyset) \\ \infty & (E \neq \emptyset) \end{cases}, \quad \nu(E) = \begin{cases} 0 & (E \text{ は高々可算}) \\ \infty & (E \text{ は非可算}) \end{cases}$$

と定義すると μ と ν は $\mathbb{R}$ 上の異なった測度であるが, 区間塊 K に対しては $\mu(K) = \nu(K)$ である. 区間塊全体からなる有限加法族 $\mathscr{A}$ で μ と ν は σ-有限でない.

2.5　1 次元 Lebesgue 測度の構成

補題 2.7 および補題 2.8 から $\mathbb{R}$ 上のすべての区間塊からなる集合族 $\mathscr{I}$ は有限加法

族であり，その上に有限加法的測度 m_0 で $m_0((a,b]) = b-a$ となるものが作られる．$\mathbb{R} = \bigcup_{n=1}^{\infty}(-n,n]$ で $m_0((-n,n]) = 2n < \infty$ であるから，m_0 は σ-有限である．

> **補題 2.11：$\mathscr{I}$ 上の可算加法性**
>
> m_0 は $\mathscr{I}$ で可算加法的である．

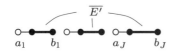 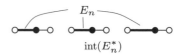

図 2.3 半開半閉区間の左側を削る． **図 2.4** 半開半閉区間の右側を増やす．

【証明】 区間塊 $E \in \mathscr{I}$ が互いに素な区間塊 $E_n \in \mathscr{I}$ の和 $\bigcup_{n=1}^{\infty} E_n$ で表されたとしよう．このとき任意の自然数 N に対して $\bigcup_{n=1}^{N} E_n$ は E に含まれる区間塊であり，m_0 の有限加法性より，$\sum_{n=1}^{N} m_0(E_n) = m_0(\bigcup_{n=1}^{N} E_n) \leq m_0(E)$ となる．ここで $N \to \infty$ とすれば，$\sum_{n=1}^{\infty} m_0(E_n) \leq m_0(E)$ を得る．

逆向きの不等号を示そう．補題 2.7 より任意の区間塊は $E = \bigcup_{j=1}^{J}(a_j, b_j]$ （直和），$-\infty \leq a_1 < b_1 < \cdots < a_J < b_J \leq \infty$，と一意的に表される．まず $-\infty < a_1 < b_1 < \cdots < a_J < b_J < \infty$ のときを考える．このときは $a_1, b_1, \ldots, a_J, b_J$ はすべて有限値である．任意に $\varepsilon > 0$ をとる．1 つ 1 つの半開半閉区間の左側を少し削って

$$E' = \bigcup_{j=1}^{J}(a_j + \frac{\varepsilon}{J}, b_j]$$

とすると $E' \subset \overline{E'} \subset E$ で $m_0(E') = m_0(E) - \varepsilon$ となる（図 2.3）．ここに $\overline{E'}$ は E' の閉包であり，コンパクトになっている．一方，各区間塊 E_n に対しては，E_n を構成する半開半閉区間の右端を少し大きくした区間塊 E_n^* を $E_n \subset \mathrm{int}(E_n^*) \subset E_n^*$ で $m_0(E_n^*) \leq m_0(E_n) + \varepsilon/2^n$ となるようにとる（図 2.4）．ここで $\mathrm{int}(E_n^*)$ は E_n^* の内部である（問 2.9 参照）．以上の構成から

$$\overline{E'} \subset E = \bigcup_{n=1}^{\infty} E_n \subset \bigcup_{n=1}^{\infty} \mathrm{int}(E_n^*)$$

であるが，$\overline{E'}$ はコンパクト集合で各 $\mathrm{int}(E_n^*)$ は開集合だから，コンパクト性より自然数 N が存在して

$$E' \subset \overline{E'} \subset \bigcup_{n=1}^{N} \mathrm{int}(E_n^*) \subset \bigcup_{n=1}^{N} E_n^*.$$

ここで $E', E_n^* \in \mathscr{I}$ だから m_0 の有限劣加法性により,

$$m_0(E) - \varepsilon = m_0(E') \leq \sum_{n=1}^{N} m_0(E_n^*) \leq \sum_{n=1}^{N} \left(m_0(E_n) + \frac{\varepsilon}{2^n} \right) \leq \sum_{n=1}^{\infty} m_0(E_n) + \varepsilon$$

となる. $\varepsilon > 0$ は任意だったから $m_0(E) \leq \sum_{n=1}^{\infty} m_0(E_n)$ がわかった.

次に $a_1 = -\infty$ または $b_J = +\infty$ のときを考える. $a_1 < {}^\forall \alpha_1 < b_1$, $a_J < {}^\forall \beta_J < b_J$ をとる. 前半を $E \cap (\alpha_1, \beta_J] = \bigcup_{n=1}^{\infty} E_n \cap (\alpha_1, \beta_J]$ (直和) に適用して

$$m_0(E \cap (\alpha_1, \beta_J]) \leq \sum_{n=1}^{\infty} m_0(E_n \cap (\alpha_1, \beta_J]) \leq \sum_{n=1}^{\infty} m_0(E_n).$$

ここで $\alpha_1 \downarrow a_1$, $\beta_J \uparrow b_J$ とすれば, $m_0(E) \leq \sum_{n=1}^{\infty} m_0(E_n)$ となる. ∎

問 2.9 $\varepsilon > 0$ とする. $E = \bigcup_{j=1}^{J}(a_j, b_j]$ $(a_1 < b_1 < \cdots < a_J < b_J)$ の右端を大きくした区間塊 $E^* = \bigcup_{j=1}^{J}(a_j, b_j + \varepsilon/J]$ (直和とは限らない) は $m_0(E^*) \leq m_0(E) + \varepsilon$ をみたすことを確認せよ.

1 次元 Lebesgue 外測度 m^* を

$$m^*(A) = \inf \left\{ \sum_{j=1}^{\infty} (b_j - a_j) : A \subset \bigcup_{j=1}^{\infty} (a_j, b_j] \right\} \tag{2.8}$$

と定義する. これは m_0 から例題 2.2 のように作った外測度 $\inf\{\sum_{j=1}^{\infty} m_0(E_j) : A \subset \bigcup_{j=1}^{\infty} E_j, E_j \in \mathscr{I}\}$ に一致する (問 2.11). 補題 2.11 と Hopf の定理 (定理 2.10) によって, 外測度 m^* の Carathéodory 可測集合全体 $\mathscr{M}_{m^*}$ への制限は m_0 を拡張した完備測度である.

定義 2.12: 1 次元 Lebesgue 測度・Lebesgue 積分

Lebesgue 可測集合とは $\mathscr{L}(\mathbb{R}) = \mathscr{M}_{m^*}$ に属する集合のことである. m^* の $\mathscr{L}(\mathbb{R})$ への制限を m で表し, **Lebesgue 測度**という. Lebesgue 測度 m に関する積分 $\int_{\mathbb{R}} f(x) dm(x)$ を簡単に $\int_{\mathbb{R}} f(x) dx$ と表す.

すでに見たように $\sigma[\mathscr{I}]$ は Borel 集合族 $\mathscr{B}(\mathbb{R})$ に一致し，$\mathscr{B}(\mathbb{R}) \subsetneq \mathscr{L}(\mathbb{R})$ であって（真の包含は定理 3.14 で示す），m_0 の $\mathscr{B}(\mathbb{R})$ への拡張は一意的である．集合の覆い方は開区間，閉区間，半開半閉区間のどれでもよい．構成される測度はどれも Lebesgue 測度になる．

問 2.10 A の覆い方は開区間，閉区間，半開半閉区間のどれでもよい．すなわち $m^*(A) = \inf\{\sum_{j=1}^{\infty}(b_j - a_j) : A \subset \bigcup_{j=1}^{\infty}(a_j, b_j)\} = \inf\{\sum_{j=1}^{\infty}(b_j - a_j) : A \subset \bigcup_{j=1}^{\infty}[a_j, b_j]\}$ を示せ．

問 2.11 $m^*(A) = \inf\{\sum_{j=1}^{\infty} m_0(E_j) : A \subset \bigcup_{j=1}^{\infty} E_j, E_j \in \mathscr{I}\}$ を示せ．

注意 2.5 $a < b$ のとき，区間 $[a,b]$ 上の積分を $\int_{[a,b]} f(x)dx = \int_a^b f(x)dx$ と書き，$\int_b^a f(x)dx = -\int_a^b f(x)dx$ と約束する．なお 1 点の Lebesgue 測度は 0 であるから，区間の両端は積分範囲に入れても入れなくても積分値は変わらない．

Lebesgue 測度の固有な性質として**平行移動不変性**がある．$A \subset \mathbb{R}$ を $x \in \mathbb{R}$ だけ平行移動した集合を $A + x = \{y + x : y \in A\}$ とする．

命題 2.13： Lebesgue 測度の平行移動不変性

Lebesgue 外測度は平行移動不変である．すなわち任意の $A \subset \mathbb{R}$ および $x \in \mathbb{R}$ に対して $m^*(A) = m^*(A + x)$ である．A が m^*-可測であることと $A + x$ が m^*-可測であることは同値である．したがって，A が Lebesgue 可測ならば，$A + x$ も Lebesgue 可測であって $m(A) = m(A + x)$ である．

【証明】 Lebesgue 外測度 m^* の定義 (2.8) を思い出そう．

$$m^*(A) = \inf\Big\{\sum_{j=1}^{\infty} m_0(E_j) : A \subset \bigcup_{j=1}^{\infty} E_j, E_j \in \mathscr{I}\Big\}.$$

$A \subset \bigcup_{j=1}^{\infty} E_j$ と $A + x \subset \bigcup_{j=1}^{\infty}(E_j + x)$ は同値．$E_j + x$ も区間塊で $m_0(E_j) = m_0(E_j + x)$ であるから

$$m^*(A + x) = \inf\Big\{\sum_{j=1}^{\infty} m_0(E_j + x) : A + x \subset \bigcup_{j=1}^{\infty}(E_j + x), E_j \in \mathscr{I}\Big\} = m^*(A).$$

A が m^*-可測のとき $A + x$ は m^*-可測であることを示そう．任意に $T \subset \mathbb{R}$ をとる．A は m^*-可測ゆえ

$$m^*(T - x) = m^*((T - x) \cap A) + m^*((T - x) \setminus A)$$

である．これを x だけ平行移動すると

$$m^*(T) = m^*(T \cap (A+x)) + m^*(T \setminus (A+x)).$$

したがって，$A+x$ は m^*-可測である．最後の主張はこれらを組み合わせればよい． ∎

注意 2.6 $g(t)$ を $-\infty < t < \infty$ の単調増加関数とする．補題 2.8 を少し変形して区間塊 $E = \bigcup_{j=1}^{J}(a_j, b_j] \in \mathscr{I}$ （直和）に対して $m_g(E) = \sum_{j=1}^{J}(g(b_j) - g(a_j))$ と定義すると，m_g は $\mathscr{I}$ 上の有限加法的測度となる．さらに g が右連続（任意の t_0 に対して $\lim_{t \downarrow t_0} g(t) = g(t_0)$）であれば，補題 2.11 とまったく同じ方法によって，m_g は $\mathscr{I}$ で可算加法的となることがわかる（演習 8.14）．したがって Hopf の定理（定理 2.10）によって，m_g は $\mathscr{B}(\mathbb{R}) = \sigma[\mathscr{I}]$ を含む σ-加法族上の完備測度に一意的に拡張される．これを **Lebesgue-Stieltjes**（ルベーグ・スティルチェス）**測度**といい，同じ記号 m_g で表す．また，Lebesgue-Stieltjes 測度に関する積分 $\int f(x) dm_g(x)$ を簡単に $\int f(x) dg(x)$ と書く．g の不連続点は正の Lebesgue-Stieltjes 測度をもつ．したがって $\int_a^b f(x) dg(x)$ と書くときは，端点 a, b が積分範囲に入っているかどうか十分注意しなければならない．

問 2.12 $\mathbb{R}$ 上の右連続単調増加関数 g から作られる Lebesgue-Stieltjes 測度を m_g とする．このとき $m_g(\{a\}) = g(a) - \lim_{x \uparrow a} g(x)$ であり，「g は a で連続」$\iff$「$m_g(\{a\}) = 0$」を示せ．

2.6 直積測度の構成

2 つの測度空間 $(X, \mathscr{B}_X, \mu)$ と $(Y, \mathscr{B}_Y, \nu)$ に対して $X \times Y$ 上の**直積測度空間** $(X \times Y, \mathscr{B}_X \times \mathscr{B}_Y, \mu \times \nu)$ を構成しよう．$X \times Y$ 上の関数 $f(x, y)$ が $\mathscr{B}_X \times \mathscr{B}_Y$ 可測で適当な条件をみたすとき

$$\begin{aligned}\iint_{X \times Y} f(x,y) d(\mu \times \nu)(x,y) &= \int_X d\mu(x) \int_Y f(x,y) d\nu(y) \\ &= \int_Y d\nu(y) \int_X f(x,y) d\mu(x)\end{aligned} \tag{2.9}$$

となることを Fubini の定理という．この特別の場合として，前節で定義した 1 次元 Lebesgue 測度の直積測度として，2 次元 Lebesgue 測度が定義され，累次積分の

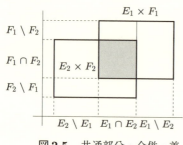
図 2.5 共通部分・合併・差

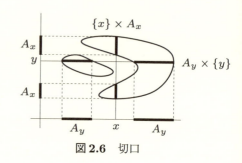
図 2.6 切口

公式
$$\iint_{\mathbb{R}^2} f(x,y)dxdy = \int_{\mathbb{R}} dx \int_{\mathbb{R}} f(x,y)dy = \int_{\mathbb{R}} dy \int_{\mathbb{R}} f(x,y)dx$$
が成り立つ．さらに帰納法によって d 次元 Lebesgue 測度が定義され，累次積分の公式が拡張される．

全体集合 $X \times Y = \{(x,y) : x \in X, y \in Y\}$ は通常の直積である．直積測度 $\mu \times \nu$ とその定義域となる σ-加法族 $\mathscr{B}_X \times \mathscr{B}_Y$ の定義はそれほど簡単ではない．単純な直積集合の族 $\mathscr{K}_0 = \{E \times F : E \in \mathscr{B}_X, F \in \mathscr{B}_Y\}$ は有限加法族ですらない．図 2.5 参照．単純な直積と区別するために $\mu \otimes \nu$ や $\mathscr{B}_X \otimes \mathscr{B}_Y$ を用いる書物も多い．

例題 2.3： 直積の共通部分・合併・差

$E_1 \times F_1, E_2 \times F_2 \in \mathscr{K}_0$ の共通部分，合併，差は以下のようになる．

共通部分 $= (E_1 \cap E_2) \times (F_1 \cap F_2)$．

差 $= ((E_1 \setminus E_2) \times F_1) \cup ((E_1 \cap E_2) \times (F_1 \setminus F_2))$．

合併 $= (E_2 \times F_2) \cup ((E_1 \setminus E_2) \times F_1) \cup ((E_1 \cap E_2) \times (F_1 \setminus F_2))$．

ここで差と合併の右辺は互いに素な直積の和集合である．

【解答例】 $(x,y) \in (E_1 \times F_1) \cap (E_2 \times F_2)$ $\iff$ 「$x \in E_1$ かつ $y \in F_1$」かつ「$x \in E_2$ かつ $y \in F_2$」 $\iff$ $x \in E_1 \cap E_2$ かつ $y \in F_1 \cap F_2$ $\iff$ $(x,y) \in (E_1 \cap E_2) \times (F_1 \cap F_2)$ であるから，共通部分の公式がわかる．

同様に $(x,y) \in (E_1 \times F_1) \setminus (E_2 \times F_2)$ $\iff$ 「$x \in E_1$ かつ $y \in F_1$」かつ「$x \notin E_2$ または $y \notin F_2$」 $\iff$ 「$x \in E_1 \setminus E_2$ かつ $y \in F_1$」または「$x \in E_1 \cap E_2$ かつ $y \in F_1 \setminus F_2$」 $\iff$ $(x,y) \in ((E_1 \setminus E_2) \times F_1) \cup ((E_1 \cap E_2) \times (F_1 \setminus F_2))$ であるから，差の公式がわかる．最後に
$$E_1 \times F_1 = ((E_1 \times F_1) \cap (E_2 \times F_2)) \cup ((E_1 \times F_1) \setminus (E_2 \times F_2))$$
と分解しておいて差の公式を用いれば合併の公式がわかる．図 2.5 参照．

1次元 Lebesgue 測度の定義のときのように $E \in \mathscr{B}_X$ と $F \in \mathscr{B}_Y$ の直積 $E \times F$ の有限和で表される集合を**直積塊**（ちょくせきかい）とよぼう．例題 2.3 を繰り返し使えば，任意の直積塊 K を

$$K = (E_1 \times F_1) \cup \cdots \cup (E_J \times F_J) \quad \text{（直和）} \tag{2.10}$$

と表すことができる．ただし，この分解は一意的ではない．補題 2.7 と比較せよ．

補題 2.14：直積塊からなる有限加法族

すべての直積塊からなる族 $\mathscr{K}$ は有限加法族である．

【証明】　$X \times Y \in \mathscr{K}_0 \subset \mathscr{K}$ は明らかである．$K \in \mathscr{K}$ を直積塊とする．このとき，$E \times F \in \mathscr{K}_0$ ならば，K と $E \times F$ の共通部分および $K \setminus (E \times F)$ はどちらも直積塊である．（例題 2.3 を繰り返し使う．）さらに，$K' = (E_1' \times F_1') \cup \cdots \cup (E_m' \times F_m') \in \mathscr{K}$ を直積塊とすれば，$K \cap K'$ および $K \setminus K'$ も直積塊であることがわかる．すなわち，$\mathscr{K}$ は共通部分をとることと，差をとることによって閉じている．したがって $\mathscr{K}$ は有限加法族である． ∎

問 2.13　全体集合を含む集合族 $\mathscr{A}$ が共通部分をとることと，差をとることによって閉じているならば，$\mathscr{A}$ は有限加法族であることを示せ．

定義 2.15：直積 σ-加法族

直積塊のなす有限加法族 $\mathscr{K}$ より生成される σ-加法族 $\sigma[\mathscr{K}]$ を $\mathscr{B}_X \times \mathscr{B}_Y$ と書いて**直積 σ-加法族**とよぶ．

注意 2.7（Borel 集合族の直積構造）　定義 1.12 では $\mathbb{R}^d$ のすべての開集合から生成される σ-加法族として，d 次元 **Borel 集合族** $\mathscr{B}(\mathbb{R}^d)$ を定義した．これは 1 次元 Borel 集合族 $\mathscr{B}(\mathbb{R})$ の直積を帰納的にとることによっても得られる．つまり，2 次元 Borel 集合族 $\mathscr{B}(\mathbb{R}^2)$ は 1 次元 Borel 集合族 $\mathscr{B}(\mathbb{R})$ の直積 σ-加法族 $\mathscr{B}(\mathbb{R}) \times \mathscr{B}(\mathbb{R})$ であり，d 次元 Borel 集合族 $\mathscr{B}(\mathbb{R}^d)$ は 1 次元 Borel 集合族 $\mathscr{B}(\mathbb{R})$ と $d-1$ 次元 Borel 集合族 $\mathscr{B}(\mathbb{R}^{d-1})$ の直積 σ-加法族 $\mathscr{B}(\mathbb{R}) \times \mathscr{B}(\mathbb{R}^{d-1})$ である（演習 10.14，演習 10.15）．

補題 2.7 と異なり，直積塊の表現 (2.10) は一意的でない．そこで予備測度の構成に工夫が必要である．まず最初に「切口」を導入する．

定義 2.16: 切口（きりくち）

$A \subset X \times Y$ とする．$x \in X$ を固定して $A_x = \{y \in Y : (x,y) \in A\}$ を A の x における**切口**という．同様に $y \in Y$ を固定して $A_y = \{x \in X : (x,y) \in A\}$ を y における切口という．図 2.6 参照．（視覚的には A 内の $\{x\} \times A_x$ を切口と思うとわかりやすいが，正確には平行移動した Y 内の集合が A_x である．同様に $A_y \subset X$.）

いくつかの集合の切口を調べてみよう．直積 $E \times F$ の切口は

$$(E \times F)_x = \begin{cases} F & (x \in E) \\ \emptyset & (x \in X \setminus E), \end{cases} \qquad (E \times F)_y = \begin{cases} E & (y \in F) \\ \emptyset & (y \in Y \setminus F) \end{cases}$$

である．また $A, B \subset X \times Y$ ならば，

$$(A \cup B)_x = \{y \in Y : (x,y) \in A \cup B\}$$
$$= \{y \in Y : (x,y) \in A\} \cup \{y \in Y : (x,y) \in B\} = A_x \cup B_x$$

であり，同様にして $(A \cap B)_x = A_x \cap B_x$, $(A \cup B)_y = A_y \cup B_y$, $(A \cap B)_y = A_y \cap B_y$ である．より一般に，次の性質がわかる．

補題 2.17: 切口の性質

$A_n \subset X \times Y$ とする．任意の $x \in X$, $y \in Y$ に対して以下が成り立つ．

(i) $(\bigcup_n A_n)_x = \bigcup_n (A_n)_x$, $(\bigcup_n A_n)_y = \bigcup_n (A_n)_y$.
(ii) $(\bigcap_n A_n)_x = \bigcap_n (A_n)_x$, $(\bigcap_n A_n)_y = \bigcap_n (A_n)_y$.
(iii) $\{A_n\}$ が互いに素ならば，$\{(A_n)_x\}$ と $\{(A_n)_y\}$ も互いに素．
(iv) $\{A_n\}$ が単調増加ならば，$\{(A_n)_x\}$ と $\{(A_n)_y\}$ も単調増加．
(v) $\{A_n\}$ が単調減少ならば，$\{(A_n)_x\}$ と $\{(A_n)_y\}$ も単調減少．

問 2.14 上の補題を証明せよ．

補題 2.17 より，直積塊 $K = \bigcup_{j=1}^{J} E_j \times F_j$（直和）の切口 $K_x = \{y \in Y : (x,y) \in K\}$, $K_y = \{x \in X : (x,y) \in K\}$ は

$$K_x = \{y \in Y : (x,y) \in \bigcup_{j=1}^{J} E_j \times F_j\} = \bigcup_{\{j:x\in E_j\}} F_j \,(\text{直和}),$$

$$K_y = \{x \in X : (x,y) \in \bigcup_{j=1}^{J} E_j \times F_j\} = \bigcup_{\{j:y\in F_j\}} E_j \,(\text{直和})$$

をみたす．ここに $\bigcup_{\{j:x\in E_j\}}$ は番号 j で E_j が x を含むようなものに関する和を表す．$\bigcup_{\{j:y\in F_j\}}$ も同様である．（この記号は煩わしいので，今後は単に $\bigcup_{x\in E_j}$ と表す．また，$\sum_{\{j:x\in E_j\}}$ を $\sum_{x\in E_j}$ と表すのも同様である．x と j のどちらが動いているか注意．）したがって，K_x と K_y の測度は

$$\nu(K_x) = \sum_{x\in E_j} \nu(F_j) = \sum_{j=1}^{J} 1_{E_j}(x)\nu(F_j),$$

$$\mu(K_y) = \sum_{y\in F_j} \mu(E_j) = \sum_{j=1}^{J} 1_{F_j}(y)\mu(E_j)$$

となる．とくに $\nu(K_x)$ は $\mathscr{B}_X$-可測関数，$\mu(K_y)$ は $\mathscr{B}_Y$-可測関数であり，その積分をとると

$$\sum_{j=1}^{J} \mu(E_j)\nu(F_j) = \int_X \nu(K_x)d\mu(x) = \int_Y \mu(K_y)d\nu(y)$$

が成り立つ．切口 K_x, K_y は表現 $K = \bigcup_{j=1}^{J} E_j \times F_j$（直和）に依存しないから，この等式の値も表現に依存しない．

補題 2.18：直積予備測度

$K \in \mathscr{K}$ に対して $\lambda(K) = \int_X \nu(K_x)d\mu(x) = \int_Y \mu(K_y)d\nu(y)$ と定義すると λ は $\mathscr{K}$ 上の有限加法的測度となる．また，$K = \bigcup_{j=1}^{J} E_j \times F_j$（直和）と表されたとすれば $\lambda(K) = \sum_{j=1}^{J} \mu(E_j)\nu(F_j)$ となる．さらに λ は $\mathscr{K}$ 上で可算加法的である．

【証明】 λ の加法性以外の性質は補題の前に説明したとおりである．有限加法性を示すために $K, L \in \mathscr{K}$ で $K \cap L = \emptyset$ とする．このとき $K_x \cap L_x = (K \cap L)_x = \emptyset$ であるから，$\nu((K \cup L)_x) = \nu(K_x \cup L_x) = \nu(K_x) + \nu(L_x)$ となり，

$$\lambda(K \cup L) = \int_X (\nu(K_x) + \nu(L_x))d\mu(x) = \lambda(K) + \lambda(L).$$

したがって，λ は有限加法的測度である．λ の可算加法性を示そう．$K, K_n \in \mathscr{K}$ で $K = \bigcup_{n=1}^{\infty} K_n$（直和）としよう．このとき $x \in X$ を固定すれば，$K_x = \bigcup_{n=1}^{\infty} (K_n)_x$（直和）であり，測度 ν の可算加法性から $\nu(K_x) = \sum_{n=1}^{\infty} \nu((K_n)_x)$ となる．これを μ で項別積分して

$$\lambda(K) = \int_X \nu(K_x) d\mu(x) = \int_X \Big\{ \sum_{n=1}^{\infty} \nu((K_n)_x) \Big\} d\mu(x)$$
$$= \sum_{n=1}^{\infty} \int_X \nu((K_n)_x) d\mu(x) = \sum_{n=1}^{\infty} \lambda(K_n).$$

したがって λ は $\mathscr{K}$ で可算加法的である． ∎

定理 2.19：直積測度の構成

測度空間 $(X, \mathscr{B}_X, \mu)$ と $(Y, \mathscr{B}_Y, \nu)$ がどちらも σ-有限ならば直積塊全体の族から生成された直積 σ-加法族 $\sigma[\mathscr{K}] = \mathscr{B}_X \times \mathscr{B}_Y$ 上の測度 λ で

$$\lambda(K) = \int_X \nu(K_x) d\mu(x) = \int_Y \mu(K_y) d\nu(y) \quad (K \in \mathscr{K}) \qquad (2.11)$$

をみたすものが一意的に存在する．この λ を**直積測度**とよんで $\mu \times \nu$ で表す．

【証明】　$(X, \mathscr{B}_X, \mu)$ と $(Y, \mathscr{B}_Y, \nu)$ は σ-有限なので $X_n \in \mathscr{B}_X$ および $Y_n \in \mathscr{B}_Y$ で $X_n \uparrow X$, $\mu(X_n) < \infty$ および $Y_n \uparrow Y$, $\nu(Y_n) < \infty$ をみたすものがある．このとき $X_n \times Y_n \in \mathscr{K}$ で，$X_n \times Y_n \uparrow X \times Y$, $\lambda(X_n \times Y_n) = \mu(X_n)\nu(Y_n) < \infty$ であるから，$(X \times Y, \mathscr{K}, \lambda)$ は σ-有限である．したがって，Hopf の拡張定理（定理 2.10）により，λ は $\sigma[\mathscr{K}]$ 上の測度 λ に一意的に拡張される． ∎

2.7　Fubini の定理

$K \in \mathscr{B}_X \times \mathscr{B}_Y$ に対する (2.11) をスタートポイントにして，だんだん拡張していって Fubini の定理を示す．そのために新しい集合族を導入する．

定義 2.20： 単調族

全体集合を X の部分集合からなる族 $\mathscr{T}$ を考える．$\mathscr{T}$ が単調増加列の和および単調減少列の共通部分で閉じているときに $\mathscr{T}$ を**単調族**という．つまり

(i) $E_n \in \mathscr{T}$ かつ $E_n \uparrow E \implies E \in \mathscr{T}$
(ii) $E_n \in \mathscr{T}$ かつ $E_n \downarrow E \implies E \in \mathscr{T}$

の2条件をみたすとき $\mathscr{T}$ を単調族という．集合族 $\mathscr{E}$ を含む最小の単調族を $\mathscr{E}$ から生成された単調族といい，$\tau[\mathscr{E}]$ で表す．

補題 2.21： 有限加法族から生成された単調族と σ-加法族は一致

$\mathscr{A}$ を X 上の有限加法族とすると，$\sigma[\mathscr{A}] = \tau[\mathscr{A}]$ である．

【証明】 定義から σ-加法族は単調族である．$\tau[\mathscr{A}]$ は $\mathscr{A}$ を含む最小の単調族だから $\tau[\mathscr{A}] \subset \sigma[\mathscr{A}]$ である．逆向きの包含関係を示そう．それには次の2つの性質を示せばよい．

(a) $\tau[\mathscr{A}]$ は共通部分で閉じる．$E, F \in \tau[\mathscr{A}] \implies E \cap F \in \tau[\mathscr{A}]$．
(b) $\tau[\mathscr{A}]$ は補集合で閉じる．$E \in \tau[\mathscr{A}] \implies X \setminus E \in \tau[\mathscr{A}]$．

この2つがわかれば $\tau[\mathscr{A}]$ は有限加法族となり，単調族の仮定 (i) より $\tau[\mathscr{A}]$ は σ-加法族となる．$\sigma[\mathscr{A}]$ は $\mathscr{A}$ を含む最小の σ-加法族だから，$\sigma[\mathscr{A}] \subset \tau[\mathscr{A}]$ となる．

(a) $\mathscr{A}$ は有限加法族なので共通部分で閉じている．この性質を徐々に拡大していこう．集合族

$$\mathscr{T}_1 = \{E \subset X : 任意の F \in \mathscr{A} に対して E \cap F \in \tau[\mathscr{A}]\}$$

を考える．有限加法族 $\mathscr{A}$ は共通部分で閉じているから，任意の $E, F \in \mathscr{A}$ に対して $E \cap F \in \mathscr{A} \subset \tau[\mathscr{A}]$．この意味を考えると $\mathscr{A} \subset \mathscr{T}_1$ である．また $\mathscr{T}_1$ は単調族である．実際，$E_n \in \mathscr{T}_1$ が単調列でその極限集合が E ならば，任意の $F \in \mathscr{A}$ に対して，$E_n \cap F \in \tau[\mathscr{A}]$ であり，その極限をとって $E \cap F \in \tau[\mathscr{A}]$ となる（$\because \tau[\mathscr{A}]$ は単調族）．したがって $\tau[\mathscr{A}]$ の最小性より $\tau[\mathscr{A}] \subset \mathscr{T}_1$ となる．この意味を解釈すると

$$E \in \tau[\mathscr{A}], \ F \in \mathscr{A} \implies E \cap F \in \tau[\mathscr{A}] \tag{2.12}$$

となる．次に

$$\mathscr{T}_2 = \{E \subset X : \text{任意の } F \in \tau[\mathscr{A}] \text{ に対して } E \cap F \in \tau[\mathscr{A}]\}$$

とすると $\mathscr{A} \subset \mathscr{T}_2$ である（E と F を交換して (2.12) を使用）．$\mathscr{T}_1$ と同様にして $\mathscr{T}_2$ は単調族であり，$\tau[\mathscr{A}]$ の最小性より $\tau[\mathscr{A}] \subset \mathscr{T}_2$ となる．この意味を解釈すると $E, F \in \tau[\mathscr{A}] \implies E \cap F \in \tau[\mathscr{A}]$ であり，(a) が証明された．

(b) の証明も同様である．$\mathscr{T}_3 = \{E \subset X : X \setminus E \in \tau[\mathscr{A}]\}$ とおいて $\tau[\mathscr{A}] \subset \mathscr{T}_3$ をいえばよい．詳細は問とする． ■

問 2.15 上の補題の証明の (b) を完成せよ．

補題 2.22：集合に対する Fubini の定理

$(X, \mathscr{B}_X, \mu)$ と $(Y, \mathscr{B}_Y, \nu)$ はどちらも σ-有限とする．このとき任意の $A \in \mathscr{B}_X \times \mathscr{B}_Y$ は以下の性質をみたす．

(i) 任意の $x \in X$ および $y \in Y$ に対して A の切口は $A_x \in \mathscr{B}_Y$, $A_y \in \mathscr{B}_X$ となる．
(ii) $\nu(A_x)$ は x の関数として μ-可測，$\mu(A_y)$ は y の関数として ν-可測である．
(iii) $(\mu \times \nu)(A) = \int_X \nu(A_x) d\mu(x) = \int_Y \mu(A_y) d\nu(y)$ が成り立つ．

【証明】　上の (i), (ii), (iii) の性質をみたす $A \subset X \times Y$ のすべてを集めた集合族を $\mathscr{T}$ とする．定理 2.19 により $\mathscr{K} \subset \mathscr{T}$ である．$\mathscr{T}$ が単調族であることを示そう．これがわかれば補題 2.21 により $\mathscr{B}_X \times \mathscr{B}_Y = \sigma[\mathscr{K}] = \tau[\mathscr{K}] \subset \mathscr{T}$ となる．この意味を解釈すれば補題が得られる．

さて，$A_n \in \mathscr{T}$ を単調増加列で $A = \bigcup_n A_n$ としよう．このとき $\mathscr{T}$ の定義 (i) から $(A_n)_x \in \mathscr{B}_Y$ であるが，補題 2.17 より，$(A_n)_x$ も単調増加列で $A_x = \bigcup_n (A_n)_x \in \mathscr{B}_Y$ となる．測度の単調性から $\nu((A_n)_x) \uparrow \nu(A_x)$ であり，$\mathscr{T}$ の定義 (ii) から $\nu((A_n)_x)$ は μ-可測であって，その極限の $\nu(A_x)$ も μ-可測である．さらに単調収束定理から

$$\int_X \nu((A_n)_x) d\mu(x) \uparrow \int_X \nu(A_x) d\mu(x)$$

となる．同様にして $(A_n)_y \in \mathscr{B}_X$ は単調増加列で，$A_y = \bigcup_n (A_n)_y \in \mathscr{B}_X$ であり，$\mu((A_n)_y) \uparrow \mu(A_y)$ が成り立ち，$\mu(A_y)$ は ν-可測であって，

$$\int_Y \mu((A_n)_y) d\nu(y) \uparrow \int_Y \mu(A_y) d\nu(y)$$

となる．したがって A_n に対する $\mathscr{T}$ の定義 (iii) の極限をとって，A も $\mathscr{T}$ の定義 (iii) をみたすことがわかる．以上から $A \in \mathscr{T}$ が示された．

$A_n \in \mathscr{T}$ が単調減少のときも基本的に同様であるが，$A_n \downarrow A$ から $\nu((A_n)_x) \downarrow \nu(A_x)$ および

$$\int_X \nu((A_n)_x) d\mu(x) \downarrow \int_X \nu(A_x) d\mu(x)$$

には $\nu((A_1)_x) < \infty$ や $\int_X \nu((A_1)_x) d\mu(x) < \infty$ が必要である．そこで μ と ν の σ-有限性を用い，$X_m \uparrow X$, $\mu(X_m) < \infty$ および $Y_m \uparrow Y$, $\nu(Y_m) < \infty$ をとる．A_1 の代わりに $A_1 \cap (X_m \times Y_m)$ を考えれば，$(\mu \times \nu)(A_1 \cap (X_m \times Y_m)) < \infty$ なので $A \cap (X_m \times Y_m) \in \mathscr{T}$ がわかる．ここで $m \to \infty$ とすれば，前半より $A \in \mathscr{T}$ となる．以上から $\mathscr{T}$ は単調族となり，補題が証明された． ∎

定理 2.23：非負関数に対する Fubini の定理

$(X, \mathscr{B}_X, \mu)$ と $(Y, \mathscr{B}_Y, \nu)$ はどちらも σ-有限とする．$f(x,y)$ が $\mathscr{B}_X \times \mathscr{B}_Y$-可測関数で $f(x,y) \geq 0$ ならば以下が成立する．

(i) $x \in X$ を固定すると，$f(x, \cdot)$ は $\mathscr{B}_Y$-可測関数であり，$y \in Y$ を固定すると，$f(\cdot, y)$ は $\mathscr{B}_X$-可測関数である．

(ii) $\int_Y f(\cdot, y) d\nu(y)$ は $\mathscr{B}_X$-可測関数であり，$\int_X f(x, \cdot) d\mu(x)$ は $\mathscr{B}_Y$-可測関数である．

(iii) 積分の順序交換ができる．すなわち

$$\iint_{X \times Y} f(x,y) d(\mu \times \nu)(x,y)$$
$$= \int_X d\mu(x) \int_Y f(x,y) d\nu(y) = \int_Y d\nu(y) \int_X f(x,y) d\mu(x).$$

【証明】 $f = 1_A$, $A \in \mathscr{B}_X \times \mathscr{B}_Y$ のとき，この定理は補題 2.22 になる．この一次結合を考えれば，f が $\mathscr{B}_X \times \mathscr{B}_Y$-可測単関数のときも主張が成り立つ．$f \geq 0$ が一般の $\mathscr{B}_X \times \mathscr{B}_Y$-可測関数のときは命題 1.25 により，$f$ は $\mathscr{B}_X \times \mathscr{B}_Y$-可測単関数の単調増加極限で表され，やはり主張が成り立つ． ∎

> **定理 2.24: 可積分関数に対する Fubini の定理**
>
> $(X, \mathscr{B}_X, \mu)$ と $(Y, \mathscr{B}_Y, \nu)$ はどちらも σ-有限とする. $f(x,y)$ が $\mu \times \nu$-可積分関数ならば以下が成立する.
>
> (i) $x \in X$ を固定すると, $f(x, \cdot)$ は $\mathscr{B}_Y$-可測関数であり, $y \in Y$ を固定すると, $f(\cdot, y)$ は $\mathscr{B}_X$-可測関数である.
> (ii) $\int_Y f(\cdot, y) d\nu(y)$ は μ-可積分関数であり, $\int_X f(x, \cdot) d\mu(x)$ は ν-可積分関数である.
> (iii) 積分の順序交換ができる.

【証明】 f が一般符号のときは正の部分と負の部分に分けて差をとればよい. 差をとるときに可積分性が必要である. また複素数値のときは実部と虚部に分ければよい. ∎

注意 2.8 上の (ii) の最初の主張を正確に述べると μ-a.e. $x \in X$ に対して $f(x, \cdot)$ は ν-可積分であり,

$$g(x) = \begin{cases} \int_Y f(x,y) d\nu(y) & (f(x,\cdot) \text{ は } \nu\text{-可積分のとき}) \\ 0 & (\text{それ以外}) \end{cases}$$

とおくと, $g(x)$ は μ-可積分関数ということである. しかし, これはあまりに煩わしいので, 上の定理のように簡単に表現する.

最後に完備化された直積測度に対する Fubini の定理を与えよう. 測度空間 $(X, \mathscr{B}_X, \mu)$ と $(Y, \mathscr{B}_Y, \nu)$ が両方とも完備であっても直積測度空間 $(X \times Y, \mathscr{B}_X \times \mathscr{B}_Y, \mu \times \nu)$ は完備とは限らない. これを完備化して, (測度 $\mu \times \nu$ に関する零集合を付け加えて) $(X \times Y, \overline{\mathscr{B}_X \times \mathscr{B}_Y}, \overline{\mu \times \nu})$ を得る. これを完備化された直積測度空間という. 記号の煩雑さを避けるために, 完備化された測度も同じ記号 $\mu \times \nu$ で表そう. 完備化された直積測度空間に対しては「a.e.」がついた Fubini の定理が成り立つ.

2.7 Fubini の定理

定理 2.25： 完備化された Fubini の定理

$(X, \mathscr{B}_X, \mu)$ と $(Y, \mathscr{B}_Y, \nu)$ はどちらも σ-有限とする．$f(x,y)$ が $\overline{\mathscr{B}_X \times \mathscr{B}_Y}$-可測関数ならば以下が成立する．

(i) μ-a.e. $x \in X$ に対して，$f(x, \cdot)$ は $\overline{\mathscr{B}_Y}$-可測関数であり，ν-a.e. $y \in Y$ に対して，$f(\cdot, y)$ は $\overline{\mathscr{B}_X}$-可測関数である．

(ii) $f(x,y) \geq 0$ ならば，$\int_Y f(\cdot, y) d\nu(y)$ は $\overline{\mathscr{B}_X}$-可測関数であり，$\int_X f(x, \cdot) d\mu(x)$ は $\overline{\mathscr{B}_Y}$-可測関数である．

(iii) $f(x,y)$ が $\mu \times \nu$ 可積分ならば，$\int_Y f(\cdot, y) d\nu(y)$ は μ-可積分関数であり，$\int_X f(x, \cdot) d\mu(x)$ は ν-可積分関数である．

(iv) $f(x,y)$ が非負または $\mu \times \nu$ 可積分ならば，積分の順序交換ができる．

【証明】　命題 1.32 より $\mathscr{B}_X \times \mathscr{B}_Y$-可測関数 $g(x,y)$ および $\mathscr{B}_X \times \mathscr{B}_Y$-可測集合 A で $(X \times Y) \setminus A$ 上 $f(x,y) = g(x,y)$ かつ $(\mu \times \nu)(A) = 0$ となるものがある．集合に対する Fubini の定理（補題 2.22）を用いれば，定理 2.24 に帰着される． ∎

Fubini の定理の実際の運用は次の形が多い．

系 2.26： Fubini の定理の運用

$(X, \mathscr{B}_X, \mu)$ と $(Y, \mathscr{B}_Y, \nu)$ はどちらも σ-有限とする．$f(x,y)$ を $\overline{\mathscr{B}_X \times \mathscr{B}_Y}$-可測関数とする．このとき

$$\iint_{X \times Y} |f(x,y)| \, d(\mu \times \nu)(x,y)$$
$$= \int_X d\mu(x) \int_Y |f(x,y)| \, d\nu(y) = \int_Y d\nu(y) \int_X |f(x,y)| \, d\mu(x)$$

は（$+\infty$ も含めて）常に成立する．さらに，これが有限値ならば，（絶対値をつけない）積分の順序交換ができる．

【証明】　f の正負の部分 $f^{\pm}$ は $\overline{\mathscr{B}_X \times \mathscr{B}_Y}$-可測関数であり，完備化された Fubini の定理より

$$\iint_{X \times Y} f^{\pm}(x,y) d(\mu \times \nu)(x,y)$$
$$= \int_X d\mu(x) \int_Y f^{\pm}(x,y) d\nu(y) = \int_Y d\nu(y) \int_X f^{\pm}(x,y) d\mu(x)$$

が複号同順で成り立ち，これらを加えて絶対値積分の順序交換を得る．さらにこの値が有限ならば，f^+ と f^- の積分の差をとることができて，絶対値をつけない積分の順序交換ができる． ∎

2.8 一般次元 Lebesgue 測度

第 2.5 節で 1 次元 Lebesgue 測度を構成した．第 2.6 節の方法によって，これから直積測度を作れば一般次元 Lebesgue 測度を構成することができる．m を 1 次元 Lebesgue 測度，$\mathscr{L}(\mathbb{R})$ を 1 次元 Lebesgue 可測集合全体の族とすると，$(\mathbb{R}, \mathscr{L}(\mathbb{R}), m)$ は σ-有限な完備測度空間である．したがって定理 2.19 により，$\mathbb{R}^2$ 上の直積測度 λ と直積 σ-加法族 $\mathscr{L}(\mathbb{R}) \times \mathscr{L}(\mathbb{R})$ を構成して，すべての直積塊 $K = E \times F$ ($E, F \in \mathscr{L}(\mathbb{R})$) に対して

$$\lambda(K) = \int_{\mathbb{R}} m(K_x) dx = \int_{\mathbb{R}} m(K_y) dy$$

をみたすようにできる．この測度 λ は完備でない．完備化された測度を 2 次元 Lebesgue 測度 m_2 といい，$\mathscr{L}(\mathbb{R}) \times \mathscr{L}(\mathbb{R})$ の完備化を 2 次元 Lebesgue 可測集合族 $\mathscr{L}(\mathbb{R}^2)$ とする．d 次元の Lebesgue 測度 m_d は帰納的に構成すればよい．すなわち直積測度 $m_{d-1} \times m$ の完備化を d 次元 **Lebesgue 測度**とよび，m_d で表す．$\mathscr{L}(\mathbb{R}^{d-1}) \times \mathscr{L}(\mathbb{R})$ の完備化を d 次元 **Lebesgue 可測集合族**とよび，$\mathscr{L}(\mathbb{R}^d)$ で表す．また，Borel 集合族 $\mathscr{B}(\mathbb{R}^d)$ の完備化が Lebesgue 可測集合族 $\mathscr{L}(\mathbb{R}^d)$ と見ることもできる．$\mathscr{L}(\mathbb{R}^d)$ に関して可測な関数を **Lebesgue 可測関数**という．Lebesgue 測度に関して可積分な関数を **Lebesgue 可積分関数**という．

1 次元の Lebesgue 測度と同様に d 次元の区間塊から d 次元の Lebesgue 測度を同じ手順で構成することもできる．

注意 2.9（d **次元の区間塊による Lebesgue 測度の構成**） $\mathbb{R}^d$ 内の (d 次元) 半開半閉の区間 $(a_1, b_1] \times \cdots \times (a_d, b_d]$ の有限個の和を $\mathbb{R}^d$ の**区間塊**という．$\mathbb{R}^d$ のすべての区間塊からなる族を $\mathscr{I}(\mathbb{R}^d)$ で表す．このとき以下が成立する．

 (i) 区間塊は互いに素な半開半閉の区間の有限和で表される．
 (ii) $\mathscr{I}(\mathbb{R}^d)$ は有限加法族である．
 (iii) 半開半閉の区間 $Q = (a_1, b_1] \times \cdots \times (a_d, b_d]$ に対し

$$m_0(Q) = m_0((a_1, b_1] \times \cdots \times (a_d, b_d]) = (b_1 - a_1) \times \cdots \times (b_d - a_d)$$

と定義し，任意の区間塊 E を半開半閉の区間 Q_j の有限直和で表しておいて，$m_0(Q_j)$ の和を $m_0(E)$ とすると，m_0 は $\mathscr{I}(\mathbb{R}^d)$ 上の有限加法的測度である．区間塊の直和表現は一意ではないが，補題 2.18 のように切口測度の積分を用いれば，m_0 は well-defined である．

(iv) m_0 は $\mathscr{I}(\mathbb{R}^d)$ で可算加法的である．

(v) $\mathscr{I}(\mathbb{R}^d)$ から生成される σ-加法族は Borel 集合族 $\mathscr{B}(\mathbb{R}^d)$ に一致する．

(vi) m_0 から作った **Lebesgue 外測度**を m_d^* と表すと，$m_d^*(A)$ は

$$\inf\Big\{\sum_{j=1}^\infty m_0(Q_j) : A \subset \bigcup_{j=1}^\infty \operatorname{int} Q_j\Big\} = \inf\Big\{\sum_{j=1}^\infty m_0(Q_j) : A \subset \bigcup_{j=1}^\infty \overline{Q}_j\Big\}$$

と計算される．ただし，$Q_j = (a_1^j, b_1^j] \times \cdots \times (a_d^j, b_d^j]$ である．すなわち A を可算個の区間の d 次元の直積で覆い，その d 次元の体積の可算和の下限が $m_d^*(A)$ である．区間は開・閉どちらでもよい．

(vii) Lebesgue 外測度 m_d^* に関する可測集合族を $\mathscr{L}(\mathbb{R}^d)$ とすると，$\mathscr{B}(\mathbb{R}^d) \subset \mathscr{L}(\mathbb{R}^d)$ であり，m_d^* の $\mathscr{L}(\mathbb{R}^d)$ への制限は完備測度になる．これを d 次元 Lebesgue 測度 m_d といい，$\mathscr{L}(\mathbb{R}^d)$ を Lebesgue 可測集合族という．

(viii) d 次元の区間に対する測度を比べることにより，この方法で作った測度と Fubini の定理を経由して作った測度が一致することがわかる．

Fubini の定理を Lebesgue 測度による積分に応用しよう．$k, \ell \geq 1$，$d = k + \ell$，$x = (x_1, \ldots, x_k)$，$y = (y_1, \ldots, y_\ell)$ とする．さらに k 次元の Lebesgue 測度に関する積分 $dm_k(x)$ を $dx = dx_1 \cdots dx_k$ で表し，ℓ 次元の Lebesgue 測度に関する積分 $dm_\ell(y)$ を $dy = dy_1 \cdots dy_\ell$ で表す．

定理 2.27：$\mathbb{R}^d$ の Fubini の定理

$\mathbb{R}^d$ 上の関数 $f(x, y) = f(x_1, \ldots, x_k, y_1, \ldots, y_\ell)$ が Lebesgue 可測ならば，

$$\iint_{\mathbb{R}^d} |f(x,y)|\, dxdy = \int_{\mathbb{R}^k} dx \int_{\mathbb{R}^\ell} |f(x,y)|\, dy = \int_{\mathbb{R}^\ell} dy \int_{\mathbb{R}^k} |f(x,y)|\, dx$$

は（$+\infty$ も含めて）常に成立する．さらに，これが有限値ならば，

$$\iint_{\mathbb{R}^d} f(x,y)\, dxdy = \int_{\mathbb{R}^k} dx \int_{\mathbb{R}^\ell} f(x,y)\, dy = \int_{\mathbb{R}^\ell} dy \int_{\mathbb{R}^k} f(x,y)\, dx.$$

命題 2.13 と同様にして，一般次元の Lebesgue 測度の平行移動不変性がわかる．また反射，拡大・縮小による性質もまとめておこう．

> **定理 2.28： Lebesgue 測度の平行移動不変性**
>
> Lebesgue 外測度 m_d^* は平行移動不変である．すなわち任意の $A \subset \mathbb{R}^d$ および $x \in \mathbb{R}^d$ に対して $m_d^*(A) = m_d^*(A+x)$ である．ここに $A+x = \{y+x : y \in A\}$ である．A が m_d^*-可測であることと $A+x$ が m_d^*-可測であることは同値である．したがって，A が Lebesgue 可測ならば，$A+x$ も Lebesgue 可測であって $m_d(A) = m_d(A+x)$ である．反射不変性 $m_d(-A) = m_d(A)$，および拡大・縮小 $m_d(rA) = r^d m_d(A)$ が成り立つ．ここに $-A = \{-y : y \in A\}$，$rA = \{ry : y \in A\}$ である．

これを Lebesgue 可積分関数の言葉にすると次の定理になる．証明は関数を正の部分と負の部分に分け，それぞれを単関数で近似し，単関数を集合の特性関数で表し，それに定理 2.28 を用いればよい．

> **定理 2.29： Lebesgue 測度の平行移動不変性**
>
> $r > 0$, $x \in \mathbb{R}^d$ とすると，以下の関数の Lebesgue 可積分性は同値である．
>   (i) f (ii) $f(x+\cdot)$ (iii) $f(-\cdot)$ (iv) $f(r \times \cdot)$
> さらに以下が成り立つ．
> $$\int_{\mathbb{R}^d} f(y)dy = \int_{\mathbb{R}^d} f(x+y)dy = \int_{\mathbb{R}^d} f(-y)dy = r^d \int_{\mathbb{R}^d} f(ry)dy.$$

2.9 Fubini の定理の応用

Fubini の定理の具体的な応用をいくつか与えよう．

> **例題 2.4： Gauss 積分**
>
> $\int_0^\infty dy \int_0^\infty xe^{-x^2(1+y^2)}dx$ を利用して $\int_0^\infty e^{-x^2}dx = \dfrac{\sqrt{\pi}}{2}$ を示せ．

【解答例】 被積分関数は正だから，Fubini の定理により積分の順序変更は自由にできる．この順番で積分すると

$$\int_0^\infty dy \int_0^\infty xe^{-x^2(1+y^2)}dx = \int_0^\infty \left[-\frac{e^{-x^2(1+y^2)}}{2(1+y^2)} \right]_{x=0}^{x=\infty} dy = \int_0^\infty \frac{dy}{2(1+y^2)} = \frac{\pi}{4}.$$

積分順序を変更し，変数変換 $xy = t$ により $xdy = dt$ であることを用いると

$$\int_0^\infty dx \int_0^\infty xe^{-x^2(1+y^2)}dy = \int_0^\infty e^{-x^2}dx \int_0^\infty xe^{-x^2y^2}dy$$
$$= \int_0^\infty e^{-x^2}dx \int_0^\infty e^{-t^2}dt = \left(\int_0^\infty e^{-x^2}dx\right)^2.$$

これらを比べて $\int_0^\infty e^{-x^2}dx = \dfrac{\sqrt{\pi}}{2}$.

例題 2.5： ガンマ関数とベータ関数

$p, q > 0$ に対して

$$\Gamma(p) = \int_0^\infty x^{p-1}e^{-x}dx \quad (\text{ガンマ関数}),$$
$$B(p,q) = \int_0^1 x^{p-1}(1-x)^{q-1}dx \quad (\text{ベータ関数})$$

とする．Fubini の定理を

$$\iint_{\mathbb{R}^2} 1_E(x,y) x^{p-1}(y-x)^{q-1}e^{-y}dxdy \quad (E = \{(x,y) : 0 < x < y\})$$

に適用して，$\Gamma(p)\Gamma(q) = \Gamma(p+q)B(p,q)$ を示せ．

【解答例】 被積分関数は正なので積分の順序変更ができる．y から先に積分すると

$$\int_{\mathbb{R}} dx \int_{\mathbb{R}} 1_E(x,y) x^{p-1}(y-x)^{q-1}e^{-y}dy = \int_0^\infty x^{p-1}dx \int_x^\infty (y-x)^{q-1}e^{-y}dy.$$

さらに，$z = y - x$ と変数変換すると

$$\int_0^\infty x^{p-1}dx \int_0^\infty z^{q-1}e^{-(z+x)}dz = \int_0^\infty x^{p-1}e^{-x}dx \int_0^\infty z^{q-1}e^{-z}dz = \Gamma(p)\Gamma(q).$$

一方，x から先に積分し，$x = yz$ と変数変換すると

$$\int_0^\infty dy \int_0^y x^{p-1}(y-x)^{q-1}e^{-y}dx = \int_0^\infty e^{-y}dy \int_0^1 (yz)^{p-1}(y-yz)^{q-1}ydz$$
$$= \Gamma(p+q)B(p,q).$$

問 2.16 $E = \{(x,y) : 0 < x < y\}$ とする．$p > 0$ のとき，$\iint_{\mathbb{R}^2} 1_E(x,y) p x^{p-1}e^{-y}dxdy$ に Fubini の定理を適用して，$\Gamma(p+1) = p\Gamma(p)$ を示せ．

Fubini の定理は積分値を求めるだけでなく理論的な問題にも使われる．そのような応用を2つあげよう．まず，一般の測度空間上の積分を1次元の積分に直す．Fubini の定理を使うと σ-有限な測度空間に対しては演習 7.31 を簡単に示すことができる．

例題 2.6: 分布関数による積分

$(X, \mathscr{B}, \mu)$ を σ-有限な測度空間とし f を μ-可測関数とする．$\lambda(\alpha) = \mu(\{x \in X : |f(x)| > \alpha\})$ を f の**分布関数**という．$p > 0$ に対して，$\int_X |f|^p d\mu = \int_0^\infty \lambda(\alpha) d\alpha^p$ となることを示せ．ただし，$d\alpha^p$ は $p\alpha^{p-1} d\alpha$ と理解する．

【解答例】 まず $E = \{(x, \alpha) \in X \times \mathbb{R} : 0 < \alpha < |f(x)|\}$ が $\mathscr{B} \times \mathscr{B}(\mathbb{R})$-可測集合であることを認めて等式を示そう．このとき $1_E(x, \alpha)$ は $\mathscr{B} \times \mathscr{B}(\mathbb{R})$-可測関数である．$\lambda(\alpha) = \mu(E_\alpha) = \int_X 1_E(x, \alpha) d\mu(x)$ であるから，Fubini の定理より

$$\int_0^\infty \lambda(\alpha) d\alpha^p = \int_0^\infty d\alpha^p \int_X 1_E(x, \alpha) d\mu(x) = \int_X d\mu(x) \int_0^\infty 1_E(x, \alpha) d\alpha^p$$

$$= \int_X d\mu(x) \int_0^{|f(x)|} d\alpha^p = \int_X |f(x)|^p d\mu(x).$$

さて，$E = \{(x, \alpha) \in X \times \mathbb{R} : 0 < \alpha < |f(x)|\}$ の可測性は以下のように示される．有理数 $\mathbb{Q}$ の稠密性から

$$E = \bigcup_{q \in \mathbb{Q}} \{(x, \alpha) : 0 < \alpha < q\} \cap \{(x, \alpha) : q < |f(x)|\}$$

$$= \bigcup_{q \in \mathbb{Q}} (X \times (0, q)) \cap (\{x \in X : q < |f(x)|\} \times \mathbb{R}).$$

ここで $|f|$ は $\mathscr{B}$-可測関数だから，$\{x \in X : q < |f(x)|\} \in \mathscr{B}$ であり，$\{x \in X : q < |f(x)|\} \times \mathbb{R} \in \mathscr{B} \times \mathscr{B}(\mathbb{R})$ である．また，明らかに $X \times (0, q) \in \mathscr{B} \times \mathscr{B}(\mathbb{R})$ であり，これらの集合の共通部分の可算和として E は $\mathscr{B} \times \mathscr{B}(\mathbb{R})$-可測集合である．

問 2.17 f が $\mathscr{B}$-可測関数ならば $E = \{(x, t) \in X \times \mathbb{R} : f(x) \geq t\}$ は $\mathscr{B} \times \mathscr{B}(\mathbb{R})$-可測集合であることを示せ．

代数学の基本定理により，多項式 $f(x) = x^n + a_1 x^{n-1} + \cdots + a_n$ は高々 n 個の零点をもつ．とくに実数の零点は有限個であり 1 次元 Lebesgue 測度 0 である．これを 2 変数の多項式に拡張する．一般に $f(x, y) = \sum a_{n,m} x^n y^m$ を 2 変数の多項式という．ただし $\sum$ は有限和であり，$a_{n,m} \neq 0$ となる係数で $n + m$ が一番大きなものを $f(x, y)$ の次数という．例えば $f(x, y) = x^2 + y^2 - 1$ は 2 次の多項式である．この零点は円周であり，その 2 次元 Lebesgue 測度は 0 である．これは一般化される．

例題 2.7: 多項式の零集合

$P(x,y)$ は x と y の多項式で, 恒等的に 0 でないとする. このとき $E = \{(x,y) : P(x,y) = 0\}$ の 2 次元 Lebesgue 測度は 0 であることを示せ.

【解答例】 2 変数の多項式を x について整理すると, $P(x,y) = a_0(y) + a_1(y)x + \cdots + a_n(y)x^n$ となる. ただし, $a_0(y), \ldots, a_n(y)$ は恒等的には 0 でない y の多項式である. したがって $a_n(y) = 0$ となる y 全部を F とすれば, F は有限集合であり (個数は多項式 $a_n(y)$ の次数以下), $m_1(F) = 0$ である. 一方, $y \notin F$ を固定すれば, $P(x,y)$ は x の恒等的に 0 でない n 次多項式である. したがって, その零点は高々 n 個で, 1 次元 Lebesgue 測度は 0, よって $1_E(\cdot, y) = 0$ m_1-a.e. である. 以上から

$$m_2(E) = \iint_{\mathbb{R}^2} 1_E\, dx dy = \int_F dy \int_{\mathbb{R}} 1_E dx + \int_{\mathbb{R}\setminus F} dy \int_{\mathbb{R}} 1_E dx$$

$$\leq \int_{\mathbb{R}} dx \int_F dy + \int_{\mathbb{R}\setminus F} dy \int_{\mathbb{R}} 0\, dx = 0.$$

2.10 広義積分 (積分の極限値)

被積分関数の符号が変化するときは要注意である. 通常の積分が存在しなくても, 積分の極限値 ― **広義積分** ― が存在することがある.

例題 2.8: 三角関数の広義積分

$-\beta < \alpha + 1 < \beta$ ならば $\displaystyle\lim_{A\to\infty}\int_0^A x^\alpha \sin(x^\beta) dx$ が存在することを示せ. これを広義積分とよび, 簡単に $\displaystyle\int_0^\infty x^\alpha \sin(x^\beta) dx$ と表す.

【解答例】 条件より $\alpha + \beta > -1$ であるから,

$$\int_0^1 |x^\alpha \sin(x^\beta)| dx \leq \int_0^1 x^{\alpha+\beta} dx = \frac{1}{\alpha+\beta+1} < \infty.$$

したがって $x^\alpha \sin(x^\beta)$ は $(0,1]$ で可積分で, $\int_0^1 x^\alpha \sin(x^\beta) dx$ は通常の Lebesgue 積分として存在する. 一方, 条件より $\beta > 0$ であるから, 有限区間 $[1, A]$ で置換積分 ($x^\beta = t$) して,

$$\int_1^A x^\alpha \sin(x^\beta) dx = \frac{1}{\beta}\int_1^{A^\beta} t^{(\alpha+1)/\beta - 1} \sin t\, dt.$$

これを部分積分すると

$$\frac{1}{\beta}\Big\{\big[-t^{(\alpha+1)/\beta - 1}\cos t\big]_1^{A^\beta} - \Big(\frac{\alpha+1}{\beta} - 1\Big)\int_1^{A^\beta} t^{(\alpha+1)/\beta - 2}\cos t\, dt\Big\}$$

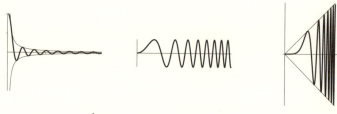

図 2.7 $y = \dfrac{\sin x}{x}$（左），$y = \sin(x^2)$（中），$y = x\sin(x^4)$（右）

となる．条件より $(\alpha+1)/\beta - 2 < -1$ であるから，$[1, \infty)$ で $|t^{(\alpha+1)/\beta-2}\cos t| \le t^{(\alpha+1)/\beta-2}$ は可積分である．したがって $\lim\limits_{A\to\infty}\int_1^A x^\alpha \sin(x^\beta)dx$ は

$$\int_0^1 x^\alpha \sin(x^\beta)dx + \frac{1}{\beta}\Big\{\cos 1 - \Big(\frac{\alpha+1}{\beta} - 1\Big)\int_1^\infty t^{(\alpha+1)/\beta - 2}\cos t\,dt\Big\}$$

となり，これは Lebesgue 積分として意味がある．

　この例題で $\alpha = -1$，$\beta = 1$；$\alpha = 0$，$\beta = 2$ および $\alpha = 1$，$\beta = 4$ とすると，広義積分 $\int_0^\infty x^{-1}\sin x\,dx$，$\int_0^\infty \sin(x^2)dx$ および $\int_0^\infty x\sin(x^4)dx$ の存在がわかる．図 2.7 参照．とくに $\int_0^\infty \sin(x^2)dx$ を **Fresnel（フレネル）積分** という（問 2.18）．

　広義積分の例として $\int_0^\infty x^{-1}\sin x\,dx$ がよく取り上げられるが，$\lim\limits_{x\to\infty}(\sin x)/x = 0$ に惑わされて，Lebesgue 積分では扱えない広義 Riemann 積分があると思いがちである．これは誤解である．<u>すべての広義積分は Lebesgue 積分の極限値とみなせる</u>．たまたま広義積分として $\int_0^\infty |f(x)|\,dx < \infty$ であれば，$\int_0^\infty f(x)dx$ は Lebesgue 可積分であり，広義積分とも一致する（Lebesgue の収束定理）．これらの関係は図 2.8 のようになる．

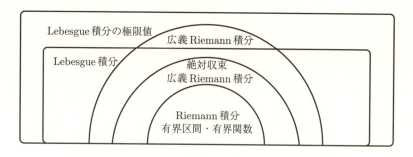

図 2.8 広義 Riemann 積分と Lebesgue 積分の極限値

2.10 広義積分（積分の極限値）

広義積分の値を求めるには技術が必要である．複素解析の留数計算が大変有効であることが多いが（演習 10.8），Fubini の定理を用いて計算できるときもある．

例題 2.9：三角関数の広義積分

$f(x,y) = e^{-xy}\sin x$ を $(0,A) \times (0,\infty)$ で積分することにより，

$$\lim_{A\to\infty} \int_0^A \frac{\sin x}{x} dx = \frac{\pi}{2}$$

を導け．なお，$\int_0^\infty \left|\frac{\sin x}{x}\right| dx = \infty$ であり，$\frac{\sin x}{x}$ は $(0,\infty)$ で非可積分で，$\int_0^\infty \frac{\sin x}{x} dx$ は Lebesgue 積分ではない．

【解答例】 $x > 0$ のとき $\int_0^\infty e^{-xy} dy = \frac{1}{x}$ であることに注意して，$|f(x,y)| \geq 0$ に Fubini の定理を用いると

$$\int_0^A dx \int_0^\infty |f(x,y)|\, dy = \int_0^A |\sin x|\, dx \int_0^\infty e^{-xy} dy$$

$$= \int_0^A \left|\frac{\sin x}{x}\right| dx \leq \int_0^A dx = A < \infty.$$

したがって Fubini の定理より

$$\int_0^A \frac{\sin x}{x} dx = \int_0^A \sin x\, dx \int_0^\infty e^{-xy} dy = \int_0^\infty \left(\int_0^A e^{-xy}\sin x\, dx\right) dy. \qquad (2.13)$$

ここで $I_A(y) = \int_0^A e^{-xy}\sin x\, dx$ を 2 回部分積分して，整理すると（演習 10.8 の解答を参考）

$$I_A(y) = \frac{1 - e^{-Ay}\cos A - ye^{-Ay}\sin A}{1+y^2}.$$

$A \geq 1$ のとき，$y > 0$ ならば，$ye^{-Ay} = \frac{y}{e^{Ay}} \leq \frac{y}{Ay} \leq 1$ となり，$|I_A(y)| \leq \frac{3}{1+y^2}$ と A に関係しない可積分関数で押さえられる．したがって，(2.13) で $A \to \infty$ とすれば Lebesgue の収束定理より，

$$\lim_{A\to\infty} \int_0^A \frac{\sin x}{x} dx = \lim_{A\to\infty} \int_0^\infty I_A(y) dy$$

$$= \int_0^\infty \lim_{A\to\infty} \frac{1 - e^{-Ay}\cos A - ye^{-Ay}\sin A}{1+y^2} dy$$

$$= \int_0^\infty \frac{1}{1+y^2} dy = \frac{\pi}{2}.$$

一方，$n \geq 1$ のとき

$$\int_{(n-1)\pi}^{n\pi} \left|\frac{\sin x}{x}\right| dx \geq \frac{1}{n\pi} \int_{(n-1)\pi}^{n\pi} |\sin x|\, dx = \frac{2}{n\pi}$$

であるから，$\int_0^\infty \left|\frac{\sin x}{x}\right| dx \geq \sum_{n=1}^\infty \frac{2}{n\pi} = \infty$．

注意 2.10 習慣化してしまっているが，「広義積分」は非常に誤解をまねく表現である．英語の **improper integral** を直訳した**変格積分**や**異常積分**の方がよりふさわしい．

問 2.18 広義積分 $\lim_{A\to\infty} \int_0^A \sin(x^2)dx = \sqrt{\pi/8}$（Fresnel 積分）を以下の手順により示せ．

(i) 変数変換により広義積分 $\lim_{A\to\infty} \int_0^A \frac{\sin x}{2\sqrt{x}} dx$ に等しいことを示せ．

(ii) 部分積分を用いて $\int_0^A e^{-xy^2} \sin x\, dx$ を A と y で表せ．

(iii) $\int_0^\infty dy \int_0^A e^{-xy^2} \sin x\, dx$ を用いて，$\lim_{A\to\infty} \int_0^A \frac{\sin x}{2\sqrt{x}} dx$ を求めよ．

ヒント．$\int_0^\infty \frac{dy}{y^4+1} = \frac{\pi}{\sqrt{8}}$．

2.11 まとめ

- 外測度，Carathéodory 可測集合．
- 測度の完備化，Hopf の拡張定理，σ-有限，有限加法族，有限加法的測度，可算加法性．
- 1 次元 Lebesgue 測度の構成，区間塊．
- σ-加法族の直積，直積測度の構成，切口，直積塊．
- 単調族，Fubini の定理，一般次元 Lebesgue 測度．
- Fubini の定理の応用，広義積分．

第3章

可測性と Lebesgue 測度の 詳しい性質

この章では2変数関数としての可測性，Lebesgue 可測集合の近似，Lebesgue 非可測集合，Cantor 集合，Cantor 関数，Borel 可測と Lebesgue 可測の違いなど少し進んだ内容を考察する．Lebesgue 積分を解析学に応用する場合に，非可測関数が現れることはほとんどないのであまり可測性にこだわる必要はない．はじめて Lebesgue 積分を習うときにはこの章は飛ばして，出てくる関数はすべて可測と思ってよい．

3.1 2変数関数としての可測性

2変数関数の連続性は強い性質である．各変数に対して偏微分可能であっても2変数関数として連続とは限らない．一方の変数をとめて1変数関数として連続であっても，2変数関数として連続とは限らないからである．Fubini の定理の仮定，関数 $f(x,y)$ の $\mathscr{B}_X \times \mathscr{B}_Y$-可測性も類似の性格をもっている．次のような例が知られている．

注意 3.1 $x \in X$ を固定すると，$f(x,\cdot)$ は $\mathscr{B}_Y$-可測関数であり，$y \in Y$ を固定すると，$f(\cdot,y)$ は $\mathscr{B}_X$-可測関数であっても，$f(x,y)$ は $\mathscr{B}_X \times \mathscr{B}_Y$-可測とは限らない．演習 10.19 参照．$\overline{\mathscr{B}_X \times \mathscr{B}_Y}$-可測関数にもならない反例は [3, p.109] にある．これは超限帰納法に基づく．

ただし，このような反例は例外的であって，実際の応用に出てくる関数はほとんど可測関数である．とくに区分的に連続または連続関数列の極限のことが多く，その場合には2変数関数として可測を簡単に示すことができる．

定理 3.1: 2変数関数としての可測性

$(X, \mathscr{B}_X)$ を任意の可測空間とする．$X \times \mathbb{R}$ の関数 $f(x, y)$ が

 (i) 任意の $y \in \mathbb{R}$ を固定すると，$f(\cdot, y)$ は $\mathscr{B}_X$-可測関数
 (ii) 任意の $x \in X$ を固定すると，$f(x, \cdot)$ は連続

をみたすとする．このとき，$f(x, y)$ は $\mathscr{B}_X \times \mathscr{B}(\mathbb{R})$-可測関数である．

【証明】 $n \geq 1$ を自然数とする．$I_k = \left(\dfrac{k-1}{n}, \dfrac{k}{n}\right]$ とし，

$$f_n(x, y) = \sum_{k=-\infty}^{\infty} 1_{I_k}(y) f\left(x, \frac{k}{n}\right)$$

とおく．この意味を考えると $\dfrac{k-1}{n} < y \leq \dfrac{k}{n}$ ならば，$f_n(x, y) = f\left(x, \dfrac{k}{n}\right)$ である．$f\left(x, \dfrac{k}{n}\right)$ は $\mathscr{B}_X$-可測関数であるから，任意の $\alpha \in \mathbb{R}$ に対して $E_k = \{x \in X : f\left(x, \dfrac{k}{n}\right) > \alpha\} \in \mathscr{B}_X$ であり，

$$\{(x, y) : f_n(x, y) > \alpha\} = \bigcup_{k=-\infty}^{\infty} (E_k \times I_k) \in \mathscr{B}_X \times \mathscr{B}(\mathbb{R}).$$

したがって，$f_n(x, y)$ は $\mathscr{B}_X \times \mathscr{B}(\mathbb{R})$-可測関数である．一方，$f(x, \cdot)$ の連続性より，$\lim_{n \to \infty} f_n(x, y) = f(x, y)$ であるから，$\mathscr{B}_X \times \mathscr{B}(\mathbb{R})$-可測関数列の極限として，$f(x, y)$ は $\mathscr{B}_X \times \mathscr{B}(\mathbb{R})$-可測関数となる． ∎

上の定理を用いれば，一方の変数をとめて1変数関数として連続ならば2変数関数として可測であることがわかる．$\mathscr{B}(\mathbb{R}^d)$ に関して可測な関数を **Borel 可測関数** という．少し短く **Borel 関数** とよぶことも多い．

系 3.2: 変数ごとの連続性 $\Longrightarrow$ Borel 可測性

$\mathbb{R}^d$ 上の関数 $f(x_1, \ldots, x_d)$ が，任意の k ($1 \leq k \leq d$) に対して，1つの変数 x_k だけを動かし，残りを固定して連続ならば，Borel 可測関数である．

系 3.3： 偏微分可能性 $\Longrightarrow$ Borel 可測性

$\mathbb{R}^d$ 上の関数 $f(x_1, \ldots, x_d)$ が各変数に対して偏微分可能ならば Borel 可測関数である.

問 3.1 系 3.2 と系 3.3 を確認せよ.

定理 3.4： 加法と Borel 可測性

$x \in \mathbb{R}^d$ の関数 $f(x)$ が Borel 可測とする. このとき 2 変数関数 $F(x,y) = f(x+y)$ は $\mathbb{R}^{2d}$ 上の Borel 可測関数である.

【証明】 $\Phi : \mathbb{R}^d \times \mathbb{R}^d \to \mathbb{R}^d$ を $\Phi(x,y) = x+y$ と定義すれば, $f(x+y) = f \circ \Phi(x,y)$ である. Φ は連続だから Borel 可測写像である (演習 3.18). すなわち, $\mathbb{R}^d$ の Borel 集合の Φ による逆像は $\mathbb{R}^d \times \mathbb{R}^d$ の Borel 集合である. 任意に $E \in \mathscr{B}(\overline{\mathbb{R}})$ をとると, $(f \circ \Phi)^{-1}(E) = \Phi^{-1}(f^{-1}(E))$ である. f は Borel 可測関数だから, $f^{-1}(E) \in \mathscr{B}(\mathbb{R}^d)$ であり, $\Phi^{-1}(f^{-1}(E)) \in \mathscr{B}(\mathbb{R}^d \times \mathbb{R}^d)$ となる. したがって $f(x+y) = f \circ \Phi(x,y)$ は Borel 可測関数である. ∎

定理 3.4 の Lebesgue 可測版も成り立つがその証明には Lebesgue 可測集合に対するもう少し詳しい性質が必要であるので, 次の節で述べる.

3.2 Lebesgue 可測集合と Lebesgue 可積分関数の近似

Lebesgue 可測集合をよい集合で近似することができる. Lebesgue 外測度の構成方法より

$$m_d^*(A) = \inf \Big\{ \sum_{j=1}^\infty m_d(U_j) : A \subset \bigcup_{j=1}^\infty U_j \Big\}$$

が成り立つことがわかる. ここに U_j は開区間 (の直積) である. $U = \bigcup_{j=1}^\infty U_j$ は開集合であり, $m_d^*(A) \leq m_d(U) \leq \sum_{j=1}^\infty m_d(U_j)$ であるから,

$$m_d^*(A) = \inf\{m_d(U) : A \subset U \subset \mathbb{R}^d, \ U \text{ は開集合}\}$$

である. A が d 次元 Lebesgue 可測集合ならば, $m_d(A) = m_d^*(A)$ であるから,

$$m_d(A) = \inf\{m_d(U) : A \subset U \subset \mathbb{R}^d, \ U \text{ は開集合}\}$$

となる．すなわち $m_d(A)$ は外側から開集合で近似される．内側からの近似を考えるのは自然であろう．A が Lebesgue 可測集合ならば $m_d(A)$ は内側からコンパクト集合で近似される．

命題 3.5： Lebesgue 可測集合の近似

A が Lebesgue 可測集合ならば，
$$
\begin{aligned}
m_d(A) &= \inf\{m_d(U) : A \subset U,\ U \text{ は開集合}\} \\
&= \sup\{m_d(K) : K \subset A,\ K \text{ はコンパクト集合}\}.
\end{aligned}
\tag{3.1}
$$

【証明】　(3.1) の最初の等号は命題の前に述べたとおりである．2 番目の等号を示そう．$m_d(A) \geq \sup\{m_d(K) : K \subset A,\ K \text{ はコンパクト集合}\}$ は明らかだから，逆向きの不等号を示せばよい．

自然数 n に対して $X_n = \{x : |x| \leq n\}$ とする．Lebesgue 可測集合 $X_n \setminus A$ に (3.1) の最初の等号を適用すれば
$$
m_d(X_n \setminus A) = \inf\{m_d(U) : X_n \setminus A \subset U,\ U \text{ は開集合}\}.
$$
$X_n \setminus A$ を含む開集合 U に対して，$K = X_n \setminus U$ とおくと，K はコンパクト集合で，$K \subset A \cap X_n$ かつ
$$
m_d(U) \geq m_d(U \cap X_n) = m_d(X_n) - m_d(K).
$$
U に関する下限をとって
$$
m_d(X_n \setminus A) \geq m_d(X_n) - \sup\{m_d(K) : K \subset A \cap X_n,\ K \text{ はコンパクト集合}\}.
$$
ゆえに
$$
\begin{aligned}
m_d(X_n \cap A) &= m_d(X_n) - m_d(X_n \setminus A) \\
&\leq \sup\{m_d(K) : K \subset A \cap X_n,\ K \text{ はコンパクト集合}\} \\
&\leq \sup\{m_d(K) : K \subset A,\ K \text{ はコンパクト集合}\}.
\end{aligned}
$$
$m_d(X_n \cap A) \uparrow m_d(A)$ であるから求める不等式を得る．■

$\mathscr{L}(\mathbb{R}^d)$ は $\mathscr{B}(\mathbb{R}^d)$ の完備化であるから $E \in \mathscr{L}(\mathbb{R}^d)$ となる必要十分条件は $A, B \in \mathscr{B}(\mathbb{R}^d)$ で $A \subset E \subset B$ で $m_d(B \setminus A) = 0$ となるものがあることである（命題 1.31）．Lebesgue 測度に対しては，A, B をより具体的な集合にとれる．

定義 3.6： G_δ（ジーデルタ）集合・F_σ（エフシグマ）集合

X を位相空間とする．開集合の可算個の共通部分で表される集合を G_δ **集合**といい，閉集合の可算個の合併で表される集合を F_σ **集合**という．

定理 3.7： Lebesgue 可測集合の近似と G_δ 集合・F_σ 集合

$E \subset \mathbb{R}^d$ に対して以下は同値である．

(i) E は Lebesgue 可測集合.
(ii) 任意の $\varepsilon > 0$ に対して開集合 U と閉集合 F で $F \subset E \subset U$ かつ $m_d(U \setminus F) < \varepsilon$ となるものが存在.
(iii) F_σ 集合 A と G_δ 集合 B で $A \subset E \subset B$ かつ $m_d(B \setminus A) = 0$ となるものが存在.

【証明】　(i) $\Longrightarrow$ (ii) E を Lebesgue 可測集合とする．$\varepsilon > 0$ を任意にとる．$X_0 = \emptyset, n \geq 1$ のとき $X_n = \{x : |x| \leq n\}$ とする．$n \geq 1$ のとき $E \cap (X_n \setminus X_{n-1})$ に命題 3.5 を用いれば開集合 U_n とコンパクト集合 F_n で $F_n \subset E \cap (X_n \setminus X_{n-1}) \subset U_n$ かつ

$$m_d(U_n) - \frac{\varepsilon}{2^{n+1}} < m_d(E \cap (X_n \setminus X_{n-1})) < m_d(F_n) + \frac{\varepsilon}{2^{n+1}}$$

をみたすものがある．ここで $U = \bigcup_{n=1}^\infty U_n$, $F = \bigcup_{n=1}^\infty F_n$ とすれば，U は開集合，F は閉集合で（問 3.2），$F \subset E \subset U$ かつ

$$m_d(U \setminus F) \leq \sum_{n=1}^\infty m_d(U_n \setminus F) \leq \sum_{n=1}^\infty m_d(U_n \setminus F_n) < \sum_{n=1}^\infty \frac{\varepsilon}{2^n} = \varepsilon.$$

(ii) $\Longrightarrow$ (iii) 開集合列 $\{U_j\}$ と閉集合列 $\{F_j\}$ を $F_j \subset E \subset U_j$ かつ $m_d(U_j \setminus F_j) < 1/j$ と選ぶことができる．このとき $A = \bigcup_{j=1}^\infty F_j$ は F_σ 集合，$B = \bigcap_{j=1}^\infty U_j$ は G_δ 集合で $A \subset E \subset B$ かつ $m_d(B \setminus A) = 0$ である．

(iii) $\Longrightarrow$ (i) F_σ 集合 A と G_δ 集合 B で $A \subset E \subset B$ で $m_d(B \setminus A) = 0$ となるものをとる．$E = A \cup (E \setminus A)$ と書く．A は F_σ であるから Borel 集合である．$E \setminus A \subset B \setminus A$ であるから，$E \setminus A$ は零集合であり，E は Borel 集合と零集合の和

で表されて，Lebesgue 可測集合となる． ∎

問 3.2 一般に閉集合の無限の合併は閉集合とは限らない．しかし，上の証明 (i) $\implies$ (ii) では $F = \bigcup_{n=1}^{\infty} F_n$ は閉集合となることを示せ．

関数 $f(x)$ の**サポート** (support) は $\{x : f(x) \neq 0\}$ の閉包のことである．f のサポートを $\mathrm{supp}\, f$ で表す．$\mathrm{supp}\, f$ がコンパクトのとき f はコンパクトサポートをもつという．$\mathbb{R}^d$ 上のコンパクトサポートをもつ連続関数の全体を $C_0(\mathbb{R}^d)$ で表す．Lebesgue 可積分関数はコンパクトサポートをもつ連続関数で近似される．

定理 3.8： Lebesgue 可積分関数の近似

f を $\mathbb{R}^d$ の Lebesgue 可積分関数とする．任意の $\varepsilon > 0$ に対して $g \in C_0(\mathbb{R}^d)$ で

$$\int_{\mathbb{R}^d} |f(x) - g(x)|\, dx < \varepsilon \tag{3.2}$$

となるものが存在する．

【証明】 正の部分と負の部分に分けることにより $f \geq 0$ としてよい．$X_n = \{x : |x| \leq n\}$ とすれば単調収束定理より $\int_{X_n} f(x) dx \uparrow \int_{\mathbb{R}^d} f(x) dx < \infty$ であるから，$\int_{\mathbb{R}^d} |f(x) - 1_{X_n}(x) f(x)|\, dx \to 0$ である．したがって f は X_n の外で 0 としてよい．このとき単関数 φ_k で $\varphi_k \uparrow f$ となるものが存在し，$\int_{\mathbb{R}^d} |f(x) - \varphi_k(x)|\, dx \to 0$ である（命題 1.25）．この単関数は $\sum_{j=1}^J \alpha_j 1_{E_j}$ と表される．ただし E_j は有界 Lebesgue 可測集合である．したがって，有界 Lebesgue 可測集合 E に対して，

$$\int_{\mathbb{R}^d} |1_E(x) - g(x)|\, dx < \varepsilon$$

となる $g \in C_0(\mathbb{R}^d)$ を見つければよい．定理 3.7 よりコンパクト集合 K と開集合 G で $K \subset E \subset G$ かつ $m_d(G \setminus K) < \varepsilon$ をみたすものが存在する．E は有界であるから G も有界にとれる．

一般に x と集合 A の距離 $\mathrm{dist}(x, A) = \inf\{|x - y| : y \in A\}$ は Lipschitz 定数 1 の Lipschitz 関数である（問 3.3）．A 上で $\mathrm{dist}(x, A) = 0$ であり，A が閉集合ならば A^c 上で $\mathrm{dist}(x, A) > 0$ であることに注意して，

$$g(x) = \frac{\mathrm{dist}(x, G^c)}{\mathrm{dist}(x, K) + \mathrm{dist}(x, G^c)}$$

とおくと，$g(x)$ の分母は $K^c \cup G = \mathbb{R}^d$ 全体で正である．したがって $g(x)$ は $\mathbb{R}^d$ 上の連続関数であって，$0 \leq g(x) \leq 1$ であり，K 上で $g(x) = 1$ で，G^c で $g(x) = 0$ である．G は有界だから $g \in C_0(\mathbb{R}^d)$ であり，

$$\int_{\mathbb{R}^d} |1_E(x) - g(x)|\, dx = \int_{G \setminus K} |1_E(x) - g(x)|\, dx \leq m_d(G \setminus K) < \varepsilon.$$

∎

注意 3.2 命題 1.25 と注意 1.12 および上の構成法から $\mathbb{R}^d$ 上で $|f| \leq M$ となっていれば，$g \in C_0(\mathbb{R}^d)$ を $\mathbb{R}^d$ 上で $|g| \leq M$ となるようにできる．また，任意の $\delta > 0$ に対して $\operatorname{supp} g \subset \{x : \operatorname{dist}(x, \operatorname{supp} f) < \delta\}$ とできる．

問 3.3 $\operatorname{dist}(x, A)$ は $|\operatorname{dist}(x, A) - \operatorname{dist}(y, A)| \leq |x - y|$ をみたすことを示せ．

問 3.4 $\int_{\mathbb{R}^d} |f(x)|^p dx < \infty$ $(0 < p < \infty)$ ならば，任意の $\varepsilon > 0$ に対して $g \in C_0(\mathbb{R}^d)$ を $\int_{\mathbb{R}^d} |f(x) - g(x)|^p dx < \varepsilon$ ととれることを示せ．

定理 3.7 と定理 3.8 の応用を 2 つ与える．まず可積分関数の平行移動は，移動量が小さければ，元の関数に近いことを示そう．

定理 3.9：Lebesgue 可積分関数の平行移動

f を $\mathbb{R}^d$ の Lebesgue 可積分関数とすると，

$$\lim_{|y| \to 0} \int_{\mathbb{R}^d} |f(x+y) - f(x)|\, dx = 0.$$

さらに，この収束は y に関して一様である．正確には

$$\lim_{\delta \downarrow 0} \left(\sup_{|y| < \delta} \int_{\mathbb{R}^d} |f(x+y) - f(x)|\, dx \right) = 0. \tag{3.3}$$

【証明】　任意に $\varepsilon > 0$ をとる．定理 3.8 により，(3.2) をみたす $g \in C_0(\mathbb{R}^d)$ が存在する．$\operatorname{supp} g$ はコンパクトだから $g(x) \equiv 0$ $(|x| \geq R)$ となる $R > 0$ が存在する．さらに連続性から一様連続性がわかり，$\delta > 0$ を $|y| < \delta$ ならば $|g(x+y) - g(x)| < \varepsilon$ となるように選ぶことができる．三角不等式の結果

$$|f(x+y) - f(x)| \leq |f(x+y) - g(x+y)| + |g(x+y) - g(x)| + |g(x) - f(x)|$$

を $\mathbb{R}^d$ で積分すると，右辺の第 1 項と第 3 項の積分は

$$\int_{\mathbb{R}^d} |f(x+y) - g(x+y)|\, dx = \int_{\mathbb{R}^d} |g(x) - f(x)|\, dx < \varepsilon.$$

$|y| < \delta$ ならば右辺の第 2 項の積分は

$$\int_{\mathbb{R}^d} |g(x+y) - g(x)|\, dx \leq \int_{|x| \leq R+\delta} \varepsilon\, dx = \varepsilon m_d(B(0, R+\delta)).$$

$\varepsilon > 0$ は任意なので (3.3) がわかる． ∎

問 3.5 $\int_{\mathbb{R}^d} |f(x)|^p dx < \infty \implies \lim_{\delta \downarrow 0} \left(\sup_{|y| < \delta} \int_{\mathbb{R}^d} |f(x+y) - f(x)|^p dx \right) = 0$ を示せ．ただし $0 < p < \infty$ とする．

定理 3.7 の次の応用として，Lebesgue 可測関数とほとんどいたるところ一致する Borel 可測関数が存在することを示そう．

定理 3.10：Lebesgue 可測関数 = Borel 可測関数 a.e.

$\mathbb{R}^d$ 上の Lebesgue 可測関数 f に対して Borel 可測関数 g と h で $\mathbb{R}^d$ 全体で $g \leq f \leq h$ であり，$g = f = h$ a.e. となるものが存在する．

【証明】 まず，f が Lebesgue 可測集合 E の特性関数 1_E のケースを考える．F_σ 集合 A と G_δ 集合 B で $A \subset E \subset B$ で $m_d(B \setminus A) = 0$ となるものが存在する．このとき $1_A \leq 1_E \leq 1_B$ であり，$1_A = 1_E = 1_B$ a.e. である．Borel 可測関数 1_A と 1_B の一次結合を考えれば，f が Lebesgue 可測単関数のときに求める性質をもつ Borel 可測関数 g と h が見つかる．一般の Lebesgue 可測非負関数の場合には Lebesgue 可測単関数の単調増加極限で表せばよい．さらに，一般符号の Lebesgue 可測関数は正の部分と負の部分に分けて考えればよい． ∎

これから，定理 3.4 の Lebesgue 可測版を示すことができる．

定理 3.11：加法と Lebesgue 可測性

$x \in \mathbb{R}^d$ の関数 $f(x)$ が Lebesgue 可測とする．このとき 2 変数関数 $F(x,y) = f(x+y)$ は $\mathbb{R}^{2d}$ 上の Lebesgue 可測関数である．

【証明】 $\mathbb{R}^d$ 上の Borel 可測関数 g と h を $\mathbb{R}^d$ 全体で $g \leq f \leq h$ であり,$g = f = h$ a.e. となるようにとれる.定理 3.4 により,$g(x+y)$,$h(x+y)$ は 2 変数関数として $\mathbb{R}^{2d}$ の Borel 可測関数である.Fubini の定理によって

$$\iint_{\mathbb{R}^{2d}} |h(x+y) - g(x+y)|\, dxdy = \int_{\mathbb{R}^d} \Big(\int_{\mathbb{R}^d} |h(x+y) - g(x+y)|\, dy\Big) dx$$

$$= \int_{\mathbb{R}^d} \Big(\int_{\mathbb{R}^d} |h(y) - g(y)|\, dy\Big) dx = 0.$$

ここで Lebesgue 積分の平行移動不変性を用いた.したがって,$g(x+y) = f(x+y) = h(x+y)$ m_{2d}-a.e. であるから,$f(x+y)$ は $\mathbb{R}^{2d}$ 上の Lebesgue 可測関数. ■

問 3.6 $f(t)$ は $t \in \mathbb{R}$ の Lebesgue 可測関数とする.$x = (x_1, \ldots, x_d)$,$y = (y_1, \ldots, y_d) \in \mathbb{R}^d$ の内積を $x \cdot y = x_1 y_1 + \cdots + x_d y_d$ と定義する.このとき 2 変数関数 $F(x, y) = f(x \cdot y)$ は $\mathbb{R}^{2d}$ 上の Lebesgue 可測関数であることを示せ.

3.3 Lebesgue 非可測集合

Lebesgue 非可測集合が存在することを示そう.これは Lebesgue 測度の平行移動不変性から必然的に出てくることである.Lebesgue 非可測集合の構成は以下のように簡単である.$x, y \in \mathbb{R}$ に対して同値関係 $x \sim y$ を $x - y \in \mathbb{Q}$ として導入する.x を含む同値類は $x + \mathbb{Q} = \{x + q : q \in \mathbb{Q}\}$ と表される.$x + \mathbb{Q}$ の濃度は $\mathbb{Q}$ と同じ可算であるから,$\mathbb{R}$ は非可算個の同値類 $x_t + \mathbb{Q}$ に分割される.すなわち,

$$\mathbb{R} = \bigcup_t (x_t + \mathbb{Q}) \quad \text{(非可算直和)} \tag{3.4}$$

である.ここで**選択公理**を用いて各同値類から実数 x_t を 1 つずつ選んでいる.このとき x_t 全体を E とすると,この E は **Lebesgue 非可測集合**である.

E が Lebesgue 非可測集合になる原因は

$$\mathbb{R} = \bigcup_{q \in \mathbb{Q}} (q + E) \quad \text{(可算直和)} \tag{3.5}$$

となっていることである(問 3.7).もし,E が Lebesgue 可測であれば,Lebesgue 測度の平行移動不変性から,すべての $q + E$ は Lebesgue 可測であり,同じ Lebesgue

96　第3章　可測性とLebesgue測度の詳しい性質

測度をもつ．すなわち$\mathbb{R}$が同じ測度構造をもつ可算個の集合の直和に分解されたことになる．これはすごく不自然なことである．実際，次の定理が成り立つ．

> **定理 3.12：Lebesgue外測度正の集合はLebesgue非可測集合を含む**
> $A \subset \mathbb{R}$が正のLebesgue外測度をもてばAはLebesgue非可測集合を含む．とくに上で構成したEはLebesgue非可測集合である．

【証明】　Aは有界としてよい．(3.5)より
$$A = \bigcup_{q \in \mathbb{Q}} A \cap (q + E) \quad \text{（可算直和）}$$
である．Lebesgue外測度の可算劣加法性より，
$$0 < m^*(A) \leq \sum_{q \in \mathbb{Q}} m^*(A \cap (q + E))$$
であるから，ある$q \in \mathbb{Q}$が存在して$m^*(A \cap (q + E)) > 0$である．このとき$A \cap (q + E)$はLebesgue非可測集合である．

簡単のため$B = A \cap (q + E)$とおく．まず$\{r + B\}_{r \in \mathbb{Q}}$は互いに素であることに注意する．実際，$r, r' \in \mathbb{Q}$に対して，$(r + B) \cap (r' + B) \neq \emptyset$であれば，共通部分から$x$をとると，$x = r + q + x_s = r' + q + x_t$と表され，$x_t - x_s = r - r' \in \mathbb{Q}$であるから，$x_t$の取り方より，$x_t = x_s$，したがって$r = r'$となる．

もし，BがLebesgue可測集合であれば，Lebesgue測度の平行移動不変性から$r + B$もLebesgue可測集合であり，$m(r + B) = m(B) = m^*(B) > 0$である．したがって，可算加法性から
$$m\Big(\bigcup_{r \in \mathbb{Q}, 0 \leq r \leq 1} (r + B)\Big) = \sum_{r \in \mathbb{Q}, 0 \leq r \leq 1} m(r + B) = \sum_{r \in \mathbb{Q}, 0 \leq r \leq 1} m(B) = \infty.$$
ところがBは有界集合であるから$\bigcup_{r \in \mathbb{Q}, 0 \leq r \leq 1}(r + B)$も有界集合，したがってそのLebesgue測度は有限であり，矛盾が生じる．Eが非可測集合であることの証明は問3.8とする．　■

問 3.7　(3.5)を示せ．

問 3.8　上で構成したEはLebesgue非可測集合であることを示せ．

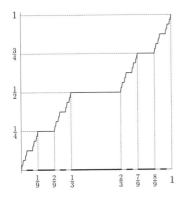
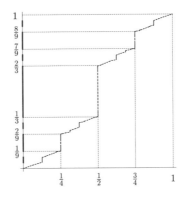

図 3.1 Cantor 集合・Cantor 関数とその逆関数

問 3.9 E を 1 次元 Lebesgue 非可測集合, F を $d-1$ 次元 Lebesgue 可測集合で $m_{d-1}(F) > 0$ とする. このとき $E \times F$ は d 次元 Lebesgue 非可測集合であることを示せ. 反対に $m_{d-1}(F) = 0$ であれば $E \times F$ は d 次元 Lebesgue 可測集合であることを示せ. ヒント. 完備化された Fubini の定理.

3.4 Cantor 集合と非可測集合・非可測関数

Cantor（カントール）集合とよばれるフラクタル集合を導入しよう. Cantor 集合はコンパクト集合の減少列の極限（したがってコンパクト）として与えられる. まず, 閉区間 $I = [0,1]$ を 3 等分して, 中央の開区間 $(\frac{1}{3}, \frac{2}{3})$ を取り除き, $K_1 = I \setminus (\frac{1}{3}, \frac{2}{3})$ とする. K_1 は 2 つの閉区間 $[0, \frac{1}{3}]$ と $[\frac{2}{3}, 1]$ からなるが, それぞれに 1 回目と同じ操作を繰り返し, $K_2 = K_1 \setminus \{(\frac{1}{9}, \frac{2}{9}) \cup (\frac{2}{3} + \frac{1}{9}, \frac{2}{3} + \frac{2}{9})\}$ とする. 以下この操作を繰り返して K_j を作り, その極限 $K = \bigcap_{j=1}^{\infty} K_j$ を **Cantor 集合**あるいは **Cantor の 3 進集合**という. 図 3.1 では x 軸および y 軸の上に Cantor 集合が置かれている. 太線部分が取り除かれる区間である.

実数 $x \in [0,1]$ は 3 進展開

$$x = \frac{a_1}{3} + \frac{a_2}{3^2} + \frac{a_3}{3^3} + \cdots \quad (a_j \text{ は } 0,1,2 \text{ のいずれか})$$

できる. この 3 進展開を簡単に $x = (0.a_1 a_2 a_3 \ldots)_3$ と表す. 無限等比級数の和

$$\frac{1}{3^n} = \frac{2}{3^{n+1}} + \frac{2}{3^{n+2}} + \frac{2}{3^{n+3}} + \cdots$$

から $(0.a_1 a_2 a_3 \ldots a_{n-1} 1)_3 = (0.a_1 a_2 a_3 \ldots a_{n-1} 0 2 \ldots)_3$ である. 左のような有限 3

進展開は右のような2が続く3進展開で置き換えることにしておけば，3進展開は一意的である．

> **定理 3.13：Cantor 集合は測度 0 の非可算集合**
> Cantor 集合は非可算集合であるが，その 1 次元 Lebesgue 測度は 0 である．

【証明】 Cantor 集合は $x = (0.a_1a_2a_3\dots)_3$ （a_j は 0, 2 のいずれか）となる x 全体だからその濃度は $2^{\aleph}$ の濃度 $\aleph$ である．取り除く区間の 1 次元 Lebesgue 測度は

$$\frac{1}{3} + \frac{2}{3^2} + \frac{2^2}{3^3} + \cdots = \frac{1}{3}\Big(1 + \frac{2}{3} + \Big(\frac{2}{3}\Big)^2 + \cdots\Big) = 1.$$

したがって Cantor 集合の 1 次元 Lebesgue 測度は 0 である．∎

Cantor 集合を構成するときに取り除いた最初の区間 $\frac{1}{3} < x < \frac{2}{3}$ を 3 進展開を用いて表せば，$(0.1)_3 < x < (0.2)_3$ であり，次の区間は $(0.01)_3 < x < (0.02)_3$ と $(0.21)_3 < x < (0.22)_3$ である．一般に，Cantor 集合の点 $x = (0.a_1a_2a_3\dots)_3$ は a_j に 1 が現れない 3 進展開をもつ．この 3 進展開に対して，$b_j = a_j/2$ として

$$\varphi(x) = (0.b_1b_2b_3\dots)_2 = \frac{b_1}{2} + \frac{b_2}{2^2} + \frac{b_3}{2^3} + \cdots \quad (\text{2 進展開})$$

と定義する．Cantor 集合に入らない点は Cantor 集合の構成に出てきた取り除く開区間のどれかに入っているから，その区間の端点における φ の値で拡張する．例えば最初に抜かれた $(0.1)_3 < x < (0.2)_3$ に対しては $(0.1)_3 = (0.022\dots)_3$ であるから，$\varphi((0.022\dots)_3) = (0.011\dots)_2 = (0.1)_2 = \varphi((0.2)_3)$ を $\varphi(x)$ の値とする．このようにして作った関数を **Cantor 関数**あるいは**悪魔の階段**という（図 3.1 左）．Cantor 関数は $[0,1]$ 上の単調非減少連続関数で Cantor 集合以外の取り除かれる区間の上ではそれぞれ定数になっている．したがって，Cantor 関数 $\varphi(x)$ は $[0,1]$ から Cantor 集合を除いたところで微分できて $\varphi'(x) = 0$ a.e. である．とくに

$$\varphi(x) - \varphi(0) \neq \int_0^x \varphi'(t)dt$$

であり，$\varphi(x)$ を微分してから積分しても元に戻らない．また φ から作った Lebesgue-Stieltjes 測度 μ_φ は Lebesgue 測度 0 の Cantor 集合 K の上に集中していて $\mu_\varphi(K^c) = 0$ である．このような性質をもつ関数を**特異関数**という．逆に微分

して積分をとると元に戻る関数は**絶対連続関数**である．これらの概念は測度の微分に関する **Radon-Nikodym**（ラドン・ニコディム）の定理で詳しく調べることになる．

さて，Cantor 関数のグラフの x 軸と y 軸を交換し，グラフの垂直部分では下の値を対応させる関数

$$\Phi(x) = \inf\{y : \varphi(y) = x\}$$

は Cantor 関数の「逆関数」とみなされる（図 3.1 右）．2 進展開と 3 進展開を使えば

$$\Phi : (0.b_1 b_2 b_3 \dots)_2 \mapsto (0.a_1 a_2 a_3 \dots)_3 \quad (a_j = 2b_j)$$

である．この関数は不連続な狭義単調増加関数であり，Borel 可測関数である（演習 3.8）．さらに Φ は区間 $[0,1]$ を y 軸上の Cantor 集合に写している．この関数 Φ を用いると次の 2 つの反例を作ることができる．

定理 3.14：Borel 可測でない Lebesgue 可測集合が存在する
$E \subset [0,1]$ を Lebesgue 非可測集合とすると，$\Phi(E)$ は Borel 可測でない Lebesgue 可測集合である．

【証明】 $\Phi(E)$ は Cantor 集合に含まれ，Cantor 集合の Lebesgue 測度は 0 だから，$\Phi(E)$ は零集合であり，とくに Lebesgue 可測集合である．もし，$\Phi(E)$ が Borel 集合ならば，Borel 可測関数 Φ による逆像 $\Phi^{-1}(\Phi(E)) = E$ は Borel 可測集合であり，とくに Lebesgue 可測集合となる．これは E が Lebesgue 非可測集合であったことに反する． ∎

定理 3.15：「Lebesgue 可測 ∘ Borel 可測」は可測とは限らない
$E \subset [0,1]$ を Lebesgue 非可測集合とすると $1_{\Phi(E)}$ は Lebesgue 可測関数であるが，Borel 可測関数 Φ との合成関数 $1_{\Phi(E)} \circ \Phi$ は Lebesgue 可測関数ではない．

【証明】 $\Phi(E)$ は Cantor 集合に含まれる零集合であるから，とくに Lebesgue 可測集合であり，$1_{\Phi(E)}$ は Lebesgue 可測関数である．ここで $x \in E$ ならば，$\Phi(x) \in \Phi(E)$ であるから，$1_{\Phi(E)} \circ \Phi(x) = 1_{\Phi(E)}(\Phi(x)) = 1$．$x \notin E$ ならば，$\Phi(x) \notin \Phi(E)$ であるから，$1_{\Phi(E)} \circ \Phi(x) = 1_{\Phi(E)}(\Phi(x)) = 0$．したがって，$1_{\Phi(E)} \circ \Phi = 1_E$ となって，これは Lebesgue 可測関数でない． ∎

100　第3章　可測性とLebesgue測度の詳しい性質

$\mathbb{R}$上の実数値関数 f と g に対して，合成関数 $g \circ f$ が定義できるとき，その可測性は表 3.1 のようになる．表の最初 2 行は第 1 章で済んでいる．後半の 2 行は定理 3.15 からわかる．

表 3.1 合成関数の可測性

f	g	$g \circ f$
Borel 可測	Borel 可測	Borel 可測
Lebesgue 可測	Borel 可測	Lebesgue 可測
Borel 可測	Lebesgue 可測	可測性は不明
Lebesgue 可測	Lebesgue 可測	可測性は不明

問 3.10　Cantor 関数 φ から作った Lebesgue-Stieltjes 測度 m_φ は Lebesgue 測度 0 の Cantor 集合 K の上に集中していて $m_\varphi(K^c) = 0$ となることを確かめよ．

3.5　まとめ

- 2 変数関数としての可測性．
- Lebesgue 可測集合の特徴づけ，Lebesgue 可積分関数の近似．
- Lebesgue 非可測集合，Cantor 集合，Cantor 関数．
- Borel 可測関数と Lebesgue 可測関数の合成．

第4章 Lebesgue 積分の運用

この章では Lebesgue の収束定理や Fubini の定理を用いて解析学の重要なことがらを学んでいく．おもな内容は本質的上限，一般測度空間に対する L^p 空間，Euclid 空間の Lebesgue 測度に関する L^p 空間，および複素解析への簡単な応用である．可測性については一々断らない．出てくる関数や集合はすべて可測である．第 3.1 節の議論によって可測性が保障されていると思ってよい．

4.1 L^p 空間

この節では一般測度空間 $(X, \mathscr{B}, \mu)$ 上の L^p 空間を考察する．以下，出てくる関数はすべて μ-可測とする．μ-可測関数 f の積分には μ-測度 0 の集合は影響しない．例えば μ を $\mathbb{R}$ 上の Lebesgue 測度とするとき $f = 1_{\mathbb{Q}}$ の積分は 0 である．このような関数には通常の上限 $\sup f = 1$ よりは測度 0 の集合を取り除いた上限 0 の方がよりふさわしい．上限 $\sup f$ は f の最小上界，すなわち任意の x に対して $f(x) \leq t$ となる t の最小値，別の言葉でいえば $\{x \in X : f(x) > t\} = \emptyset$ となる t の最小値であることに着目して，本質的上限を次のように導入する．

定義 4.1：本質的上限・下限

$(X, \mathscr{B}, \mu)$ を測度空間とする．X で μ-a.e. に定義された μ-可測関数 f に対して**本質的上限** $\operatorname{ess\,sup} f$ および**本質的下限** $\operatorname{ess\,inf} f$ を以下のように定義する．

$$\operatorname{ess\,sup} f = \sup\{t : \mu(\{x \in X : f(x) > t\}) > 0\},$$
$$\operatorname{ess\,inf} f = \inf\{t : \mu(\{x \in X : f(x) < t\}) > 0\}.$$

一般に $\inf f \leq \operatorname{ess\,inf} f \leq \operatorname{ess\,sup} f \leq \sup f$ である．実際，$\sup$ の定義から

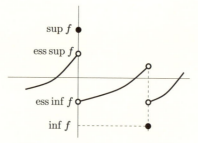

図 4.1 本質的上限・本質的下限

$t > \sup f$ ならば, $f(x) < t$ であり, $\{x : f(x) > t\} = \emptyset$, したがって, この測度は 0 で, $\operatorname{ess\,sup} f \leq t$ である. $t > \sup f$ の任意性から $\operatorname{ess\,sup} f \leq \sup f$ である. $\operatorname{ess\,inf} f$ についても同様である. また, $f = g$ μ-a.e ならば, $\operatorname{ess\,sup} f = \operatorname{ess\,sup} g$, $\operatorname{ess\,inf} f = \operatorname{ess\,inf} g$ である. したがって, ほとんどいたるところ一致する関数は同一視した方が都合がよい. $\operatorname{ess\,sup} f$ はあまりにもおおげさな記号なので $\sup f$ で本質的上限を表すことも多い. ただし本質的上限の背景には測度 μ がある. <u>$\operatorname{ess\,sup} f$, $\operatorname{ess\,inf} f$ は測度 μ に依存することに注意</u>. 例えば μ が計数測度ならば f がどのような関数であっても $\operatorname{ess\,sup} f = \sup f$, $\operatorname{ess\,inf} f = \inf f$ であるが, μ が $\mathbb{R}$ 上の Lebesgue 測度ならば不連続関数 f に対しては $\operatorname{ess\,sup} f < \sup f$, $\operatorname{ess\,inf} f > \inf f$ となることがある.

例題 4.1： 本質的上限

$\mathbb{R}$ 上の Lebesgue 測度に関する本質的上限を求めよ.
 (i) $f(x) = 1_{\mathbb{Q}}(x)$ (ii) $g(x) = \tan^{-1} x$
 (iii) $h(x) = \sin(1/x)$ $(x \neq 0)$, $h(0) = 2$

【解答例】 (i) $t \geq 0$ ならば, $\{x \in \mathbb{R} : f(x) > t\}$ は空集合か $\mathbb{Q}$ でその Lebesgue 測度は 0, 一方, $t < 0$ ならば, $\{x \in \mathbb{R} : f(x) > t\} = \mathbb{R}$ であるから, $\operatorname{ess\,sup} f = 0$.

(ii) $-\pi/2 < \tan^{-1} x < \pi/2$ であるから, $\operatorname{ess\,sup} g \leq \sup g \leq \pi/2$. 一方, $-\pi/2 < t < \pi/2$ とすれば, $\{x \in \mathbb{R} : g(x) > t\} = \{x \in \mathbb{R} : x > \tan t\} = (\tan t, \infty)$ の Lebesgue 測度は正だから, $\operatorname{ess\,sup} g \geq t$. $-\pi/2 < t < \pi/2$ の任意性より $\operatorname{ess\,sup} g = \pi/2$.

(iii) 1 点 $\{0\}$ の Lebesgue 測度は 0 で, $x \neq 0$ ならば $-1 \leq \sin(1/x) \leq 1$ であるから, $\operatorname{ess\,sup} h \leq 1$. 一方, $h(2/\pi) = \sin(\pi/2) = 1$ で, h は連続だから, 任意の $\varepsilon > 0$ に対して $\delta > 0$ があって, $|x - 2/\pi| < \delta$ ならば, $|h(x) - 1| < \varepsilon$. したがって $\{x : h(x) > 1 - \varepsilon\} \supset (2/\pi - \delta, 2/\pi + \delta)$ で, この Lebesgue 測度は正だから $\operatorname{ess\,sup} h \geq 1 - \varepsilon$. さらに, $\varepsilon > 0$ は任意だから $\operatorname{ess\,sup} h \geq 1$. 前半とあわせて $\operatorname{ess\,sup} h = 1$.

問 4.1 $\operatorname{ess\,sup} f = \inf\{t : \mu(\{x \in X : f(x) > t\}) = 0\}$ であることを示せ.

問 4.2 $\mathbb{R}$ 上の Lebesgue 測度に関する本質的上限と本質的下限を求めよ．
(i) $f(x) = 1_{\mathbb{R}\setminus\mathbb{Q}}(x)$ (ii) $g(x) = 1 - e^x$ (iii) $h(x) = 1_{\mathbb{R}\setminus\mathbb{Q}}\cos(1/x)$ $(x \neq 0)$

定義 4.2：L^p ノルム・L^p 空間

$0 < p < \infty$ とする．f の L^p ノルムを $\|f\|_p = \left(\int_X |f(x)|^p d\mu(x)\right)^{1/p}$ と定義し，$p = \infty$ のとき，f の L^∞ ノルムを $\|f\|_\infty = \operatorname{ess\,sup} |f|$ と定義する．定義域や測度をはっきりさせたいときは $\|f\|_{L^p(X)}$ や $\|f\|_{L^p(\mu)}$ などと表す．さらに，$\|f\|_{L^p(X)} < \infty$ となる f 全体を $L^p(X)$ で表し，L^p 空間という．

注意 4.1 $1 \leq p \leq \infty$ のとき $\|f\|_p$ は三角不等式をみたす（Minkowski の不等式，例題 4.5）．$0 < p < 1$ のとき $\|f\|_p$ は三角不等式をみたさない（問 11.17）．

問 4.3 $f, g \in L^2(X)$ ならば $\|f+g\|_2^2 + \|f-g\|_2^2 = 2(\|f\|_2^2 + \|g\|_2^2)$ を示せ（中線定理）．

例題 4.2：L^∞ ノルム

$\|f+g\|_\infty \leq \|f\|_\infty + \|g\|_\infty$ および $\|fg\|_\infty \leq \|f\|_\infty \|g\|_\infty$ を示せ．

【解答例】 $\|f\|_\infty < \infty$，$\|g\|_\infty < \infty$ としてよい．$s > \|f\|_\infty$，$t > \|g\|_\infty$ とすると，定義より
$$\mu(\{x : |f(x)| > s\}) = \mu(\{x : |g(x)| > t\}) = 0$$
である．三角不等式より $|f(x)| \leq s$ かつ $|g(x)| \leq t$ ならば $|f(x) + g(x)| \leq s + t$ である．この対偶を集合で表現すると
$$\{x : |f(x) + g(x)| > s+t\} \subset \{x : |f(x)| > s\} \cup \{x : |g(x)| > t\}.$$
したがって $\mu(\{x : |f(x)+g(x)| > s+t\}) = 0$ となり，$\|f+g\|_\infty \leq s+t$ となる．$s > \|f\|_\infty$ と $t > \|g\|_\infty$ の任意性より，$\|f+g\|_\infty \leq \|f\|_\infty + \|g\|_\infty$．同様に
$$\{x : |f(x)g(x)| > st\} \subset \{x : |f(x)| > s\} \cup \{x : |g(x)| > t\}$$
から，$\mu(\{x : |f(x)g(x)| > st\}) = 0$ となり，$\|fg\|_\infty \leq st$ となる．したがって，$s > \|f\|_\infty$ と $t > \|g\|_\infty$ の任意性より，$\|fg\|_\infty \leq \|f\|_\infty \|g\|_\infty$．なお $\|f\|_\infty$ または $\|g\|_\infty$ のどちらかが無限大であっても，他方が 0 であれば，$fg = 0$ a.e. となるので，$\|fg\|_\infty \leq \|f\|_\infty \|g\|_\infty$ はこのときも成り立つ．

L^p ノルムと L^∞ ノルムには次の関係がある．

例題 4.3：L^p ノルムと L^∞ ノルム

$0 < p < \infty$ のとき $\|f\|_p \leq \mu(X)^{1/p} \|f\|_\infty$ である．さらに，$\mu(X) < \infty$ ならば，$\lim_{p \to \infty} \|f\|_p = \|f\|_\infty$．

【解答例】 $t > \|f\|_\infty$ とすると，$\mu(\{x : |f(x)| > t\}) = 0$ であるから

$$\|f\|_p = \Big(\int_X |f(x)|^p d\mu(x)\Big)^{1/p} = \Big(\int_{\{x:|f(x)|\leq t\}} |f(x)|^p d\mu(x)\Big)^{1/p}$$
$$\leq \Big(\int_X t^p d\mu(x)\Big)^{1/p} = t\mu(X)^{1/p}.$$

$t > \|f\|_\infty$ の任意性より求める不等式がわかる．さて，$\mu(X) < \infty$ としよう．このとき $\lim_{p\to\infty} \mu(X)^{1/p} = 1$ であるから，$\|f\|_p \leq \mu(X)^{1/p}\|f\|_\infty$ で $p \to \infty$ とすると，$\limsup_{p\to\infty} \|f\|_p \leq \|f\|_\infty$ がわかる．一方，$s < \|f\|_\infty$ とすると，$\mu(\{x : |f(x)| > s\}) > 0$ であり，$\mu(\{x : |f(x)| > s\})^{1/p} \to 1$ となる．したがって

$$\|f\|_p = \Big(\int_X |f(x)|^p d\mu(x)\Big)^{1/p} \geq \Big(\int_{\{x:|f(x)|>s\}} |f(x)|^p d\mu(x)\Big)^{1/p}$$
$$\geq s\mu(\{x : |f(x)| > s\})^{1/p} \to s.$$

ゆえに $\liminf_{p\to\infty} \|f\|_p \geq s$ であり，$s < \|f\|_\infty$ の任意性から $\liminf_{p\to\infty} \|f\|_p \geq \|f\|_\infty$ がわかる．

頻繁に使われる Hölder（ヘルダー）の不等式を示す．

例題 4.4： Hölder の不等式

$1 \leq p \leq \infty$ とする．$\frac{1}{p} + \frac{1}{q} = 1$ をみたす q を p の **Hölder** の共役指数という．具体的には $1 < p < \infty$ のとき $q = p/(p-1)$，$p = 1$ のとき $q = \infty$，$p = \infty$ のとき $q = 1$ である．このとき **Hölder の不等式**

$$\int_X |fg| d\mu \leq \Big(\int_X |f|^p d\mu\Big)^{1/p} \Big(\int_X |g|^q d\mu\Big)^{1/q}$$

を示せ．ノルムの記号を使えば，$\|fg\|_1 \leq \|f\|_p \|g\|_q$．

【解答例】 $p = 1$ または $p = \infty$ のときは明らかなので，$1 < p < \infty$ のときを考える．$\|f\|_p = 0$ ならば $f = 0$ a.e. となり，Hölder の不等式は明らかに成り立つ．したがって，$\|f\|_p > 0$ かつ $\|g\|_q > 0$ と仮定してよい．また，$\|f\|_p < \infty$ かつ $\|g\|_q < \infty$ も仮定してよい．初等的な不等式（証明は最後）

$$ab \leq \frac{1}{p}a^p + \frac{1}{q}b^q \quad (a, b \geq 0) \tag{4.1}$$

を $a = |f(x)|/\|f\|_p$ および $b = |g(x)|/\|g\|_q$ に適用して積分すると，

$$\int \frac{|f(x)|}{\|f\|_p} \frac{|g(x)|}{\|g\|_q} d\mu \leq \int \Big\{\frac{1}{p}\Big(\frac{|f(x)|}{\|f\|_p}\Big)^p + \frac{1}{q}\Big(\frac{|g(x)|}{\|g\|_q}\Big)^q\Big\} d\mu$$
$$= \frac{1}{p}\Big(\frac{\|f\|_p}{\|f\|_p}\Big)^p + \frac{1}{q}\Big(\frac{\|g\|_q}{\|g\|_q}\Big)^q = 1.$$

$\|f\|_p\|g\|_q$ を両辺にかければ Hölder の不等式を得る.

☺ (4.1) の証明. $b > 0$ としてよい. $t \geq 0$ の関数 $\varphi(t) = \frac{1}{p}t - t^{1/p}$ を微分すると, $\varphi'(t) = \frac{1}{p} - \frac{1}{p}t^{(1/p)-1}$. これから増減表を書くと, $t \geq 0$ に対して $\varphi(t) \geq \varphi(1) = \frac{1}{p} - 1 = -\frac{1}{q}$ であることがわかる. したがって $\frac{1}{p}t + \frac{1}{q} \geq t^{1/p}$. そこで $t = a^p b^{-q}$ とすると, $\frac{1}{p}a^p b^{-q} + \frac{1}{q} \geq (a^p b^{-q})^{1/p} = ab^{1-q}$. 両辺に b^q をかければ, (4.1) を得る.

問 4.4 $p = 1$ のときの Hölder の不等式 $\|fg\|_1 \leq \|f\|_1 \|g\|_\infty$ を示せ.

問 4.5 $1 < p < \infty$ とする. $x_j \geq 0$ のとき $\left(\sum_{j=1}^n x_j\right)^p \leq n^{p-1} \sum_{j=1}^n x_j^p$ を示せ.

関数 f の定数倍 af の L^p ノルムは $\|af\|_p = |a|\|f\|_p$ をみたす. さらに, $p \geq 1$ のとき L^p ノルムは三角不等式 $\|f+g\|_p \leq \|f\|_p + \|g\|_p$ をみたす. これをとくに Minkowski（ミンコウスキー）の不等式という.

> **例題 4.5： Minkowski の不等式**
> $1 \leq p \leq \infty$ のとき, Minkowski の不等式 $\|f+g\|_p \leq \|f\|_p + \|g\|_p$ を示せ.

【解答例】 $p = 1$ のとき. 各点ごとの三角不等式 $|f(x) + g(x)| \leq |f(x)| + |g(x)|$ を積分すればよい. $p = \infty$ のとき. 各点ごとの三角不等式の本質的上限をとればよい. $1 < p < \infty$ のとき. $\|f\|_p < \infty$, $\|g\|_p < \infty$ かつ $\|f+g\|_p > 0$ のときのみ考えればよい. 各点で, $|f+g|^p \leq |f| \cdot |f+g|^{p-1} + |g| \cdot |f+g|^{p-1}$ とみる. $1/p + 1/q = 1$ として, Hölder の不等式を用いると, 右辺第 1 項の積分は

$$\int |f| \cdot |f+g|^{p-1} d\mu \leq \|f\|_p \left(\int |f+g|^{(p-1)q} d\mu\right)^{1/q} = \|f\|_p \cdot \|f+g\|_p^{p-1}.$$

同様の式が第 2 項の積分にも成り立ち,

$$\|f+g\|_p^p \leq (\|f\|_p + \|g\|_p) \cdot \|f+g\|_p^{p-1}.$$

両辺を $\|f+g\|_p^{p-1} < \infty$ で割って Minkowski の不等式を得る. ☺ $\|f+g\|_p < \infty$ の理由. 各点ごとの不等式 $|f+g|^p \leq (|f|+|g|)^p \leq (2\max\{|f|,|g|\})^p \leq 2^p(|f|^p+|g|^p)$ を積分して, $\|f+g\|_p^p \leq 2^p(\|f\|_p^p + \|g\|_p^p) < \infty$.

問 4.6 関数列に対する Minkowski の不等式 $\|\sum_{n=1}^\infty f_n\|_p \leq \|\sum_{n=1}^\infty |f_n|\|_p \leq \sum_{n=1}^\infty \|f_n\|_p$ を示せ.

積分形の Minkowski の不等式も有用である.

> **例題 4.6: 積分形の Minkowski の不等式**
> $1 \leq p \leq \infty$ のとき，Minkowski の不等式の積分形
> $$\left\{ \int_X \left(\int_Y |f(x,y)| d\nu(y) \right)^p d\mu(x) \right\}^{1/p} \leq \int_Y \left(\int_X |f(x,y)|^p d\mu(x) \right)^{1/p} d\nu(y)$$
> を示せ．ただし，μ と ν は空間 X と Y 上の σ-有限な測度であり，$f(x,y)$ は $X \times Y$ 上の $(\mu \times \nu)$-可測関数である．ノルムの記号を用いれば Minkowski の不等式の積分形は $\| \int_Y f(\cdot, y) d\nu(y) \|_{L^p(\mu)} \leq \int_Y \| f(\cdot, y) \|_{L^p(\mu)} d\nu(y)$ となる．

【解答例】 $|f|$ を考えることにより $f \geq 0$ としてよい．$p = 1$ のときは Fubini の定理そのものである（等式が成立）．$p = \infty$ のときは任意の $y \in Y$ に対して $|f(\cdot, y)| \leq \|f(\cdot, y)\|_{L^\infty(\mu)}$ が X 上 μ-a.e. に成り立つ．この不等式を y で積分して

$$\int_Y |f(\cdot, y)| d\nu(y) \leq \int_Y \|f(\cdot, y)\|_{L^\infty(\mu)} d\nu(y)$$

が X 上 μ-a.e. に成り立つ．ゆえに $\| \int_Y |f(\cdot, y)| d\nu(y) \|_{L^\infty(\mu)} \leq \int_Y \|f(\cdot, y)\|_{L^\infty(\mu)} d\nu(y)$．
$1 < p < \infty$ のとき．$q = p/(p-1)$ とし Hölder の不等式を使おう．示すべき不等式の左辺を I とおく．$I = 0$ ならば $f = 0$ a.e. であるから明らかである．<u>$0 < I < \infty$ のとき</u>，

$$I^p = \int_X \left(\int_Y f(x,y) d\nu(y) \right)^{p-1} \left(\int_Y f(x,z) d\nu(z) \right) d\mu(x)$$
$$= \int_Y \left\{ \int_X \left(\int_Y f(x,y) d\nu(y) \right)^{p-1} f(x,z) d\mu(x) \right\} d\nu(z).$$

Hölder の不等式より，$\{\ \}$ 内は

$$\left(\int_X \left(\int_Y f(x,y) d\nu(y) \right)^{(p-1)q} d\mu(x) \right)^{1/q} \left(\int_X f(x,z)^p d\mu(x) \right)^{1/p}$$
$$= I^{p/q} \left(\int_X f(x,z)^p d\mu(x) \right)^{1/p}$$

以下である．したがって

$$I^p \leq I^{p/q} \int_Y \left(\int_X f(x,z)^p d\mu(x) \right)^{1/p} d\nu(z).$$

両辺を $0 < I^{p/q} = I^{p-1} < \infty$ で割って積分形の Minkowski の不等式を得る．
$I = \infty$ のとき．単関数 $f_j(x,y)$ を $f_j(x,y) \uparrow f(x,y)$ かつ $\int_X \left(\int_Y f_j(x,y) d\nu(y) \right)^p d\mu(x) < \infty$ となるようにとれる．前半より，この $f_j(x,y)$ に対して積分形の Minkowski の不等式が成り立ち，単調収束定理から $f(x,y)$ に対しても成り立つ．

> **定理 4.3：$L^p(X)$ は Banach（バナッハ）空間**
>
> $1 \le p \le \infty$ とする．$\{f_j\} \subset L^p(X)$ が **Cauchy**（コーシー）列，すなわち，任意の $\varepsilon > 0$ に対して J が存在して $j,k \ge J$ ならば $\|f_j - f_k\|_p < \varepsilon$ とする．このとき $\|f_j - f\|_p \to 0$ となる $f \in L^p(X)$ が存在する．このことを $L^p(X)$ は**完備**であるという．完備ノルム空間を **Banach** 空間という．

【証明】　$\{f_j\} \subset L^p(X)$ が Cauchy 列であることを正確に記述すると
$$\lim_{J \to \infty} \Big(\sup_{j,k \ge J} \|f_j - f_k\|_p \Big) = 0$$
である．したがって単調増加列 $J(n)$ を
$$\sup_{j,k \ge J(n)} \|f_j - f_k\|_p \le \frac{1}{2^n} \tag{4.2}$$
と選ぶことができる．このときとくに，$\|f_{J(n+1)} - f_{J(n)}\|_p \le \dfrac{1}{2^n}$ となっている．そこで
$$f(x) = f_{J(1)}(x) + \sum_{n=1}^{\infty} (f_{J(n+1)}(x) - f_{J(n)}(x)) \tag{4.3}$$
とすれば，この f が求める関数である．

まず無限級数 $\sum_{n=1}^{\infty} (f_{J(n+1)}(x) - f_{J(n)}(x))$ が（μ に関して）ほとんどいたるところで絶対収束することを示し，$f(x)$ が定義されることを確かめておこう．$p = \infty$ のとき．本質的上限の性質より，ほとんどすべての x に対して $\sum_{n=1}^{\infty} |f_{J(n+1)}(x) - f_{J(n)}(x)| < \infty$ である．$1 \le p < \infty$ のとき．Minkowski の不等式を繰り返し使えば，

$$\Big\{ \int \Big(\sum_{n=1}^{N} |f_{J(n+1)}(x) - f_{J(n)}(x)| \Big)^p d\mu(x) \Big\}^{1/p}$$
$$\le \sum_{n=1}^{N} \| |f_{J(n+1)} - f_{J(n)}| \|_p = \sum_{n=1}^{N} \|f_{J(n+1)} - f_{J(n)}\|_p$$
$$\le \sum_{n=1}^{\infty} \|f_{J(n+1)} - f_{J(n)}\|_p \le 1.$$

単調収束定理より $N \to \infty$ として
$$\int \Big(\sum_{n=1}^{\infty} |f_{J(n+1)}(x) - f_{J(n)}(x)| \Big)^p d\mu(x) \le 1.$$

ゆえに a.e. x に対して $\sum_{n=1}^{\infty} |f_{J(n+1)}(x) - f_{J(n)}(x)| < \infty$ となって，絶対収束性がわかる．以上から (4.3) によって $f(x)$ がほとんどいたるところ定義される．

また，$f_{J(n)}$ の選び方より，$\|f\|_p \leq \|f_{J(1)}\|_p + 1 < \infty$ となって，$f \in L^p(X)$ がわかる．ここで

$$f_{J(1)}(x) + \sum_{n=1}^{k-1}(f_{J(n+1)}(x) - f_{J(n)}(x)) = f_{J(k)}(x)$$

に注意すれば，

$$f(x) - f_{J(k)}(x) = \sum_{n=k}^{\infty}(f_{J(n+1)}(x) - f_{J(n)}(x))$$

であり，Minkowski の不等式により

$$\|f - f_{J(k)}\|_p \leq \sum_{n=k}^{\infty}\|f_{J(n+1)} - f_{J(n)}\|_p \leq \frac{2}{2^k} \to 0 \quad (k \to \infty).$$

これに (4.2) を組み合わせれば，$\lim_{j \to \infty}\|f - f_j\|_p = 0$ がわかる． ∎

4.2 Euclid 空間上の L^p 空間

Euclid 空間 $\mathbb{R}^d$ 上の Lebesgue 積分は重要な例であるとともに，一般の Lebesgue 積分よりずっと詳しい性質が成り立つ．以下，出てくる関数はすべて d 次元の Lebesgue 測度 m_d に関して可測とする．d 次元の Lebesgue 測度 m_d に関する積分を簡単に $\int_{\mathbb{R}^d} f(x)dx$ と表す．また Lebesgue 測度 $m_d(E)$ を $|E|$ と表すことも多い．以後，$\|f\|_p < \infty$ となる Lebesgue 可測関数 f 全体を $L^p(\mathbb{R}^d)$ とかく．また定義域を D に限る場合は $L^p(D)$ とする．

例題 4.7：区間上の L^p 空間

$\mathbb{R}$ 内の区間 I 上の Lebesgue 測度に関する p 乗可積分関数全体を $L^p(I)$ とする．
  (i) $x^{-\alpha}$ が $L^p(0,1)$ に入る必要十分条件を求めよ．
  (ii) $x^{-\alpha}$ が $L^p(1,\infty)$ に入る必要十分条件を求めよ．
  (iii) $p < q$ のとき $L^p(I)$ と $L^q(I)$ の間の関係はどうなっているか？

【解答例】　(i) $\alpha p < 1$ が必要十分条件で $\|x^{-\alpha}\|_{L^p(0,1)} = (1-\alpha p)^{-1/p}$. 実際,

$$\int_0^1 |x^{-\alpha}|^p dx = \int_0^1 x^{-\alpha p} dx = \begin{cases} (1-\alpha p)^{-1} & (\alpha p < 1) \\ \infty & (\alpha p \geq 1) \end{cases}$$

(ii) $\alpha p > 1$ が必要十分条件で $\|x^{-\alpha}\|_{L^p(1,\infty)} = (\alpha p - 1)^{-1/p}$. 実際,

$$\int_1^\infty |x^{-\alpha}|^p dx = \int_1^\infty x^{-\alpha p} dx = \begin{cases} (\alpha p - 1)^{-1} & (\alpha p > 1) \\ \infty & (\alpha p \leq 1) \end{cases}$$

(iii) 一般には $L^p(I)$ と $L^q(I)$ の間には包含関係はない. $p < q$ のとき $1/q < \alpha < 1/p$ と α を選べば, $x^{-\alpha} \in L^p(0,1) \setminus L^q(0,1)$ であり, $x^{-\alpha} \in L^q(1,\infty) \setminus L^p(1,\infty)$ である. ただし, 全体測度が有限のときは Hölder の不等式により, $L^q(I) \subset L^p(I)$ がわかる.

定義 4.4：合成積 (convolution, コンボリューション)

$\mathbb{R}^d$ 上の Lebesgue 可測関数 f および g の**合成積 (convolution)** を積分

$$f * g(x) = \int_{\mathbb{R}^d} f(x-y) g(y) dy$$

で定義する.

例題 4.8：Convolution・Young (ヤング) の不等式

Fubini の定理が自由に使えると仮定して以下を示せ.

(i) 交換法則 $f * g = g * f$ および結合法則 $f * (g * h) = (f * g) * h$.
(ii) $f, g \in L^1(\mathbb{R}^d)$ ならば $f * g \in L^1(\mathbb{R}^d)$ で, $\|f * g\|_1 \leq \|f\|_1 \|g\|_1$.
(iii) $1 \leq p \leq \infty$ とする. $f \in L^p(\mathbb{R}^d)$, $g \in L^1(\mathbb{R}^d)$ ならば $f * g \in L^p(\mathbb{R}^d)$ で, $\|f * g\|_p \leq \|f\|_p \|g\|_1$. (**Young の不等式**)

【解答例】　(i) $z = x - y$ と変換すると Lebesgue 測度の不変性より

$$f * g(x) = \int_{\mathbb{R}^d} f(x-y) g(y) dy = \int_{\mathbb{R}^d} f(z) g(x-z) dz = g * f(x).$$

同様に $w = y - z$ と変換すると

$$f * (g * h)(x) = \int_{\mathbb{R}^d} f(x-y)(g*h)(y) dy = \int_{\mathbb{R}^d} f(x-y) \Big(\int_{\mathbb{R}^d} g(y-z) h(z) dz \Big) dy$$

$$= \int_{\mathbb{R}^d} \Big(\int_{\mathbb{R}^d} f(x-z-w) g(w) dw \Big) h(z) dz = \int_{\mathbb{R}^d} (f*g)(x-z) h(z) dz$$

$$= (f*g) * h(x).$$

(ii) Fubini の定理および Lebesgue 測度の不変性より

$$\|f * g\|_1 = \int_{\mathbb{R}^d} \Big| \int_{\mathbb{R}^d} f(x-y)g(y)dy \Big| dx \leq \int_{\mathbb{R}^d} |g(y)| dy \int_{\mathbb{R}^d} |f(x-y)| dx$$
$$= \int_{\mathbb{R}^d} |g(y)| \cdot \|f\|_1 dy = \|f\|_1 \|g\|_1.$$

(iii) $1 \leq p < \infty$ のとき. 積分形の Minkowski の不等式と Lebesgue 測度の不変性より, $\|f * g\|_p$ は

$$\Big(\int_{\mathbb{R}^d} \Big| \int_{\mathbb{R}^d} f(x-y)g(y)dy \Big|^p dx\Big)^{1/p} \leq \int_{\mathbb{R}^d} \Big(\int_{\mathbb{R}^d} (|f(x-y)g(y)|)^p dx \Big)^{1/p} dy$$
$$= \|f\|_p \int_{\mathbb{R}^d} |g(y)| dy = \|f\|_p \|g\|_1.$$

$p = \infty$ のとき. $\|f\|_\infty < \infty$ と仮定してよい. $t > \|f\|_\infty$ とすると $m_d(\{x : |f(x)| > t\}) = 0$ であるから, 任意の $x \in \mathbb{R}^d$ に対して

$$\Big| \int_{\mathbb{R}^d} f(x-y)g(y)dy \Big| = \Big| \int_{|f(x)| \leq t} f(x-y)g(y)dy \Big| \leq t \int_{\mathbb{R}^d} |g(y)| dy = t \|g\|_1.$$

x に関する上限をとって $\|f * g\|_\infty \leq t \|g\|_1$. さらに $t > \|f\|_\infty$ は任意だから, $\|f * g\|_\infty \leq \|f\|_\infty \|g\|_1$.

積分記号下の微分を合成積 (convolution) に用いると, f または g が滑らかならば $f * g$ も滑らかになることがわかる. 滑らかな関数との convolution をとる作用を **軟化子 (mollifier, モリファイアー)** という. 正確に記述するために記号を導入する. 無限回微分可能な関数全体を $C^\infty(\mathbb{R}^d)$ と表し, $C^\infty(\mathbb{R}^d)$ の関数でコンパクトサポートをもつもの全体 を $C_0^\infty(\mathbb{R}^d)$ で表す.

> **定理 4.5: 無限回微分可能な mollifier**
> $1 \leq p \leq \infty$ とする. $f \in C_0^\infty(\mathbb{R}^d)$, $g \in L^p(\mathbb{R}^d)$ ならば, $f * g \in C^\infty(\mathbb{R}^d) \cap L^p(\mathbb{R}^d)$ である.

【証明】 f のサポートは $B(0, R)$ に含まれているとしよう. このとき f の任意の偏微分 Df も $C_0^\infty(\mathbb{R}^d)$ の関数でそのサポートは $B(0, R)$ に含まれていて有界である. したがって

$$f * g(x) = \int_{|x-y| < R} f(x-y)g(y)dy$$

に積分記号下での微分を行うことができて

$$Df * g(x) = \int_{|x-y|<R} Df(x-y)g(y)dy$$

となる．よって $f * g \in C^\infty(\mathbb{R}^d)$ である．また，$f * g \in L^p(\mathbb{R}^d)$ は Young の不等式よりわかる． ∎

$C_0^\infty(\mathbb{R}^d)$ の関数を具体的に作ることができる．

補題 4.6：無限回微分可能な mollifier の構成

距離だけによる非負関数でサポートが単位円内にあり，無限回微分可能な関数が存在する．実際，$\varphi(x) = \begin{cases} \exp\left(\dfrac{1}{|x|^2-1}\right) & |x| < 1 \\ 0 & |x| \geq 1 \end{cases}$ は求める関数．

【証明】 $|x| < 1$ および $|x| > 1$ で無限回微分可能なことは明らか．「つなぎ目」$|x| = 1$ でも無限回微分可能なことを示そう．そのために $|x| < 1$ では $\varphi(x)$ の任意回の微分は「有理関数 $\times \exp\left(\dfrac{1}{|x|^2-1}\right)$」と書けることを帰納法で示す．後は任意の有理関数 $R(x)$ に対して，$\lim_{|x|\uparrow 1} R(x) \exp\left(\dfrac{1}{|x|^2-1}\right) = 0$ を確かめれば，$|x| = 1$ での任意回の微分は存在して 0 であることがわかる．詳しくは演習 12.4． ∎

定理 3.8 をノルムの記号を用いて表すと $f \in L^1(\mathbb{R}^d)$ ならば，任意の $\varepsilon > 0$ に対して $g \in C_0(\mathbb{R}^d)$ で $\|f - g\|_1 < \varepsilon$ となるものが存在することになる．このことを $C_0(\mathbb{R}^d)$ は $L^1(\mathbb{R}^d)$ で稠密であるという．$1 \leq p < \infty$ のときも，ほとんど同じ証明で $C_0(\mathbb{R}^d)$ が $L^p(\mathbb{R}^d)$ で稠密であることを示すことができる．これがわかれば，mollifier を用いて滑らかさをいくらでもよくすることができる．

定理 4.7：$C_0^\infty(\mathbb{R}^d)$ は $L^p(\mathbb{R}^d)$ で稠密

$1 \leq p < \infty$ とする．このとき，$C_0^\infty(\mathbb{R}^d)$ は $L^p(\mathbb{R}^d)$ で稠密である．

【証明】 $f \in L^p(\mathbb{R}^d)$ とする．$\varepsilon > 0$ とする．このとき $g \in C_0(\mathbb{R}^d)$ を $\|f-g\|_p < \varepsilon$ となるように作ることができる．（$p = 1$ のときは定理 3.8 である．$p > 1$ のときの証明はほとんど同じである．問 3.4．）$R > 0$ を

$$g(x) = 0 \quad (|x| \geq R) \tag{4.4}$$

ととる. 非負関数 $\varphi \in C_0^\infty(\mathbb{R}^d)$ を補題 4.6 のようにとり, $\Phi(x) = \varphi(x)/\|\varphi\|_1$ とし, $r > 0$ に対して, $\Phi_r(x) = r^{-d}\Phi(x/r)$ とおく. このとき $\Phi_r \in C_0^\infty(\mathbb{R}^d)$ で $\int_{\mathbb{R}^d} \Phi_r(x)dx = 1$ かつ Φ_r のサポートは $\{x : |x| \leq r\}$ になる. したがって (4.4) より,

$$\Phi_r * g(x) = \int_{\mathbb{R}^d} \Phi_r(x-y)g(y)dy = \int_{|x-y|\leq r} \Phi_r(x-y)g(y)dy$$

は $|x| \geq R+r$ で 0 になる. さらに定理 4.5 より $\Phi_r * g \in C_0^\infty(\mathbb{R}^d)$ となる. また, $g \in C_0^\infty(\mathbb{R}^d)$ は一様連続であるから, $r > 0$ を小さくとれば $|x-y| \leq r$ ならば $|g(x) - g(y)| \leq \varepsilon$ である. したがって $|g(x) - \Phi_r * g(x)|$ は

$$\int_{|x-y|\leq r} \Phi_r(x-y)|g(x)-g(y)|dy \leq \varepsilon \int_{|x-y|\leq r} \Phi_r(x-y)dy = \varepsilon$$

以下であり, x に関する上限をとれば $\|g - \Phi_r * g\|_\infty \leq \varepsilon$ がわかる. $1 \leq p < \infty$ のときは

$$\|g - \Phi_r * g\|_p^p = \int_{\mathbb{R}^d} |g(x) - \Phi_r * g(x)|^p dx = \int_{|x|\leq R+r} |g(x) - \Phi_r * g(x)|^p dx$$

$$\leq \varepsilon^p m_d(\{x : |x| \leq R+r\}).$$

$\varepsilon > 0$ は任意であるから g は $\Phi_r * g \in C_0^\infty(\mathbb{R}^d)$ で近似され, f も $\Phi_r * g \in C_0^\infty(\mathbb{R}^d)$ で近似される. ∎

問 4.7 $C_0(\mathbb{R}^d)$ は $L^\infty(\mathbb{R}^d)$ で稠密か?

定義 4.8：局所可積分関数

$\mathbb{R}^d$ 上の Lebesgue 可測関数 f が**局所可積分**とは $\mathbb{R}^d$ 内の任意のコンパクト集合 K に対して $\int_K |f|dx < \infty$ となるときをいう. $\mathbb{R}^d$ 上の局所可積分関数全体を $L^1_{\text{loc}}(\mathbb{R}^d)$ で表す.

問 4.8 $1 \leq p \leq \infty$ とすると $L^p(\mathbb{R}^d) \subset L^1_{\text{loc}}(\mathbb{R}^d)$ であることを示せ.

定理 4.9: 局所可積分関数が消える条件

$L_0^\infty(\mathbb{R}^d)$ で $\mathbb{R}^d$ 上の有界可測関数でサポートがコンパクトなもの全体を表す．f を $\mathbb{R}^d$ 上の局所可積分関数とすると以下の 4 条件は同値である．

(i) $\mathbb{R}^d$ 上で $f = 0$ a.e.
(ii) $\int_{\mathbb{R}^d} f g dx = 0$ ($\forall g \in L_0^\infty(\mathbb{R}^d)$)
(iii) $\int_{\mathbb{R}^d} f g dx = 0$ ($\forall g \in C_0(\mathbb{R}^d)$)
(iv) $\int_{\mathbb{R}^d} f g dx = 0$ ($\forall g \in C_0^\infty(\mathbb{R}^d)$)

【証明】 (i) $\Longrightarrow$ (ii) $\Longrightarrow$ (iii) $\Longrightarrow$ (iv) は明らかである．

(ii) $\Longrightarrow$ (i). $\mathbb{R}^d$ 上で $f = 0$ a.e. でなければ，ある R があって $E = \{x \in B(0, R) : |f(x)| \neq 0\}$ の Lebesgue 測度は正である．$f(x) \neq 0$ のとき $g(x) = f(x)/|f(x)|$ とし，$f(x) = 0$ のとき $g(x) = 0$ とすると，g は有界可測関数である ($|g| \leq 1$). したがって $1_{B(0,R)}g \in L_0^\infty(\mathbb{R}^d)$ であるから，(ii) によって

$$0 = \int_{B(0,R)} fg dx = \int_E \frac{f(x)^2}{|f(x)|} dx = \int_E |f(x)| dx.$$

非負関数 $|f(x)|$ の積分が 0 であるから，E 上で $|f(x)| = 0$ a.e. である．これは E が正の Lebesgue 測度をもつことに反する．

(iii) $\Longrightarrow$ (ii). 任意に $g \in L_0^\infty(\mathbb{R}^d)$ をとる．$\operatorname{supp} g \subset B(0, R)$ とし，$M = \|g\|_\infty$ とおく．定理 3.8 によって $\varphi_j \in C_0(\mathbb{R}^d)$ を $\operatorname{supp} \varphi_j \subset B(0, R)$, $|\varphi_j| \leq M$ で $\|\varphi_j - g\|_1 \to 0$ となるようにとる．このとき φ_j は g に測度的に収束し，その部分列は a.e. に収束する．したがって最初から $\varphi_j \to g$ a.e. と思ってよい（演習 7.29, 演習 5.4）．このとき $|f\varphi_j| \leq M|f|1_{B(0,R)} \in L^1(\mathbb{R}^d)$ であるから Lebesgue の収束定理と (iii) により

$$\int_{\mathbb{R}^d} f g dx = \int_{B(0,R)} f g dx = \lim_{j \to \infty} \int_{B(0,R)} f \varphi_j dx = 0.$$

(iv) $\Longrightarrow$ (iii). 任意に $g \in C_0(\mathbb{R}^d)$ をとる．$\operatorname{supp} g \subset B(0, R)$ とし，$M = \|g\|_\infty$ とおく．定理 4.5 によって $g \in C_0(\mathbb{R}^d)$ を $\varphi_j \in C_0^\infty(\mathbb{R}^d)$ で近似する．このとき $\operatorname{supp} \varphi_j \subset B(0, R)$, $|\varphi_j| \leq M$, $\|\varphi_j - g\|_\infty \to 0$ とできるから，先のステップと同様にして (iv) から (iii) が導かれる． ∎

4.3 Weierstrass の多項式近似定理

Weierstrass（ワイエルシュトラス）**の多項式近似定理**は $\mathbb{R}^d$ のコンパクト集合 K 上の連続関数は多項式によって K 上一様に近似されることを主張する定理である．この節では第 1.10 節の熱核 $p_t(x) = p(t, x)$ を用いて 1 次元の Weierstrass の多項式近似定理を証明する．

> **定理 4.10： 1 次元の Weierstrass の多項式近似定理**
> 有界閉区間 I 上の連続関数 f は多項式で I 上で一様に近似される．

【証明】 以下の方針で証明する．

(i) f は $C_0(\mathbb{R})$ の関数に拡張できる．

(ii) $f \in C_0(\mathbb{R})$ ならば $\lim_{t \downarrow 0} \|f - p_t * f\|_{L^\infty(\mathbb{R})} = 0$．ここで $p_t(x) = p(t, x)$ は熱核を表す（第 1.10 節）．

(iii) $t > 0$ を固定すると熱核 $p_t(x)$ は有界区間の上で多項式で近似される．

(iv) Weierstrass の多項式近似定理を証明する．

(i) $I = [a, b]$ とする．点 $(a, f(a))$ と点 $(a-1, 0)$，および点 $(b, f(b))$ と点 $(b+1, 0)$ を 1 次関数で結び，$[a-1, b+1]$ の外では 0 と拡張すればよい．

(ii) f は有界一様連続となるので，$|f| \leq M$ となる定数 M があり，任意の $\varepsilon > 0$ に対して $\delta > 0$ があって，$|y| < \delta$ ならば任意の $x \in \mathbb{R}$ に対して一様に $|f(x) - f(x-y)| < \varepsilon$ となる．したがって $|f(x) - p_t * f(x)|$ は次で押さえられる．

$$\int_{|y|<\delta} |f(x) - f(x-y)| p_t(y) dy + \int_{|y| \geq \delta} |f(x) - f(x-y)| p_t(y) dy$$

$$\leq \int_{|y|<\delta} \varepsilon p_t(y) dy + 2M \int_{|y| \geq \delta} p_t(y) dy$$

$$\leq \varepsilon + \frac{2M}{\sqrt{4\pi t}} \int_{|y| \geq \delta} \exp\left(-\frac{y^2}{4t}\right) dy = \varepsilon + \frac{4M}{\sqrt{\pi}} \int_{\delta/\sqrt{4t}}^{\infty} \exp(-z^2) dz.$$

最後の積分は変数変換 $z = y/\sqrt{4t}$ による．これは 0 に収束し，x は任意だったから $\limsup_{t \downarrow 0} \|f - p_t * f\|_{L^\infty(\mathbb{R})} \leq \varepsilon$．さらに，$\varepsilon > 0$ は任意より $\lim_{t \downarrow 0} \|f - p_t * f\|_{L^\infty(\mathbb{R})} = 0$．

(iii) $R > 0$ とする．$t > 0$ を固定すると $p_t(x)$ は $[-2R, 2R]$ 上で多項式で近似されることを示そう．$\rho = R^2/t$ とする．$e^\rho = \sum_{n=0}^{\infty} \rho^n/n!$ は収束するから $\varepsilon > 0$ に

対して N を $\sum_{n>N} \rho^n/n! < \varepsilon$ となるようにとれる．そこで熱核 $p_t(x)$ の Taylor 展開を2つに分けて

$$p_t(x) = \frac{1}{\sqrt{4\pi t}} \sum_{n=0}^{N} \frac{1}{n!} \Big(-\frac{x^2}{4t}\Big)^n + \frac{1}{\sqrt{4\pi t}} \sum_{n>N} \frac{1}{n!} \Big(-\frac{x^2}{4t}\Big)^n.$$

$|x| \leq 2R$ のとき $|-x^2/(4t)| \leq \rho$ であるから，後半の和の絶対値は ε 以下．したがって $p_t(x)$ は前半の多項式で近似される．

(iv) $|f| \leq M$ とする．さらに (i) より $f \in C_0(\mathbb{R})$ としてよい．任意に $\varepsilon > 0$ をとる．(ii) より $t > 0$ を小さくとって $\|f - p_t * f\|_{L^\infty(\mathbb{R})} < \varepsilon$ としてよい．$R > 0$ を $I \cup \mathrm{supp}\, f \subset [-R, R]$ ととる．(iii) のように $\rho = R^2/t$ に対して N を $\sum_{n>N} \rho^n/n! < \varepsilon$ ととる．このとき $x \in [-R, R]$ ならば，項別積分定理によって

$$p_t * f(x) = \int_{|y| \leq R} p_t(x-y) f(y) dy = \frac{1}{\sqrt{4\pi t}} \sum_{n=0}^{\infty} \frac{1}{n!} \int_{|y| \leq R} \Big(-\frac{(x-y)^2}{4t}\Big)^n f(y) dy.$$

右辺の級数を $\sum_{n=0}^{N}$ と $\sum_{n>N}$ に分ける．前者は

$$\frac{1}{\sqrt{4\pi t}} \sum_{n=0}^{N} \frac{(-1)^n}{n!(4t)^n} \sum_{k=0}^{2n} \binom{2n}{k} \Big\{ \int_{|y| \leq R} (-y)^{2n-k} f(y) dy \Big\} x^k$$

となって x の $2N$ 次多項式である．一方，$x, y \in [-R, R]$ のとき $(x-y)^2/(4t) \leq R^2/t = \rho$ であるから後者の絶対値は

$$\frac{1}{\sqrt{4\pi t}} \sum_{n>N} \frac{1}{n!} \int_{|y| \leq R} \rho^n M dy = \frac{2MR}{\sqrt{4\pi t}} \sum_{n>N} \frac{\rho^n}{n!} \leq \frac{MR\varepsilon}{\sqrt{\pi t}}$$

で押さえられる．ゆえに $[-R, R]$ 上で f は多項式によって一様近似される．∎

注意 4.2 高次元の Weierstrass の多項式近似定理も同様の方針で証明できるが，最初のステップは自明ではない．これは Tietze（ティーツェ）の拡張定理である．詳細は演習 13.2 参照．

4.4 Lebesgue 積分と複素解析

複素関数として微分可能な関数を**正則関数**という．正則性は Cauchy-Riemann（コーシー・リーマン）の関係式，ベキ級数展開，Morera（モレラ）の定理によって特徴付けられる．また，Cauchy の積分公式によって複素導関数を元の関数の積分で表すことができる．次の定理は積分記号下での複素微分の十分条件を与える．

定理 4.11： 正則関数と Lebesgue 積分

$D \subset \mathbb{C}$ を領域，$(X, \mathscr{B}, \mu)$ を測度空間とする．$D \times X$ 上の関数 $f(z,t)$ は以下の 3 条件をみたすとする．

(i) $\forall z \in D$ に対して $f(z, \cdot)$ は X で μ-可積分．
(ii) μ-a.e. $t \in X$ に対して $f(\cdot, t)$ は D で正則．
(iii) μ-可積分な関数 φ があり，すべての $z \in D$ について $|f(z,t)| \leq \varphi(t)$．

このとき，$F(z) = \int_X f(z,t) d\mu(t)$ は $z \in D$ の正則関数である．さらに，f_z で f の z に関する複素微分を表せば $F'(z) = \int_X f_z(z,t) d\mu(t)$ となる．

【証明】 $f(z,t)$ を実部と虚部に分け，$f(z,t) = u(z,t) + iv(z,t)$ とする．同様に $F(z) = U(z) + iV(z)$ とすれば，$U(z) = \int_X u(z,t) d\mu(t)$，$V(z) = \int_X v(z,t) d\mu(t)$ である．これらに積分記号下の微分を適用する．正則性は局所的な性質だから任意の $a \in D$ で正則なことを示せばよい．$r > 0$ を $\{|z-a| \leq r\} \subset D$ となるようにとる．Cauchy の積分公式の一般化より，

$$\frac{d}{dz}f(z,t) = f_z(z,t) = \frac{1}{2\pi i} \int_{|\zeta-a|=r} \frac{f(\zeta,t)}{(\zeta-z)^2} d\zeta$$

が $|z-a| < r$ に対して成り立つ．とくに $|z-a| < r/2$ ならば，

$$|f_z(z,t)| \leq \frac{1}{2\pi} \int_{|\zeta-a|=r} \frac{|f(\zeta,t)|}{(r/2)^2} |d\zeta| \leq \frac{4\varphi(t)}{r}.$$

ここで $|u_x(z,t)|$, $|u_y(z,t)|$, $|v_x(z,t)|$, $|v_y(z,t)|$ はすべて $|f_z(z,t)| \leq 4|\varphi(t)|/r$ で押さえられるから，$|z-a| < r/2$ では積分記号下の微分ができて，u と v に関する Cauchy-Riemann の関係式から

$$\frac{\partial U}{\partial x}(z) = \int_X \frac{\partial u(z,t)}{\partial x} d\mu(t) = \int_X \frac{\partial v(z,t)}{\partial y} d\mu(t) = \frac{\partial V}{\partial y}(z),$$

$$\frac{\partial U}{\partial y}(z) = \int_X \frac{\partial u(z,t)}{\partial y} d\mu(t) = -\int_X \frac{\partial v(z,t)}{\partial x} d\mu(t) = -\frac{\partial V}{\partial x}(z).$$

したがって U と V も Cauchy-Riemann の関係式をみたし，$F(z)$ は $|z-a|<r/2$ で正則である．さらに，これらを組み合わせれば

$$F'(z) = U_x(z) + iV_x(z) = \int_X (u_x(z,t) + iv_x(z,t))d\mu(t) = \int_X f_z(z,t)d\mu(t).$$

■

注意 4.3 実数値関数の積分記号下の微分と異なり，正則関数に対しては被積分関数の微分に関する条件は不要．定理 1.58 と比較せよ．複素数値関数に対しては平均値定理は不成立なため，実数値関数への分解が必要である．平均値定理が成り立たない例．$\varphi(t) = e^{i\pi t}$ とすると，$|\varphi(1) - \varphi(0)| = |-1-1| = 2$ で，$|\varphi'(t)| = |i\pi e^{i\pi t}| = \pi$ であるから，$\varphi(1) - \varphi(0) = (1-0)\varphi'(t)$ となる実数 $t \in [0,1]$ は存在しない．

問 4.9 Morera の定理を用いて定理 4.11 を示せ．

問 4.10 $\Gamma(z) = \int_0^\infty e^{-t}t^{z-1}dt$ は $\mathrm{Re}\,z > 0$ で正則であることを示せ．また，$\Gamma'(z)$, $\Gamma^{(n)}(z)$ を求めよ．ヒント．$t^{z-1} = \exp((z-1)\log t)$．

問 4.11 $\displaystyle\lim_{R\to\infty}\int_0^\pi e^{-R\sin\theta}d\theta = 0$ を示せ．これから P と Q が $\deg P \le \deg Q - 1$ となる多項式のとき，上半円周 $C_R : z = Re^{i\theta}$, $0 \le \theta \le \pi$ 上の積分 $\displaystyle\int_{C_R}\frac{P(z)e^{iz}}{Q(z)}dz$ は $R \to \infty$ のとき 0 に収束することを示せ．なお，複素解析ではこの結果を Jordan（ジョルダン）の不等式を用いて示すことが多い．

4.5 まとめ

- 本質的上限，L^p ノルム，L^p 空間．
- Hölder の不等式，Minkowski の不等式，積分形の Minkowski の不等式．
- L^p 空間は完備．
- Convolution, mollifier, Young の不等式．
- $C_0^\infty(\mathbb{R}^d)$ は $L^p(\mathbb{R}^d)$ で稠密（$1 \le p < \infty$）．
- 局所可積分関数，局所可積分関数が消える条件，$L_0^\infty(\mathbb{R}^d)$．
- Weierstrass の多項式近似定理．
- 積分記号下の複素微分．

第5章 準備

ここでは準備的なことがらを簡単に復習する．可算と非可算の区別はとくに大切である．上限・下限および上極限・下極限は具体的な数列に対して直観的にわかっていればとりあえずよい．級数は最も基本的な Lebesgue 積分である．Lebesgue 積分の学習にはこれで十分．

5.1 有理数と実数・濃度

定理 5.1： 有理数全体は可算で稠密

有理数全体の集合 $\mathbb{Q}$ は可算であり，実数全体 $\mathbb{R}$ で稠密である．

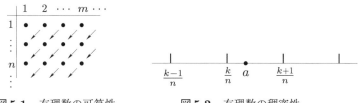

図 5.1　有理数の可算性　　図 5.2　有理数の稠密性

【証明】　正負の数を交互に並べればよいから，正の有理数が可算であることを示せばよい．正の有理数は自然数 m, n を用いて m/n と表される．これを図 5.1 のように並べ，斜めの線にそって番号づければ可算であることがわかる．

任意の実数 $x < y$ に対して有理数が x と y の間に存在することを有理数の稠密性という．これは任意の実数 a と $\varepsilon > 0$ に対して a の ε 近傍 $(a-\varepsilon, a+\varepsilon)$ に有理数が存在することと同値である．（同値性を見るには $a = (x+y)/2$, $\varepsilon = (y-x)/2$

あるいは $x = a - \varepsilon$, $y = a + \varepsilon$ とする.）後の形で稠密性を示そう．任意に $a \in \mathbb{R}$, $\varepsilon > 0$ をとる．自然数 n を $1/n < \varepsilon$ と選ぶ．$\{k/n : k \in \mathbb{Z}\}$ は実数直線上に等間隔 $1/n$ で並ぶ点列である．k/n が a 以下となる最大の $k \in \mathbb{Z}$ をとると図 5.2 のように

$$\frac{k}{n} \leq a < \frac{k+1}{n} = \frac{k}{n} + \frac{1}{n}$$

となる．これを書き直すと

$$0 \leq a - \frac{k}{n} < \frac{1}{n} < \varepsilon$$

であり，a の ε 近傍に有理数 k/n が存在する．以上から $\mathbb{Q}$ は $\mathbb{R}$ で稠密である． ∎

この結果は d 次元に拡張される．

> **定理 5.2： 有理点は可算で稠密**
>
> $\mathbb{R}^d$ の点 $x = (x_1, \ldots, x_d)$ は各成分 x_j がすべて有理数のとき**有理点**とよばれる．有理点の全体を $\mathbb{Q}^d$ で表す．有理点全体の集合 $\mathbb{Q}^d$ は可算であり，$\mathbb{R}^d$ で稠密である．

【証明】　簡単のため $d = 2$ とする．一般の場合は帰納法（問 5.1）．定理 5.1 により有理数全体を $\{q_1, q_2, \ldots\}$ と並べ上げることができる．したがって，$\mathbb{Q}^2 = \{(q_m, q_n)\}_{m,n}$ と表される．(q_m, q_n) を m/n と同一視して，図 5.1 のように並べれば，$\mathbb{Q}^2$ の可算性がわかる．定理 5.1 の後半から任意の $(a_1, a_2) \in \mathbb{R}^2$ および $\varepsilon > 0$ に対して $|q_1 - a_1| < \varepsilon/2$, $|q_2 - a_2| < \varepsilon/2$ となる $q_1, q_2 \in \mathbb{Q}$ が存在する．このとき $|(a_1, a_2) - (q_1, q_2)| \leq |a_1 - q_1| + |a_2 - q_2| < \varepsilon$ であるから，$\mathbb{Q}^2$ は $\mathbb{R}^2$ で稠密． ∎

問 5.1　定理 5.2 を一般の $d \geq 2$ に対して示せ．

集合 E の**濃度**（要素の数）を $\#(E)$ で表す．可算な無限集合の濃度を $\aleph_0$（アレフ 0）で表す．上の定理は $\#(\mathbb{N}) = \#(\mathbb{Z}) = \#(\mathbb{Q}) = \#(\mathbb{Q}^d) = \aleph_0$ であることを示している．中心が有理点で半径が正の有理数であるような開球全体 $\{B(x, r) : x \in \mathbb{Q}^d, r \in \mathbb{Q}, r > 0\}$ は可算族である．U が**開集合**とは任意の $x \in U$ に対して $r > 0$ があって $B(x, r) \subset U$ のときをいう．

> **定理 5.3： 第 2 可算公理**
> $\mathbb{R}^d$ の任意の開集合は $\{B(x,r) : x \in \mathbb{Q}^d,\ r \in \mathbb{Q},\ r > 0\}$ の部分族の可算個の球の合併で表される．球は開閉どちらでもよい．

【証明】 U を $\mathbb{R}^d$ の開集合とする．任意の $x \in U$ に対して $r_x > 0$ があって $B(x, r_x) \subset U$ である．$\mathbb{Q}^d$ は稠密だから $\tilde{x} \in \mathbb{Q}^d$ を $|x - \tilde{x}| < r_x/3$ と選ぶ．さらに有理数 $\tilde{r}_x$ を $r_x/3 < \tilde{r}_x < 2r_x/3$ と選ぶ．このとき $|z - \tilde{x}| \leq \tilde{r}_x$ ならば $|z - x| \leq |z - \tilde{x}| + |\tilde{x} - x| < r_x$ であるから，$x \in B(\tilde{x}, \tilde{r}_x) \subset \overline{B}(\tilde{x}, \tilde{r}_x) \subset B(x, r_x) \subset U$ となり，

$$U \subset \bigcup_{x \in U} B(\tilde{x}, \tilde{r}_x) \subset \bigcup_{x \in U} \overline{B}(\tilde{x}, \tilde{r}_x) \subset U.$$

したがって

$$U = \bigcup_{x \in U} B(\tilde{x}, \tilde{r}_x) = \bigcup_{x \in U} \overline{B}(\tilde{x}, \tilde{r}_x).$$

ここで $\bigcup_{x \in U}$ だけ見ると非可算の合併のように見えるが，$B(\tilde{x}, \tilde{r}_x)$ は可算族 $\{B(x, r) : x \in \mathbb{Q}^d,\ r \in \mathbb{Q},\ r > 0\}$ から選んでいるから，U は可算個の球の合併で表されている． ∎

注意 5.1 定理 5.3 で球を立方体に取り替えてもよい．☺ 中心が x，辺が座標軸に平行でその長さが $2r$ であるような開立方体 $\{y : |y_j - x_j| < r,\ 1 \leq {}^\forall j \leq d\}$ を $Q(x, r)$ で表すと，$B(x, r) \subset Q(x, r) \subset B(x, r\sqrt{d})$．

> **定理 5.4： 実数全体は非可算**
> 実数全体 $\mathbb{R}$ は非可算である．$\mathbb{R}$ の濃度を $\aleph$（アレフ）で表す．

【証明】 実数の部分集合である区間 $(0, 1)$ が非可算であることをいえばよい．$(0, 1)$ 内の実数は小数展開 $0.a_1 a_2 a_3 \dots$ と表される．ただし a_n は $0, \dots, 9$ の整数である．この小数展開全体が非可算であることを示そう．実はそれよりも小さい集合 $E = \{0.a_1 a_2 a_3 \dots : a_n \text{ は } 0 \text{ または } 1\}$ はすでに非可算である．

E が可算だとして矛盾を導こう．もし E が可算ならば E の要素すべてを順に並べて $\alpha_1,\ \alpha_2, \dots$ とできる．各 α_n を小数展開して $\alpha_n = 0.a_1^n a_2^n a_3^n \dots$ とする．ただし，a_m^n は 0 または 1 である．これを表にすると

	1	2	3	4	$\cdots$
$\alpha_1 = 0.$	a_1^1	a_2^1	a_3^1	a_4^1	$\cdots$
$\alpha_2 = 0.$	a_1^2	a_2^2	a_3^2	a_4^2	$\cdots$
$\alpha_3 = 0.$	a_1^3	a_2^3	a_3^3	a_4^3	$\cdots$
$\alpha_4 = 0.$	a_1^4	a_2^4	a_3^4	a_4^4	$\cdots$

となる．ここで対角線に着目して

$$b_n = \begin{cases} 1 & (a_n^n = 0) \\ 0 & (a_n^n = 1) \end{cases}$$

と定め，$\beta = 0.b_1 b_2 \cdots \in E$ とする．この β は上の表には現れない．($\alpha_1, \alpha_2, \ldots$ のどれとも一致しない．) ∵ もし，$\beta = \alpha_n$ となっていれば，n 桁めを比較して矛盾する．これは E が可算であると仮定したことに反する． ∎

注意 5.2 上の議論を **Cantor の対角線論法**という．

一般に集合 X の部分集合 E があるとき，特性関数

$$1_E(x) = \begin{cases} 1 & (x \in E) \\ 0 & (x \in X \setminus E) \end{cases}$$

と E は 1:1 に対応することがわかる．このことから X のすべての部分集合からなる集合族を 2^X と表す．2 は関数の値域 $\{0, 1\}$ の要素の数．2^X を $\mathcal{P}(X)$ で表す書物もある．これはベキ集合 (power set) から来ている．集合と集合族を区別するために一般の集合族は $\mathscr{E}$ のようなスクリプト文字を使って表す．

Cantor の対角線論法は $\#(X) < \#(2^X)$ を意味する．上の例題では $\aleph = 2^{\aleph_0} > \aleph_0$ を示している．$\aleph$ と $\aleph_0$ の間に異なった濃度があるかどうかは連続体仮説とよばれる数学基礎論の問題であり，どちらであっても無矛盾であることが知られている．

5.2 上限・下限

E を実数からなる集合とする．E の最大値（maximum）を $\max E$ で表す．E が有限集合ならば $\max E$ が定まる．E が無限集合のときは $\max E$ は存在するとは限

らない．例えば $E = \{-1/n : n \in \mathbb{N}\}$ の最大値は存在しない．最大値の代わりに上限（supremum）を考える．

> **定義 5.5： 上限**
> $\emptyset \neq E \subset \mathbb{R}$ の上限 $\sup E$ とは次の 2 条件をみたす M のことである．
> (i) $x \in E$ ならば $x \leq M$．
> (ii) 任意の $\varepsilon > 0$ に対して $M - \varepsilon$ より大きい $x \in E$ が存在する．

上限は最大値の一般化である．$\max E = M$ が存在すれば，上の 2 条件をみたすので $\sup E$ に一致する．$E = \{-1/n : n \in \mathbb{N}\}$ は最大値 $\max E$ をもたないが，上限は存在して $\sup E = 0$ である．

条件 (i) をみたす M を E の**上界**という．条件 (ii) は上界のなかで最小のものが上限であることを意味する．したがって上限のことを**最小上界**ともいう．上界が存在するとき E を上に**有界**といい，そのような M が存在しないとき E を上に**非有界**という．E が上に非有界のとき $\sup E = \infty$ とする．このように定義すれば，どのような実数の集合も必ず上限をもつ．これは実数の連続性公理と同値である．

最小値（minimum）を一般化して**下限**（infimum）を定義する．$-\infty$ も許せば下限は必ず存在する．

> **定義 5.6： 下限**
> $\emptyset \neq E \subset \mathbb{R}$ の下限 $\inf E$ とは次の 2 条件をみたす m のことである．
> (i) $x \in E$ ならば $x \geq m$．
> (ii) 任意の $\varepsilon > 0$ に対して $m + \varepsilon$ より小さい $x \in E$ が存在する．

> **例 5.1： 最大，最小，上限，下限，上界，下界**
> $E = \left\{(-1)^n + \dfrac{1}{n} : n \in \mathbb{N}\right\}$ の上限・下限などは図のようになる．
>
>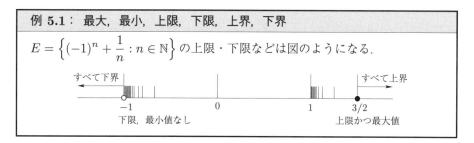

注意 5.3 集合 E が $\{x : x \text{ の条件}\}$ で表されているときには $\sup E$ の代わりに $\sup_{x \text{ の条件}} x$ のように書く．例えば数列 $\{c_n\}_{n \geq 1}$ の上限を $\sup_{n \geq 1} c_n$ のように書く．$\inf$，$\max$，$\min$ についても同様である．

次は上限・下限のよく使う性質である．その証明は定義から明らかである．

補題 5.7： 上限・下限の単調性
$\emptyset \neq E' \subset E \subset \mathbb{R}$ ならば，$\inf E \leq \inf E' \leq \sup E' \leq \sup E$.

問 5.2 次の集合 E の最大，最小，上限，下限を求めよ．（最大，最小はないこともある．上限，下限は $\pm\infty$ のこともある．）

(i) $[-1, 2)$ (ii) $\left\{1 + \dfrac{1}{n} : n \in \mathbb{N}\right\}$ (iii) $\left\{n - \dfrac{1}{n} : n \in \mathbb{N}\right\}$

(iv) $\left\{\dfrac{1}{n}\left(1 - \dfrac{(-1)^n}{n}\right) : n \in \mathbb{N}\right\}$ (v) $\left\{n + \dfrac{(-1)^n}{n} : n \in \mathbb{N}\right\}$

問 5.3 $E \neq \emptyset$ を実数からなる集合とする．もし $\max E$ が存在しなければ，E 内の狭義の単調増加数列 $\{a_n\}$ で $\lim_{n \to \infty} a_n = \sup E$ となるものがとれることを示せ．

5.3 上極限・下極限

数列 $a_n = (-1)^n + \dfrac{1}{n}$ の「極限値」を考えよう．$n = 2k$ とすれば，$a_{2k} = 1 + \dfrac{1}{2k} \to 1$ であり，$n = 2k+1$ とすれば，$a_{2k+1} = -1 + \dfrac{1}{2k+1} \to -1$ である．したがって，この数列は振動して収束しない．しかし，上に出てきた 1 と -1 には何か意味がありそうである．a_n 全部を考えてしまうと収束しないが，偶数項 a_{2k} や奇数項 a_{2k+1} に制限すれば，それぞれ極限値をもっている．この偶数項や奇数項からなる数列のように元の数列の一部分からなる数列を**部分列**という．この数列 $a_n = (-1)^n + \dfrac{1}{n}$ は収束部分列をもっていて，その極限値は 1 と -1 である．この性質はどのような有界数列に対しても成り立つ．

定義 5.8： 上極限・下極限
$\{a_n\}$ を実数列とする．$\inf_{N \geq 1} \left(\sup_{n \geq N} a_n\right)$ を a_n の上極限といい $\limsup_{n \to \infty} a_n$ で表す．対称的に $\sup_{N \geq 1} \left(\inf_{n \geq N} a_n\right)$ を a_n の下極限といい $\liminf_{n \to \infty} a_n$ で表す．

例 5.2: 上極限・下極限

数列 $a_n = (-1)^n + \frac{1}{n}$ を考えよう．$n = 2k$ とすれば，$a_{2k} = 1 + \frac{1}{2k} \to 1$ であり，$n = 2k+1$ とすれば，$a_{2k+1} = -1 + \frac{1}{2k+1} \to -1$ である．したがって，この数列は振動して収束しないが，$\liminf_{n\to\infty} a_n = -1$，$\limsup_{n\to\infty} a_n = 1$ である．

定理 5.9: 有界 $\Longrightarrow$ 収束部分列存在

有界実数列 $\{a_n\}$ は収束部分列をもつ．その極限値の最大のものが**上極限** $\limsup\limits_{n\to\infty} a_n$ であり，最小のものが**下極限** $\liminf\limits_{n\to\infty} a_n$ である．

【証明】 $A_N = \sup_{n\geq N} a_n$ とおく．N が増えるにつれ上限の範囲が狭くなっていくので A_N は単調減少である．また $\{a_n\}$ は有界ゆえ $\{A_N\}$ も有界である．したがって実数の連続性公理から A_N は極限値をもつ．定義よりこれは $\inf_{N\geq 1} A_N = \limsup_{n\to\infty} a_n$ に一致する．これからとくに $\{a_n\}$ は収束部分列をもつことがわかる．

$\{a_n\}$ の任意の収束部分列 $\{a_{n_j}\}$ をとり，$\lim_{j\to\infty} a_{n_j} = \alpha$ としよう．任意の $\varepsilon > 0$ に対して J が存在して $j \geq J$ ならば $|a_{n_j} - \alpha| < \varepsilon$ であり，とくに $a_{n_j} > \alpha - \varepsilon$ である．どのような N に対しても，このような a_{n_j} は $\{a_N, a_{N+1}, \ldots\}$ に現れる．その上限をとれば $A_N \geq \alpha - \varepsilon$ となり，$N \to \infty$ として $\limsup_{n\to\infty} a_n \geq \alpha - \varepsilon$ である．$\varepsilon > 0$ は任意だったから，$\limsup_{n\to\infty} a_n \geq \alpha$ となり，$\limsup_{n\to\infty} a_n$ は最大の極限値である．下極限についても同様である． ∎

問 5.4 次の実数列の上極限・下極限を求めよ．（直観的でよい）

(i) $(-1)^n$ (ii) $(-1)^n\left(1 + \frac{1}{n}\right)$ (iii) $\left(1 + \frac{1}{n}\right)\left(1 + \cos\frac{n\pi}{2}\right)$ (iv) $n\sin\frac{n\pi}{3}$

実数列 $\{a_n\}$ が非有界なときには $+\infty$ や $-\infty$ に収束する部分列をもつ．その場合には $\limsup\limits_{n\to\infty} a_n = +\infty$ あるいは $\liminf\limits_{n\to\infty} a_n = -\infty$ とする．これらを許せばどのような実数列も上極限・下極限をもつ．上極限・下極限は少し難しい概念なので，取っつきが悪いが，慣れてしまえば非常に便利である．よく使う性質を定理にまと

める．その証明は定理 5.9 および定義から明らかである．

定理 5.10： 下極限 ≤ 極限 ≤ 上極限

$\{a_n\}$ を実数列とする．このとき $\pm\infty$ を許せば，上極限 $\limsup\limits_{n\to\infty} a_n$ と下極限 $\liminf\limits_{n\to\infty} a_n$ は必ず存在し，

$$-\infty \leq \liminf_{n\to\infty} a_n \leq \limsup_{n\to\infty} a_n \leq +\infty.$$

もし，$\liminf\limits_{n\to\infty} a_n = \limsup\limits_{n\to\infty} a_n$ ならば，a_n は収束して（$\pm\infty$ を許す），$\lim\limits_{n\to\infty} a_n$ はこの値に一致する．

定理 5.11： 上極限・下極限の単調性

実数列 $\{a_n\}$ と $\{b_n\}$ がある．有限個の番号を除いて $a_n \leq b_n$ となっていれば，

$$\limsup_{n\to\infty} a_n \leq \limsup_{n\to\infty} b_n, \quad \liminf_{n\to\infty} a_n \leq \liminf_{n\to\infty} b_n$$

である．さらに，$\liminf\limits_{n\to\infty} a_n = \limsup\limits_{n\to\infty} b_n$ ならば，$a_n \leq c_n \leq b_n$ となる任意の実数列 $\{c_n\}$ は収束して $\lim\limits_{n\to\infty} c_n$ はこの値に一致する．ただし，極限値は $\pm\infty$ となることもある．

問 5.5 実数列 $\{a_n\}$ が収束すれば，$\lim a_n = \liminf a_n = \limsup a_n$ となることを示せ．

問 5.6 $\{a_n\}$ を実数列とするとき，$\liminf(-a_n) = -\limsup a_n$ および $\limsup(-a_n) = -\liminf a_n$ を示せ．

問 5.7 実数列 $\{a_n\}$ と $\{b_n\}$ に対して，$\limsup(a_n + b_n) \leq \limsup a_n + \limsup b_n$ を示せ．ただし，右辺は $\infty - \infty$ のような不定形ではないとする．また，$\lim a_n$ が存在すれば，$\limsup(a_n + b_n) = \lim a_n + \limsup b_n$ となることを示せ．さらに，$\lim a_n$ が存在しないときには，真の不等号となる例を作れ．

問 5.8 $a_n \geq 0$ と $b_n \geq 0$ に対して，$\limsup(a_n b_n) \leq (\limsup a_n) \cdot (\limsup b_n)$ を示せ．ただし，右辺は $0 \cdot \infty$ のような不定形ではないとする．また，$\lim a_n$ が存在すれば，$\limsup(a_n b_n) = (\lim a_n) \cdot (\limsup b_n)$ となることを示せ．さらに，$\lim a_n$ が存在しないときには，真の不等号となる例を作れ．

問 5.9 実数列 a_n, b_n で $\limsup a_n = \limsup b_n = \infty$ であるのに，$\limsup(a_n + b_n) = -\infty$ となるものはあるか？

5.4 級数

数列 $\{c_n\}_{n=1}^{\infty}$ に対してその和 $\sum_{n=1}^{\infty} c_n$ を（無限）**級数**という．これは無限個の足し算なので，その意味を正確にする必要がある．まず，**部分和** $S_N = \sum_{n=1}^{N} c_n$ を考え，数列 $\{S_N\}$ が収束するとき

$$\sum_{n=1}^{\infty} c_n = \lim_{N \to \infty} S_N$$

と定義する．S_N が収束しないとき級数 $\sum_{n=1}^{\infty} c_n$ は**発散**するという．簡単のため $\sum_n c_n$ または $\sum c_n$ で級数を表す．出発点の $n=1$ が $n=0$ になることも多いため好都合である．

$\sum c_n$ が**絶対収束**するとは各項の絶対値をとった級数 $\sum |c_n|$ が収束するときをいう．$a_n = |c_n| \geq 0$ とおけば，非負の項からなる**正項級数** $\sum a_n$ の収束発散を考えればよいことになる．正項級数に対しては $A_N = \sum_{n=1}^{N} a_n$ は単調増加であるから，$\sum a_n < \infty$ となるか，$\sum a_n = \infty$ となるかのどちらかである．振動することはない．

定理 5.12： 絶対収束 $\implies$ 収束

絶対収束する級数は収束する．

【証明】　$\sum |c_n| < \infty$ と仮定する．$0 \leq |c_n| - c_n \leq 2|c_n|$ を加えれば $0 \leq \sum(|c_n| - c_n) \leq 2 \sum |c_n| < \infty$ である．したがって 2 つの収束級数の差

$$\sum |c_n| - \sum (|c_n| - c_n) = \sum c_n$$

は収束する．　■

絶対収束級数は和をとる順番をどのように変更してもよい．本質的な内容は正項級数の和の順序変更である．

補題 5.13： 正項級数の順序変更

$a_n \geq 0$ とする．$\sum a_n$ の並べ替えを $\sum b_n$ とすると，これらは同時に収束・発散し，$\sum a_n = \sum b_n$ が成り立つ．

【証明】 $\sum a_n = A$, $\sum b_n = B$ としよう．$\sum b_n$ は $\sum a_n$ の並べ替えだから，M を十分大きくとれば $b_1, \ldots, b_N$ は $a_1, a_2, \ldots, a_M$ の中に現れる．すなわち，$\{b_1, \ldots, b_N\} \subset \{a_1, a_2, \ldots, a_M\}$．したがって

$$\sum_{n=1}^{N} b_n = b_1 + \cdots + b_N \leq a_1 + \cdots + a_M \leq \sum_{n=1}^{\infty} a_n = A.$$

級数の定義から，$N \to \infty$ とすれば $B = \lim_{N \to \infty} \sum_{n=1}^{N} b_n \leq A$．逆に，$\sum a_n$ を $\sum b_n$ の並べ替えと思えば，$A \leq B$．したがって $A = B$ である． ∎

定理 5.14：絶対収束級数の順序変更

$\sum c_n$ を絶対収束級数，$\sum d_n$ を $\sum c_n$ の並べ替えとする．このとき $\sum d_n$ も絶対収束して $\sum c_n = \sum d_n$ である．

【証明】 補題 5.13 を $a_n = |c_n|$ に適用すれば，

$$\sum |c_n| = \sum |d_n| < \infty \tag{5.1}$$

となり，$\sum d_n$ も絶対収束する．定理 5.12 の証明と同様にして，正項級数 $\sum(|c_n| - c_n)$ は収束する．補題 5.13 の a_n を $|c_n| - c_n$ および $|d_n| - d_n$ として

$$\sum(|c_n| - c_n) = \sum(|d_n| - d_n) < \infty \tag{5.2}$$

である．(5.1) と (5.2) の差をとれば $\sum c_n = \sum d_n$ となる ∎

注意 5.4 上の証明で2つの式の差をとるところに絶対収束性が必要である．絶対収束がないと (5.1) と (5.2) の差は $\infty - \infty$ の無意味な計算になってしまう．

上の定理の証明を格子点に関する **2重級数** $\sum_{m,n} c_{m,n}$ に拡張することができる．ここで $\sum_{m,n}$ は m と n が 0 以上のすべての整数を独立に動いて，何らかの順番で格子点をもれなく 1 回ずつ通っていく和を表している．このとき $\sum_{m,n} |c_{m,n}| < \infty$ ならば，$\sum_{m,n} c_{m,n}$ は絶対収束するという．絶対収束性および 2 重級数の和は格子点の順番によらない．図 5.3（左）のように，斜めの線に関する和をとり，それ

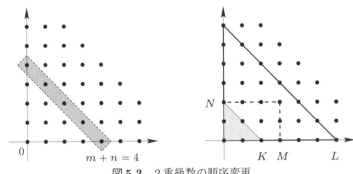

図 5.3　2 重級数の順序変更

らを加えれば，次の定理を得る．これは Fubini の定理の最も基本的な形である．

定理 5.15：2 重級数の順序変更

$\sum_{m,n} c_{m,n}$ が絶対収束していれば，和の順番をどのように変更してもよい．とくに

$$\sum_{m=0}^{\infty}\Big(\sum_{n=0}^{\infty} c_{m,n}\Big) = \sum_{n=0}^{\infty}\Big(\sum_{m=0}^{\infty} c_{m,n}\Big) = \sum_{k=0}^{\infty}\Big(\sum_{m+n=k} c_{m,n}\Big).$$

【証明】　$c_{m,n} \geq 0$ としてよい．対称的なので 2 番目の等号を示せばよい．図 5.3（右）参照．定義 $\sum_{k=0}^{\infty}\big(\sum_{m+n=k} c_{m,n}\big) = \lim_{K\to\infty} \sum_{0\leq m+n\leq K} c_{m,n}$ に着目すると，$M \geq K$，$N \geq K$ のとき

$$\sum_{0\leq m+n\leq K} c_{m,n} \leq \sum_{\substack{0\leq m\leq K \\ 0\leq n\leq K}} c_{m,n} \leq \sum_{\substack{0\leq m\leq M \\ 0\leq n\leq N}} c_{m,n} \leq \lim_{M\to\infty} \sum_{\substack{0\leq m\leq M \\ 0\leq n\leq N}} c_{m,n}$$

$$= \sum_{0\leq n\leq N}\Big(\sum_{m=0}^{\infty} c_{m,n}\Big) \leq \sum_{n=0}^{\infty}\Big(\sum_{m=0}^{\infty} c_{m,n}\Big).$$

ここで $K \to \infty$ として

$$\sum_{k=0}^{\infty}\Big(\sum_{m+n=k} c_{m,n}\Big) \leq \sum_{n=0}^{\infty}\Big(\sum_{m=0}^{\infty} c_{m,n}\Big).$$

逆に，任意の M, N に対して $M+N \leq L$ ならば，

$$\sum_{\substack{0\leq m\leq M \\ 0\leq n\leq N}} c_{m,n} \leq \sum_{0\leq m+n\leq L} c_{m,n} \leq \sum_{k=0}^{\infty}\Big(\sum_{m+n=k} c_{m,n}\Big).$$

ここで $M \to \infty$ とし，次に $N \to \infty$ とすれば

$$\sum_{n=0}^{\infty} \Big(\sum_{m=0}^{\infty} c_{m,n} \Big) \leq \sum_{k=0}^{\infty} \Big(\sum_{m+n=k} c_{m,n} \Big).$$

∎

問 5.10 この節の結果は複素級数に対しても成り立つことを示せ．

5.5 まとめ

- 可算と非可算．有理数・有理点は可算で稠密．
- Cantor の対角線論法．
- 上限・下限．
- 空でない実数の集合は（±∞ を込めれば）必ず上限・下限をもつ．
- 上極限・下極限．数列は（±∞ を込めれば）必ず上極限・下極限をもつ．
- 上極限＝下極限ならば収束し，極限に等しい．
- 級数．2 重級数．
- 絶対収束ならば収束，和の順序変更可能．
- 2 重級数の和の順序変更は原始的な Fubini の定理．

第 6 章

演習問題

いままでに Lebesgue の収束定理と Fubini の定理を学んだ．これらを使えば数多くの結果が得られる．研究レベルの内容までもう一歩である．この章では問題形式で Lebesgue 積分を運用してみよう．単独の問題に分かれているのでどこから始めてもよい．

1 準備

演習 1.1 $f: X \to Y$ とする．このとき $A \subset X, B \subset Y$ に対して次を示せ．
 (i) $f^{-1}(f(A)) \supset A$.
 (ii) $f^{-1}(f(A)) \supsetneq A$ となる例がある．
 (iii) $f(f^{-1}(B)) \subset B$.
 (iv) $f(f^{-1}(B)) \subsetneq B$ となる例がある．

演習 1.2 集合の特性関数の性質を示せ．
 (i) $1_E \leq 1_F \iff E \subset F$.
 (ii) $1_{E \cap F} = 1_E \cdot 1_F = \min\{1_E, 1_F\}$.
 (iii) $1_{E \cup F} = 1_E + 1_F - 1_{E \cap F} = \max\{1_E, 1_F\}$.
 (iv) $\{E_j\}$ が互いに素ならば $1_{\cup_j E_j} = \sum_j 1_{E_j}$.

演習 1.3 X のすべての部分集合からなる族 2^X を求めよ．
 (i) $X = \{a\}$ （1 点集合） (ii) $X = \{a, b\}$ （2 点集合） (iii) $X = \emptyset$

演習 1.4 $\mathbb{R}$ 上の単調増加関数の不連続点は高々可算であることを示せ．

演習 1.5 集合列 $\{E_n\}$ に対して上極限集合を $\limsup\limits_{n \to \infty} E_n = \bigcap\limits_{n=1}^{\infty} \bigcup\limits_{k=n}^{\infty} E_k$, 下極限集

合を $\liminf_{n\to\infty} E_n = \bigcup_{n=1}^{\infty} \bigcap_{k=n}^{\infty} E_k$ で定め，これらが一致するとき $\lim_{n\to\infty} E_n$ と書き，集合列の極限が確定するという．以下を示せ．

(i) $\liminf_{n\to\infty} E_n \subset \limsup_{n\to\infty} E_n$.

(ii) $\liminf_{n\to\infty} E_n \subsetneq \limsup_{n\to\infty} E_n$ となる例がある．

(iii) $\{E_n\}$ が単調増加ならば，$\liminf_{n\to\infty} E_n = \limsup_{n\to\infty} E_n = \bigcup_{n=1}^{\infty} E_n$.

(iv) $\{E_n\}$ が単調減少のとき，$\liminf_{n\to\infty} E_n$ と $\limsup_{n\to\infty} E_n$ はどうなるか？

演習 1.6 $E_n \subset \mathbb{R}$ を以下のようにするとき，$\lim_{n\to\infty} E_n$ が確定するかどうか調べよ．

(i) $(-n, n)$ (ii) $(-\frac{1}{n}, \frac{1}{n})$ (iii) $(n, n+1]$ (iv) $[0, \frac{1}{n})$

(v) $(0, \frac{1}{n})$ (vi) $((-1)^n n, \infty)$ (vii) $E_{2n-1} = (-n, 1]$, $E_{2n} = [0, n)$

演習 1.7 $\{E_n\}$ が互いに素ならば $\lim_{n\to\infty} E_n = \emptyset$ であることを示せ．

演習 1.8 集合の濃度（元の個数）を $\#$ を用いて表す．

(i) $\liminf_{n\to\infty} E_n = \{x : \#\{n : x \notin E_n\} < \infty\}$ であることを示せ．

(ii) $\limsup_{n\to\infty} E_n$ はどのように表されるか？

演習 1.9 $1_{\limsup E_n}(x) = \limsup 1_{E_n}(x)$ および $1_{\liminf E_n}(x) = \liminf 1_{E_n}(x)$ であることを示せ．

演習 1.10 $x \in \mathbb{R}^d$ の関数 $\varphi(x)$ を $x = 0$ のとき $\varphi(x) = 1$, $x \neq 0$ のとき $\varphi(x) = 0$ で定義する．有理点全体 $\mathbb{Q}^d$ の数え上げを $\{q_1, q_2, \dots\}$ とすると，$f(x) = \sum_{j=1}^{\infty} j^{-1} \varphi(x - q_j)$ は有理点で不連続，無理点で連続であることを示せ．

2 σ-加法族

演習 2.1 有限加法族 $\mathscr{A}$ が性質：「$A_n \in \mathscr{A}$ で $\{A_n\}$ は互いに素 $\implies \bigcup_{n=1}^{\infty} A_n \in \mathscr{A}$」をみたせば，$\mathscr{A}$ は σ-加法族であることを示せ．

演習 2.2 集合列 $\{E_n\}$ に対して，$F_n = ((E_n \setminus E_1) \setminus \cdots \setminus E_{n-1})$ とおくと，$\{F_n\}$ は互いに素で，任意の N に対して，$\bigcup_{n=1}^{N} E_n = \bigcup_{n=1}^{N} F_n$ であり，$\bigcup_{n=1}^{\infty} E_n = \bigcup_{n=1}^{\infty} F_n$ となることを示せ．

演習 2.3 X を 4 つの相異なる元からなる集合 $\{a, b, c, d\}$ とする．$\mathscr{E}_1 = \{\{a\}\}$，$\mathscr{E}_2 = \{\{a\}, \{b\}\}$，$\mathscr{E}_3 = \{\{a\}, \{b\}, \{c\}\}$，$\mathscr{E}_4 = \{\{a, b, c\}, \{c, d\}\}$ とするとき，$\sigma[\mathscr{E}_j]$ $(1 \leq j \leq 4)$ を求めよ．

演習 2.4 X の部分集合からなる族 $\mathscr{E}$ から生成される σ-加法族 $\sigma[\mathscr{E}]$ を求めよ．
  (i) $\mathscr{E} = \{X\}$ (ii) $\mathscr{E} = \{E \in 2^X : x_0 \in E\}$，ただし，$x_0 \in X$（固定）

演習 2.5 全体集合 X は任意とする．$\mathscr{B} = \{E \subset X : E$ または E^c は可算 $\}$ は σ-加法族になることを示せ．

演習 2.6 $\mathbb{R}^n$ の Borel 集合族 $\mathscr{B}(\mathbb{R}^n)$ はコンパクト集合から生成されることを示せ．

演習 2.7 $\mathscr{E}_1 = \{(\alpha, \infty) : \alpha \in \mathbb{R}\}$，$\mathscr{E}_2 = \{(-\infty, \beta] : \beta \in \mathbb{Q}\}$，$\mathscr{E}_3 = \{[\alpha, \beta] : \alpha, \beta \in \mathbb{R} \setminus \mathbb{Q}\}$ とする．このとき $\sigma[\mathscr{E}_1] = \sigma[\mathscr{E}_2] = \sigma[\mathscr{E}_3] = \mathscr{B}(\mathbb{R})$ であることを示せ．ただし，有理数と無理数の稠密性を用いてよい．

演習 2.8 $\mathscr{B}$ を X 上の σ-加法族とする．このとき以下の主張は正しいか？
  (i) $E \notin \mathscr{B}$ かつ $F \notin \mathscr{B}$ $\implies$ $E \cup F \notin \mathscr{B}$．
  (ii) $E \notin \mathscr{B}$ かつ $F \in \mathscr{B}$ $\implies$ $E \cup F \notin \mathscr{B}$．
正しければ証明し，間違っていれば反例をあげよ．

演習 2.9 σ-加法族 $\mathscr{B}$ の 1 つの集合 $A \in \mathscr{B}$ を固定して，$\mathscr{B}_1 = \{F \cup A : F \in \mathscr{B}\}$，$\mathscr{B}_2 = \{F \setminus A : F \in \mathscr{B}\}$ とすると，$\mathscr{B}_A = \mathscr{B}_1 \cup \mathscr{B}_2$ は σ-加法族であることを示せ．

演習 2.10 X を全体集合とする σ-加法族 $\mathscr{A}$ と $\mathscr{B}$ について以下を示せ．
  (i) $\mathscr{A} \cap \mathscr{B}$ は σ-加法族．
  (ii) $\mathscr{A} \cup \mathscr{B}$ は σ-加法族とは限らない．

演習 2.11 $\mathscr{B}$ は σ-加法族で互いに素な空でない無限集合列 $E_1, E_2, \ldots$ を含むとする．このとき $\#(\mathscr{B}) \geq \aleph$ であることを示せ．

演習 2.12 $\#(\mathscr{B}) = \aleph_0$ となる σ-加法族 $\mathscr{B}$ は存在しないことを示せ．ヒント．互いに素で空でない集合列 $\{E_j\}_{j=1}^m$ で $\mathscr{B}$ に入るものを考える．このような m が有限になるときと，無限になるときを分けて考える．

演習 2.13 X と Y を位相空間，f を X から Y への連続写像とする．このとき，Y における Borel 集合 E の逆像 $f^{-1}(E)$ は X の Borel 集合であることを示せ．

演習 2.14 E を $\mathbb{R}^d$ の Borel 集合とする．E の平行移動および回転は Borel 集合であることを示せ．

演習 2.15 X と Y を位相空間, $\mathscr{O}_X$ および $\mathscr{O}_Y$ を X と Y の開集合全体, $\mathscr{B}(X) = \sigma[\mathscr{O}_X]$ および $\mathscr{B}(Y) = \sigma[\mathscr{O}_Y]$ を X と Y の位相的 Borel 集合族とする. 以下を示せ.

(i) $T : X \to Y$ が連続写像ならば $\mathscr{B}(X)$ の T による押し出し $T(\mathscr{B}(X)) = \{F \subset Y : T^{-1}(F) \in \mathscr{B}(X)\}$ は $\mathscr{B}(Y)$ を含む.

(ii) $T : X \to Y$ が同相写像（全単射，連続，逆も連続）ならば，$\mathscr{B}(X)$ の T による押し出し $T(\mathscr{B}(X))$ は $\mathscr{B}(Y)$ に一致し, $\mathscr{B}(Y)$ の T による引き戻し $T^{-1}(\mathscr{B}(Y)) = \{T^{-1}(F) : F \in \mathscr{B}(Y)\}$ は $\mathscr{B}(X)$ に一致する.

演習 2.16 $\mathscr{T}$ を X 上の単調族, $F \subset X$ を任意の集合とするとき以下に定義する集合族も単調族であることを示せ.

(i) $\mathscr{T}_{\cup F} = \{E \subset X : E \cup F \in \mathscr{T}\}$ (ii) $\mathscr{T}_{\cap F} = \{E \subset X : E \cap F \in \mathscr{T}\}$
(iii) $\mathscr{T}_{\setminus F} = \{E \subset X : E \setminus F \in \mathscr{T}\}$ (iv) $\mathscr{T}_c = \{E \subset X : E^c \in \mathscr{T}\}$

演習 2.17 X の部分集合からなる族 $\mathscr{C}$ が**半加法族**とは以下の 3 条件をみたすときをいう.

(a) $X, \emptyset \in \mathscr{C}$
(b) $E, F \in \mathscr{C} \implies E \cap F \in \mathscr{C}$
(c) $E \in \mathscr{C} \implies X \setminus E$ は $\mathscr{C}$ の集合の有限直和

以下を示せ.

(i) $\{\{-\infty\}, \overline{\mathbb{R}}\} \cup \{(a, b] : a, b \in \overline{\mathbb{R}}\}$ は $\overline{\mathbb{R}}$ 上の半加法族である.

(ii) $\mathscr{C}$ の集合の有限直和全体 $\mathscr{A}$ は有限加法族になる.

演習 2.18 X の部分集合からなる族 $\mathscr{D}$ が **Dynkin**（ディンキン）**族**とは以下の 3 条件をみたすときをいう.

(a) $X \in \mathscr{D}$.
(b) $E, F \in \mathscr{D}, E \subset F \implies F \setminus E \in \mathscr{D}$.
(c) $E_n \in \mathscr{D}, E_n \uparrow E \implies E \in \mathscr{D}$.

以下を示せ.

(i) Dynkin 族 $\mathscr{D}$ が共通部分で閉じていれば, $\mathscr{D}$ は σ-加法族である.

(ii) $\mathscr{E}$ を X の集合族とすると, $\mathscr{E}$ を含む最小の Dynkin 族が存在する. （これを $\mathscr{E}$ から生成された Dynkin 族といい, $\delta[\mathscr{E}]$ で表す.）

(iii) X の集合族 $\mathscr{E}$ が共通部分で閉じていれば, $\delta[\mathscr{E}]$ は $\mathscr{E}$ から生成される σ-加法族 $\sigma[\mathscr{E}]$ に一致する.

3 可測関数

演習 3.1 $\mathbb{R}$ の区間 $[a, \infty]$ は $\bigcap_{n=1}^{\infty} (a-1/n, \infty]$ と表されることを示せ．また，以下の区間を $\bigcap$ や $\bigcup$ を使って，開端点と閉端点が入れ替わるように表せ．ただし，$a \in \mathbb{R}$ とする．

(i) $(a, \infty]$ (ii) $[-\infty, a]$ (iii) $[-\infty, a)$

演習 3.2 X 上の自明な σ-加法族 $\{\emptyset, X\}$ および 2^X に関する可測性について以下を示せ．

(i) すべての関数は 2^X-可測 (ii) $\{\emptyset, X\}$-可測であるのは定数関数のみ

演習 3.3 $a_1, \ldots, a_m$ を相異なる正数とし，$E_1, \ldots, E_m$ を互いに素な集合とする．このとき，$E_1, \ldots, E_m$ がすべて可測集合である必要十分条件は $a_1 1_{E_1} + \cdots + a_m 1_{E_m}$ が可測関数であることを証明せよ．

演習 3.4 f が可測関数ならば $\{x \in X : |f(x)| = \infty\}$ は可測集合であることを示せ．

演習 3.5 f と g を可測関数とするとき，$f - g$ は可測関数であることを示せ．また，$\{x : f(x) > g(x)\}$ および $\{x : f(x) = g(x)\}$ は可測集合であることを示せ．

演習 3.6 「f は $\mathscr{B}$-可測 $\iff$ 任意の実数 α に対して $\{x \in X : f(x) = \alpha\} \in \mathscr{B}$」は正しいか？ ヒント．問 1.6.

演習 3.7 f を X 上の可測関数とする．$g(x) = 1/f(x)$ （$f(x) \neq 0$ のとき），$g(x) = 0$ （$f(x) = 0$ のとき）と定義された関数 g は可測関数か？

演習 3.8 以下の $\mathbb{R}$ 上の関数は Borel 可測であることを示せ．

(i) 連続関数 (ii) 単調関数 (iii) $1_{\mathbb{Q}}$ (iv) $f(x) = \begin{cases} \sin x & (x \in \mathbb{Q}) \\ \cos x & (x \notin \mathbb{Q}) \end{cases}$

演習 3.9 $\mathbb{R}^n$ 上の関数 $f : \mathbb{R}^n \to \overline{\mathbb{R}}$ が**上半連続関数**とは，任意の実数 α に対して $\{x : f(x) < \alpha\}$ が開集合となるときをいい，**下半連続関数**とは $\{x : f(x) > \alpha\}$ が開集合となるときをいう．また f の $a \in \mathbb{R}^n$ における**上極限**および**下極限**を

$$\limsup_{x \to a} f(x) = \inf_{r > 0} \left(\sup_{0 < |x-a| < r} f(x) \right), \quad \liminf_{x \to a} f(x) = \sup_{r > 0} \left(\inf_{0 < |x-a| < r} f(x) \right)$$

で定義する．以下を確かめよ．

 (i) 連続 $\iff$ 上半連続かつ下半連続．
 (ii) 上半連続関数および下半連続関数は Borel 可測関数．
 (iii) f は上半連続 $\iff$ 任意の $a \in \mathbb{R}^n$ に対して $f(a) \geq \limsup_{x \to a} f(x)$．
 (iv) f は下半連続 $\iff$ 任意の $a \in \mathbb{R}^n$ に対して $f(a) \leq \liminf_{x \to a} f(x)$．

演習 3.10 φ を $\mathbb{R}$ 上の Borel 可測関数，f を X 上の $\mathscr{B}$-可測関数とすると，合成関数 $\varphi \circ f$ は X 上の $\mathscr{B}$-可測関数であることを示せ．

演習 3.11 f_n を実数値可測関数とする．

$$f(x) = \begin{cases} \lim_{n \to \infty} f_n(x) & (\lim_{n \to \infty} f_n(x) \text{ が存在するとき}) \\ c & (\lim_{n \to \infty} f_n(x) \text{ が存在しないとき}) \end{cases}$$

とすれば f は可測関数であることを示せ．ただし，c は $\pm\infty$ を含め，どのような定数でもよい．ヒント．$E = \{x \in X : \limsup_{n \to \infty} f_n(x) = \liminf_{n \to \infty} f_n(x)\}$ はどのような集合か？

演習 3.12 f_n を実数値可測関数とする．このとき

$$F(x) = \begin{cases} \sum_{n=1}^{\infty} f_n(x) & (\text{無限級数が確定するとき}) \\ c & (\text{無限級数が確定しないとき}) \end{cases}$$

とすれば F は可測関数であることを示せ．ただし，c は $\pm\infty$ を含め，どのような定数でもよい．

演習 3.13 $f : X \to \mathbb{R}$ に対して $\sigma[f] = \{f^{-1}(F) : F \in \mathscr{B}(\mathbb{R})\}$ は f が可測となる最小の σ-加法族であることを以下のように示せ．

 (i) $\sigma[f]$ は σ-加法族．
 (ii) f は $\sigma[f]$-可測．
 (iii) X の σ-加法族 $\mathscr{B}$ に対して，f が $\mathscr{B}$-可測ならば，$\sigma[f] \subset \mathscr{B}$．

演習 3.14 $f : X \to \mathbb{R}$ に対して $\sigma[f] = \{f^{-1}(F) : F \in \mathscr{B}(\mathbb{R})\}$ とする．これは f が可測となる最小の σ-加法族である．

 (i) $\sigma[f] = \{\emptyset, X\}$ ならば，f は定数であることを示せ．

(ii) $X = \mathbb{R}$ とする. 各 f に対して $\sigma[f]$ を求めよ.
(a) $f(x) = x$ (b) $f(x) = x^2$ (c) $f(x) = \max\{x, 0\}$

演習 3.15 f および g が X 上の $\mathscr{B}$-可測関数のとき写像 $T: X \to \mathbb{R}^2$ を $T(x) = (f(x), g(x))$ と定めると, T は $\mathscr{B}$-**可測写像**, すなわち $E \in \mathscr{B}(\mathbb{R}^2)$ ならば $T^{-1}(E) \in \mathscr{B}$ であることを示せ.

演習 3.16 2変数関数 $\Phi(u, v)$ は $\mathbb{R}^2$ 上の Borel 可測関数とする. f および g が X 上の $\mathscr{B}$-可測関数ならば, 合成関数 $\Phi(f(x), g(x))$ は X 上の $\mathscr{B}$-可測関数であることを示せ. また, この結果を用いて f, g が可測関数ならば $f + g$, fg, $\max\{f, g\}$, $\min\{f, g\}$ も可測であることを示せ.

演習 3.17 $(X, \mathscr{B})$ を可測空間, $\Phi = (f_1, \ldots, f_n)$ は X から $\mathbb{R}^n$ への写像とする.「Φ が $\mathscr{B}$-可測写像 $\iff$ $1 \leq {}^\forall j \leq n$ に対して f_j は $\mathscr{B}$-可測関数」を示せ.

演習 3.18 連続写像 $T: \mathbb{R}^m \to \mathbb{R}^n$ は **Borel 可測写像**であること, すなわち「$E \in \mathscr{B}(\mathbb{R}^n) \implies T^{-1}(E) \in \mathscr{B}(\mathbb{R}^m)$」を示せ.

演習 3.19 X, Y を位相空間とする. $\Phi: X \to Y$ は連続, $f: Y \to \overline{\mathbb{R}}$ は $\mathscr{B}(Y)$-可測関数ならば, $f \circ \Phi: X \to \overline{\mathbb{R}}$ は $\mathscr{B}(X)$-可測関数であることを示せ.

4 測度

演習 4.1 E と F が可測集合のとき $\mu(E \cup F) + \mu(E \cap F) = \mu(E) + \mu(F)$ となることを示せ. これを $\mu(E \cup F) = \mu(E) + \mu(F) - \mu(E \cap F)$ と書いてはいけないことを示す例を作れ.

演習 4.2 σ-加法族 $\mathscr{B}$ 上の測度 μ および $E_n \in \mathscr{B}$ について以下を示せ.
(i) $\mu(\liminf_{n \to \infty} E_n) \leq \liminf_{n \to \infty} \mu(E_n)$.
(ii) $\mu(\bigcup_{n=1}^\infty E_n) < \infty \implies \mu(\limsup_{n \to \infty} E_n) \geq \limsup_{n \to \infty} \mu(E_n)$.
(iii) $\sum_{n=1}^\infty \mu(E_n) < \infty \implies \mu(\limsup_{n \to \infty} E_n) = 0$.
(iv) $\sum_{n=1}^\infty \mu(E_n) < \infty \implies \mu(\liminf_{n \to \infty} E_n^c) = \mu(X)$.

演習 4.3 μ_j は $\mathscr{B}$ 上の測度, $a_j \geq 0$ とすると $\mu = \sum_j a_j \mu_j$ は $\mathscr{B}$ 上の測度であることを示せ.

演習 4.4 $X = \mathbb{N}$, $p_n \geq 0$ とする. $E \subset X$ に対して $\mu(E) = \sum_{n \in E} p_n$ と定義すると μ は 2^X 上の測度であることを示せ.

演習 4.5 $\mathbb{R}$ 上の関数 $\varphi(x)$ が右連続とは任意の x_0 に対して $\lim_{x \downarrow x_0} \varphi(x) = \varphi(x_0)$ のときをいい，左連続とは $\lim_{x \uparrow x_0} \varphi(x) = \varphi(x_0)$ のときをいう．$\mathbb{R}$ 上の有限測度 μ によって定まる以下の関数は $x \geq 0$ で右連続，左連続，連続，不連続のどれになるか？

  (i) $\mu([0, x])$ (ii) $\mu([0, x))$ (iii) $\mu([-x, x])$ (iv) $\mu((-x, x])$

演習 4.6 $\mathbb{R}$ 上の単調増加関数 g に対する Lebesgue-Stieltjes 測度 m_g を決定せよ．

  (i) $g(x) = [x]$，ガウス記号 (ii) $g(x) = \begin{cases} x & x \geq 0 \\ 0 & x < 0 \end{cases}$

演習 4.7 m を $\mathbb{R}$ 上の Lebesgue 測度とする．$m(A) < \infty$ ならば，$f(x) = m(A \cap (-\infty, x])$ は単調増加で，$|f(x) - f(y)| \leq |x - y|$ をみたすことを示せ．

演習 4.8 有理数全体 $\mathbb{Q}$ の並べ上げを $\{q_j\}_{j=1}^{\infty}$ とする．また，δ_a で a における Dirac 測度（点測度）を表す．以下を示せ．

  (i) $\mu = \sum_{j=1}^{\infty} \frac{1}{2^j} \delta_{q_j}$ は $\mathbb{R}$ 上の測度で $\mu(\mathbb{R}) < \infty$．

  (ii) $f(x) = \mu((-\infty, x])$ は右連続な狭義単調増加関数である．

  (iii) a が有理数ならば f は a で不連続，a が無理数ならば f は a で連続．

演習 4.9 μ は $\mathscr{B}$ 上の σ-有限な測度とする．すなわち $X_n \in \mathscr{B}$ があって，$X_n \uparrow X$，$\mu(X_n) < \infty$ とする．$\mathscr{B}$ の元からなる集合族 $\mathscr{E}$ が互いに素ならば，$\mathscr{E}^+ = \{E \in \mathscr{E} : \mu(E) > 0\}$ の濃度は高々可算であることを示せ．

演習 4.10 f を X 上の正関数（$+\infty$ も含む）とする．$E \subset X$ に対して

$$\mu(E) = \begin{cases} \sum_{x \in E} f(x) & (E \text{ は高々可算集合}) \\ +\infty & (E \text{ は非可算集合}) \end{cases}$$

と定義すると，μ は測度になることを示せ．

演習 4.11 $(X, \mathscr{B}, \mu)$ を測度空間とする．$\mathscr{B}$-可測関数 $f : X \to \overline{\mathbb{R}}$ に対して

$$\mu_f(E) := \mu(f^{-1}(E)) \qquad (E \in \mathscr{B}(\overline{\mathbb{R}}))$$

とおく．このとき μ_f は可測空間 $(\overline{\mathbb{R}}, \mathscr{B}(\overline{\mathbb{R}}))$ 上の測度であることを示せ．

演習 4.12 $(X, \mathscr{B}, \mu)$ を測度空間で $\mu(X) = 1$ とする．$E_n \in \mathscr{B}$ が $\mu(E_n) \geq 1 - \frac{1}{2^{n+1}}$ をみたしていれば $\mu\left(\bigcap_{n=1}^{\infty} E_n\right) \geq \frac{1}{2}$ であることを示せ．

演習 4.13 $(X, \mathscr{B}, \mu)$ を測度空間とする. $\{E_n\} \subset \mathscr{B}$ が「ほとんど互いに素」とは $n \neq m$ ならば $\mu(E_n \cap E_m) = 0$ のときをいう. 以下を示せ.

(i) $\{E_n\} \subset \mathscr{B}$ がほとんど互いに素ならば $\mu\left(\bigcup\limits_{n=1}^{\infty} E_n\right) = \sum\limits_{n=1}^{\infty} \mu(E_n)$.

(ii) $\mu\left(\bigcup\limits_{n=1}^{\infty} E_n\right) = \sum\limits_{n=1}^{\infty} \mu(E_n) < \infty$ ならば $\{E_n\} \subset \mathscr{B}$ はほとんど互いに素.

演習 4.14 $(X, \mathscr{B}, \mu)$ を測度空間とする. $\mathscr{A}$ を $\mathscr{B}$ の部分族で $E_j \in \mathscr{A} \implies \bigcup_j E_j \in \mathscr{A}$ をみたすものとする. 以下を示せ.

(i) $\sup\{\mu(E) : E \in \mathscr{A}\} = \mu(F)$ となる $F \in \mathscr{A}$ が存在する.

(ii) (i) の F が $\mu(F) < \infty$ をみたせば, 任意の $E \in \mathscr{A}$ に対して $\mu(E \setminus F) = 0$.

(iii) $\mu(F) = \infty$ ならば, $\mu(E \setminus F) > 0$ となる $E \in \mathscr{A}$ が存在することがある.

演習 4.15 $(X, \mathscr{B}, \mu)$ を測度空間, $\mathscr{A}$ を $\mathscr{B}$ を含む X 上の σ-加法族とする. このとき, 以下の 2 条件は同値であることを示せ.

(i) $A \in \mathscr{B}$, $E \subset A$, $\mu(A) = 0 \implies E \in \mathscr{A}$.

(ii) $A_1, A_2 \in \mathscr{B}$, $A_1 \subset E \subset A_2$, $\mu(A_2 \setminus A_1) = 0 \implies E \in \mathscr{A}$.

演習 4.16 $(X, \mathscr{B}, \mu)$ を測度空間とする. このとき

$$\mathscr{B}^* = \{E \subset X : {}^{\exists}A, {}^{\exists}B \in \mathscr{B} \text{ s.t. } A \subset E \subset B, \ \mu(B \setminus A) = 0\}$$

は σ-加法族であることを示せ.

5 ほとんどいたるところ

演習 5.1 $\mu(A) > 0$ とする. A 上の可積分関数 f, g が $f < g$ を A 上 μ-a.e. にみたせば, $\int_A f d\mu < \int_A g d\mu$ であることを示せ.(狭義の不等号!)

演習 5.2 $\mathbb{R}$ 上の連続関数 f と g が Lebesgue 測度に関してほとんどいたるところ一致していれば, f と g はすべての点で一致していることを示せ.

演習 5.3 関数 f および関数列 f_n について以下を示せ.

(i) $f_n(x)$ が $f(x)$ に収束しない x 全体は $\bigcup\limits_{\varepsilon > 0} \limsup\limits_{n \to \infty} \{x : |f_n(x) - f(x)| \geq \varepsilon\}$.

(ii) f_n が f に各点収束 $\iff {}^{\forall}\varepsilon > 0, \ \limsup\limits_{n \to \infty} \{x : |f_n(x) - f(x)| \geq \varepsilon\} = \emptyset$.

(iii) f_n が f に一様収束 $\iff {}^{\forall}\varepsilon > 0, \ {}^{\exists}N(\varepsilon) \geq 1$ s.t.

$$\bigcup_{n \geq N(\varepsilon)} \{x : |f_n(x) - f(x)| \geq \varepsilon\} = \emptyset.$$

(iv) $\{f_n(x)\}$ が Cauchy 列でない x 全体は

$$\bigcup_{\varepsilon > 0} \limsup_{n \to \infty} \Big(\bigcup_{m=1}^{\infty} \{x : |f_n(x) - f_{n+m}(x)| \geq \varepsilon\} \Big).$$

演習 5.4 f_n と f を μ-可測関数とする. f_n が f に A の上で **測度収束** するとは任意の $\varepsilon > 0$ に対して,

$$\lim_{n \to \infty} \mu(\{x \in A : |f_n(x) - f(x)| \geq \varepsilon\}) = 0$$

となるときをいう. $\mu(A) = \infty$ のときも含めて以下が成り立つことを示せ.

A 上 $f_n \to f$（測度収束）$\Longrightarrow$ 部分列 f_{n_k} が存在して A 上 μ-a.e. に $f_{n_k} \to f$.

ここで部分列をとることが必要であることを例によって示せ.

演習 5.5 $[0,1)$ 上の関数列 f_n を次のように定める. 自然数 n に対して $2^j \leq n < 2^{j+1}$ となる整数 $j \geq 0$ がただ 1 つ定まる. この j を用いて $f_n = 1_{[\frac{n-2^j}{2^j}, \frac{n-2^j+1}{2^j})}$ とする. f_1, f_2, f_3, f_4, f_5 のグラフを描き, f_n の収束性について考察せよ.

演習 5.6 f_n と f を μ-可測関数とする. $\mu(A) < \infty$ のとき

A 上で μ-a.e. に $f_n \to f \Longrightarrow A$ 上で $f_n \to f$（測度収束）

を示せ. また, $\mu(A) = \infty$ のときはどうなるか考察せよ.

演習 5.7 Egoroff（エゴロフ）の定理. μ-測度有限の可測集合 A の上で μ-a.e. に可測関数 f_n が g に各点収束しているとする. このとき, 任意の $\varepsilon > 0$ に対して $B \subset A$ を $\mu(A \setminus B) < \varepsilon$ かつ, B 上で f_n は g に一様収束するようにとれることを示せ.

演習 5.8 可測性が不明のときは「ほとんどいたるところ」は注意して使う必要がある.

(i) μ は完備測度とする. f が μ-可測で, g が f にほとんどいたるところ一致していれば g も μ-可測であることを示せ.

(ii) μ が完備でなければ, f が μ-可測で, g が f にほとんどいたるところ一致していても g は μ-可測と限らないことを例によって示せ.

6 可積分関数

演習 6.1 次の関数は Lebesgue 可積分かどうか調べよ．ただし g は可積分関数，h は有界可測関数，ξ は実数とする．

(i) $\mathbb{R}$ 上で $\dfrac{g(x)}{x^2+1}$ (ii) $\mathbb{R}$ 上で $\dfrac{h(x)}{x^2+1}$ (iii) $(0,1]$ 上で $\dfrac{h(x)}{\sqrt{x}}$

(iv) $[1,\infty)$ 上で $\dfrac{h(x)}{x^2}$ (v) $(0,\infty)$ 上で $\dfrac{e^{ix\xi}}{\sqrt{x}}$ (vi) $(0,\infty)$ 上で $\dfrac{e^{ix\xi}}{x^2}$

(vii) $(0,\infty)$ 上で $\dfrac{e^{ix\xi}}{\sqrt{x+x^3}}$ (viii) $(0,\infty)$ 上で $\dfrac{e^{ix\xi}}{\sqrt{x}+x^2}$

演習 6.2 $m \in \mathbb{N}$ を固定し，$E_n = \{x \in X : 2^n \leq |f(x)| < 2^{n+m}\}$ とおくと，$\int_X |f|d\mu < \infty \iff \sum_{n=-\infty}^{\infty} 2^n \mu(E_n) < \infty$ であることを示せ．

演習 6.3 $n \in \mathbb{N}$ に対して $E_n = \{x \in X : n \leq |f(x)| < n+1\}$ とおく．

(i) $\mu(X) < \infty$ のとき $\int_X |f(x)|d\mu < \infty \iff \sum_{n=1}^{\infty} n\mu(E_n) < \infty$ を示せ．

(ii) $\mu(X) = \infty$ のときはどうなるか？

演習 6.4 X 上の非負可測関数 f に対して $F_n = \{x \in X : f(x) \geq n\}$ とおく．

(i) $\int_X fd\mu < \infty \implies \sum_{n=1}^{\infty} \mu(F_n) < \infty$ を示せ．

(ii) $\mu(X) < \infty$ のとき $\sum_{n=1}^{\infty} \mu(F_n) < \infty \implies \int_X fd\mu < \infty$ を示せ．

(iii) $\mu(X) = \infty$ のときはどうなるか？

演習 6.5 $\mu(X) = \infty$，f を X 上の非負可積分関数とする．任意の $\varepsilon > 0$ に対して $\mu(E) < \infty$ となる可測集合 $E \subset X$ で $\int_X fd\mu \leq \int_E fd\mu + \varepsilon$ となるものがとれることを示せ．

演習 6.6 f を非負可積分関数とすると，高々可算個の t を除けば $t > 0$ に対して $\mu(\{x : f(x) = t\}) = 0$ となることを示せ．

演習 6.7 有限測度空間 $(X, \mathscr{B}, \mu)$ 上の可積分関数 f に対して**積分平均**を

$$\fint_X fd\mu = \frac{1}{\mu(X)} \int_X fd\mu$$

と表す．以下の問に答えよ．

(i) φ は実数区間 I 上の 2 回微分可能関数で $\varphi'' \geq 0$ とする．I に値をとる X 上の可積分関数 f に対して **Jensen（イエンゼン）の不等式**

$$\varphi(\fint_X fd\mu) \leq \fint_X \varphi(f)d\mu$$

を示せ.

(ii) $x_1, \ldots, x_n > 0$ のとき $\dfrac{x_1 + \cdots + x_n}{n} \geq \sqrt[n]{x_1 \cdots x_n}$ （相加平均 $\geq$ 相乗平均）を Jensen の不等式から導け.

演習 6.8 実数区間 I 上の実数値関数 φ が**凸関数**とは, I 内の任意の $x_0 < x_1$ および $0 < t < 1$ に対して

$$\varphi((1-t)x_0 + tx_1) \leq (1-t)\varphi(x_0) + t\varphi(x_1) \tag{*}$$

をみたすときをいう. 以下を示せ.
  (i) $\varphi(x) = |x|$ は $\mathbb{R}$ 上の凸関数.
  (ii) φ が 2 回微分可能ならば φ が凸関数である必要十分条件は $\varphi'' \geq 0$.
  (iii) φ が 2 回微分可能でなくても凸関数であれば Jensen の不等式が成立.

7 Lebesgue の収束定理

演習 7.1 Fatou の補題の一般形を示せ. すなわち, f_j は $\overline{\mathbb{R}}$ 値可測関数, g は非負可積分関数で $|f_j| \leq g$ ならば,

$$\int \liminf_{j \to \infty} f_j \, d\mu \leq \liminf_{j \to \infty} \int f_j \, d\mu \leq \limsup_{j \to \infty} \int f_j \, d\mu \leq \int \limsup_{j \to \infty} f_j \, d\mu.$$

演習 7.2 Fatou の補題で真の不等号となる例, すなわち,

$$\int \liminf_{j \to \infty} f_j \, d\mu < \liminf_{j \to \infty} \int f_j \, d\mu$$

となる $f_j \geq 0$ を作れ.

演習 7.3 単調収束定理で $f_j \uparrow f$ であっても, f_j が非負でないときには反例があることを示せ.

演習 7.4 2 重数列 $a_{j,n} \geq 0$ に対して

$$\sum_{j=1}^{\infty} (\liminf_{n \to \infty} a_{j,n}) \leq \liminf_{n \to \infty} \sum_{j=1}^{\infty} a_{j,n}$$

であることを, 測度空間を適切にとることによって, Fatou の補題から導け.

演習 7.5 実数直線の有界閉区間 $I=[0,1]$ 上の実数値 Lebesgue 可測関数列 $\{f_n\}$ について次の3条件を考える.

(a) $\{f_n\}$ は I 上一様に 0 に収束する.

(b) $\{f_n\}$ は I 上ほとんどいたるところ 0 に収束する.

(c) $\displaystyle\lim_{n\to\infty}\int_I |f_n(x)|dx = 0$.

このとき, 次の6つの主張は2つを除き, 残りは誤りである.

(i) (a) $\Rightarrow$ (b) (ii) (b) $\Rightarrow$ (c) (iii) (c) $\Rightarrow$ (a)
(iv) (a) $\Leftarrow$ (b) (v) (b) $\Leftarrow$ (c) (vi) (c) $\Leftarrow$ (a)

誤っている各主張に反例を上げ, それが反例となることの簡単な説明をつけよ.

演習 7.6 f を $\mathbb{R}$ 上の Lebesgue 可積分関数とする. このとき $F(x)=\displaystyle\int_{-\infty}^{x} f(y)dy$ は $\mathbb{R}$ 上の有界連続関数であることを示せ. また $\displaystyle\lim_{x\to\infty} F(x)$ および $\displaystyle\lim_{x\to-\infty} F(x)$ を求めよ.

演習 7.7 $\displaystyle\int_0^1 |f(x)|dx < \infty$ のとき, $\displaystyle\lim_{n\to\infty}\int_0^1 x^n f(x)dx = 0$ となることを示せ.

演習 7.8 $p>0$ のとき $\displaystyle\int_0^1 \frac{x^p}{1-x}\log\frac{1}{x}dx = \sum_{n=1}^{\infty}\frac{1}{(p+n)^2}$ を示せ.

演習 7.9 f を $\mathbb{R}$ 上の Lebesgue 可積分関数とする. $\displaystyle\int_{\mathbb{R}}\sum_{n=1}^{\infty} 2^n f(3^n x)dx$ を求めよ.

演習 7.10 $\displaystyle\sum_{n=1}^{\infty}\int_X |f_n|d\mu < \infty$ ならば $\displaystyle\sum_{n=1}^{\infty}|f_n(x)| < \infty$ (μ-a.e. $x\in X$) となることを示せ.

演習 7.11 区間 $[-1,1]$ 内の点列 $\{x_n\}$ を任意にとる. このとき $0<\alpha<1$ ならば, $\displaystyle\sum_{n=1}^{\infty}\frac{1}{2^n|x-x_n|^\alpha}$ は $|x|>1$ ではすべての x に対して収束し, $|x|\leq 1$ ではほとんどすべての x に対して収束することを示せ.

演習 7.12 次の関数列の積分において積分と関数列の極限の交換ができる. その理由を述べよ.

(i) f_n は $[-1,1]$ で各点収束する関数列で, $|f_n(x)|\leq\dfrac{1}{\sqrt{|x|}}$ のとき

$$\lim_{n\to\infty}\int_{-1}^1 f_n(x)dx.$$

(ii) f_n は $[0,1]$ で各点収束する非負関数列のとき $\displaystyle\lim_{n\to\infty}\int_0^1 \frac{1}{\sqrt{x+f_n(x)}}dx$.

(iii) f_n は $\mathbb{R}$ で各点収束する関数列で, $|f_n(x)| \le \dfrac{1}{1+x^2}$ のとき $\displaystyle\lim_{n\to\infty}\int_\mathbb{R} f_n(x)dx$.

(iv) f_n は $\mathbb{R}$ で各点収束する実数値関数列のとき $\displaystyle\lim_{n\to\infty}\int_\mathbb{R} \frac{e^{if_n(x)}}{1+x^2}dx$.

演習 7.13 $p > 0$ とする. X で $f_n \to f$ μ-a.e. かつ

$$\lim_{n\to\infty}\int_X |f_n|^p d\mu = \int_X |f|^p d\mu < \infty \tag{*}$$

とすると $\displaystyle\int_X |f - f_n|^p d\mu \to 0$ となることを示せ. さらに, (*) が成り立たないときはどうなるか考察せよ. ヒント. $|\alpha + \beta|^p \le 2^p(|\alpha|^p + |\beta|^p)$.

演習 7.14 以下の問に答えよ.

(i) $x > 0$ のとき $\displaystyle\lim_{n\to\infty} ne^{-nx} = 0$ を示せ.

(ii) $\displaystyle\int_0^\infty ne^{-nx}dx = 1$ を示せ.

(iii) 上の結果は Lebesgue の収束定理と矛盾しないことを説明せよ.

(iv) $f(x)$ が $x=0$ で連続, $x \ge 0$ で有界または可積分のとき
$\displaystyle\lim_{n\to\infty}\int_0^\infty ne^{-nx}f(x)dx$ を求めよ.

演習 7.15 $f(x)$ が $x=0$ で連続, $x \ge 0$ で有界または可積分のとき
$\displaystyle\lim_{n\to\infty}\int_0^\infty nxe^{-nx^2}f(x)dx$ を求めよ.

演習 7.16 $f(x)$ が $x=0$ で連続, $-\infty < x < \infty$ で有界または可積分のとき
$\displaystyle\lim_{a\downarrow 0}\int_{-\infty}^\infty \frac{af(x)}{x^2+a^2}dx$ を求めよ.

演習 7.17 $f \ge 0$ は $\mathbb{R}$ で可積分で $\displaystyle\int_\mathbb{R} f(x)dx = 1$ とする. 以下を示せ.

(i) $\displaystyle\lim_{N\to\infty}\int_{|x|\ge N} f(x)dx = 0$.

(ii) $f_j(x) = jf(jx)$ とおく. $\forall \delta > 0$ に対して $\displaystyle\lim_{j\to\infty}\int_{|x|\ge \delta} f_j(x)dx = 0$.

(iii) g が有界連続関数ならば, 任意の $x \in \mathbb{R}$ で $\displaystyle\lim_{j\to\infty}\int_\mathbb{R} g(x-y)f_j(y)dy \to g(x)$.

演習 7.18 $\mathbb{R}$ 上の Lebesgue 可積分関数 f に対して
$$\lim_{|y|\to\infty}\int_{\mathbb{R}}|f(x+y)-f(x)|dx = 2\int_{\mathbb{R}}|f(x)|dx \text{ を示せ.}$$

演習 7.19 f を X 上の μ-可測関数で $0 < \int_X f(x)^2 d\mu(x) < \infty$ とする. $\alpha > 0$ のとき
$$\lim_{n\to\infty}\int_X n^\alpha\left(1-\cos\left(\frac{f(x)}{n}\right)\right)d\mu(x)$$
を以下の手順に従って求めよ.
 (i) $\lim_{n\to\infty} n^\alpha(1-\cos(f/n))$ を求めよ.
 (ii) $\alpha > 2$ のときは Fatou の補題を用いよ.
 (iii) $0 < \alpha \le 2$ のときは Lebesgue の収束定理を用いよ.

演習 7.20 $\int_{-\infty}^{\infty}|f(x)|dx < \infty$ のとき $F(t) = \int_{-\infty}^{\infty}\sin(xt)f(x)dx$ は $-\infty < t < \infty$ で有界連続であることを示せ. さらに, $\int_{-\infty}^{\infty}|xf(x)|dx < \infty$ ならば微分可能であることを示せ.

演習 7.21 (i) $n \ge 0$ に対して $\int_0^\infty x^{2n}e^{-x^2}dx$ をガンマ関数を用いて表せ.
 (ii) $\alpha \in \mathbb{R}$ のとき $\int_0^\infty e^{-x^2}\cos(\alpha x)dx$ を求めよ. ($\cos(\alpha x)$ の Taylor 展開)

演習 7.22 $F(x) = \int_{-\infty}^{\infty} e^{-y^2}\cos(2xy)dy$ とおく. このとき
 (i) $F'(x) + 2xF(x) = 0$ を示せ.
 (ii) $F(x)$ を求めよ.

演習 7.23 実数 α に対して $J(\alpha) = \int_0^\infty e^{-x^2}\cos(\alpha x)dx$ とおく.
 (i) $J(\alpha)$ は α について微分可能であることを示し, その導関数を求めよ.
 (ii) $J(\alpha)$ を求めよ.

演習 7.24 $F(x) = \int_0^\infty e^{-t^2-x^2/t^2}dt$ とおく. このとき
 (i) F のみたす微分方程式を作れ.
 (ii) F を求めよ.

演習 7.25 $\int_{-\infty}^{\infty}|f(x)|dx < \infty$ のとき, $F(\xi) = \int_{-\infty}^{\infty} e^{-2\pi i x\xi}f(x)dx$ とおく.

(i) $F(\xi)$ は有界連続関数であることを示せ.

(ii) $\int_{-\infty}^{\infty}|xf(x)|dx < \infty$ ならば, $F(\xi)$ は微分可能であることを示せ.

演習 7.26 $[0,1]$ に含まれる Lebesgue 可測集合 E で $m(E) \geq 1/2$ となるもの全体の族を $\mathscr{E}$ とおく. Lebesgue 可測関数 f が $[0,1]$ 上で $f(x) > 0$ a.e. をみたしていれば,

$$\inf_{E \in \mathscr{E}} \int_E f(x)dx > 0$$

であることを示せ. ヒント. $f(x) \geq c > 0$ なら明らかである.

演習 7.27 $\mu(X) < \infty$ とする. X 上の正値可測関数 f および $p > 0$ に対して $q = q(f,p) > 0$ が存在して

$$\mu(E) \geq p \implies \int_E fd\mu \geq q$$

となることを示せ. また, $\mu(X) = \infty$ のときはこのような q が存在しない例があることを示せ.

演習 7.28 $\mu(X) < \infty$ のとき

$$f_n \to f \;\text{(測度収束)} \iff \int_X \frac{|f_n - f|}{1+|f_n - f|}d\mu \to 0$$

であることを示せ. また, $\mu(X) = \infty$ のときはどうなるか考察せよ.

演習 7.29 $p > 0$ に対し $\int_X |f_n - f|^p d\mu \to 0$ ならば f_n は f に測度収束することを示せ.

演習 7.30 Lebesgue の優収束定理で $f_n \to f$ a.e. を $f_n \to f$ (測度収束) に置き換えてよいか？ すなわち,

(i) $f_n \to f$ (μ 測度収束),

(ii) $|f_n| \leq {}^\exists g$ μ-a.e. (ただし, $\int_X gd\mu < \infty$)

ならば, $\int_X |f_n - f|d\mu \to 0$ は成り立つか？ ヒント. 測度収束列から部分列を選んでほとんどいたるところ収束するようにできる (演習 5.4).

演習 7.31 $(X, \mathscr{B}, \mu)$ は σ-有限とは限らない一般の測度空間とする. $\lambda(\alpha) = \mu(\{x \in X : |f(x)| > \alpha\})$ を f の分布関数とすると $p > 0$ に対して,

$$\int_X |f|^p d\mu = \int_0^\infty \lambda(\alpha)d\alpha^p$$

となることを示せ．ヒント．単関数近似，例題2.6と比較．

8　外測度

演習 8.1　Γ を X 上の外測度とし，$E, F \subset X$ とする．もし $\Gamma(F) = 0$ ならば，$\Gamma(E \cup F) = \Gamma(E)$ であることを示せ．

演習 8.2　Γ_j を X 上の外測度，$a_j \geq 0$ とする．このとき以下は外測度であることを示せ．
  (i) $\Gamma(A) = \sup_j \Gamma_j(A)$　　(ii) $\Gamma(A) = \sum_j a_j \Gamma_j(A)$

演習 8.3　$\{\Gamma_\lambda\}_{\lambda \in \Lambda}$ を X 上の外測度の族とする．以下の集合関数は外測度になるか？
  (i) $\overline{\Gamma}(A) = \sup_{\lambda \in \Lambda} \Gamma_\lambda(A)$　　(ii) $\underline{\Gamma}(A) = \inf_{\lambda \in \Lambda} \Gamma_\lambda(A)$

演習 8.4　$X = \{p, q\}$ $(p \neq q)$ を 2 点集合，$0 \leq a, b, c \leq +\infty$ とする．
  (i) $\Gamma(\emptyset) = 0$，$\Gamma(\{p\}) = a$，$\Gamma(\{q\}) = b$，$\Gamma(X) = c$ と集合関数 Γ を定めるとき，Γ が外測度になる a, b, c の条件を求めよ．
  (ii) $\{p\}$ が Γ-可測になる a, b, c の条件を求めよ．

演習 8.5　$a \in X$ を固定して，$\delta_a(A)$ を $a \in A$ のとき 1，そうでないとき 0 と定義する．このとき δ_a は外測度になることを示せ．また，δ_a-可測集合を求めよ．

演習 8.6　集合 A の要素の数を $\#(A)$ で表す．A が有限集合のとき $\Gamma(A) = \#(A)$，A が無限集合のとき $\Gamma(A) = \infty$ とすると Γ は外測度であることを示せ．さらに Γ-可測集合を求めよ．

演習 8.7　X は任意の集合とする．空集合でない $E_0 \subset X$ を固定し，$\Gamma(A)$ を $A \cap E_0 = \emptyset$ ならば $\Gamma(A) = 0$，$A \cap E_0 \neq \emptyset$ ならば $\Gamma(A) = 1$ と定義する．以下の問に答えよ．
  (i) Γ は外測度であることを示せ．
  (ii) Γ-可測集合を求めよ．
  (iii) X のすべての部分集合が Γ-可測集合となる E_0 の条件を求めよ．

演習 8.8　Γ を外測度とする．可測と限らない任意の集合 A に対して，Γ の A の上への制限 $\Gamma|_A$ を $\Gamma|_A(E) = \Gamma(E \cap A)$ で定義すると，$\Gamma|_A$ も外測度になることを示せ．

演習 8.9 Γ を外測度とする．A または B が Γ-可測ならば $\Gamma(A\cup B)+\Gamma(A\cap B)=\Gamma(A)+\Gamma(B)$ となることを示せ．これを外測度の**強劣加法性**という．

演習 8.10 X 上の外測度 Γ について，次の真偽を判定せよ．
 (i) $\Gamma(A^c)=\Gamma(\emptyset)$ ならば A は Γ-可測．
 (ii) $\Gamma(A)=\Gamma(X)$ ならば A は Γ-可測．

演習 8.11 $(X,\mathscr{B},\mu)$ を測度空間とする．2つの集合関数
$$\mu^*(A)=\inf\{\mu(E):A\subset E,\ E\in\mathscr{B}\},$$
$$\mu^{**}(A)=\inf\Big\{\sum_{j=1}^\infty \mu(E_j):A\subset \bigcup_{j=1}^\infty E_j,\ E_j\in\mathscr{B}\Big\}$$
は一致し，X 上の外測度になることを示せ．

演習 8.12 $(X,\mathscr{B},\mu)$ を測度空間とする．μ から作られる外測度を $\mu^*(A)=\inf\{\mu(E):A\subset E,\ E\in\mathscr{B}\}$ とする．このとき任意の $A\subset X$ に対し，$^\exists E\in\mathscr{B}$ s.t. $A\subset E$ かつ $\mu(E)=\mu^*(A)$ となるものが存在することを示せ．

演習 8.13 $X=[0,1]$ の部分集合 A に対して，
$$J(A)=\inf\Big\{\sum_{n=1}^N(b_n-a_n):N\in\mathbb{N},\ A\subset\bigcup_{n=1}^N[a_n,b_n],\ 0\le a_n\le b_n\le 1\Big\}$$
と定義すると，J は劣加法的であるが，可算劣加法的でないことを示せ．

演習 8.14 $g(t)$ を $-\infty<t<\infty$ の単調増加関数とする．$g(-\infty)=\lim_{t\to-\infty}g(t)$，$g(\infty)=\lim_{t\to\infty}g(t)$ と拡張する．区間塊 E を $\bigcup_{j=1}^J(a_j,b_j]$（直和），$-\infty\le a_1<b_1<\cdots<a_J<b_J\le\infty$，と一意的に表して，$m_g(E)=\sum_{j=1}^J(g(b_j)-g(a_j))$ と定義する．以下を示せ．
 (i) m_g は $\mathscr{I}$ 上の有限加法的測度．
 (ii) g が右連続，すなわち $\lim_{y\downarrow x}g(y)=g(x)$ ならば，m_g は $\mathscr{I}$ で可算加法的．

演習 8.15 μ を $\mathbb{R}^d$ 上の **Borel 測度**，すなわち Borel 集合族 $\mathscr{B}(\mathbb{R}^d)$ に定義された測度とする．このとき $E\subset \mathbb{R}^d$ に対して
$$\mu^*(E)=\inf\{\mu(G):E\subset G,\ G\text{ は開集合}\}$$
と定義する．このとき以下を示せ．

(i) μ^* は $\mathbb{R}^d$ 上の外測度.
(ii) μ^*-可測集合族 $\mathscr{M}_{\mu^*}$ は Borel 集合族 $\mathscr{B}(\mathbb{R}^d)$ を含む.

演習 8.16 μ を $\mathbb{R}^d$ 上の **Radon 測度**, すなわち任意のコンパクト集合 K に対して $\mu(K) < \infty$ となる Borel 測度とする. このとき任意の Borel 集合 E に対して

$$\mu(E) = \inf\{\mu(G) : E \subset G, G \text{ は開集合}\}$$

となることを示せ. ヒント. 右辺を $\mu^*(E)$ とおくと μ^* は外測度となり, 任意の Borel 集合 E は μ^*-可測で $\mu(E) \leq \mu^*(E)$ をみたす.

演習 8.17 Borel 測度 μ が Radon 測度でないならば, Borel 集合 E に対して

$$\mu(E) = \inf\{\mu(G) : E \subset G, G \text{ は開集合}\}$$

となるとは限らないことを例によって示せ.

演習 8.18 μ を $\mathbb{R}^d$ 上の Radon 測度とする. 任意の Borel 集合 E に対して

$$\mu(E) = \sup\{\mu(K) : K \subset E, K \text{ はコンパクト集合}\}$$

となることを示せ. なお, 演習 8.16 の結果を使ってよい.

演習 8.19 $\mathbb{R}^d$ 上の Radon 測度 μ から外測度 $\Gamma(A) = \inf\{\mu(E) : A \subset E, E \in \mathscr{B}(\mathbb{R}^d)\}$ を作る. 任意の Γ-可測集合 A に対して $\Gamma(A)$ は

$$\inf\{\mu(U) : A \subset U, U \text{ は開集合}\} = \sup\{\mu(K) : K \subset A, K \text{ はコンパクト集合}\}$$

に一致することを示せ.

演習 8.20 μ を $\mathbb{R}^d$ 上の Radon 測度, $\Gamma(A) = \inf\{\mu(E) : A \subset E, E \in \mathscr{B}(\mathbb{R}^d)\}$ を μ から作られる外測度とする. このとき $E \subset \mathbb{R}^d$ に対して以下は同値であることを示せ.

(i) E は Γ-可測集合.
(ii) 任意の $\varepsilon > 0$ に対して開集合 U と閉集合 F で $F \subset E \subset U$ かつ $\mu(U \setminus F) < \varepsilon$ となるものが存在.
(iii) F_σ 集合 A と G_δ 集合 B で $A \subset E \subset B$ かつ $\mu(B \setminus A) = 0$ となるものが存在.

9 有限加法的測度

演習 9.1 $\mathscr{A}$ を X 上の有限加法族, γ を $\mathscr{A}$ 上の有限加法的測度で, 可算劣加法性をみたすものとする. すなわち,

(i) $E, F \in \mathscr{A}, \; E \cap F = \emptyset \implies \gamma(E \cup F) = \gamma(E) + \gamma(F)$.

(ii) $E_n \in \mathscr{A}, \; \bigcup_n E_n \in \mathscr{A} \implies \gamma(\bigcup_n E_n) \leq \sum_n \gamma(E_n)$.

このとき γ は $\mathscr{A}$ で可算加法的, すなわち $E_n \in \mathscr{A}, \; \bigcup_n E_n \in \mathscr{A}, \; \{E_n\}$ は互いに素 $\implies \gamma(\bigcup_n E_n) = \sum_n \gamma(E_n)$ であることを示せ.

演習 9.2 $\mathscr{A}$ を X 上の有限加法族, γ を $\mathscr{A}$ 上の有限加法的測度とする. γ が「$E_n \in \mathscr{A}, \; E_n \uparrow E \in \mathscr{A}$ ならば $\gamma(E_n) \uparrow \gamma(E)$」という性質をもっていれば, γ は $\mathscr{A}$ で可算加法的であることを示せ.

演習 9.3 $\mathscr{A}$ を X 上の有限加法族, γ を $\mathscr{A}$ 上の有限加法的測度とする. $\gamma(X) < \infty$ で, γ が「$E_n \in \mathscr{A}, \; E_n \downarrow \emptyset$ ならば $\gamma(E_n) \downarrow 0$」という性質をもっていれば, γ は $\mathscr{A}$ で可算加法的であることを示せ.

演習 9.4 $\mathscr{A}$ を X 上の有限加法族, γ を $\mathscr{A}$ 上の有限加法的測度とする. 任意の $A \subset X$ に対して,

$$\gamma^*(A) = \inf \Big\{ \sum_{n=1}^{\infty} \gamma(E_n) : A \subset \bigcup_{n=1}^{\infty} E_n, \; E_n \in \mathscr{A} \Big\},$$

$$\gamma^{**}(A) = \inf \Big\{ \sum_{n=1}^{\infty} \gamma(E_n) : A \subset \bigcup_{n=1}^{\infty} E_n, \; E_n \in \mathscr{A}, \; \{E_n\} \text{は互いに素} \Big\}$$

とおく. このとき $\gamma^*(A) = \gamma^{**}(A)$ を示せ.

演習 9.5 有限加法族 $\mathscr{A}$ 上の有限加法的測度 μ に対して 2 つの集合関数を以下のように定義する.

$$\mu^*(A) = \inf \{ \mu(E) : A \subset E, \; E \in \mathscr{A} \},$$

$$\mu^{**}(A) = \inf \Big\{ \sum_{j=1}^{\infty} \mu(E_j) : A \subset \bigcup_{j=1}^{\infty} E_j, \; E_j \in \mathscr{A} \Big\}.$$

このとき $\mu^{**}(A)$ は外測度であるが, $\mu^*(A)$ は外測度とは限らない例を示せ.

10 Fubini の定理

演習 10.1 直積 $A \times B$ の x による切口は $x \in A$ のとき $(A \times B)_x = B$, $x \notin A$ のとき $(A \times B)_x = \emptyset$ となることを示せ．また y による切口はどうなるか？

演習 10.2 $0 \leq \alpha < 1$, $0 < a < b$ のとき $\displaystyle\int_0^\infty \frac{e^{-ax} - e^{-bx}}{x^{\alpha+1}} dx$ を求めよ．ヒント．$e^{-xy} x^{-\alpha}$ に Fubini の定理を用いる．

演習 10.3 Fubini の定理を $\displaystyle\iint_{(0,\infty) \times (0,\infty)} e^{-x(y+1)} \sin x \, dx dy$ に適用して，$\displaystyle\int_0^\infty \frac{\sin x}{xe^x} dx$ を求めよ．

演習 10.4 $f(x,y) = ye^{-xy} \sin^2 x$ を $E = (0, \infty) \times (0, \infty)$ で積分することにより $\displaystyle\int_0^\infty \frac{\sin^2 x}{x^2} dx$ を求めよ．

演習 10.5 $(x, y) \neq (0,0)$ に対して，$f(x,y) = \displaystyle\int_0^\infty \frac{dt}{(1+t^2x^2)(1+t^2y^2)}$ とおく．

(i) そのまま計算して $f(x,y) = \dfrac{\pi}{2(|x|+|y|)}$ であることを示せ．

(ii) $f(x,y)$ を $(0,1) \times (0,1)$ 上で積分して $\displaystyle\int_0^\infty \frac{(\tan^{-1} t)^2}{t^2} dt$ を求めよ．

演習 10.6 $f(x,y) = e^{-x} \dfrac{\sin(xy)}{y} \dfrac{\sin y}{y}$ は $E = (0, \infty) \times (0, \infty)$ で Lebesgue 可積分であることを示し，$\displaystyle\iint_E f(x,y) dxdy$ を求めよ．

演習 10.7 $x > 0$, $y \geq 0$ に対して $f(x,y) = \dfrac{\sin x \cdot \cos(xy)}{x}$ とおく．

(i) $\displaystyle\lim_{R \to \infty} \int_0^R f(x,y) dx$ を求めよ．ヒント．$\displaystyle\lim_{R \to \infty} \int_0^R \frac{\sin x}{x} dx = \frac{\pi}{2}$．

(ii) $a > 0$ のとき $\displaystyle\int_0^\infty \frac{\sin(ax) \cdot \sin x}{x^2} dx$ を求めよ．

ヒント．$\displaystyle\iint_{(0,R) \times (0,a)} f(x,y) dxdy$．

演習 10.8 複素解析が未習の場合は (i) を認めて，(ii)〜(iv) に答えよ．

(i) 留数計算により，$\displaystyle\int_0^\infty \frac{x^{\alpha-1}}{x+1} dx = \frac{\pi}{\sin(\pi \alpha)}$ を示せ．$(0 < \alpha < 1)$

(ii) 変数変換により $\int_0^\infty \dfrac{x^{\alpha-1}}{x^2+1}dx$ を求めよ．$(0<\alpha<2)$

(iii) Fubini の定理と $x^{-\alpha} = \dfrac{1}{\Gamma(\alpha)}\int_0^\infty y^{\alpha-1}e^{-xy}dy$ を用いて，広義積分 $\int_0^\infty \dfrac{\sin x}{x^\alpha}dx$ を求めよ．$(0<\alpha<2)$

(iv) 変数変換により，広義積分 $\int_0^\infty x^\alpha \sin(x^\beta)dx$ を求めよ．$(-\beta<\alpha+1<\beta)$

演習 10.9 $0<\alpha<1$ のとき $\int_0^\infty \dfrac{x^{\alpha-1}}{x+1}dx = \dfrac{\pi}{\sin(\pi\alpha)}$ であることを用いて以下の問に答えよ．

(i) Fubini の定理と $x^{-\alpha} = \dfrac{1}{\Gamma(\alpha)}\int_0^\infty y^{\alpha-1}e^{-xy}dy$ を用いて，広義積分 $\int_0^\infty \dfrac{\cos x}{x^\alpha}dx$ を求めよ．$(0<\alpha<1)$

(ii) 広義積分 $\int_0^\infty x^\alpha \cos(x^\beta)dx$ が存在する α,β の条件，および広義積分の値を求めよ．

演習 10.10 積分の順序交換ができないことを示せ．その理由は何か？

(i) $\int_0^1 \int_0^1 \dfrac{x-y}{(x+y)^3}dxdy$ (ii) $\int_1^\infty \int_1^\infty \dfrac{x-y}{(x+y)^3}dxdy$

演習 10.11 E を $\mathbb{R}^2$ の Lebesgue 可測集合とする．ほとんどすべての $x \in \mathbb{R}$ に対して切口 $E_x = \{y \in \mathbb{R} : (x,y) \in E\}$ が $m_1(E_x) = 0$ をみたせば $m_2(E) = 0$ であることを示せ．

演習 10.12 以下の集合の 2 次元 Lebesgue 測度を求めよ．

(i) $\{(x,y) : xy \in \mathbb{Q}\}$ (ii) $\{(x,y) : |x+y| \in \mathbb{Q}\}$

(iii) $\{(x,y) : P(x,y) \in \mathbb{Q}\}$，ただし，$P(x,y)$ は x と y の定数でない多項式．

演習 10.13 $P(x_1,\ldots,x_d) \not\equiv 0$ が $x_1,\ldots,x_d$ の多項式であるとき，$E = \{(x_1,\ldots,x_d) : P(x_1,\ldots,x_d) = 0\}$ の d 次元 Lebesgue 測度は 0 であることを示せ．ヒント．d に関する帰納法．

演習 10.14 2 次元 Borel 集合族 $\mathscr{B}(\mathbb{R}^2)$ は 1 次元 Borel 集合族 $\mathscr{B}(\mathbb{R})$ の直積 σ-加法族として得られることを示せ．

演習 10.15 d 次元 Borel 集合族 $\mathscr{B}(\mathbb{R}^d)$ は 1 次元 Borel 集合族 $\mathscr{B}(\mathbb{R})$ と $d-1$ 次元

Borel 集合族 $\mathscr{B}(\mathbb{R}^{d-1})$ の直積 σ-加法族であることを示せ.

演習 10.16 $\mathscr{E}_X$ を X 上の集合族で $\exists X_n \in \mathscr{E}_X$ s.t. $X = \bigcup_n X_n$ となるものとする. 同様に $\mathscr{E}_Y$ を Y 上の集合族で $\exists Y_n \in \mathscr{E}_Y$ s.t. $Y = \bigcup_n Y_n$ となるものとする. このとき $\mathscr{E}_X$ および $\mathscr{E}_Y$ から生成される σ-加法族を $\mathscr{B}_X = \sigma[\mathscr{E}_X]$, $\mathscr{B}_Y = \sigma[\mathscr{E}_Y]$ とすると, 直積 σ-加法族 $\mathscr{B}_X \times \mathscr{B}_Y$ は $\mathscr{E}_X \times \mathscr{E}_Y = \{E \times F : E \in \mathscr{E}_X, F \in \mathscr{E}_Y\}$ によって生成されることを示せ.

演習 10.17 $E \subset \{(x,y) : x, y \in \mathbb{R}\} = \mathbb{R}^2$ を 2 次元 Borel 集合とすると, その切口 E_x および E_y は 1 次元 Borel 集合であることを示せ. ヒント. $\mathscr{A} = \{E \in \mathscr{B}(\mathbb{R}^2) : E_x, E_y \in \mathscr{B}(\mathbb{R})\}$.

演習 10.18 E を 1 次元 Lebesgue 非可測集合とする. $F = E \times \{0\}$ の 2 次元集合としての Lebesgue 可測性および Borel 可測性を調べよ. ヒント. Fubini の定理.

演習 10.19 $E \subset \mathbb{R}^2$ の任意の切口 E_x および E_y が 1 次元 Borel 集合のとき E は 2 次元 Borel 集合になるか考察せよ. ヒント. 直線 $y = x$ 上の 1 次元 Lebesgue 非可測集合.

11 一般の L^p 空間

演習 11.1 $f = g$ a.e. ならば $\operatorname{ess\,sup} f = \operatorname{ess\,sup} g$ かつ $\operatorname{ess\,inf} f = \operatorname{ess\,inf} g$ であることを示せ.

演習 11.2 $\operatorname{ess\,sup}(-f) = -\operatorname{ess\,inf} f$ および $\operatorname{ess\,inf}(-f) = -\operatorname{ess\,sup} f$ を示せ.

演習 11.3 f に対してほとんどいたるところ一致する g で $\operatorname{ess\,sup} f = \sup g$ かつ $\operatorname{ess\,inf} f = \inf g$ となるものを作れ.

演習 11.4 $\operatorname{ess\,sup} f$ と以下の α, β, γ はすべて一致することを示せ.

$$\alpha = \sup\{t : \mu(\{x \in X : f(x) \geq t\}) > 0\},$$
$$\beta = \inf\{t : \mu(\{x \in X : f(x) > t\}) = 0\},$$
$$\gamma = \inf\{t : \mu(\{x \in X : f(x) \geq t\}) = 0\}.$$

$\operatorname{ess\,inf} f$ はどうなるか？

演習 11.5 f が区間 I 上の連続関数ならば Lebesgue 測度に関する本質的上限 $\operatorname{ess\,sup}_I f$ は通常の上限 $\sup_I f$ に一致することを示せ.

演習 11.6 f が $\mathbb{R}^d$ の開集合 U 上の連続関数ならば Lebesgue 測度に関する本質的上限 $\operatorname{ess\,sup}_U f$ は通常の上限 $\sup_U f$ に一致することを示せ．また U の閉包 $\overline{U}$ で f が連続なとき，$\operatorname{ess\,sup}_{\overline{U}} f = \sup_{\overline{U}} f$ は成り立つか？

演習 11.7 $\|f_n - f\|_\infty \to 0$ ならば $f_n \to f$ a.e. であることを示せ．

演習 11.8 Hölder の不等式の一般形．$0 < p, q, r < \infty$ が $\frac{1}{p} + \frac{1}{q} + \frac{1}{r} = 1$ をみたすならば，$\|fgh\|_1 \le \|f\|_p \|g\|_q \|h\|_r$ となることを示せ．

演習 11.9 $1 \le p \le \infty$, $\frac{1}{p} + \frac{1}{q} = 1$ とする．μ が σ-有限ならば，

$$\|f\|_p = \sup\{|\int_X fg\,d\mu| : \|g\|_q \le 1\}$$

となることを示せ．μ が σ-有限でないときはどうなるか？

演習 11.10 $p \ge 1$ とする．2重級数 $a_{nm} \ge 0$ に対し級数の Minkowski の不等式

$$\Big\{\sum_n \Big(\sum_m a_{nm}\Big)^p\Big\}^{1/p} \le \sum_m \Big(\sum_n a_{nm}^p\Big)^{1/p}$$

を積分形の Minkowski の不等式から導け．

演習 11.11 $1 \le p \le \infty$ とする．$f_n \to f$ a.e. かつ $\|f_n - g\|_p \to 0$ ならば $f = g$ a.e. を示せ．

演習 11.12 $1 \le p < \infty$ とする．$\|f_n - f\|_p \to 0$ ならば $f_n \to f$ a.e. は正しいか？正しければ証明し，そうでなければ反例をあげよ．

演習 11.13 $1 \le p < \infty$ とする．$\|f_n - f\|_p \to 0$ ならば f_n は f に測度収束することを示せ．

演習 11.14 X 上の L^p 空間について以下を示せ．
 (i) $\mu(X) < \infty$ のとき，$0 < p < q \le \infty$ ならば，$L^q(X) \subset L^p(X)$．
 (ii) $\mu(X) = 1$ のとき，$\|f\|_p$ は $0 < p < \infty$ の単調増加関数．
 (iii) $\mu(X) = \infty$ のとき，上の (i) と (ii) はどうなるか？

演習 11.15 $0 < p_1 < p_2 < \infty$ とする．$\mu(X) = \infty$ のときも含めて，以下が成り立つこと示せ
 (i) $p \in (p_1, p_2)$ を $\theta \in (0, 1)$ を用いて，$p = \theta p_1 + (1 - \theta) p_2$ と表すと

$$\int_X |f|^p d\mu \le \Big(\int_X |f|^{p_1} d\mu\Big)^\theta \Big(\int_X |f|^{p_2} d\mu\Big)^{1-\theta}.$$

(ii) $\|f\|_{p_1} < \infty$ かつ $\|f\|_{p_2} < \infty$ ならば $\|f\|_p$ は $p_1 \leq p \leq p_2$ で有界連続.

(iii) ある $0 < q < \infty$ に対し $f \in L^q(X)$ ならば，$\lim_{p \to \infty} \|f\|_p = \|f\|_\infty$.

演習 11.16 自然数全体 $\mathbb{N}$ に係数測度を入れた測度空間の p 乗可積分「関数」は数列 $\{a_n\}$ で $\sum_{n=1}^\infty |a_n|^p < \infty$ となるものである．この全体を $\ell^p(\mathbb{N})$ と表す．$0 < p < q \leq \infty$ のとき $\ell^p(\mathbb{N}) \subsetneq \ell^q(\mathbb{N})$ であることを示せ．

演習 11.17 $0 < p < 1$ のとき三角不等式 $\|f+g\|_p \leq \|f\|_p + \|g\|_p$ は一般には成り立たないが，少し弱い不等式 $\|f+g\|_p \leq 2^{(1-p)/p}(\|f\|_p + \|g\|_p)$ が成り立つことを示せ．ヒント．$r > 1$ ならば $(a+b)^r \leq 2^{r-1}(a^r + b^r)$．$0 < r \leq 1$ ならば $(a+b)^r \leq a^r + b^r$ が $a, b \geq 0$ に成り立つ．

演習 11.18 $0 < p < 1$ のとき $q = p/(p-1)$ とする．$q < 0$ に注意して，以下の不等式を示せ．

(i) $\dfrac{a^p}{p} + \dfrac{b^q}{q} \leq ab$ $(a, b > 0)$

(ii) $\|f\|_p \|g\|_q \leq \|fg\|_1$ （逆 Hölder の不等式）

(iii) $\|f\|_p + \|g\|_p \leq \| |f| + |g| \|_p$ （逆 Minkowski の不等式）

演習 11.19 $1 < p < \infty$, $q = p/(p-1)$ とする．**Clarkson**（クラークソン）の不等式を示せ．

(i) $2 \leq p < \infty$ のとき

 (a) $|a+b|^p + |a-b|^p \leq 2^{p-1}(|a|^p + |b|^p)$ $(a, b \in \mathbb{R})$

 (b) $\|f+g\|_p^p + \|f-g\|_p^p \leq 2^{p-1}(\|f\|_p^p + \|g\|_p^p)$ $(f, g \in L^p)$

(ii) $1 < p < 2$ のとき

 (c) $|a+b|^q + |a-b|^q \leq 2(|a|^p + |b|^p)^{q-1}$ $(a, b \in \mathbb{R})$

 (d) $\|f+g\|_p^q + \|f-g\|_p^q \leq 2(\|f\|_p^p + \|g\|_p^p)^{q-1}$ $(f, g \in L^p)$

演習 11.20 $1 < p < \infty$, $q = p/(p-1)$ とする．

(i) Clarkson の不等式は以下のように書けることを示せ．

 (a) $2 \leq p < \infty$ のとき $\left\|\dfrac{f+g}{2}\right\|_p^p + \left\|\dfrac{f-g}{2}\right\|_p^p \leq \dfrac{\|f\|_p^p + \|g\|_p^p}{2}$

 (b) $1 < p < 2$ のとき $\left\|\dfrac{f+g}{2}\right\|_p^q + \left\|\dfrac{f-g}{2}\right\|_p^q \leq \left(\dfrac{\|f\|_p^p + \|g\|_p^p}{2}\right)^{q-1}$

(ii) 関数族 $\mathcal{K} \subset L^p$ は $f, g \in \mathcal{K} \implies (f+g)/2 \in \mathcal{K}$ をみたすとする．このとき $\{f_n\} \subset \mathcal{K}$ を $\alpha = \inf\{\|f\|_p : f \in \mathcal{K}\}$ の**最小化列**，すなわち $\|f_n\|_p \to \alpha$，とすると $\{f_n\}$ は L^p の Cauchy 列であることを示せ．とくに $\mathcal{K}$ が L^p で閉であれば $\|f\|_p = \alpha$ となる $f \in \mathcal{K}$ がただ1つ存在する．

演習 11.21 $\{f_n\}$ が**一様可積分**とは任意の $\varepsilon > 0$ に対して $\delta > 0$ を

$$\mu(E) < \delta \implies \int_E |f_n|\, d\mu < \varepsilon \quad (\forall n)$$

となるようにとれることである．任意の $\varepsilon > 0$ に対して $\lambda > 0$ を大きくとると

$$\int_{|f_n| \geq \lambda} |f_n|\, d\mu < \varepsilon \quad (\forall n) \tag{$*$}$$

となっていれば $\{f_n\}$ は一様可積分であることを示せ．

演習 11.22 $\{f_n\}$ を可積分関数列とする．以下を示せ．
 (i) 任意の有限族 $\{f_1, \ldots, f_N\}$ は一様可積分．
 (ii) 可積分関数 f_0 があって $\|f_n - f_0\|_1 \to 0$ ならば，$\{f_n\}$ は一様可積分．
 (iii) (ii) の仮定がなければ，$\{f_n\}$ は一様可積分とは限らない．

演習 11.23 $1 < p \leq \infty$ とする．すべての n に対して $\|f_n\|_p \leq M$ となる定数 M があれば，$\{f_n\}$ は一様可積分であることを示せ．また，$p = 1$ のときはどうなるか考察せよ．

演習 11.24 $\{f_n\}$ は X 上ほとんどいたるところ 0 に収束するものとする．
 (i) $\mu(X) < \infty$ とする．$\sup_n \int_X |f_n(x)|^p d\mu(x) < \infty$ となる $p > 1$ があれば，$\lim_{n \to \infty} \int_X |f_n(x)| d\mu(x) = 0$ であることを示せ．
 (ii) $\mu(X) = \infty$ のとき (i) は成り立つか？

12 Lebesgue 測度に対する L^p 空間

演習 12.1 $1 \leq p \leq \infty$ のとき，$L^p(0,1)$ で $(0,1)$ 上の Lebesgue 測度に関する L^p ノルム

$$\|f\|_p = \left(\int_0^1 |f(x)|^p dx\right)^{1/p} \quad (1 \leq p < \infty), \quad \|f\|_\infty = \operatorname*{ess\,sup}_{x \in (0,1)} |f(x)|$$

が有限な可測関数全体を表す．ただし，本質的上限は Lebesgue 測度に関するものである．
 (i) 自然数 n に対して $\|x^n\|_p$ を計算せよ．（$1 \leq p < \infty$ と $p = \infty$ を分けよ．）
 (ii) $1 \leq p < \infty$ のとき $\sum_{n=1}^\infty \left\|\dfrac{x^n}{n}\right\|_p < \infty$ を示し，$\sum_{n=1}^\infty \dfrac{x^n}{n} \in L^p(0,1)$ を確かめよ．

(iii) $\sum_{n=1}^{\infty} \frac{x^n}{n} \in L^{\infty}(0,1)$ となるか？また，その理由は？

演習 12.2 $0 < p < \infty$ とする．1次元 Lebesgue 測度に関して p 乗可積分であるが，$r \neq p$ に対しては r 乗可積分でない関数 $f(x)$ を作れ．

演習 12.3 **Young の不等式の一般形**．$1 \leq p, q \leq \infty$, $\frac{1}{r} = \frac{1}{p} + \frac{1}{q} - 1 \geq 0$ とする．$f \in L^p(\mathbb{R}^d)$, $g \in L^q(\mathbb{R}^d)$ ならば $f * g \in L^r(\mathbb{R}^d)$ で，$\|f * g\|_r \leq \|f\|_p \|g\|_q$ を示せ．

演習 12.4 $t > 0$ のとき $f(t) = e^{-1/t}$, $t \leq 0$ のとき $f(t) = 0$ とすると，$f(t)$ は $t = 0$ も含めて無限回微分可能であることを示せ．さらに $|x|^2 - 1$ との合成関数 $f(|x|^2 - 1)$, 具体的に，

$$\varphi(x) = \begin{cases} \exp\left(\frac{1}{|x|^2-1}\right) & (|x| < 1) \\ 0 & (|x| \geq 1) \end{cases}$$

は $C_0^{\infty}(\mathbb{R}^d)$ に属することを確かめよ．

演習 12.5 $\mathbb{R}^n$ 上の関数 φ は有界なサポートをもち，無限回微分可能とする．f が $\mathbb{R}^n$ 上で有界または可積分ならば $f * \varphi$ は無限回微分可能であることを示せ．

演習 12.6 $\varphi(x) \geq 0$ は $|x| \geq 1$ で $\varphi(x) = 0$ となる $\mathbb{R}^n$ 上の無限回微分可能関数で，$\int \varphi dx = 1$ とする．$\varphi_j(x) = j^n \varphi(jx)$ とおく．以下を示せ．
  (i) φ_j のサポートは半径 $1/j$, 中心 0 の球内にある．
  (ii) $\int \varphi_j dx = 1$.
  (iii) f が局所可積分ならば $f * \varphi_j$ は無限回微分可能．
  (iv) f が連続ならば $f * \varphi_j(x) \to f(x)$（広義一様収束）．
  (v) $1 \leq p < \infty$ とする．$f \in L^p(\mathbb{R}^n)$ ならば $\int_{\mathbb{R}^n} |f(x) - f * \varphi_j(x)|^p dx \to 0$.

演習 12.7 $p \geq 1$, $r > 0$ とする．$(0, \infty)$ の Lebesgue 可測関数 $f(x)$ に対して，次の **Hardy**（ハーディ）**の不等式**

$$\left(\int_0^{\infty} \Big|\int_0^x f(t)dt\Big|^p x^{-r-1} dx\right)^{1/p} \leq \frac{p}{r} \left(\int_0^{\infty} |yf(y)|^p y^{-r-1} dy\right)^{1/p},$$

$$\left(\int_0^{\infty} \Big|\int_x^{\infty} f(t)dt\Big|^p x^{r-1} dx\right)^{1/p} \leq \frac{p}{r} \left(\int_0^{\infty} |yf(y)|^p y^{r-1} dy\right)^{1/p}$$

を示せ．ヒント．変数変換 $t = xs$, 積分形の Minkowski の不等式, 変数変換 $xs = y$.

13 Lebesgue 測度の詳しい性質

演習 13.1 Riemann-Lebesgue（リーマン・ルベーグ）の定理．f が $\mathbb{R}$ 上で可積分ならば，
$$\lim_{n\to\infty}\int_{-\infty}^{\infty} f(x)\sin(nx)dx = \lim_{n\to\infty}\int_{-\infty}^{\infty} f(x)\cos(nx)dx = 0$$
であることを示せ．

演習 13.2 Tietze（ティーツェ）の拡張定理．$K \subset \mathbb{R}^d$ がコンパクトのとき K 上の連続関数 f は $C_0(\mathbb{R}^d)$ に拡張できることを示せ．以下をヒントにせよ．
 (i) K を開集合 U に含まれる空でないコンパクト集合とすると $\varphi_K \in C_0(U)$ で $0 \leq \varphi_K \leq 1$, K 上で $\varphi_K = 1$ となるものがある．
 (ii) A と B を開集合 U に含まれる空でないコンパクト集合で $A \cap B = \emptyset$ とする．このとき $\varphi_{AB} \in C_0(U)$ で $|\varphi_{AB}| \leq 1$, A 上で $\varphi_{AB} = 1$, B 上で $\varphi_{AB} = -1$ となるものが存在する．
 (iii) コンパクト集合 K は開集合 U に含まれるとする．$f \in C(K)$ ならば $g \in C_0(U)$ を $\|g\|_{L^\infty(\mathbb{R}^d)} \leq \frac{1}{3}\|f\|_{L^\infty(K)}$ かつ $\|f-g\|_{L^\infty(K)} \leq \frac{2}{3}\|f\|_{L^\infty(K)}$ となるように作ることができる．

演習 13.3 Weierstrass の多項式近似定理を一般次元で証明せよ．

演習 13.4 有界区間 I 上の可積分関数 f が
$$\int_I x^n f(x)dx = 0 \quad (\forall n = 0,1,2,\dots)$$
をみたせば，$f = 0$ a.e. であることを示せ．また，一般次元の場合はどうなるか考察せよ．ヒント．Weierstrass の多項式近似定理と定理 4.9．

演習 13.5 $I = [-\pi, \pi]$ 上の可積分関数 f が
$$\int_I f(\theta)e^{in\theta}d\theta = 0 \quad (\forall n \in \mathbb{Z})$$
をみたせば $f = 0$ a.e. であることを示せ．ヒント．単位円周 $\{|z|=1\}$ 上の関数．

演習 13.6 $\mathbb{R}$ 内の以下の集合は G_δ 集合か，F_σ 集合か？（両方になることもある．）理由をつけて答えよ．

(i) $[0,1]$　(ii) $(0,1)$　(iii) $(0,1]$　(iv) $\mathbb{Q}$　(v) $\mathbb{R}\setminus\mathbb{Q}$

演習 13.7　Lusin（ルージン）の定理. E は $\mathbb{R}^d$ の Lebesgue 可測集合，f は E 上の Lebesgue 可測関数でほとんどいたるところ有限値とする．このとき任意の $\varepsilon > 0$ に対して E 内の閉集合 F で $m_d(E\setminus F) < \varepsilon$ かつ f の F への制限 $f|_F$ は F 上連続となるものがとれることを示せ．

演習 13.8 m を $\mathbb{R}^d$ の Lebesgue 測度とする．$\mathbb{R}^d$ の Lebesgue 可測集合 E に対し，$x \in \mathbb{R}^d$ が E の**本質的内点**であるとは，ある $r > 0$ があって $B(x,r)$ が E に「ほとんどすべて含まれる」とき，すなわち $m(B(x,r)\setminus E) = 0$ のときをいう．E の本質的内点の全体を E の**本質的内部**といい $\mathrm{essint}(E)$ で表す．次の問に答えよ．

(i) $B(0,1)\setminus \{(x_1,\ldots,x_d):x_1 = 0\}$ および $B(0,1)\setminus \mathbb{Q}^d$ の本質的内部を求めよ．答えだけでよい．ただし，$\mathbb{Q}^d = \{(x_1,\ldots,x_d):x_j\in\mathbb{Q}\ (1\leq j\leq d)\}$ である．

(ii) 通常の内部は本質的内部に含まれることを示せ．

(iii) 本質的内部は通常の開集合であることを示せ．

(iv) **本質的閉包** $\overline{E}^{\mathrm{ess}}$，**本質的境界** $\partial_{\mathrm{ess}}E$ を適切に定義して，これらは閉集合であることを示し，通常の閉包，境界との関係を明らかにせよ．

演習 13.9 K を $[0,1]$ 内の Cantor の 3 進集合とすると，ベクトルとしての差 $K - K = \{y - x : x, y \in K\}$ は $[-1,1]$ に一致することを示せ．ヒント．Cantor 集合の直積 $K \times K$ と直線 $y = x + a$ の交点を考えよ．

演習 13.10 Lebesgue 可測集合 $E \subset \mathbb{R}^d$ が $m_d(E) > 0$ をみたせば，ある $\delta > 0$ があって，ベクトルとしての差 $E - E = \{x - y : x, y \in E\}$ は原点中心の球 $B(0,\delta)$ を含むことを示せ．

演習 13.11 $\mathbb{R}$ 上の有限値関数 f は $f(x+y) = f(x) + f(y)$ $(\forall x, y \in \mathbb{R})$ をみたすとする．以下を示せ．

(i) $f(0) = 0$, $f(-x) = -f(x)$.

(ii) $q \in \mathbb{Q}$, $x \in \mathbb{R}$ ならば $f(qx) = qf(x)$.

(iii) $f(x)$ が $x = 0$ で連続ならば，$f(x)$ は 1 次関数 $xf(1)$ となる．

(iv) $f(x)$ が $x = 0$ の近傍で有界ならば，$f(x)$ は $x = 0$ で連続．

(v) $f(x)$ が Lebesgue 可測ならば，$f(x)$ は $x = 0$ の近傍で有界であり，結局 $f(x) = xf(1)$．ヒント．$M > 0$ が十分大ならば $\{x : |f(x)| \leq M\}$ の Lebesgue 測度は正．

問題の解答

問 1.1 (i) $x \in X \setminus \bigcup_{\lambda \in \Lambda} A_\lambda \iff x \in X$ かつ $x \notin \bigcup_{\lambda \in \Lambda} A_\lambda \iff x \in X$ かつ $\forall \lambda \in \Lambda$ に対して $x \notin A_\lambda \iff \forall \lambda \in \Lambda$ に対して $x \in X \setminus A_\lambda \iff x \in \bigcap_{\lambda \in \Lambda}(X \setminus A_\lambda)$.

(ii) $x \in X \setminus \bigcap_{\lambda \in \Lambda} A_\lambda \iff x \in X$ かつ $x \notin \bigcap_{\lambda \in \Lambda} A_\lambda \iff x \in X$ かつ $\exists \lambda \in \Lambda$ s.t. $x \notin A_\lambda \iff \exists \lambda \in \Lambda$ s.t. $x \in X \setminus A_\lambda \iff x \in \bigcup_{\lambda \in \Lambda}(X \setminus A_\lambda)$.

問 1.2 σ-加法族の 3 条件を確かめる.
(i) $\emptyset \in \{\emptyset, X\}$ は明らか.
(ii) $E \in \{\emptyset, X\}$ ならば, E は $\emptyset$ または X であるから, $X \setminus E$ は X または $\emptyset$ であり, $X \setminus E \in \{\emptyset, X\}$.
(iii) $E_n \in \{\emptyset, X\}$ とする. このとき E_n は $\emptyset$ または X である. E_n がすべて $\emptyset$ ならば $\bigcup_n E_n = \emptyset \in \{\emptyset, X\}$ であり, E_n の 1 つでも X になれば $\bigcup_n E_n = X \in \{\emptyset, X\}$ である.

σ-加法族の 3 条件は X の集合に関する操作であるから, 2^X が σ-加法族となるのは明らか.

問 1.3 σ-加法族の条件 (i), (ii) は容易である. (iii) を示す. $E_n \in \{\emptyset, E_0, X \setminus E_0, X\}$ とする. このとき E_n がすべて $\emptyset$ ならば $\bigcup_n E_n = \emptyset$ である. そうでないとき, E_n に $\emptyset$ と E_0 のみ現れれば $\bigcup_n E_n = E_0$ であり, $\emptyset$ と $X \setminus E_0$ のみ現れれば $\bigcup_n E_n = X \setminus E_0$ である. それ以外のケースでは $\bigcup_n E_n = X$ である.

問 1.4 $n \ne m$ ならば $F_n \cap F_m = \emptyset$ を示す. $n < m$ としてよい. このとき $1 \le n \le m-1$ であるから, $F_m = E_m \cap E_1^c \cap \cdots \cap E_{m-1}^c \subset E_n^c$. ゆえに $F_n \cap F_m \subset E_n \cap E_n^c = \emptyset$.

$x \in \bigcup_{n=1}^\infty E_n$ とする. $x \in E_n$ となる最小の n をとると, $x \notin E_j$ $(j = 1, \ldots, n-1)$ ゆえ, $x \in F_n$. したがって $\bigcup_{n=1}^\infty E_n \subset \bigcup_{n=1}^\infty F_n$. 逆向きの包含関係は明らか.

問 1.5 $\mathscr{B}$ は $\mathscr{E}$ を含む X の σ-加法族として, $\sigma[\mathscr{E}]$ の定義式の右辺を $\bigcap \mathscr{B}$ と簡単に表す. σ-加法族の 3 条件は以下のように確かめられる.

(i) $\emptyset \in {}^\forall \mathscr{B}$ であるから, $\emptyset \in \bigcap \mathscr{B}$.
(ii) $E \in \bigcap \mathscr{B}$ とすれば, $E \in {}^\forall \mathscr{B}$ で, $\mathscr{B}$ は X の σ-加法族であるから, $X \setminus E \in {}^\forall \mathscr{B}$. したがって $X \setminus E \in \bigcap \mathscr{B}$.

(iii) $E_n \in \bigcap \mathscr{B}$ とすれば，$E_n \in {}^\forall \mathscr{B}$ で，$\mathscr{B}$ は X の σ-加法族であるから，$\bigcup_n E_n \in {}^\forall \mathscr{B}$．したがって $\bigcup_n E_n \in \bigcap \mathscr{B}$.

定義より $\mathscr{E} \subset \bigcap \mathscr{B}$ は明らかである．$\mathscr{B}_0$ が $\mathscr{E}$ を含む X の σ-加法族ならば，共通部分に現れてくるから $\bigcap \mathscr{B} \subset \mathscr{B}_0$ である．これは $\bigcap \mathscr{B}$ の最小性を意味する．

問 1.6 σ-加法族の3条件を示す．
(i) $\emptyset \in \mathscr{B}$ は明らか．
(ii) $E \in \mathscr{B}$ ならば $E = \mathbb{R} \setminus (\mathbb{R} \setminus E)$ または $\mathbb{R} \setminus E$ は高々可算集合ゆえ，$\mathbb{R} \setminus E \in \mathscr{B}$.
(iii) $E_n \in \mathscr{B}$ とする．すべての n に対して E_n が高々可算集合ならば，$\bigcup_{n=1}^\infty E_n$ は高々可算集合であるから，$\mathscr{B}$ に入る．もし，ある n_0 に対して E_{n_0} が可算集合でなければ，$\mathbb{R} \setminus E_{n_0}$ は高々可算集合であり，

$$\mathbb{R} \setminus \Bigl(\bigcup_{n=1}^\infty E_n\Bigr) \subset \mathbb{R} \setminus E_{n_0}$$

であるから，$\bigcup_{n=1}^\infty E_n \in \mathscr{B}$ である．

さらに，定義から $\mathscr{E} \subset \mathscr{B} \subset \sigma[\mathscr{E}]$ が容易にわかり，この $\sigma[\cdot]$ をとって $\sigma[\mathscr{E}] \subset \mathscr{B} \subset \sigma[\mathscr{E}]$．したがって $\mathscr{B} = \sigma[\mathscr{E}]$ である．

問 1.7 (i) 開区間全体の族を $\mathscr{I}$，両端が有理数である開区間全体の族を $\mathscr{I}'$ とする．$\sigma[\mathscr{I}'] \subset \sigma[\mathscr{I}] = \mathscr{B}(\mathbb{R})$ は明らかである．一方，有理数の稠密性より任意の開区間 (α, β) は

$$(\alpha, \beta) = \bigcup_{\substack{\alpha < a, b < \beta \\ a, b \in \mathbb{Q}}} (a, b) \in \sigma[\mathscr{I}']$$

となる．したがって $\mathscr{I} \subset \sigma[\mathscr{I}']$．この $\sigma[\cdot]$ をとって $\mathscr{B}(\mathbb{R}) = \sigma[\mathscr{I}] \subset \sigma[\mathscr{I}']$．

(ii) 閉区間全体の族を $\mathscr{F}$，両端が無理数である閉区間全体の族を $\mathscr{F}'$ とする．$\sigma[\mathscr{F}'] \subset \sigma[\mathscr{F}] = \mathscr{B}(\mathbb{R})$ は明らかである．任意の開区間 (α, β) が $\sigma[\mathscr{F}']$ に属することを示そう．無理数は稠密であるから無理数列 $\{a_n\}_n$, $\{b_n\}_n$ で $\alpha \leftarrow \cdots < a_2 < a_1 < b_1 < b_2 < \cdots \rightarrow \beta$ となるものがある．このとき

$$(\alpha, \beta) = \bigcup_n [a_n, b_n] \in \sigma[\mathscr{F}']$$

であるから，$\mathscr{I} \subset \sigma[\mathscr{F}']$．この $\sigma[\cdot]$ をとって $\mathscr{B}(\mathbb{R}) = \sigma[\mathscr{I}] \subset \sigma[\mathscr{F}']$．

問 1.8 $\mathscr{O}$ を $\mathbb{R}^d$ の開集合全体とすると，$\mathscr{B}(\mathbb{R}^d) = \sigma[\mathscr{O}]$ であるので，$\sigma[\mathscr{O}] = \sigma[\mathscr{E}_1] = \sigma[\mathscr{E}_2] = \sigma[\mathscr{E}_3]$ を示せばよい．定義から $\mathscr{E}_1, \mathscr{E}_2 \subset \mathscr{O}$ であるから，$\sigma[\mathscr{E}_1], \sigma[\mathscr{E}_2] \subset \sigma[\mathscr{O}]$ である．逆の包含関係を示そう．任意に $U \in \mathscr{O}$ をとる．このとき $x \in U$ は内点だから，$r_x > 0$ が存在して $B(x, r_x) \subset U$ である．有理数は稠密だから $\rho_x \in \mathbb{Q}$ で $0 < \rho_x < r_x/2$ となるものが存在する．また，有理点は稠密だから有理点 $q_x \in \mathbb{Q}^d$ で $|q_x - x| < \rho_x$ となるものが存在する．このとき $x \in B(q_x, \rho_x) \subset B(x, 2\rho_x) \subset B(x, r_x) \subset U$ である．したがって，$U = \bigcup_{x \in U} B(q_x, \rho_x)$ である．ここで，$\bigcup_{x \in U}$ は一見すると非可算和に見えるが，$\{q_x\} \subset \mathbb{Q}^d$，$\{\rho_x\} \subset \mathbb{Q}$ であるから，$\{B(q_x, \rho_x)\}$ は可算個しかなく，$\bigcup_{x \in U} B(q_x, \rho_x)$ は可算和であり，$U \in \sigma[\mathscr{E}_1]$ である．したがって，$\mathscr{O} \subset \sigma[\mathscr{E}_1]$ で，この $\sigma[\cdot]$ をとって，$\sigma[\mathscr{O}] \subset \sigma[\mathscr{E}_1]$ で，結局 $\sigma[\mathscr{O}] = \sigma[\mathscr{E}_1]$ となる．また，$(x_1 - r_x/d, x_1 + r_x/d) \times \cdots \times (x_d - r_x/d, x_d + r_x/d) \subset B(x, r_x)$ に注意して，有理数の稠密

性を成分ごとに用いれば，各成分がすべて有理数であるd次元の開区間I_xで$x \subset I_x \subset B(x, r_x)$となるものがとれる．このとき$U = \bigcup_{x \in U} I_x$であり，上と同様にして$\sigma[\mathscr{O}] = \sigma[\mathscr{E}_2]$である．さらに

$$(a_1, b_1) \times \cdots \times (a_d, b_d) = \bigcup_{q_j \in \mathbb{Q}:\ q_j < b_j} (a_1, q_1] \times \cdots \times (a_d, q_d],$$

$$(a_1, b_1] \times \cdots \times (a_d, b_d] = \bigcap_{q_j \in \mathbb{Q}:\ b_j < q_j} (a_1, q_1) \times \cdots \times (a_d, q_d)$$

に注意すれば$\sigma[\mathscr{E}_1] = \sigma[\mathscr{E}_2]$がわかり，結局，$\mathscr{B}(\mathbb{R}^d) = \sigma[\mathscr{O}] = \sigma[\mathscr{E}_1] = \sigma[\mathscr{E}_2] = \sigma[\mathscr{E}_3]$となる．

問 1.9 (i) 左辺 $= \{x : f(x) \in Y \setminus E\} = X \setminus \{x : f(x) \in E\} =$ 右辺．
(ii) 左辺 $= \{x : f(x) \in F \setminus E\} = \{x : f(x) \in F\} \setminus \{x : f(x) \in E\} =$ 右辺．
(iii) 左辺 $= \{x : f(x) \in \bigcup_\alpha E_\alpha\} = \bigcup_\alpha \{x : f(x) \in E_\alpha\} =$ 右辺．
(iv) 左辺 $= \{x : f(x) \in \bigcap_\alpha E_\alpha\} = \bigcap_\alpha \{x : f(x) \in E_\alpha\} =$ 右辺．

問 1.10 $\{f^{-1}(F) : F \in \mathscr{B}_Y\} \subset \mathscr{B}_X \iff$ 「$F \in \mathscr{B}_Y \implies f^{-1}(F) \in \mathscr{B}_X$」 $\iff$ $\{F \subset Y : f^{-1}(F) \in \mathscr{B}_X\} \supset \mathscr{B}_Y$．

問 1.11 右辺を$\mathscr{B}$とする．$\mathscr{B}(\mathbb{R}) \cup \{-\infty\} \cup \{\infty\} \subset \mathscr{B} \subset \mathscr{B}(\overline{\mathbb{R}})$は明らかなので$\mathscr{B}(\overline{\mathbb{R}})$の最小性から$\mathscr{B}$が$\sigma$-加法族であることを示せばよい．
(i) $\overline{\mathbb{R}} = \mathbb{R} \cup \{-\infty, \infty\} \in \mathscr{B}$．
(ii) $E \in \mathscr{B}(\mathbb{R})$, $F \subset \{-\infty, \infty\}$とすると，$\overline{\mathbb{R}} \setminus (E \cup F) = (\mathbb{R} \setminus E) \cup (\{-\infty, \infty\} \setminus F) \in \mathscr{B}$．
(iii) $E_n \in \mathscr{B}(\mathbb{R})$, $F_n \subset \{-\infty, \infty\}$とすると，$\bigcup_n (E_n \cup F_n) = \left(\bigcup_n E_n\right) \cup \left(\bigcup_n F_n\right) \in \mathscr{B}$．

問 1.12 $\sigma[\mathscr{E}] \subset \mathscr{B}(\overline{\mathbb{R}})$は明らかである．逆向きの包含関係を示す．任意の$\alpha < \beta < \infty$に対し$(\alpha, \beta] = (\alpha, +\infty] \setminus (\beta, +\infty] \in \sigma[\mathscr{E}]$であるから，$\mathscr{B}(\mathbb{R}) \subset \sigma[\mathscr{E}]$である．さらに$\{\infty\} = (\alpha, +\infty] \setminus \mathbb{R} \in \sigma[\mathscr{E}]$で$\{-\infty\} = \overline{\mathbb{R}} \setminus \left(\bigcup_{n \in \mathbb{Z}} (n, +\infty]\right) \in \sigma[\mathscr{E}]$．以上から$\mathscr{B}(\mathbb{R}) \cup \{-\infty\} \cup \{\infty\} \subset \sigma[\mathscr{E}]$となる．この$\sigma[\cdot]$をとって$\mathscr{B}(\overline{\mathbb{R}}) \subset \sigma[\mathscr{E}]$．

問 1.13 $f \equiv c$とする．このとき$\alpha \geq c$ならば，$\{x \in X : f(x) > \alpha\} = \emptyset$であり，$\alpha < c$ならば，$\{x \in X : f(x) > \alpha\} = X$である．これらの集合はどちらも$\mathscr{B}$に属する．

問 1.14 $E \in \mathscr{B}$とする．$\{x \in X : 1_E(x) > \alpha\}$は$\emptyset$, E, Xのいずれかであり，どれも$\mathscr{B}$に属する．したがって1_Eは$\mathscr{B}$-可測関数である．逆に1_Eを$\mathscr{B}$-可測関数とする．$0 \leq \alpha < 1$とすれば，$E = \{x \in X : 1_E(x) > \alpha\} \in \mathscr{B}$である．

問 1.15 このときもfgは$\mathscr{B}$-可測関数である．$f_n = (f \wedge n) \vee (-n)$, $g_n = (g \wedge n) \vee (-n)$, とおけば$f_n \to f$, $g_n \to g$, $f_n g_n \to fg$（各点収束）である．問 1.16で見るようにf_nとg_nは$\mathscr{B}$-可測関数であり，命題 1.18によって，$f_n g_n$は$\mathscr{B}$-可測関数である．したがって可測関数列の収束先としてfgは$\mathscr{B}$-可測関数である（命題 1.23）．

問 1.16 $f \vee g$の可測性は$\{x \in X : (f \vee g)(x) > \alpha\} = \{x \in X : f(x) > \alpha\} \cup \{x \in X : g(x) > \alpha\}$からわかる．$f \wedge g$の可測性は$\{x \in X : (f \wedge g)(x) < \alpha\} = \{x \in X : f(x) < \alpha\} \cup \{x \in X : g(x) < \alpha\}$，および，命題 1.14よりわかる．

問 1.17 任意の $\alpha \in \mathbb{R}$ に対して $\{x : f(x) > \alpha\}$ は $(-\infty, a) \cap \{x : g(x) > \alpha\}$ と $[a, \infty) \cap \{x : h(x) > \alpha\}$ の和集合であるから $\mathscr{B}(\mathbb{R})$ に入る．したがって，f は Borel 可測．

問 1.18 すべて Borel 可測関数である．(i) は $x = 0$ を含めて連続である．(ii) は $x = 0$ で不連続．(iii) は $x = 0$ で振動して不連続であるが，可測性には影響しない．一般に $f(x)$ を $x \neq 0$ の連続関数とし，$F(x) = \begin{cases} f(x) & (x \neq 0) \\ a & (x = 0) \end{cases}$ とすると，$\{x : F(x) > \alpha\}$ は $((-\infty, 0) \cup (0, \infty)) \cap \{x : f(x) > \alpha\}$ であるか（$\alpha \geq a$ のとき），またはこの集合と $\{0\}$ の和集合である（$\alpha < a$ のとき）．どちらの場合も $\{x : F(x) > \alpha\}$ は Borel 集合であり，F は Borel 可測関数である．

問 1.19 $\{x \in X : f(x) > q\} \cap \{x \in X : q > g(x)\} \subset \{x \in X : f(x) > g(x)\}$ は明らかで，左辺の $q \in \mathbb{Q}$ に関する和も $\{x \in X : f(x) > g(x)\}$ に含まれる．逆に $f(x) > g(x)$ とすると有理数の稠密性より $f(x) > q > g(x)$ となる $q \in \mathbb{Q}$ が存在する．したがって $\{x \in X : f(x) > g(x)\} \subset \bigcup_{\mathbb{Q}} \{x \in X : f(x) > q\} \cap \{x \in X : q > g(x)\}$ である．

問 1.20 $\{x : f(x) \leq g(x)\} = X \setminus \{x : f(x) > g(x)\}$ は命題 1.21 によって可測集合．$\{x : f(x) \neq g(x)\} = \{x : f(x) > g(x)\} \cup \{x : f(x) < g(x)\}$ は命題 1.21（必要なら f と g を交換）によって可測集合．したがって $\{x : f(x) = g(x)\} = X \setminus \{x : f(x) \neq g(x)\}$ は可測集合．

問 1.21 $\exists n$ に対し $f_n(x) > \alpha$ とすれば $\sup_n f_n(x) > \alpha$ である．これは $\bigcup_n \{x \in X : f_n(x) > \alpha\} \subset \{x \in X : \sup_n f_n(x) > \alpha\}$ を意味する．逆に $\sup_n f_n(x) > \alpha$ とすれば，ある n_0 があって $f_{n_0}(x) > \alpha$ である．（もしすべての n に対して $\sup_n f_n(x) \leq \alpha$ ならば，両辺の sup をとって $\sup_n f_n(x) \leq \alpha$ であるから．）したがって $\{x \in X : \sup_n f_n(x) > \alpha\} \subset \{x \in X : f_{n_0}(x) > \alpha\} \subset \bigcup_n \{x \in X : f_n(x) > \alpha\}$．以上で (1.3) が示された．真の不等号 $>$ を $\geq$ に取り替えることはできない．$f_n(x) \equiv -1/n$（定数関数）とし $\alpha = 0$ とすると，$\sup_n f_n(x) \equiv 0$ であるから，$\{x \in X : \sup_n f_n(x) \geq 0\} = X$ であるが，$\bigcup_n \{x \in X : f_n(x) \geq 0\} = \emptyset$．(1.4) についても同様である．省略．

問 1.22 $f = 1 \cdot 1_{[0,1)} + 3 \cdot 1_{[1,2)} + 2 \cdot 1_{[2,3)}$．

問 1.23 $f(X)$ が相異なる実数の集合 $\{a_1, \ldots, a_n\}$ であるとする．$E_j = f^{-1}(a_j) = \{x \in X : f(x) = a_j\}$ とおくと，$\{E_1, \ldots, E_n\}$ は互いに素で，$f = \sum_{j=1}^n a_j 1_{E_j}$ となる．逆に，$f = \sum_{j=1}^n a_j 1_{E_j}$ とする．このとき $\{E_1, \ldots, E_n\}$ は互いに素とは限らないので，f は a_j 以外の値も取り得る．例えば $x \in E_1 \cap E_2 \setminus (E_3 \cup \cdots \cup E_n)$ ならば，$f(x) = a_1 + a_2$．しかし，f の値は a_j の和の組み合わせしかないから，高々 2^n 個の値しかとらない．

問 1.24 前問を用いると，f が単関数ならば $f(X)$ は有限集合であり，それを $\{\alpha_1, \ldots, \alpha_m\}$，$F_j = f^{-1}(\alpha_j)$ とすれば，$\{F_j\}$ は互いに素かつ $f = \sum_{j=1}^m \alpha_j 1_{F_j}$．

問 1.25 $f = \sum_{j=1}^n a_j 1_{E_j}$ とする．このとき $\{x : f(x) > \alpha\}$ は E_j の組み合わせでできる合併か，$\emptyset$，または X である．したがって $E_1, \ldots, E_n \in \mathscr{B}$ ならば，$\{x : f(x) > \alpha\}$ は $\mathscr{B}$ の集合であり，f は $\mathscr{B}$-可測である．逆は一般には成り立たない．非可測集合 $E \subset X$ があったとする．このとき $X \setminus E$ も非可測集合であるが，$1_E + 1_{X \setminus E}$ は定数関数 1 で，可測関数である．

問 1.26 $\{E_j\}$ が互いに素とする．もし $X \setminus \bigcup_j E_j \neq \emptyset$ ならば，これを付け加えることにより，$\bigcup_j E_j = X$ としてよい．このとき任意の $x \in X$ はちょうど1つの E_j に入るから，f の値域は $\{a_j\}$ である．

$\{E_j\}$ が互いに素でないとき，(1.5) の f の値域が非可算になる例．区間 $I = [0,1)$ 上の関数 $f(x) = x$ の値域は I であり非可算．一方，$x \in I$ の2進展開

$$x = \sum_{n=1}^{\infty} \frac{1}{2^n} \alpha_n = \sum_{n=1}^{\infty} \frac{1}{2^n} 1_{E_n}(x)$$

は (1.5) の表現を与える．ただし，α_n は 0 または 1 であり，$E_n = \{x \in I : \alpha_n(x) = 1\}$．

問 1.27 可算加法性を示せばよい．$\{E_n\} \subset \mathscr{B}$ を互いに素，$E = \bigcup_n E_n$ とする．$x_0 \notin E$ ならば，任意の n に対して $x_0 \notin E_n$ で，$\mu(E) = \sum_n \mu(E_n) = 0$ が成り立つ．$x_0 \in E$ ならば，n_0 があって，$x_0 \in E_{n_0}$ で，$n \neq n_0$ ならば $x_0 \notin E_n$ である．このときは $\mu(E) = \sum_n \mu(E_n) = 1$ が成り立つ．

問 1.28 可算加法性を示せばよい．$\{E_n\} \subset \mathscr{B}$ を互いに素，$E = \bigcup_n E_n$ とする．まず，E を有限集合とする．このとき，各 E_n も有限集合で，高々 $\#(E)$ 個の n を除いて $E_n = \emptyset$ である．したがって $\sum_n \#(E_n)$ は実は有限和である．一方，$\#(E_n) = \sum_{x \in E} 1_{E_n}(x)$ であり，$E = \bigcup_n E_n$ が直和より，$1_E = \sum_n 1_{E_n}$ である．したがって 2 重級数の和の順序交換より，

$$\sum_n \#(E_n) = \sum_n \sum_{x \in E} 1_{E_n}(x) = \sum_{x \in E} \sum_n 1_{E_n}(x) = \sum_{x \in E} 1_E(x) = \#(E).$$

次に E を無限集合とする．このとき $\sum_n \#(E_n) = \infty$ を示せばよい．これに反して $\sum_n \#(E_n) = N < \infty$ とすれば，高々 N 個の n を除いて $E_n = \emptyset$ である．さらに，各 E_n は有限集合である．したがって $E = \bigcup_n E_n$ も有限集合であり，矛盾が生じる．

問 1.29 μ の可算加法性を示せばよい．$\{E_n\} \subset \mathscr{B}$ が互いに素とする．すべての n に対して E_n が高々可算集合ならば，$\bigcup_{n=1}^{\infty} E_n$ は高々可算集合であり，

$$\mu\Big(\bigcup_{n=1}^{\infty} E_n\Big) = 0 = \sum_{n=1}^{\infty} \mu(E_n).$$

もし，ある n_0 に対して E_{n_0} が可算集合でなければ，$\mathbb{R} \setminus E_{n_0}$ は高々可算集合である．$\{E_n\}$ は互いに素なので，$n \neq n_0$ ならば $E_n \cap E_{n_0} = \emptyset$ であり，$E_n \subset \mathbb{R} \setminus E_{n_0}$ となる．したがって E_n は可算集合であり，$\mu(E_n) = 0$．よって

$$\mu\Big(\bigcup_{n=1}^{\infty} E_n\Big) = 1 = \mu(E_{n_0}) = \mu(E_{n_0}) + \sum_{n \neq n_0} \mu(E_n) = \sum_{n=1}^{\infty} \mu(E_n).$$

したがって μ は可算加法的であり，測度である．

問 1.30 (a) $n \neq m$ ならば $F_n \cap F_m = \emptyset$ を示す．$n < m$ としてよい．このとき $1 \leq n \leq m-1$ であるから，$F_m = E_m \setminus (E_1 \cup \cdots \cup E_{m-1}) \subset E_n^c$．ゆえに $F_n \cap F_m \subset E_n \cap E_n^c = \emptyset$．

(b) $F_n \subset E_n$ だから，$\bigcup_{n=1}^{N} E_n \subset \bigcup_{n=1}^{N} F_n$ を示せばよい．$x \in \bigcup_{n=1}^{N} E_n$ とする．$x \in E_n$ となる最小の n をとると，$x \notin E_1 \cup \cdots \cup E_{n-1}$．したがって $x \in E_n \setminus (E_1 \cup \cdots \cup E_{n-1}) = F_n \subset \bigcup_{n=1}^{N} E_n$．

(c) (b) より $\bigcup_{n=1}^{N} E_n \subset \bigcup_{n=1}^{N} F_n \subset \bigcup_{n=1}^{\infty} F_n$．$N$ は任意だから $\bigcup_{n=1}^{\infty} E_n \subset \bigcup_{n=1}^{\infty} F_n$．逆の包含は明らか．

問 1.31 $\mu(E_1) = \infty$ のときは結論が成り立たない例がある．反例：$X = \mathbb{N}$，$\mu(E) = \#(E)$：計数測度．$E_n = \{n, n+1, \dots\}$ とすると，$E_n \downarrow \emptyset$ であるが，任意の n に対して $\mu(E_n) = \infty$ で $\mu(\emptyset) = 0$ に収束しない．本質的に同じ例だが，$X = \mathbb{R}$，$\mu = m$（1 次元 Lebesgue 測度），$E_n = [n, \infty)$ としても反例になる．

問 1.32 定義より $A_n^* \in \mathscr{B}$ で $A_n \subset A_n^*$ かつ $\mu(A_n^*) = 0$ となるものがある．このとき $\bigcup_n A_n^* \in \mathscr{B}$ で $\bigcup_n A_n \subset \bigcup_n A_n^*$ かつ，測度の可算劣加法性より，$\mu(\bigcup_n A_n^*) \leq \sum_n \mu(A_n^*) = 0$．したがって $\bigcup_n A_n \in \mathscr{N}$．

問 1.33 (i) $f_n(x) \not\to f(x)$ とは $\exists \varepsilon > 0$ があって，$\forall N$ に対して，$\exists n \geq N$ が存在して，$|f_n(x) - f(x)| \geq \varepsilon$．ここで $\exists$ を $\bigcup$，$\forall$ を $\bigcap$ に直せば，

$$\bigcup_{\varepsilon > 0} \bigcap_{N=1}^{\infty} \bigcup_{n=N}^{\infty} \{x : |f_n(x) - f(x)| \geq \varepsilon\} = \bigcup_{\varepsilon > 0} \limsup_{n \to \infty} \{x : |f_n(x) - f(x)| \geq \varepsilon\}$$

が $f_n(x)$ が $f(x)$ に収束しないところである．

(ii) (i) より $\Longrightarrow$ は明らかである．$\Longleftarrow$ は測度の可算劣加法性と

$$\bigcup_{\varepsilon > 0} \limsup_{n \to \infty} \{x : |f_n(x) - f(x)| \geq \varepsilon\} = \bigcup_{k \geq 1} \limsup_{n \to \infty} \{x : |f_n(x) - f(x)| \geq 1/k\}$$

よりわかる．

問 1.34 J に関する帰納法を使う．$J = 1$ のときは明らかである．$J - 1$ まで正しいとする．$\varphi = \sum_{j=1}^{J} \alpha_j 1_{A_j}$ とする．帰納法の仮定より互いに素な可測集合列 $\{F_k\}$ および正数列 $\{\gamma_k\}$ を $\sum_{j=1}^{J-1} \alpha_j \mu(A_j) = \sum_{k=1}^{m} \gamma_k \mu(F_k)$ となるようにとれる．このとき $G = A_J \setminus (\bigcup_{k=1}^{m} F_k)$ とおくと，$\{F_k \cap A_J, F_k \setminus A_J\}_k \cup \{G\}$ は互いに素であり，

$$\varphi = \sum_{k=1}^{m} (\gamma_k + \alpha_J) 1_{F_k \cap A_J} + \sum_{k=1}^{m} \gamma_k 1_{F_k \setminus A_J} + \alpha_J 1_G,$$

$$\sum_{j=1}^{J} \alpha_j \mu(A_j) = \sum_{k=1}^{m} (\gamma_k + \alpha_J) \mu(F_k \cap A_J) + \sum_{k=1}^{m} \gamma_k \mu(F_k \setminus A_J) + \alpha_J \mu(G)$$

となって，J のときが成立する．

問 1.35 $\mathscr{B}$ が σ-加法族で μ が測度であることは容易に検証できる．$A^c = \{b, c\}$ の部分集合 $\{b\}$，$\{c\}$ は零集合であるが，$\mathscr{B}$ に入らないので，μ は完備ではない．$f = 1_A$，$g = 1_{\{a,b\}}$ とす

ると，f は $\mathscr{B}$-可測関数で，g は $\mathscr{B}$-可測関数でないが，$\{x: f(x) \neq g(x)\} = \{b\}$ で，これは零集合であるから f と g はほとんどいたるところ一致する．

問 1.36 $\int_X |f|^p d\mu \geq \int_{\{x \in X: |f(x)| \geq \lambda\}} |f(x)|^p d\mu(x) \geq \int_{\{x \in X: |f(x)| \geq \lambda\}} \lambda^p d\mu$
$= \lambda^p \mu(\{x \in X: |f(x)| \geq \lambda\})$ を $\lambda^p > 0$ で割ればよい．

問 1.37 $f(x) \neq 0$ のとき $g(x) = f(x)/|f(x)|$ とし，$f(x) = 0$ のとき $g(x) = 0$ とすると，g は有界可測関数である（$|g| \leq 1$）．したがって仮定より

$$0 = \int_X fg d\mu = \int_{\{x \in X: f(x) \neq 0\}} \frac{f(x)^2}{|f(x)|} d\mu(x) = \int_{\{x \in X: f(x) \neq 0\}} |f(x)| d\mu(x).$$

非負関数 $|f(x)|$ の積分が 0 であるから，$|f(x)| = 0$ μ-a.e. となる．

問 1.38 $[a, b]$ および $[c, d]$ の 2^n 等分割 $x_j = a + (b-a)j/2^n$, $y_k = c + (d-c)k/2^n$ ($j, k = 0, \ldots, 2^n$) を考え，$I_{jk} = (x_{j-1}, x_j] \times (y_{k-1}, y_k]$ とおき，

$$\overline{f}_n(x, y) = \sum_{j,k=1}^{2^n} M_{jk} 1_{I_{jk}}(x, y), \quad M_{jk} = \sup_{\xi \in I_{jk}} f(\xi),$$

$$\underline{f}_n(x, y) = \sum_{j,k=1}^{2^n} m_{jk} 1_{I_{jk}}(x, y), \quad m_{jk} = \inf_{\xi \in I_{jk}} f(\xi)$$

とすれば，$\overline{f}_n$ と $\underline{f}_n$ はどちらも K 上の Borel 可測単関数で，2^n 等分の特性から，$\underline{f}_n \leq \underline{f}_{n+1} \leq f \leq \overline{f}_{n+1} \leq \overline{f}_n$ である．この極限をとって，$\lim \underline{f}_n = \underline{f}$, $\lim \overline{f}_n = \overline{f}$ とすれば，これらは Borel 可測関数で $\underline{f} \leq f \leq \overline{f}$ となる．さらに，上 Riemann 和 $\overline{S}_n$, 下 Riemann 和 $\underline{S}_n$ は

$$\overline{S}_n = \sum_{j,k=1}^{2^n} M_{jk} \mu(I_{jk}) = \int_K \overline{f}_n d\mu, \quad \underline{S}_n = \sum_{j,k=1}^{2^n} m_{jk} \mu(I_{jk}) = \int_K \underline{f}_n d\mu$$

をみたす．ただし，μ は 2 次元 Lebesgue 測度である．Riemann 積分可能ならば，これらの極限値は一致し，f の Riemann 積分値となる．一方，単調収束定理から $\overline{f}_n$ と $\underline{f}_n$ の Lebesgue 積分はそれぞれ $\overline{f}$ と $\underline{f}$ の Lebesgue 積分に収束する．したがって，

$$\int_K \overline{f} d\mu = \int_K \underline{f} d\mu$$

で，両辺の差をとって $\int_K (\overline{f} - \underline{f}) d\mu = 0$．ここで $\overline{f} - \underline{f} \geq 0$ であるから，$\overline{f} - \underline{f} = 0$ a.e. となる．したがって，$\underline{f} = f = \overline{f}$ a.e. となって，f は Lebesgue 可測かつ Lebesgue 積分可能で f の Lebesgue 積分値は Riemann 積分値に一致する．

問 1.39 成り立たない．反例．$\mathbb{R}$ 上で $f_n = 1/n$（定数関数）とすると，$f_n \downarrow 0$ であるが，任意の n に対して $\int_\mathbb{R} f_n dx = \infty$ で 0 に収束しない．

問 1.40 不等式は成立しない．反例．$\mathbb{R}$ で $f_n = -1/n$（定数関数）とする．このとき $\lim f_n = 0$ で $\int_\mathbb{R} (\lim f_n) dx = 0$ であるが，任意の n に対して $\int_\mathbb{R} f_n dx = -\infty$ ゆえ，$\lim_{n \to \infty} \int_R f_n dx = -\infty < 0$.

問 1.41 $f_n + f - |f_n - f| \geq 0$ に Fatou の補題を適用して

$$2\int_X f d\mu = \int_X \liminf_{n\to\infty}(f_n + f - |f_n - f|)d\mu \leq \liminf_{n\to\infty}\int_X (f_n + f - |f_n - f|)d\mu$$

$$= 2\int_X f d\mu - \limsup_{n\to\infty}\int_X |f_n - f|d\mu.$$

ここで $2\int_X f d\mu < \infty$ であるから, $\limsup_{n\to\infty}\int_X |f_n - f|d\mu \leq 0$.

問 1.42 答えは $\int_X f d\mu$ である. 実際, $t = 1/n$ としてロピタルの定理を用いると

$$\lim_{n\to\infty} n\sin\left(\frac{f}{n}\right) = \lim_{t\to +0}\frac{\sin(tf)}{t} = \lim_{t\to +0}\frac{f\cos(tf)}{1} = f.$$

また, $\left|n\sin\left(\frac{f}{n}\right)\right| \leq n\left|\frac{f}{n}\right| = |f|$ で f は可積分であるので Lebesgue の収束定理より

$$\lim_{n\to\infty}\int_X n\sin\left(\frac{f}{n}\right)d\mu = \int_X f d\mu.$$

問 1.43 $\sum_{n=1}^{\infty} |f_n|$ は可積分関数であるから a.e. に有限値である. すなわち, a.e. に x に対して $\sum_{n=1}^{\infty} f_n(x)$ は絶対収束している. 一般に「絶対収束 $\Longrightarrow$ 収束」であるから, $\sum_{n=1}^{\infty} f_n(x)$ は a.e. に収束して存在する.

問 1.44 まず, 各項に絶対値をつけた級数を考える. 項別積分定理と平行移動より,

$$\int_{\mathbb{R}} \sum_{n=0}^{\infty} \frac{|f(x+n)|}{3^n} dx = \sum_{n=0}^{\infty} \int_{\mathbb{R}} \frac{|f(x+n)|}{3^n} dx = \sum_{n=0}^{\infty} \frac{1}{3^n}\int_{\mathbb{R}} |f(x+n)|dx$$

$$= \sum_{n=0}^{\infty} \frac{1}{3^n}\int_{\mathbb{R}} |f(x)|dx = \frac{3}{2}\int_{\mathbb{R}} |f(x)|dx < \infty.$$

ゆえに絶対値をつけない級数に対して和と積分の順序交換が可能で, $\frac{3}{2}\int_{\mathbb{R}} f(x)dx$ が答え.

問 1.45 $0 \leq f_1 \leq f_2 \leq \cdots \to f$ とする. $g_1 = f_1$, $g_n = f_n - f_{n-1}$ $(n \geq 2)$ とすれば, $g_n \geq 0$ で, $f_N = \sum_{n=1}^{N} g_n$, $f = \sum_{n=1}^{\infty} g_n$ である. 項別積分定理より,

$$\lim_{N\to\infty}\int_X f_N d\mu = \lim_{N\to\infty}\int_X \Big(\sum_{n=1}^{N} g_n\Big)d\mu = \lim_{N\to\infty}\sum_{n=1}^{N}\int_X g_n d\mu$$

$$= \sum_{n=1}^{\infty}\int_X g_n d\mu = \int_X \Big(\sum_{n=1}^{\infty} g_n\Big)d\mu = \int_X f d\mu.$$

問 1.46 補題 1.63 や補題 1.64 の証明とほぼ同様である. $0 < a < t < A$, $|x| < b$ とする. $|p(t, x-y)f(y)| \leq \frac{1}{\sqrt{4\pi a}}|f(y)|$ および $\int_{-\infty}^{\infty} |f(y)|dy < \infty$ を用いれば, $\int_{-\infty}^{\infty} p(t, x-$

$y)f(y)dy$ は存在して連続であることがわかる．さらに補題1.63の証明では $\left|\frac{\partial p}{\partial x}\right|, \left|\frac{\partial^2 p}{\partial x^2}\right|, \left|\frac{\partial p}{\partial t}\right|$ を評価していて，これらはすべて有界であるから，$f(y)$ の可積分性によって積分記号下の微分ができる．補題1.64の証明の最後のところは

$$\int_{|y|\geq\delta} p(t,-y)|f(y)-f(0)|dy \leq \int_{|y|\geq\delta} p(t,-y)|f(y)|dy + \int_{|y|\geq\delta} p(t,-y)|f(0)|dy$$

$$\leq \frac{1}{\sqrt{4\pi t}}\exp\left(-\frac{\delta^2}{4t}\right)\int_{|y|\geq\delta}|f(y)|dy + |f(0)|\int_{|y|\geq\delta}p(t,-y)dy$$

とすると，$t\downarrow 0$ のとき右辺は 0 に収束することが計算によりわかる．

問 1.47 定義式により $\int_{-\infty}^{\infty}p(s,x-y)p(t,y)dy$ は

$$\frac{1}{4\pi\sqrt{st}}\int_{-\infty}^{\infty}\exp\left(-\frac{(x-y)^2}{4s}\right)\exp\left(-\frac{y^2}{4t}\right)dy = \frac{1}{4\pi\sqrt{st}}\int_{-\infty}^{\infty}\exp\left(-\frac{t(x-y)^2+sy^2}{4st}\right)dy$$

となる．ここで右辺の積分の exp 内の分数の分子は

$$t(x^2-2xy+y^2)+sy^2 = (s+t)\left(y-\frac{t}{s+t}x\right)^2 - \frac{t^2}{s+t}x^2 + tx^2 = (s+t)\left(y-\frac{t}{s+t}x\right)^2 + \frac{st}{s+t}x^2$$

であるから変数変換 $z=\sqrt{\frac{s+t}{4st}}\left(y-\frac{t}{s+t}x\right)$ により，上の積分は

$$\int_{-\infty}^{\infty}p(s,x-y)p(t,y)dy = \frac{1}{4\pi\sqrt{st}}\sqrt{\frac{4st}{s+t}}\exp\left(-\frac{x^2}{4(s+t)}\right)\int_{-\infty}^{\infty}e^{-z^2}dz = p(s+t,x).$$

問 1.48 連続性は局所的な性質だから任意に $0<a<b<\infty$ をとり，$a<y<b$ で連続なことを示せばよい．$a<y<b$ のとき

$$\left|\frac{yf(\xi)}{(x-\xi)^2+y^2}\right| \leq \frac{b|f(\xi)|}{a^2}$$

で右辺は (x,y) に関係しない可積分関数だから Lebesgue の優収束定理によって

$$\lim_{(x,y)\to(x_0,y_0)}u(x,y) = \frac{1}{\pi}\int_{-\infty}^{\infty}\lim_{(x,y)\to(x_0,y_0)}\frac{yf(\xi)}{(x-\xi)^2+y^2}d\xi$$

$$= \frac{1}{\pi}\int_{-\infty}^{\infty}\frac{y_0 f(\xi)}{(x_0-\xi)^2+y_0^2}d\xi = u(x_0,y_0)$$

が $a<y_0<b$ に対してわかる．a,b の任意性より，$u(x,y)$ は $\mathbb{R}\times\mathbb{R}^+$ で連続である．

問 1.49 微分可能性は局所的な性質だから任意に $0<a<b<\infty$ をとり，$a<y<b$ で何回でも微分可能で偏導関数が連続であることを示せばよい．(1.20) の被積分関数を x で偏微分すると

$$\frac{\partial}{\partial x}\left(\frac{yf(\xi)}{(x-\xi)^2+y^2}\right) = -\frac{2y(x-\xi)f(\xi)}{((x-\xi)^2+y^2)^2}.$$

$a<y<b$ のとき，この絶対値は (x,y) に関係しない可積分関数で抑えられることを示そう．積分範囲を2つに分ける．

(a) $|x-\xi| \leq a$ のとき, $\left|\dfrac{2y(x-\xi)f(\xi)}{((x-\xi)^2+y^2)^2}\right| \leq \dfrac{|2baf(\xi)|}{(0^2+a^2)^2} = \dfrac{2b|f(\xi)|}{a^3}$.

(b) $|x-\xi| \geq a$ のとき, $\left|\dfrac{2y(x-\xi)f(\xi)}{((x-\xi)^2+y^2)^2}\right| \leq \dfrac{|2b(x-\xi)f(\xi)|}{(|x-\xi|^2+0^2)^2} = \dfrac{2b|f(\xi)|}{|x-\xi|^3} \leq \dfrac{2b|f(\xi)|}{a^3}$.

以上から,積分記号下の微分が使えて,$u(x,y)$ は x について偏微分可能で

$$u_x(x,y) = \frac{1}{\pi}\int_{-\infty}^{\infty} \frac{2y(x-\xi)f(\xi)}{((x-\xi)^2+y^2)^2}d\xi$$

となる.問1.48 と同様にして u_x は連続となる.a,b の任意性より,これは $(x,y)\in \mathbb{R}\times\mathbb{R}^+$ で成り立つ.

一方,(1.20) の被積分関数を y で偏微分すると

$$\frac{\partial}{\partial y}\Big(\frac{yf(\xi)}{(x-\xi)^2+y^2}\Big) = \frac{f(\xi)}{(x-\xi)^2+y^2} - \frac{2y^2 f(\xi)}{((x-\xi)^2+y^2)^2}.$$

ここで $a<y<b$ のとき

$$\left|\frac{f(\xi)}{(x-\xi)^2+y^2}\right| \leq \frac{|f(\xi)|}{a^2},\quad \left|\frac{2y^2 f(\xi)}{((x-\xi)^2+y^2)^2}\right| \leq \frac{2b^2|f(\xi)|}{a^4}$$

であるから,積分記号下の微分ができて,$u(x,y)$ は y について偏微分可能で u_y は連続である.a,b の任意性より,これは $(x,y)\in\mathbb{R}\times\mathbb{R}^+$ で成り立つ.

高階の偏微分についても同様である.例えば (1.20) の被積分関数の 2 階偏微分は

$$\frac{\partial^2}{\partial x^2}\Big(\frac{yf(\xi)}{(x-\xi)^2+y^2}\Big) = -\frac{2yf(\xi)}{((x-\xi)^2+y^2)^2} + \frac{8(x-\xi)^2 yf(\xi)}{((x-\xi)^2+y^2)^3},$$

$$\frac{\partial^2}{\partial y^2}\Big(\frac{yf(\xi)}{(x-\xi)^2+y^2}\Big) = -\frac{2yf(\xi)}{((x-\xi)^2+y^2)^2} - \frac{4yf(\xi)}{((x-\xi)^2+y^2)^2} + \frac{8y^3 f(\xi)}{((x-\xi)^2+y^2)^3}$$

などとなり,$a<y<b$ のとき (x,y) に関係しない可積分関数で抑えられる.高階の偏微分も同様であり,何度でも積分記号下の微分ができて $u(x,y)\in C^\infty(\mathbb{R}\times\mathbb{R}^+)$.

問1.50 問 1.49 で計算した 2 階偏微分を加えて

$$\Delta\Big(\frac{yf(\xi)}{(x-\xi)^2+y^2}\Big) = \frac{\partial^2}{\partial x^2}\Big(\frac{yf(\xi)}{(x-\xi)^2+y^2}\Big) + \frac{\partial^2}{\partial y^2}\Big(\frac{yf(\xi)}{(x-\xi)^2+y^2}\Big) = 0.$$

したがって積分記号下の微分より

$$\Delta u(x,y) = \frac{1}{\pi}\int_{-\infty}^{\infty}\Delta\Big(\frac{yf(\xi)}{(x-\xi)^2+y^2}\Big)d\xi = 0.$$

問1.51 まず $f\equiv 1$ のときを考えよう.$t=(x-\xi)/y$ と変数変換すると

$$\frac{1}{\pi}\int_{-\infty}^{\infty}\frac{y}{(x-\xi)^2+y^2}d\xi = \frac{1}{\pi}\int_{-\infty}^{\infty}\frac{y}{y^2(t^2+1)}ydt = 1. \tag{*}$$

したがって，このときは極限をとるまでもなく $u(x,y) = f(x)$ である．

一般のときを考えよう．$\xi \neq x$ ならば

$$\lim_{y \downarrow 0} \frac{yf(\xi)}{(x-\xi)^2 + y^2} = 0$$

であるが，単純に極限と積分の順序交換はできない．$\xi = x$ で分母の極限値は 0 になるので $\mathbb{R}$ 全体では優関数が存在しないからである．そこで $\xi = x$ の近くでは $f(\xi)$ の連続性を用い，ξ が x から離れたところでは優収束定理を用いる．(*) と積分の線形性から

$$u(x,y) - f(x) = \frac{1}{\pi} \int_{-\infty}^{\infty} \frac{y(f(\xi) - f(x))}{(x-\xi)^2 + y^2} d\xi$$

である．したがって，$f(\xi)$ の代わりに $f(\xi) - f(x)$ を考えることにより，$f(x) = 0$ の追加条件の下で $\lim_{y \downarrow 0} u(x,y) = 0$ を示せばよい．

この追加条件と連続性より，$\forall \varepsilon > 0$ に対して $\exists \delta > 0$ があって，$|\xi - x| < \delta$ のとき $|f(\xi)| < \varepsilon$ となる．よって，$y > 0$ によらず

$$\frac{1}{\pi} \int_{|x-\xi|<\delta} \frac{y|f(\xi)|}{(x-\xi)^2 + y^2} d\xi \leq \frac{\varepsilon}{\pi} \int_{|x-\xi|<\delta} \frac{y}{(x-\xi)^2 + y^2} d\xi \leq \frac{\varepsilon}{\pi} \int_{-\infty}^{\infty} \frac{y}{(x-\xi)^2 + y^2} d\xi.$$

(*) より最後の項は ε である．一方，$|\xi - x| \geq \delta$ では

$$\frac{1}{\pi} \int_{|x-\xi|\geq \delta} \frac{y|f(\xi)|}{(x-\xi)^2 + y^2} d\xi \leq \frac{1}{\pi} \int_{|x-\xi|\geq \delta} \frac{y|f(\xi)|}{\delta^2} d\xi \leq \frac{y}{\pi \delta^2} \int_{-\infty}^{\infty} |f(\xi)| d\xi.$$

最後の項は $y \downarrow 0$ のとき 0 に収束する．$\varepsilon > 0$ は任意だったから $\lim_{y \downarrow 0} u(x,y) = 0$ がわかった．

問 1.52 $|f(\xi)| \leq M$ とする．$u(x,y)$ は $\mathbb{R} \times \mathbb{R}^+$ で連続を示そう．連続性は局所的な性質だから任意に $R > 0$ と $0 < a < b < \infty$ をとり，$|x| < R$ かつ $a < y < b$ のとき連続なことを示せばよい．$|\xi| \geq 2R$ のとき，$|x| < R \leq |\xi|/2$ に注意すると

$$\left| \frac{yf(\xi)}{(x-\xi)^2 + y^2} \right| \leq \begin{cases} \dfrac{y|f(\xi)|}{y^2} \leq \dfrac{M}{a} & (|\xi| < 2R) \\ \dfrac{bM}{|x-\xi|^2} \leq \dfrac{bM}{(|\xi|/2)^2} & (|\xi| \geq 2R) \end{cases}$$

で右辺は (x,y) に関係しない ξ の可積分関数となり，Lebesgue の優収束定理が使える．残りの議論も同様である．

問 2.1 (i) $\Gamma(\emptyset) = \Gamma_1(\emptyset) + \Gamma_2(\emptyset) = 0$, $\Gamma(A) = \Gamma_1(A) + \Gamma_2(A) \geq 0$ であるから，Γ は非負で空集合の値が 0 である．$A \subset B$ とすると，$\Gamma(A) = \Gamma_1(A) + \Gamma_2(A) \leq \Gamma_1(B) + \Gamma_2(B) = \Gamma(B)$ より，Γ は単調性をみたす．可算劣加法性は

$$\Gamma\Big(\bigcup_{n=1}^{\infty} A_n\Big) = \Gamma_1\Big(\bigcup_{n=1}^{\infty} A_n\Big) + \Gamma_2\Big(\bigcup_{n=1}^{\infty} A_n\Big)$$

$$\leq \sum_{n=1}^{\infty} \Gamma_1(A_n) + \sum_{n=1}^{\infty} \Gamma_2(A_n) = \sum_{n=1}^{\infty} \Gamma(A_n).$$

(ii) $\Gamma^*(\emptyset) = \max\{\Gamma_1(\emptyset), \Gamma_2(\emptyset)\} = 0$, $\Gamma^*(A) = \max\{\Gamma_1(A), \Gamma_2(A)\} \geq 0$ であるから, Γ^* は非負で空集合の値が 0 である. $A \subset B$ とすると, $\Gamma^*(A) = \max\{\Gamma_1(A), \Gamma_2(A)\} \leq \max\{\Gamma_1(B), \Gamma_2(B)\} = \Gamma^*(B)$ より, Γ は単調性をみたす. 可算劣加法性は

$$\Gamma^*\Big(\bigcup_{n=1}^{\infty} A_n\Big) = \max\Big\{\Gamma_1\Big(\bigcup_{n=1}^{\infty} A_n\Big), \Gamma_2\Big(\bigcup_{n=1}^{\infty} A_n\Big)\Big\}$$

$$\leq \max\Big\{\sum_{n=1}^{\infty} \Gamma_1(A_n), \sum_{n=1}^{\infty} \Gamma_2(A_n)\Big\} \leq \sum_{n=1}^{\infty} \Gamma^*(A_n).$$

最後の不等式は各 n に対して $\Gamma_j(A) \leq \Gamma^*(A)$ $(j = 1, 2)$ であることから.

問 2.2 Γ は劣加法的なので $\Gamma(T) \leq \Gamma(T \cap E) + \Gamma(T \setminus E)$ は常に成立. また $\Gamma(T) = \infty$ ならば, $\Gamma(T) \geq \Gamma(T \cap E) + \Gamma(T \setminus E)$ は自明に成立.

問 2.3 $\Gamma(A) = 0$ とする. このとき任意の $E \subset A$ は $0 \leq \Gamma(E) \leq \Gamma(A) = 0$ をみたし, $\Gamma(E) = 0$ である. さらに任意の $T \subset X$ に対して, $\Gamma(T \cap E) + \Gamma(T \setminus E) \leq \Gamma(E) + \Gamma(T) = \Gamma(T)$ であるから, E は Γ-可測である.

問 2.4 $E = \bigcup_j E_j$ とする. $E = \emptyset$ ならば, $\Gamma(E) = 0 \leq \sum_j \Gamma(E_j)$ が成立. $E \neq \emptyset$ ならば, $\exists E_j$ で $E_j \neq \emptyset$. よって $\Gamma(E) = 1 \leq \sum_j \Gamma(E_j)$ が成立. 以上から Γ は外測度.

Γ-可測集合は $\emptyset$ と X のみ. 実際, $\emptyset \subsetneq E \subsetneq X$ とすると, $X \cap E \neq \emptyset$, $X \setminus E \neq \emptyset$ ゆえ $\Gamma(X \cap E) + \Gamma(X \setminus E) = 2 > 1 = \Gamma(X)$. よって E は可測でない. (X をテスト集合とした.)

問 2.5 $\Longrightarrow$ は定義からすぐにわかる. $\Longleftarrow$ を示す. $\Gamma(A) = 0$ とすると, Γ の定義より任意の $n \geq 1$ に対して $E_n \in \mathscr{B}$ で $A \subset E_n$ かつ $\mu(E_n) < 1/n$ となるものがある. このとき $A \subset E = \bigcap_{n \geq 1} E_n \in \mathscr{B}$ かつ $\mu(E_n) \downarrow \mu(E) = 0$ であるから $A \in \mathscr{N}$.

問 2.6 μ は σ-有限でない. ν は σ-有限である. $\because$ もし μ が σ-有限ならば, $\mu(X_n) = \#(X_n) < \infty$ で $\mathbb{R} = \bigcup_{n=1}^{\infty} X_n$ と表され, $\mathbb{R}$ は高々可算となり, 矛盾である. 一方, $\mathbb{Q}$ は可算であるので $\mathbb{Q} = \{x_1, x_2, \dots\}$ とすることができる. $Y_n = (\mathbb{R} \setminus \mathbb{Q}) \cup \{x_1, \dots, x_n\}$ とすれば, $\mu(Y_n) = n < \infty$ で $\mathbb{R} = \bigcup_{n=1}^{\infty} Y_n$ と表されるから, ν は σ-有限である.

問 2.7 $N = 2$ のときは定義である. $N \geq 3$ に対しては帰納法を使えばよい.

問 2.8 μ と ν が測度であることを示すには, 可算加法性を確かめればよい. $E = \bigcup_{n=1}^{\infty} E_n$ (直和) とすると以下が成り立つ.

- $\mu(E) = 0 \iff E = \emptyset \iff$ 任意の n に対して $E_n = \emptyset \iff \sum_{n=1}^{\infty} \mu(E_n) = 0$.
- $\mu(E) = \infty \iff E \neq \emptyset \iff$ ある n に対して $E_n \neq \emptyset \iff \sum_{n=1}^{\infty} \mu(E_n) = \infty$.
- $\nu(E) = 0 \iff E$ は高々可算 $\iff$ 任意の n に対して E_n は高々可算 $\iff \sum_{n=1}^{\infty} \nu(E_n) = 0$.
- $\nu(E) = \infty \iff E$ は非可算 $\iff$ ある n に対して E_n は非可算 $\iff \sum_{n=1}^{\infty} \nu(E_n) = \infty$.

したがって μ と ν はどちらも $2^{\mathbb{R}}$ を定義域とする測度である.

一方, $K \in \mathscr{A}$ とすると, $K = \emptyset$ か K は区間を含んで非可算であるかのどちらであるから, $\mu(K) = \nu(K)$ である. しかし, $\mu(\mathbb{Q}) = \infty \neq 0 = \nu(\mathbb{Q})$ であるから, μ と ν は異なる.

問 2.9 有限加法的測度 m_0 の劣加法性より $m_0(E^*) \leq \sum_{j=1}^{J}(b_j + \varepsilon/J - a_j) = m_0(E) + \varepsilon$.

問 2.10 最初の下限を L, 2番目の下限を R とおく. $m^*(A) = \inf\{\sum_{j=1}^{\infty}(b_j - a_j) : A \subset \bigcup_{j=1}^{\infty}(a_j, b_j]\}$ であるから, 覆い方の条件を考えれば, $R \leq m^*(A) \leq L$ は明らかである. したがって, $L \leq R$ を示せばよい. $R < \infty$ としてよい. このとき任意の $\varepsilon > 0$ に対して閉区間の列 $\{[a_j, b_j]\}$ で $A \subset \bigcup_{j=1}^{\infty}[a_j, b_j]$ かつ $\sum_{j=1}^{\infty}(b_j - a_j) < R + \varepsilon$ となるものがある. このとき, $\alpha_j = a_j - \varepsilon/2^j$, $\beta_j = b_j + \varepsilon/2^j$ とおけば, $A \subset \bigcup_{j=1}^{\infty}(\alpha_j, \beta_j)$ で $\sum_{j=1}^{\infty}(\beta_j - \alpha_j) < R + 3\varepsilon$ である. したがって $L \leq R + 3\varepsilon$ であり, $\varepsilon > 0$ は任意だから, $L \leq R$ である.

問 2.11 右辺を $M(A)$ とおく. 区間はとくに区間塊だから $M(A) \leq m^*(A)$ は明らかである. $m^*(A) \leq M(A)$ を示そう. $M(A)$ の定義に現れる区間塊を $E_j = \bigcup_{n=1}^{N(j)}(a_j^n, b_j^n]$ (直和), $a_j^1 < b_j^1 < \cdots < a_j^{N(j)} < b_j^{N(j)}$, と表すと, $m_0(E_j) = \sum_{n=1}^{N(j)}(b_j^n - a_j^n)$ である. ここで可算個の半開半閉の区間の族 $\{(a_j^n, b_j^n]\}_{j,n}$ を並べ替えて $\{(a_k, b_k]\}_k$ とすると, $A \subset \bigcup_k(a_k, b_k]$ で $m^*(A) \leq \sum_k(b_k - a_k) = \sum_{j=1}^{\infty}m_0(E_j)$ となる. これが A を覆う任意の区間塊の族 $\{E_j\}$ に対して成り立つから, $m^*(A) \leq M(A)$ である.

問 2.12 $x \uparrow a$ のとき $(x, a] \downarrow \{a\}$ であるから, 測度の単調性と Lebesgue-Stieltjes 測度の定義より, $g(a) - g(x) = m_g((x, a]) \downarrow m_g(\{a\})$. したがって $m_g(\{a\}) = g(a) - \lim_{x \uparrow a} g(x)$.

問 2.13 (a) $X \in \mathscr{A}$ および (b) $E, F \in \mathscr{A} \implies E \cap F, E \setminus F \in \mathscr{A}$ を仮定して, 有限加法族の定義

    (i) $\emptyset \in \mathscr{A}$ (ii) $E \in \mathscr{A} \implies X \setminus E \in \mathscr{A}$ (iii) $E_1, E_2 \in \mathscr{A} \implies E_1 \cup E_2 \in \mathscr{A}$

を確かめる. (a) および (b) で $E = F = X$ として, $\emptyset = X \setminus X \in \mathscr{A}$, すなわち (i) 成立. さらに $E \in \mathscr{A}$ とすれば, (b) より $X \setminus E \in \mathscr{A}$, すなわち (ii) 成立. (iii) を示す. (a) と (b) より, $E_1, E_2 \in \mathscr{A} \implies X \setminus E_1, X \setminus E_2 \in \mathscr{A} \implies (X \setminus E_1) \cap (X \setminus E_2) \in \mathscr{A} \implies E_1 \cup E_2 = X \setminus [(X \setminus E_1) \cap (X \setminus E_2)] \in \mathscr{A}$.

問 2.14 集合の要素に着目するか, 集合をそのまま変形. この解答例では 2 つの方法を交互に用いてみた. 残された部分も同様である.

(i) の片側. $y \in (\bigcup_n A_n)_x \iff (x, y) \in \bigcup_n A_n \iff {}^{\exists}n$ s.t. $(x, y) \in A_n \iff {}^{\exists}n$ s.t. $y \in (A_n)_x \iff y \in \bigcup_n (A_n)_x$.

(ii) の片側. $(\bigcap_n A_n)_y = \{x : (x, y) \in \bigcap_n A_n\} = \bigcap_n \{x : (x, y) \in A_n\} = \bigcap_n (A_n)_y$.

(iii) の片側. $n \neq m$ とする.
$$(A_n)_x \cap (A_m)_x = \{y : (x, y) \in A_n\} \cap \{y : (x, y) \in A_m\}$$
$$= \{y : (x, y) \in A_n \cap A_m\} = \{y : (x, y) \in \emptyset\} = \emptyset.$$

(iv) $n < m$ とする. $x \in (A_n)_y \iff (x, y) \in A_n \implies (x, y) \in A_m \iff x \in (A_m)_y$.

問 2.15 $\mathscr{T}_3 = \{E \subset X : X \setminus E \in \tau[\mathscr{A}]\}$ とする. $\mathscr{A}$ は有限加法族だから, $E \in \mathscr{A}$ ならば $X \setminus E \in \mathscr{A} \subset \tau[\mathscr{A}]$ である. したがって $\mathscr{A} \subset \mathscr{T}_3$ である. $\mathscr{T}_3$ は単調族であることを示そう. $E_n \in \mathscr{T}_3$ をとる. このとき $X \setminus E_n \in \tau[\mathscr{A}]$ である. もし $E_n \uparrow E$ ならば, $X \setminus E_n \downarrow X \setminus E$

であり，$\tau[\mathscr{A}]$ は単調族であるから $X \setminus E \in \tau[\mathscr{A}]$ である．したがって $\mathscr{T}_3$ の定義より $E \in \mathscr{T}_3$ である．同様にして，$E_n \downarrow E$ の場合は $X \setminus E_n \uparrow X \setminus E \in \tau[\mathscr{A}]$ であるから，$\mathscr{T}_3$ の定義より $E \in \mathscr{T}_3$ である．以上から $\mathscr{T}_3$ は $\mathscr{A}$ を含む単調族である．一方，$\tau[\mathscr{A}]$ は $\mathscr{A}$ を含む最小の単調族であるから，$\tau[\mathscr{A}] \subset \mathscr{T}_3$ となる．この意味を解釈すると $E \in \tau[\mathscr{A}] \implies X \setminus E \in \tau[\mathscr{A}]$ である．

問 2.16 被積分関数は正だから積分の順序変更ができる．y から先に積分すると

$$\int_0^\infty dx \int_x^\infty px^{p-1} e^{-y} dy = p \int_0^\infty x^{p-1} \Big[-e^{-y} \Big]_{y=x}^{y=\infty} dx = p \int_0^\infty x^{p-1} e^{-x} dx = p\Gamma(p).$$

x から先に積分すると

$$\int_0^\infty dy \int_0^y px^{p-1} e^{-y} dx = \int_0^\infty e^{-y} \Big[x^p \Big]_{x=0}^{x=y} dy = \int_0^\infty y^p e^{-y} dy = \Gamma(p+1).$$

問 2.17 有理数 $\mathbb{Q}$ の稠密性から，$(X \times \mathbb{R}) \setminus E = \{(x, t) \in X \times \mathbb{R} : f(x) < t\}$ は

$$(X \times \mathbb{R}) \setminus E = \bigcup_{q \in \mathbb{Q}} \{(x, t) : f(x) < q\} \cap \{(x, t) : q < t\}$$

$$= \bigcup_{q \in \mathbb{Q}} (\{x \in X : f(x) < q\} \times \mathbb{R}) \cap (X \times (q, \infty))$$

となる．例題 2.6 の証明と同様にして，$(X \times \mathbb{R}) \setminus E$ は $\mathscr{B} \times \mathscr{B}(\mathbb{R})$-可測集合．したがって E は $\mathscr{B} \times \mathscr{B}(\mathbb{R})$-可測集合．

問 2.18 (i) $t = x^2$ とすると $\int_0^A \sin(x^2) dx = \int_0^{A^2} \sin t \dfrac{dt}{2\sqrt{t}}$.

(ii) $I = I(A, y) = \int_0^A e^{-xy^2} \sin x \, dx$ に部分積分を 2 回繰り返して，

$$I = -\frac{e^{-Ay^2} \sin A}{y^2} + \frac{1}{y^2} \Big\{ \Big[-\frac{e^{-xy^2}}{y^2} \cos x \Big]_{x=0}^{x=A} - \frac{1}{y^2} I \Big\}.$$

I/y^4 を移項して，両辺を $1 + 1/y^4$ で割って，$I = \dfrac{1 - e^{-Ay^2}(y^2 \sin A + \cos A)}{y^4 + 1}$.

(iii) $|e^{-xy^2} \sin x| \leq e^{-xy^2} \leq 1$ および

$$\int_0^\infty dy \int_0^A e^{-xy^2} dx \leq \int_0^1 dy \int_0^A dx + \int_1^\infty \frac{1 - e^{-Ay^2}}{y^2} dy < \infty$$

より，Fubini の定理によって積分順序を交換し，変数変換すると

$$\int_0^A \sin x \, dx \int_0^\infty e^{-xy^2} dy = \int_0^A \frac{\sin x}{\sqrt{x}} dx \int_0^\infty e^{-t^2} dt = \frac{\sqrt{\pi}}{2} \int_0^A \frac{\sin x}{\sqrt{x}} dx.$$

一方，順序変更せずにこのまま積分すると，$A \to \infty$ のとき，

$$\int_0^\infty I(A, y) dy = \int_0^\infty \frac{1 - e^{-Ay^2}(y^2 \sin A + \cos A)}{y^4 + 1} dy \to \int_0^\infty \frac{dy}{y^4 + 1} = \frac{\pi}{\sqrt{8}}.$$

ここで Lebesgue の収束定理は

$$\left|\frac{1-e^{-Ay^2}(y^2\sin A+\cos A)}{y^4+1}\right|\le \frac{1+y^2+|\cos A|}{y^4+1}\le \frac{y^2+2}{y^4+1},\quad \int_0^\infty \frac{y^2+2}{y^4+1}dy<\infty$$

より用いることができる．したがって

$$\lim_{A\to\infty}\int_0^A \sin(x^2)dx = \lim_{A\to\infty}\int_0^{A^2}\frac{\sin t\,dt}{2\sqrt{t}}=\frac{\pi}{2\sqrt{8}}\Big/\frac{\sqrt{\pi}}{2}=\sqrt{\frac{\pi}{8}}.$$

ヒントのヒント．留数計算が簡単だが，実積分の範囲では次のようにする．変数変換 $t=1/y$ より

$$\int_0^\infty \frac{dy}{y^4+1}=\int_0^\infty \frac{y^2}{y^4+1}dy.\ \ 部分分数分解\ \frac{y^2+1}{y^4+1}=\frac{1}{2}\Big\{\frac{1}{y^2-\sqrt{2}y+1}+\frac{1}{y^2+\sqrt{2}y+1}\Big\}.$$

問 3.1 系 3.2 を次元 d に関する帰納法で示す．$d=2$ とする．$f(\cdot,x_2)$ が連続ならば，とくに 1 次元 Borel 可測関数であるから，定理 3.1 によって $f(x_1,x_2)$ は 2 次元 Borel 可測関数である．

$d\ge 3$ とし $d-1$ まで成り立つとする．$(x_1,x_2,\ldots,x_d)=(x_1,x')$ と表そう．このとき帰納法の仮定より x_1 をとめると，$f(x_1,\cdot)$ は $d-1$ 次元 Borel 可測関数．一方，x' をとめると $f(\cdot,x')$ は連続．したがって，定理 3.1 によって $f(x_1,x_2,\ldots,x_d)=f(x_1,x')$ は d 次元 Borel 可測関数である．偏微分可能性から，1 変数だけ動いたときの連続性が導かれるので，系 3.3 は系 3.2 の簡単な系である．

問 3.2 F_n の作り方から $m>n$ とすると F_m と X_n は交わらない．つまり X_n 内に限定すれば，閉集合の有限個の合併であり，閉集合である．

問 3.3 任意に $x,y\in\mathbb{R}^n$ をとる．任意に $z\in A$ をとると，$\mathrm{dist}(x,A)$ の定義と，三角不等式から

$$\mathrm{dist}(x,A)\le |x-z|\le |x-y|+|y-z|.$$

ここで $z\in A$ は任意だから $\mathrm{dist}(x,A)\le |x-y|+\mathrm{dist}(y,A)$．よって $\mathrm{dist}(x,A)-\mathrm{dist}(y,A)\le |x-y|$．さらに x と y を交換して同じ議論をすれば $\mathrm{dist}(y,A)-\mathrm{dist}(x,A)\le |x-y|$．これから求める不等式が出る．

問 3.4 定理 3.8 と同様にして有界 Lebesgue 可測集合 E に対して，

$$\int_{\mathbb{R}^d}|1_E(x)-g(x)|^p dx<\varepsilon$$

となる $g\in C_0(\mathbb{R}^d)$ を見つければよい．コンパクト集合 K と有界開集合 G で $K\subset E\subset G$ かつ $m_d(G\setminus K)<\varepsilon$ をみたすものが存在する．このとき

$$g(x)=\frac{\mathrm{dist}(x,G^c)}{\mathrm{dist}(x,K)+\mathrm{dist}(x,G^c)}$$

は $C_0(\mathbb{R}^d)$ の関数で，$0\le g(x)\le 1$ であり，K 上で $g(x)=1$ で，G^c で $g(x)=0$ である．したがって $\int_{\mathbb{R}^d}|1_E(x)-g(x)|^p dx=\int_{G\setminus K}|1_E(x)-g(x)|^p dx\le m_d(G\setminus K)<\varepsilon$.

問 3.5 任意に $\varepsilon > 0$ をとる. 問 3.4 により,$g \in C_0(\mathbb{R}^d)$ を $\int_{\mathbb{R}^d} |f(x) - g(x)|^p dx < \varepsilon$ ととることができる.$\mathrm{supp}\, g$ はコンパクトだから $|x| \geq R$ ならば $g(x) = 0$ となる $R > 0$ が存在する.さらに連続性から一様連続性がわかり,$\delta > 0$ を $|y| < \delta$ ならば $|g(x+y) - g(x)| < \varepsilon$ となるように選ぶことができる.一般に $|a + b + c|^p \leq (3 \max\{|a|, |b|, |c|\})^p \leq 3^p(|a|^p + |b|^p + |c|^p)$ であるから,

$$|f(x+y) - f(x)|^p \leq 3^p(|f(x+y) - g(x+y)|^p + |g(x+y) - g(x)|^p + |g(x) - f(x)|^p).$$

この不等式を $|y| < \delta$ のときに積分すれば

$$\int_{\mathbb{R}^d} |f(x+y) - f(x)|^p dx \leq 3^p \left\{ \varepsilon + \int_{|x| \leq R + \delta} \varepsilon^p dx + \varepsilon \right\} \to 0 \quad (\varepsilon \to 0).$$

問 3.6 $\mathbb{R}$ 上の Borel 可測関数 g と h を $\mathbb{R}$ 全体で $g \leq f \leq h$ であり,$g = f = h$ a.e. となるようにとれる.$g(x \cdot y)$,$h(x \cdot y)$ は 2 変数関数として $\mathbb{R}^{2d}$ の Borel 可測関数であり,Fubini の定理と Lebesgue 測度の性質によって

$$\iint_{\mathbb{R}^{2d}} |h(x \cdot y) - g(x \cdot y)| dx dy$$
$$= \int_{\mathbb{R}^d} dx \int_{\mathbb{R}^{d-1}} dy' \int_{\mathbb{R}} |h(x_1 y_1 + \cdots + x_d y_d) - g(x_1 y_1 + \cdots + x_d y_d)| dy_1$$
$$= \int_{\mathbb{R}^d} dx \int_{\mathbb{R}^{d-1}} dy' \int_{\mathbb{R}} |h(x_1 y_1) - g(x_1 y_1)| dy_1$$
$$= \int_{\mathbb{R}^d} dx \int_{\mathbb{R}^{d-1}} dy' \int_{\mathbb{R}} |h(t) - g(t)| \frac{dt}{x_1} = 0.$$

したがって,$g(x \cdot y) = f(x \cdot y) = h(x \cdot y)$ m_{2d}-a.e. であるから,$f(x \cdot y)$ は $\mathbb{R}^{2d}$ 上の Lebesgue 可測関数である.

問 3.7 まず等式を示す.$\mathbb{R} \subset \bigcup_{q \in \mathbb{Q}} (q + E)$ をいえばよい.(3.4) より,任意の $x \in \mathbb{R}$ に対してある t があって $x \in x_t + \mathbb{Q}$ であるから,$q \in \mathbb{Q}$ があって,$x = x_t + q$ となり,$x \in q + E$ である.次に直和であることを示す.もし,$\{q + E\}$ が互いに素でなければ,異なる有理数 q, r があって,$(q+E) \cap (r+E) \neq \emptyset$ である.この共通部分から x をとると,t, s があって,$x = q + x_t = r + x_s$ となり,$x_t - x_s = q - r \in \mathbb{Q}$ より,x_t の選び方から $x_t = x_s$.したがって,$q = r$ という矛盾が生じる.

問 3.8 定理 3.12 で A を $m(A) > 0$ となる Lebesgue 可測集合とする.もし,E が Lebesgue 可測集合ならば,任意の $q \in \mathbb{Q}$ に対して $A \cap (q + E)$ は Lebesgue 可測集合となり,ある $q \in \mathbb{Q}$ に対して $m(A \cap (q + E)) > 0$ である.残りの議論は同じである.

問 3.9 $E \times F$ が d 次元 Lebesgue 可測集合とすると,$1_{E \times F}$ は d 次元 Lebesgue 可測関数である.$x \in \mathbb{R}$,$y \in \mathbb{R}^{d-1}$ とすると,完備化された Fubini の定理により,m_{d-1}-a.e. y に対して $1_{E \times F}(\cdot, y)$ は m_1-可測関数である.ここで,$y \in F$ のとき,$1_{E \times F}(x, y) = 1_E(x)$ で $m_{d-1}(F) > 0$ であるから,$1_E(x)$ は m_1-可測関数であり,E は 1 次元 Lebesgue 可測集合となる.これは矛盾.反対に $m_{d-1}(F) = 0$ であれば $m_d(\mathbb{R} \times F) = 0$ であるから,$E \times F \subset \mathbb{R} \times F$ は零集合で,d 次元 Lebesgue 可測集合である.

問 3.10 K^c は Cantor 集合を構成するときに取り除いた開区間の可算和である．その1つの区間の閉包 $I = [a, b]$ 上では φ は定数であり，Lebesgue-Stieltjes 測度の定義から $m_\varphi(I) = \varphi(b) - \varphi(a) = 0$．したがって $m_\varphi(K^c) = 0$ である．

問 4.1 $\alpha = \inf\{t : \mu(\{x \in X : f(x) > t\}) = 0\}$ とおく．下限の定義から $t < \alpha$ ならば，$\mu(\{x \in X : f(x) > t\}) > 0$ となるが，ess sup f はこのような t の上限だから，ess sup $f \geq \alpha$ がわかる．一方，下限の定義と集合 $\{x \in X : f(x) > t\}$ の単調減少性より，$t > \alpha$ ならば $\mu(\{x \in X : f(x) > t\}) = 0$ となり，このような t は ess sup f の上限を定義する t にはならない．したがって，ess sup $f \leq \alpha$ がわかる．

問 4.2 (i) $f(x) = 1$ a.e. より ess inf f = ess sup f = 1．
(ii) $\lim_{x \to \infty} g(x) = -\infty$ より ess inf $g = -\infty$. $g(x) < 1$ および $\lim_{x \to -\infty} g(x) = 1$ より ess sup $g = 1$．
(iii) $h(x) = \cos(1/x)$ a.e. より ess sup $h = 1$, ess inf $h = -1$．

問 4.3 $a, b \in \mathbb{R}$ に対して $|a+b|^2 + |a-b|^2 = 2(|a|^2 + |b|^2)$ が成り立つ．$a = f(x), b = g(x)$ として X 上で積分．

問 4.4 $\|g\|_\infty < \infty$ としてよい．$t > \|g\|_\infty$ とすると $\mu(\{x : |g(x)| > t\}) = 0$. したがって

$$\|fg\|_1 = \int_{|g(x)| \leq t} |f(x)g(x)|dx \leq \int_X t|f(x)|dx = t\|f\|_1.$$

$t > \|g\|_\infty$ は任意なので $\|fg\|_1 \leq \|f\|_1 \|g\|_\infty$．

問 4.5 $q = p/(p-1)$ とすると，$\mathbb{N}$ 上の計数測度に対する Hölder の不等式から，

$$\sum_{j=1}^n 1 \cdot x_j \leq \Big(\sum_{j=1}^n x_j^p\Big)^{1/p} \Big(\sum_{j=1}^n 1^q\Big)^{1/q} = n^{(p-1)/p} \Big(\sum_{j=1}^n x_j^p\Big)^{1/p}.$$

問 4.6 通常の Minkowski の不等式と帰納法により，任意の自然数 N に対して

$$\Big\|\sum_{n=1}^N f_n\Big\|_p \leq \Big\|\sum_{n=1}^N |f_n|\Big\|_p \leq \sum_{n=1}^N \|f_n\|_p \leq \sum_{n=1}^\infty \|f_n\|_p.$$

ここで $N \to \infty$ として $\|\sum_{n=1}^\infty f_n\|_p \leq \|\sum_{n=1}^\infty |f_n|\|_p \leq \sum_{n=1}^\infty \|f_n\|_p$．
なお，厳密にいうと $\sum_{n=1}^\infty \|f_n\|_p = \infty$ のときは $\sum_{n=1}^\infty f_n$ の収束性が怪しくなるので，最左辺を考えるときは $\sum_{n=1}^\infty \|f_n\|_p < \infty$ を仮定する．（このとき $\sum_{n=1}^\infty f_n$ は a.e. に絶対収束する．）

問 4.7 稠密でない．$f \equiv 1$ とすると $f \in L^\infty(\mathbb{R}^d)$ である．一方，$g \in C_0(\mathbb{R}^d)$ とすると，g のサポートの外では $f(x) - g(x) = 1 - 0 = 1$ であるから，$\|f - g\|_\infty = 1$．したがって，L^∞ ノルムでは f を $C_0(\mathbb{R}^d)$ の関数で近似できない．

問 4.8 $f \in L^1_{\mathrm{loc}}(\mathbb{R}^d)$ となる必要十分条件は任意の $R \geq 1$ に対して $\int_{|x| \leq R} |f(x)|dx < \infty$ である．したがって $p = 1$ のときは明らか．$p > 1$ のとき，q を Hölder の共役指数とすると，Hölder の不等式から，$f \in L^p(\mathbb{R}^d)$ に対して $\int_{|x| \leq R} |f(x)|dx$ は

$$\Big(\int_{|x| \leq R} |f(x)|^p dx\Big)^{1/p} \Big(\int_{|x| \leq R} 1^q dx\Big)^{1/q} \leq \|f\|_p \, m(\{|x| \leq R\})^{1/q} < \infty.$$

問 4.9 $\{|z-a| \le r\} \subset D$ とする．Lebesgue の収束定理より $F(z)$ は $z=a$ の近傍で連続であることがわかる．C を $\{|z-a| < r\}$ 内の長さ有限の閉曲線とする．このとき

$$\int_X \Bigl\{\int_C |f(z,t)|\,|dz|\Bigr\}d\mu(t) \le \int_X \Bigl\{\int_C \varphi(t)\,|dz|\Bigr\}d\mu(t) \le \ell(C)\int_X \varphi(t)d\mu(t) < \infty$$

であるから，Fubini の定理と Cauchy の積分定理より，

$$\int_C F(z)dz = \int_X \Bigl\{\int_C f(z,t)dz\Bigr\}d\mu(t) = \int_X 0\,d\mu(t) = 0.$$

したがって Morera の定理から $F(z)$ は $\{|z-a| < r\}$ で正則．また

$$\int_X \Bigl\{\frac{1}{2\pi}\int_{|z-a|=r} \frac{|f(z,t)|}{|z-a|^2}|dz|\Bigr\}d\mu(t) \le \int_X \Bigl\{\frac{1}{2\pi}\int_{|z-a|=r} \frac{\varphi(t)}{r^2}|dz|\Bigr\}d\mu(t)$$

$$\le \frac{1}{r}\int_X \varphi(t)d\mu(t) < \infty$$

であるから，Cauchy の積分公式と Fubini の定理より $F'(a)$ は

$$\frac{1}{2\pi i}\int_{|z-a|=r} \frac{F(z)}{(z-a)^2}dz = \int_X \Bigl\{\frac{1}{2\pi i}\int_{|z-a|=r} \frac{f(z,t)}{(z-a)^2}dz\Bigr\}d\mu(t) = \int_X f_z(a,t)d\mu(t).$$

問 4.10 $z = x+iy$ と表すと $|e^{-t}t^{z-1}| = e^{-t}t^{x-1}$ であり，$x > 0$ のとき $\int_0^\infty e^{-t}t^{x-1}dt = \Gamma(x) < \infty$ であるから，$\Gamma(z)$ は $\operatorname{Re} z > 0$ で存在する．さらに $t^{z-1} = \exp((z-1)\log t)$ と見ると

$$\frac{d}{dz}(e^{-t}t^{z-1}) = e^{-t}(\log t)t^{z-1}, \quad |e^{-t}(\log t)t^{z-1}| \le e^{-t}|\log t|t^{x-1}$$

で最後の関数は $x > 0$ のとき $0 < t < \infty$ で可積分だから，積分記号下の微分ができて $\Gamma(z)$ は $\operatorname{Re} z > 0$ で正則で $\Gamma'(z) = \int_0^\infty e^{-t}(\log t)t^{z-1}dt$．さらに積分記号下の微分を繰り返して $\Gamma^{(n)}(z) = \int_0^\infty e^{-t}(\log t)^n t^{z-1}dt$．

問 4.11 $0 \le \theta \le \pi$ のとき，$\sin\theta \ge 0$ であるから $|e^{-R\sin\theta}| \le 1$ であり，$0 < \theta < \pi$ のとき，$\sin\theta > 0$ であるから $e^{-R\sin\theta} \downarrow 0$．よって Lebesgue の収束定理（あるいは単調収束定理）から $\lim_{R\to\infty}\int_0^\pi e^{-R\sin\theta}d\theta = 0$．線積分をパラメータ表示して次数の条件を用いると，定数 M が存在して十分大きな R に対して

$$\Bigl|\int_{C_R} \frac{P(z)e^{iz}}{Q(z)}dz\Bigr| \le M\int_0^\pi e^{-R\sin\theta}d\theta \to 0.$$

問 5.1 $\mathbb{Q}^{d-1}$ が可算とする．$\mathbb{Q}^d = \mathbb{Q}^{d-1} \times \mathbb{Q} = \{(r,q) : r \in \mathbb{Q}^{d-1}, q \in \mathbb{Q}\}$ と表せば $\mathbb{Q}^d$ が可算であることがわかる．また，$\mathbb{Q}^{d-1}$ が $\mathbb{R}^{d-1}$ で稠密とする．$\mathbb{R}^d = \mathbb{R}^{d-1} \times \mathbb{R} = \{(x,y) : x \in \mathbb{R}^{d-1}, y \in \mathbb{R}\}$ と表すと，任意の $(x,y) \in \mathbb{R}^{d-1} \times \mathbb{R}$ および $\varepsilon > 0$ に対して $r \in \mathbb{Q}^{d-1}$ および

$q \in \mathbb{Q}$ で $|r - x| < \varepsilon/2$, $|q - y| < \varepsilon/2$ となるものが存在する．このとき $(r, q) \in \mathbb{Q}^{d-1} \times \mathbb{Q}$ で $|(x, y) - (r, q)| \leq |x - r| + |y - q| < \varepsilon$．

問 5.2 (i) $\sup E = 2$, $\max E$ なし, $\inf E = \min E = -1$．
(ii) $\sup E = \max E = 2$, $\min E$ なし, $\inf E = 1$．
(iii) $\sup E = \infty$, $\max E$ なし, $\inf E = \min E = 0$．
(iv) $\sup E = \max E = 2$, $\min E$ なし, $\inf E = 0$．
(v) $\sup E = \infty$, $\max E$ なし, $\inf E = \min E = 0$．

問 5.3 $M = \sup E$ とする．仮定より $\max E$ は存在しないから，上限の定義より任意の $a \in E$ に対して $a < M$ であり，M にいくらでも近い $a \in E$ が存在する．そこでまず，$a_1 \in E$ を任意にとる．このとき，$a_2 \in E$ を $\max\{a_1, M - \frac{1}{2}\} < a_2 < M$ と選ぶことができる．次に $a_3 \in E$ を $\max\{a_2, M - \frac{1}{3}\} < a_3 < M$ と選ぶ．このようにして順に $a_n \in E$ を選ぶと $\{a_n\}$ は狭義の単調増加数列であり，$M - \frac{1}{n} \leq \max\{a_{n-1}, M - \frac{1}{n}\} < a_n < M$ をみたす．$M - \frac{1}{n} \to M$ であるから，はさみうちの原理より，$\lim_{n \to \infty} a_n = M$ となる．

問 5.4 (i) $\liminf a_n = -1$, $\limsup a_n = 1$．
(ii) $\liminf a_n = -1$, $\limsup a_n = 1$．
(iii) $\liminf a_n = 0$, $\limsup a_n = 2$．
(iv) $\liminf a_n = -\infty$, $\limsup a_n = +\infty$．

問 5.5 $\lim a_n = \alpha$ とする．任意の $\varepsilon > 0$ に対して $(\alpha - \varepsilon, \alpha + \varepsilon)$ の外にある a_n は有限個しかない．したがって，上極限・下極限の特徴付けにより，$\alpha = \liminf a_n = \limsup a_n$ である．

問 5.6 $-\infty < \limsup a_n = \alpha < \infty$ とする．上極限の特徴付けより，任意の $\varepsilon > 0$ に対して $\alpha - \varepsilon$ 以上の a_n は無限個あるが，$\alpha + \varepsilon$ 以上の a_n は有限個しかない．したがって，$-\alpha + \varepsilon$ 以下の $-a_n$ は無限個あるが，$-\alpha - \varepsilon$ 以下の $-a_n$ は有限個しかない．ゆえに下極限の特徴付けより，$\liminf(-a_n) = -\alpha$ である．$\limsup a_n = \pm\infty$ のときの証明も同様である．また $b_n = -a_n$ に 1 番目の等式を適用すれば，2 番目の等式が示される．

問 5.7 上極限 $\alpha = \limsup a_n$ および $\beta = \limsup a_n$ がともに有限値とする．上極限の特徴付けより，任意の $\varepsilon > 0$ に対して $\alpha + \varepsilon$ 以上の a_n は有限個しかなく，$\beta + \varepsilon$ 以上の b_n は有限個しかない．したがって N を十分大きくとれば，$n \geq N$ のとき $a_n < \alpha + \varepsilon$ かつ $b_n < \beta + \varepsilon$ となり，$a_n + b_n < \alpha + \beta + 2\varepsilon$ となる．この式の上極限をとって $\limsup(a_n + b_n) \leq \alpha + \beta + 2\varepsilon$ となり，$\varepsilon > 0$ は任意だから $\limsup(a_n + b_n) \leq \alpha + \beta$ となる．もし，$\alpha = \lim a_n$ が存在すれば，$n \geq N$ のとき $\alpha - \varepsilon < a_n < \alpha + \varepsilon$ となり，$\alpha - \varepsilon + b_n < a_n + b_n < \alpha + \varepsilon + b_n$ がわかる．この上極限をとって $\alpha - \varepsilon + \limsup b_n \leq \limsup(a_n + b_n) \leq \alpha + \varepsilon + \limsup b_n$ となり，$\varepsilon > 0$ は任意より求める等式を得る．α や β が無限のときも同様である．真の不等号となる例は $a_n = (-1)^n$, $b_n = -(-1)^n$．

問 5.8 上極限 $\alpha = \limsup a_n$ および $\beta = \limsup a_n$ がともに有限値とする．上極限の特徴付けより，任意の $\varepsilon > 0$ に対して $\alpha + \varepsilon$ 以上の a_n は有限個しかなく，$\beta + \varepsilon$ 以上の b_n は有限個しかない．したがって N を十分大きくとれば，$n \geq N$ のとき $a_n < \alpha + \varepsilon$ かつ $b_n < \beta + \varepsilon$ となり，$a_n b_n < (\alpha + \varepsilon) \cdot (\beta + \varepsilon)$ となる．この式の上極限をとって $\limsup(a_n b_n) \leq (\alpha + \varepsilon) \cdot (\beta + \varepsilon)$ となり，$\varepsilon > 0$ は任意だから $\limsup(a_n b_n) \leq \alpha\beta$ となる．もし，$\alpha = \lim a_n$ が存在すれば，$n \geq N$ のとき $\max\{0, \alpha - \varepsilon\} \leq a_n < \alpha + \varepsilon$ となり，$\max\{0, (\alpha - \varepsilon) b_n\} \leq a_n b_n < (\alpha + \varepsilon) b_n$ がわかる．この上極限をとって $\max\{0, (\alpha - \varepsilon) \limsup b_n\} \leq \limsup(a_n b_n) \leq (\alpha + \varepsilon) \limsup b_n$

となり，$\varepsilon > 0$ は任意より求める等式を得る．α や β が無限のときも同様である．真の不等号となる例は n が偶数のとき $a_n = 1$, $b_n = 0$, n が奇数のとき $a_n = 0$, $b_n = 1$.

問 5.9 存在する．例．$a_n = -n + 2n(-1)^n$, $b_n = -n - 2n(-1)^n$.

問 5.10 c_n を複素数とすると $\sum c_n$ の収束は $\sum \operatorname{Re} c_n$ と $\sum \operatorname{Im} c_n$ が収束することと同値であり，

$$0 \leq |c_n| - \operatorname{Re} c_n \leq 2|c_n|, \quad 0 \leq |c_n| - \operatorname{Im} c_n \leq 2|c_n|$$

を用いて正項級数の条件になる．

演習問題の解答

演習 1.1 (i) $x \in A$ とすると $f(x) \in f(A)$. ゆえに $x \in f^{-1}(f(A))$.

(ii) $X = Y = \mathbb{R}$ とし $f(x) = x^2$ とする. このとき $A = [0,1]$ とすれば, $f^{-1}(f(A)) = [-1,1] \supsetneq [0,1] = A$. 【別例】$X = \{0,1\}$, $Y = \{2\}$, $f(0) = f(1) = 2$, $A = \{0\}$ とすると, $f(A) = \{2\}$, $f^{-1}(f(A)) = \{0,1\} \supsetneq \{0\} = A$.

(iii) $y \in f(f^{-1}(B))$ とすると, $\exists x \in f^{-1}(B)$ s.t. $y = f(x)$. $x \in f^{-1}(B)$ の定義より $f(x) \in B$. よって $y \in B$.

(iv) $X = Y = \mathbb{R}$ とし $f(x) = x^2$ とする. このとき $B = [-1,1]$ とすれば, $f^{-1}(B) = [-1,1]$ であり, $f(f^{-1}(B)) = [0,1] \subsetneq [-1,1] = B$. 【別例】$X = \{0\}$, $Y = \{2,3\}$, $f(0) = 2$, $B = \{2,3\}$ とすると, $f^{-1}(B) = \{0\}$ ゆえ, $f(f^{-1}(B)) = \{2\} \subsetneq \{2,3\} = B$.

演習 1.2 (i) $1_E \leq 1_F$ とする. このとき $x \in E$ ならば, $1 = 1_E(x) \leq 1_F(x)$ ゆえ, $1_F(x) = 1$. すなわち, $x \in F$. したがって $E \subset F$. 逆に $E \subset F$ とする. このとき $1_E(x) = 1$ ならば, $x \in E \subset F$. したがって $1_F(x) = 1$. ゆえに, $1_E \leq 1_F$.

(ii) 最初の等号の証明. $1_{E \cap F}(x) = 1 \iff x \in E \cap F \iff x \in E$ かつ $x \in F$. 2番目の等号も同様.

(iii) 2番目の等号の証明. $1_{E \cup F}(x) = 1 \iff x \in E \cup F \iff x \in E$ または $x \in F \iff 1_E(x) = 1$ または $1_F(x) = 1 \iff \max\{1_E, 1_F\}(x) = 1$. 最初の等号は $1_{E \cap F}(x) = 1$ または $= 0$ によって分類すればよい.

(iv) $1_{\cup_j E_j}(x) = 0$ とすると $x \notin \cup_j E_j$. このとき, 任意の j に対して $1_{E_j}(x) = 0$, よって $\sum_j 1_{E_j}(x) = 0$. 一方, $1_{\cup_j E_j}(x) = 1$ とすると, $\{E_j\}$ が互いに素なので, ただ1つ $j(x)$ があって $x \in E_{j(x)}$ で, $j \neq j(x)$ ならば $x \notin E_j$. したがって $\sum_j 1_{E_j}(x) = 1_{E_{j(x)}} = 1$.

演習 1.3 (i) $2^X = \{\emptyset, \{a\}\}$ (ii) $2^X = \{\emptyset, \{a\}, \{b\}, \{a,b\}\}$ (iii) $2^X = \emptyset$

演習 1.4 f を単調増加関数とする. このとき a が不連続点であることの必要十分条件は $\lim_{x \uparrow a} f(x) < \lim_{x \downarrow a} f(x)$ となることである. したがって $E_j = \{x \in \mathbb{R} : \lim_{x \downarrow a} f(x) - \lim_{x \uparrow a} f(x) \geq 1/j\}$ とすれば, 不連続点集合全体は $\bigcup_{j=1}^\infty E_j$ となる. ここで

$$\infty > f(N) - f(-N) \geq \frac{1}{j} \#(E_j \cap (-N, N))$$

であるから，$\#(E_j \cap (-N, N)) < \infty$ となり，N に関する和をとって $\#(\bigcup_{j=1}^{\infty} E_j) \leq \aleph_0$.

演習 1.5 (i) 任意の n と m に対して $\bigcap_{k=n}^{\infty} E_k \subset \bigcup_{k=m}^{\infty} E_k$. m は任意だから $\bigcap_{k=n}^{\infty} E_k \subset \bigcap_{m=1}^{\infty} \bigcup_{k=m}^{\infty} E_k = \limsup E_n$ であり，n は任意だから $\liminf E_n = \bigcup_{n=1}^{\infty} \bigcap_{k=n}^{\infty} E_k \subset \limsup E_n$.

(ii) n が偶数のとき $E_n = \emptyset$，n が奇数のとき $E_n = \{a\}$ とする．このとき，任意の n に対して，$\bigcap_{k=n}^{\infty} E_k = \emptyset$，$\bigcup_{k=n}^{\infty} E_k = \{a\}$ であるから，$\liminf E_n = \emptyset \subsetneq \{a\} = \limsup E_n$.

(iii) $\{E_n\}$ が単調増加とする．このとき $\bigcap_{k=n}^{\infty} E_k = E_n$ であるから，$\liminf E_n = \bigcup_{n=1}^{\infty} E_n$. これは明らかに $\limsup E_n$ を含み，$\limsup E_n = \liminf E_n = \bigcup_{n=1}^{\infty} E_n$.

(iv) $\{E_n\}$ が単調減少とする．このとき $\bigcup_{k=n}^{\infty} E_k = E_n$ であるから，$\limsup E_n = \bigcap_{n=1}^{\infty} E_n$. これは明らかに $\liminf E_n$ に含まれ，$\limsup E_n = \liminf E_n = \bigcap_{n=1}^{\infty} E_n$.

演習 1.6 (i)–(v) は $\lim E_n$ が確定．(vi) と (vii) は確定しない．
    (i) $\mathbb{R}$ (ii) $\{0\}$ (iii) $\emptyset$ (iv) $\{0\}$ (v) $\emptyset$
    (vi) $\liminf E_n = \emptyset$，$\limsup E_n = \mathbb{R}$ (vii) $\liminf E_n = [0, 1]$，$\limsup E_n = \mathbb{R}$

演習 1.7 任意の x に対して，$x \in E_n$ となる n はあってもただ 1 つ．それより大きい k に対しては $x \notin E_k$. つまり，$x \notin \bigcup_{k>n} E_k \supset \limsup_{n \to \infty} E_n$ よって，$\limsup_{n \to \infty} E_n = \emptyset$.

演習 1.8 (i) $x \in \liminf_{n \to \infty} E_n \iff$ ある n_0 に対して，$x \in \bigcap_{k=n_0}^{\infty} E_k \iff$ ある n_0 に対して，$k \geq n_0$ ならば，$x \in E_k \iff \#\{n : x \notin E_n\} \leq n_0$.

(ii) $\limsup_{n \to \infty} E_n = \{x : \#\{n : x \in E_n\} = \infty\}$. $\because$ $x \in \limsup_{n \to \infty} E_n \iff$ 任意の n に対して，$x \in \bigcup_{k=n}^{\infty} E_k \iff$ 任意の n に対して，ある $k \geq n$ があって $x \in E_k \iff x$ は無限個の E_k に含まれる $\iff \#\{n : x \in E_n\} = \infty$.

演習 1.9 $x \in \limsup E_n \iff \#\{n : x \in E_n\} = \infty \iff \#\{n : 1_{E_n}(x) = 1\} = \infty \iff \limsup 1_{E_n}(x) = 1$.
$x \in \liminf E_n \iff \#\{n : x \notin E_n\} < \infty \iff \#\{n : 1_{E_n}(x) = 0\} < \infty \iff \liminf 1_{E_n}(x) = 1$.

演習 1.10 f の定義から x が無理点ならば $f(x) = 0$ である．
    有理点 a で不連続なこと．このとき $f(a) > 0$ であるが，無理点の稠密性より，a のいくらでも近くに無理点 x があり，$f(x) = 0$ であるから f は a で不連続である．
    無理点 a で連続なこと．任意に $\varepsilon > 0$ をとる．このとき $J \geq 1$ を $1/J < \varepsilon$ ととる．無理点 a は $q_1, \ldots, q_J$ のどれとも一致しないから，$\min_{1 \leq j \leq J} |a - q_j| > 0$ である．この値を δ とすると，$|x - a| < \delta$ には $q_1, \ldots, q_J$ は属さない．よって $|x - a| < \delta$ のとき $0 \leq f(x) < 1/J < \varepsilon$.

2 σ-加法族

演習 2.1 $E_n \in \mathscr{A}$ とする。$\bigcup_n E_n \in \mathscr{A}$ を示せばよい。$A_1 = E_1$ とし、帰納的に $n \geq 2$ に対して $A_n = E_n \setminus \bigcup_{j=1}^{n-1} A_j$ とおくと $\{A_n\}$ は互いに素で $\bigcup_{n=1}^{\infty} E_n = \bigcup_{n=1}^{\infty} A_n \in \mathscr{A}$ となる。

演習 2.2 まず、$\{F_n\}$ が互いに素であることを示そう。$n \neq m$ ならば $F_n \cap F_m = \emptyset$ であることを示す。$m < n$ としてよい。このとき $F_n = ((E_n \setminus E_1) \setminus \cdots \setminus E_{n-1}) = E_n \setminus (E_1 \cup \cdots \cup E_{n-1})$ で、定義より $F_m \subset E_m \subset E_1 \cup \cdots \cup E_{n-1}$ であるから、$F_n \cap F_m = \emptyset$ である。

次に、$\bigcup_{n=1}^{N} E_n \subset \bigcup_{n=1}^{N} F_n$ を示そう。任意に $x \in \bigcup_{n=1}^{N} E_n$ をとる。$n(x)$ を $x \in E_n$ となる最初の番号とする。すなわち $j < n(x)$ ならば、$x \notin E_j$ で、一方 $x \in E_{n(x)}$。このとき $x \in F_{n(x)} = ((E_{n(x)} \setminus E_1) \setminus \cdots \setminus E_{n(x)-1})$ である。したがって $\bigcup_{n=1}^{N} E_n \subset \bigcup_{n=1}^{N} F_n$ である。とくに $\bigcup_{n=1}^{N} E_n \subset \bigcup_{n=1}^{\infty} F_n$ であり、N は任意だから、$\bigcup_{n=1}^{\infty} E_n \subset \bigcup_{n=1}^{\infty} F_n$ となる。定義より $F_n \subset E_n$ であるから、逆向きの包含関係 $\bigcup_{n=1}^{N} E_n \supset \bigcup_{n=1}^{N} F_n$ および $\bigcup_{n=1}^{\infty} E_n \supset \bigcup_{n=1}^{\infty} F_n$ は明らかである。

演習 2.3 $\sigma[\mathscr{E}_1] = \{\emptyset, \{a\}, \{b, c, d\}, X\}$, $\sigma[\mathscr{E}_2] = \{\emptyset, \{a\}, \{b\}, \{a, b\}, \{c, d\}, \{a, c, d\}, \{b, c, d\}, X\}$, $\sigma[\mathscr{E}_3] = 2^X$, $\sigma[\mathscr{E}_4] = \{\emptyset, \{c\}, \{d\}, \{a, b\}, \{c, d\}, \{a, b, c\}, \{a, b, d\}, X\}$.

演習 2.4 (i) $\sigma[\mathscr{E}] = \{\emptyset, X\}$ (ii) $\sigma[\mathscr{E}] = 2^X$. ⌣ 任意に $E \in 2^X$ をとる。$x_0 \in E$ ならば $E \in \mathscr{E} \subset \sigma[\mathscr{E}]$。とくに $\{x_0\} \in \sigma[\mathscr{E}]$。一方、$x_0 \notin E$ ならば、$F = E \cup \{x_0\} \in \sigma[\mathscr{E}]$ であるから、$E = F \setminus \{x_0\} \in \sigma[\mathscr{E}]$。⌣ $2^X \subset \sigma[\mathscr{E}]$。

演習 2.5 問 1.6 と同様である。

演習 2.6 すべてのコンパクト集合から生成された σ-加法族を $\mathscr{A}$ とする。$\mathscr{A} = \mathscr{B}(\mathbb{R}^n)$ を示そう。
任意のコンパクト集合 K は $K = \mathbb{R}^n \setminus (\mathbb{R}^n \setminus K)$ と書け、$\mathbb{R}^n \setminus K$ は開集合だから、$K \in \mathscr{B}(\mathbb{R}^n)$。$\mathscr{A}$ はすべてのコンパクト集合を含む最小の σ-加法族だから $\mathscr{A} \subset \mathscr{B}(\mathbb{R}^n)$。
任意の閉集合 F は $F = \bigcup_j F \cap \{x : |x| \leq j\}$ と書け、$F \cap \{x : |x| \leq j\}$ はコンパクトだから $F \in \mathscr{A}$。さらに任意の開集合 G は閉集合の補集合だから $G \in \mathscr{A}$。$\mathscr{B}(\mathbb{R}^n)$ はすべての開集合を含む最小の σ-加法族だから $\mathscr{B}(\mathbb{R}^n) \subset \mathscr{A}$。

演習 2.7 $\mathscr{O}$ を開集合全体の族とする。$\mathscr{E}_1 \subset \mathscr{O}$ は明らかである。$(-\infty, \beta] = \mathbb{R} \setminus (\beta, \infty)$ であるから、$\mathscr{E}_2 \subset \sigma[\mathscr{E}_1]$ である。また、α, β が任意の実数のとき、

$$(-\infty, \beta] = \bigcap_{q \in \mathbb{Q}: q \geq \beta} (-\infty, q], \quad (-\infty, \alpha) = \bigcup_{q \in \mathbb{Q}: q < \alpha} (-\infty, q],$$

$$[\alpha, \beta] = (-\infty, \beta] \setminus (-\infty, \alpha)$$

であるから、これらはすべて $\sigma[\mathscr{E}_2]$ に入り、$\mathscr{E}_3 \subset \sigma[\mathscr{E}_2]$ がわかる。さらに無理数の稠密性より、無理数列 $\{a_n\}$, $\{b_n\}$ で $a_n \downarrow \alpha$, $b_n \uparrow \beta$ となるものがある。したがって

$$(\alpha, \beta) = \bigcup_n [a_n, b_n] \in \sigma[\mathscr{E}_3].$$

これから例題1.3と同様にして $\mathscr{O} \subset \sigma[\mathscr{E}_3]$. 以上の包含関係に $\sigma[\cdot]$ を作用させる．この操作は2回繰り返しても変わらないから，
$$\mathscr{B}(\mathbb{R}) = \sigma[\mathscr{O}] \subset \sigma[\mathscr{E}_3] \subset \sigma[\mathscr{E}_2] \subset \sigma[\mathscr{E}_1] \subset \sigma[\mathscr{O}] = \mathscr{B}(\mathbb{R})$$
となって，これらはすべて一致する．

演習 2.8 どちらも正しくない．$X = \{0, 1, 2\}$ とすると，$\mathscr{B} = \{\emptyset, \{0\}, \{1, 2\}, X\}$ は X 上の σ-加法族である．
 (i) $E = \{1\} \notin \mathscr{B}$, $F = \{2\} \notin \mathscr{B}$ であるが，$E \cup F = \{1, 2\} \in \mathscr{B}$．
 (ii) $E = \{0, 1\} \notin \mathscr{B}$, $F = \{1, 2\} \in \mathscr{B}$ であるが，$E \cup F = \{0, 1, 2\} = X \in \mathscr{B}$．

演習 2.9 σ-加法族の3条件を確かめる．
 (i) $\emptyset = \emptyset \setminus A \in \mathscr{B}_2 \subset \mathscr{B}_A$．
 (ii) $E \in \mathscr{B}_A$ とする．$E \in \mathscr{B}_1$ ならば，$E = F \cup A$ $(F \in \mathscr{B})$ と表され，$E^c = F^c \setminus A \in \mathscr{B}_2$．$E \in \mathscr{B}_2$ ならば，$E = F \setminus A$ $(F \in \mathscr{B})$ と表され，$E^c = F^c \cup A \in \mathscr{B}_1$．
 (iii) $E_n \in \mathscr{B}_A$ とする．すべての n に対して $E_n \in \mathscr{B}_2$ ならば，$E_n \cap A = \emptyset$ だから，$\bigcup_n E_n = (\bigcup_n E_n) \setminus A \in \mathscr{B}_2 \subset \mathscr{B}_A$．ある n_0 があって $E_{n_0} \in \mathscr{B}_1$ ならば，$A \subset E_{n_0}$ ゆえ，$\bigcup_n E_n = (\bigcup_n E_n) \cup A \in \mathscr{B}_1 \subset \mathscr{B}_A$．

演習 2.10 (i) σ-加法族の3条件を確かめる．$\emptyset \in \mathscr{A} \cap \mathscr{B}$ は明らか．$E \in \mathscr{A} \cap \mathscr{B}$ ならば $E \in \mathscr{A}$ かつ $E \in \mathscr{B}$．よって $X \setminus E \in \mathscr{A}$ かつ $X \setminus E \in \mathscr{B}$．ゆえに $X \setminus E \in \mathscr{A} \cap \mathscr{B}$．さらに，$E_n \in \mathscr{A} \cap \mathscr{B}$ ならば $E_n \in \mathscr{A}$ かつ $E_n \in \mathscr{B}$．よって $\bigcup_n E_n \in \mathscr{A}$ かつ $\bigcup_n E_n \in \mathscr{B}$．ゆえに $\bigcup_n E_n \in \mathscr{A} \cap \mathscr{B}$．
 (ii) $X = \{-1, 0, 1\}$ とする．$\mathscr{A} = \{\emptyset, \{-1\}, \{0, 1\}, X\}$ および $\mathscr{B} = \{\emptyset, \{1\}, \{-1, 0\}, X\}$ は σ-加法族だが，$\{0, 1\} \cap \{-1, 0\} = \{0\} \notin \mathscr{A} \cup \mathscr{B}$ ゆえ，$\mathscr{A} \cup \mathscr{B}$ は σ-加法族でない．

演習 2.11 $\{0, 1\}$ に値をとる自然数 $\mathbb{N}$ 上の関数 f の全体の濃度は $\aleph$ である．f に対して $A_f = \bigcup_{j: f(j)=1} E_j$ とおくと，$\{E_j\}$ が互いに素より，$f \neq g$ ならば $A_f \neq A_g$ である．$\mathscr{B}$ はこのような A_f をすべて含むから，$\#(\mathscr{B}) \geq \aleph$ である．

演習 2.12 もしこのような m が無限ならば，前問によって $\#(\mathscr{B}) \geq \aleph$ である．このような m が有限とする．m を最大値とし，互いに素で空でない集合列 $\{E_j\}_{j=1}^m \subset \mathscr{B}$ をとる．このとき任意の $A \in \mathscr{B}$ は次の性質をもつ：
$$1 \leq j \leq m \text{ に対して } E_j \cap A \neq \emptyset \implies E_j \subset A \tag{*}$$
実際，もし $E_j \cap A \neq \emptyset$ かつ $E_j \setminus A \neq \emptyset$ ならば，$\{E_1, \ldots, E_{j-1}, E_j \cap A, E_j \setminus A, E_{j+1}, \ldots, E_m\}$ は互いに素で空でない集合列でその長さは $m+1$ であり，m の最大性に反する．また，$X = \bigcup_{j=1}^m E_j$ であることも容易にわかる．任意に $A \in \mathscr{B}$ をとると，(*) より，
$$A = A \cap \left(\bigcup_{j=1}^m E_j\right) = \bigcup_{j=1}^m (A \cap E_j) = \bigcup_{j: A \cap E_j \neq \emptyset} (A \cap E_j) = \bigcup_{j: A \cap E_j \neq \emptyset} E_j.$$
これは A が $\{E_j\}_{j=1}^m$ の組み合わせで得られることを意味する．したがって $\#(\mathscr{B}) = 2^m < \infty$ である．以上から，$\#(\mathscr{B}) = \aleph_0$ となることはない．

演習 2.13 $\mathscr{A} = \{E \subset Y : f^{-1}(E) \in \mathscr{B}(X)\}$ とする．このとき，f は連続だから，Y の任意の開集合 G の逆像 $f^{-1}(G)$ は X の開集合．したがって，とくに X の Borel 集合．よって $\mathscr{A}$ の定義から $G \in \mathscr{A}$．また，$\mathscr{A}$ は σ-加法族になる．実際
  (i) $E \in \mathscr{A}$ とすると $f^{-1}(Y \setminus E) = X \setminus f^{-1}(E) \in \mathscr{B}(X)$．よって $Y \setminus E \in \mathscr{A}$．
  (ii) $E_j \in \mathscr{A}$ とすると $f^{-1}(\bigcup_j E_j) = \bigcup_j f^{-1}(E_j) \in \mathscr{B}(X)$．よって $\bigcup_j E_j \in \mathscr{A}$．

したがって，$\mathscr{A}$ は Y のすべての開集合を含む σ-加法族である．一方，$\mathscr{B}(Y)$ は Y のすべての開集合を含む <u>最小の</u> σ-加法族であるから，$\mathscr{B}(Y) \subset \mathscr{A}$．この包含関係は Y の任意の Borel 集合の逆像が X の Borel 集合であることを意味する．

演習 2.14 平行移動や回転は $\mathbb{R}^d$ を自分自身に写す同相写像である．したがって，同相写像 $T : \mathbb{R}^d \to \mathbb{R}^d$ によって Borel 集合は Borel 集合に写ることを示せばよい．そのために集合族 $\mathscr{A} = \{T(E) : E \in \mathscr{B}(\mathbb{R}^d)\}$ が σ-加法族であることを用いる．($\because \emptyset \in \mathscr{A}$ は明らか．T は 1:1 だから，$T(E) \in \mathscr{A}$ ならば，$T(E)^c = T(E^c) \in \mathscr{A}$．$T(E_n) \in \mathscr{A}$ ならば，$\bigcup_n T(E_n) = T(\bigcup_n E_n) \in \mathscr{A}$．) さらに $\mathscr{O} \subset \mathscr{A}$ である．($\because U \in \mathscr{O}$ ならば $T^{-1}(U) \in \mathscr{O} \in \mathscr{B}(\mathbb{R}^d)$ ゆえ，$U = T(T^{-1}(U)) \in \mathscr{A}$．) 以上から $\mathscr{B}(\mathbb{R}^d) = \sigma[\mathscr{O}] \subset \sigma[\mathscr{A}] = \mathscr{A}$．これは $E \in \mathscr{B}(\mathbb{R}^d)$ ならば $T(E) \in \mathscr{B}(\mathbb{R}^d)$ を意味する．

演習 2.15 (i) 例題 1.6 より押し出し $T(\mathscr{B}(X)) = \{F \subset Y : T^{-1}(F) \in \mathscr{B}(X)\}$ は Y 上の σ-加法族である．T は連続なので，$U \in \mathscr{O}_Y$ ならば $T^{-1}(U) \in \mathscr{O}_X \subset T(\mathscr{B}(X))$．したがって $\mathscr{O}_Y \subset T(\mathscr{B}(X))$．よって $\mathscr{B}(Y) = \sigma[\mathscr{O}_Y] \subset \sigma[T(\mathscr{B}(X))] = T(\mathscr{B}(X))$．

(ii) (i) の包含関係を言い換える．また，連続な逆写像 T^{-1} に (i) を適用すると，次の (a)-(c) がわかる．
  (a) $F \in \mathscr{B}(Y) \implies T^{-1}(F) \in \mathscr{B}(X)$．
  (b) $\mathscr{B}(X) \subset T^{-1}(\mathscr{B}(Y)) = \{E \subset X : T(E) \in \mathscr{B}(Y)\}$．
  (c) $E \in \mathscr{B}(X) \implies T(E) \in \mathscr{B}(Y)$．

<u>$T(\mathscr{B}(X)) = \mathscr{B}(Y)$．</u> $F \in T(\mathscr{B}(X))$，すなわち $T^{-1}(F) \in \mathscr{B}(X)$ とすると，(c) より $F = T(T^{-1}(F)) \in \mathscr{B}(Y)$ となる．これは $T(\mathscr{B}(X)) \subset \mathscr{B}(Y)$ を意味する．ゆえに (i) と合わせて $T(\mathscr{B}(X)) = \mathscr{B}(Y)$．

<u>$T^{-1}(\mathscr{B}(Y)) = \mathscr{B}(X)$．</u> $E \in T^{-1}(\mathscr{B}(Y))$，すなわち $T(E) \in \mathscr{B}(Y)$ とすると，(a) より $E = T^{-1}(T(E)) \in \mathscr{B}(X)$ となる．これは $T^{-1}(\mathscr{B}(Y)) \subset \mathscr{B}(X)$ を意味する．ゆえに (b) と合わせて $T^{-1}(\mathscr{B}(Y)) = \mathscr{B}(X)$．

演習 2.16 (i) $E_j \in \mathscr{T}_{\cup F}$ を単調増加列で $E_j \uparrow E$ とすると，$E_j \cup F \in \mathscr{T}$ で $(E_j \cup F) \uparrow (E \cup F)$．$\mathscr{T}$ は単調族だから $E \cup F \in \mathscr{T}$．したがって $E \in \mathscr{T}_{\cup F}$．$E_j \in \mathscr{T}_{\cup F}$ が単調減少列のときは $\uparrow$ を $\downarrow$ に替えればよい．(ii), (iii) も同様．

(iv) $E_j \in \mathscr{T}_c$ を単調増加列で $E_j \uparrow E$ とすると，$E_j^c \in \mathscr{T}$ で $E_j^c \downarrow E^c$．$\mathscr{T}$ は単調族だから $E^c \in \mathscr{T}$．したがって $E \in \mathscr{T}_c$．$E_j \in \mathscr{T}_c$ が単調減少列のときは $\uparrow$ を $\downarrow$ に替えればよい．

演習 2.17 (i) (a) は明らか．(b) $(a, b] \cap (c, d] = (\max\{a, c\}, \min\{b, d\}]$．(c) $\overline{\mathbb{R}} \setminus (a, b] = (-\infty, a] \cup (b, \infty]$．

(ii) $\mathscr{A}$ が共通部分と補集合で閉じていることを示せばよい．$E, F \in \mathscr{A}$ とすると $E = \bigcup_{j=1}^{J} E_j$（直和），$E_j \in \mathscr{C}$，$F = \bigcup_{k=1}^{K} F_k$（直和），$F_k \in \mathscr{C}$ と表される．このとき $E \cap F = \bigcup_{j,k} E_j \cap F_k$（直和）で，半加法族の条件 (b) より $E_j \cap F_k \in \mathscr{C}$ であるから，$E \cap F \in \mathscr{A}$ である．したがって $\mathscr{A}$ は共通部分で閉じている．一方，$X \setminus E = \bigcap_{j=1}^{J} (X \setminus E_j)$ であり，半加法族の条件 (c) より，$X \setminus E_j \in \mathscr{A}$ である．すでに $\mathscr{A}$ は共通部分で閉じていることを示しているから，$X \setminus E = \bigcap_{j=1}^{J} (X \setminus E_j) \in \mathscr{A}$ がわかった．

演習 2.18 (i) Dynkin 族の条件 (a) と (b)，および共通部分で閉じていることを使えば $\mathscr{D}$ は有限加法族になる．したがって Dynkin 族の条件 (c) より，$\mathscr{D}$ は σ-加法族になる．

(ii) 2^X は $\mathscr{E}$ を含む Dynkin 族である．したがって少なくとも 1 つ $\mathscr{E}$ を含む Dynkin 族が存在する．そこで $\mathscr{E}$ を含む X の Dynkin 族の共通部分は空ではなく，簡単に Dynkin 族の条件 (a),(b),(c) をみたすことが確かめられる．この共通部分はその構成方法から $\mathscr{E}$ を含む最小の Dynkin 族である．

(iii) σ-加法族は Dynkin 族であるから，$\delta[\mathscr{E}]$ の最小性から $\delta[\mathscr{E}] \subset \sigma[\mathscr{E}]$ である．逆の $\sigma[\mathscr{E}] \subset \delta[\mathscr{E}]$ を示すには，$\delta[\mathscr{E}]$ が共通部分で閉じていることを示せばよい．:-) このとき (i) より $\delta[\mathscr{E}]$ は σ-加法族であり，$\sigma[\mathscr{E}]$ の最小性から $\sigma[\mathscr{E}] \subset \delta[\mathscr{E}]$．

$\delta[\mathscr{E}]$ が共通部分で閉じていることを示すために，集合族 $\mathscr{D}_1 = \{E \subset X : E \cap A \in \delta[\mathscr{E}] \ (\forall A \in \mathscr{E})\}$ を考える．仮定より，$\mathscr{E} \subset \mathscr{D}_1$ である．また $\mathscr{D}_1$ は Dynkin 族である．:-) (a) は明らか．(b) $E, F \in \mathscr{D}_1$，$E \subset F$ とすると任意の $A \in \mathscr{E}$ に対して $E \cap A, F \cap A \in \mathscr{E} \subset \delta[\mathscr{E}]$，$E \cap A \subset F \cap A$ であるから，$(F \cap A) \setminus (E \cap A) = (F \setminus E) \cap A \in \delta[\mathscr{D}]$．ゆえに $F \setminus E \in \mathscr{D}_1$．(c) $E_n \in \mathscr{D}_1$，$E_n \uparrow E$ とすると，任意の $A \in \mathscr{E}$ に対して $E_n \cap A \in \mathscr{E}$ で，$E_n \cap A \uparrow E \cap A$ であるから，$E \cap A \in \delta[\mathscr{E}]$．ゆえに $E \subset \mathscr{D}_1$．以上から $\mathscr{D}_1$ は $\mathscr{E}$ を含む Dynkin 族であり，$\delta[\mathscr{E}]$ の最小性から $\delta[\mathscr{E}] \subset \mathscr{D}_1$ である．これを解釈すると，$E \in \delta[\mathscr{E}]$，$A \in \mathscr{E}$ ならば，$E \cap A \in \delta[\mathscr{E}]$ である．

次に $\mathscr{D}_2 = \{E \subset X : E \cap A \in \delta[\mathscr{E}] \ (\forall A \in \delta[\mathscr{E}])\}$ とする．先に示したことより（E と A の役割交換して），$\mathscr{E} \subset \mathscr{D}_2$ である．また同様にして $\mathscr{D}_2$ は Dynkin 族である．以上から $\mathscr{D}_2$ は $\mathscr{E}$ を含む Dynkin 族であり，$\delta[\mathscr{E}]$ の最小性から $\delta[\mathscr{E}] \subset \mathscr{D}_2$ である．これを解釈すると，$E, A \in \delta[\mathscr{E}]$ ならば，$E \cap A \in \delta[\mathscr{E}]$ である．すなわち，$\delta[\mathscr{E}]$ は共通部分で閉じている．

演習 3.1 任意の $n \geq 1$ に対して，$[a, \infty) \subset (a - 1/n, \infty)$ であるから，$[a, \infty) \subset \bigcap_{n=1}^{\infty} (a - 1/n, \infty]$ である．逆に $x \in \bigcap_{n=1}^{\infty} (a - 1/n, \infty]$ とすると，任意の $n \geq 1$ に対して $a - 1/n < x$ であり，この極限をとって $a \leq x$ である．したがって $\bigcap_{n=1}^{\infty} (a - 1/n, \infty] \subset [a, \infty)$ である．

(i) $\bigcup_{n=1}^{\infty} [a + 1/n, \infty)$ (ii) $\bigcap_{n=1}^{\infty} [-\infty, a + 1/n)$ (iii) $\bigcup_{n=1}^{\infty} [-\infty, a - 1/n]$

演習 3.2 (i) f および $\alpha \in \mathbb{R}$ が何であっても $\{x : f(x) > \alpha\} \in 2^X$ であるから，f は 2^X-可測．

(ii) 定数関数 $f \equiv c$ に対して $\{x : f(x) > \alpha\} = X$（$\alpha < c$ のとき），$\{x : f(x) > \alpha\} = \emptyset$（$\alpha \geq c$ のとき）であるから定数関数は $\{\emptyset, X\}$-可測である．一方，f の値が複数あるとき，それを $f(p) < f(q)$ $(p, q \in X)$ とすると $f(p) < \alpha < f(q)$ ならば，$q \in \{x : f(x) > \alpha\}$ で $p \notin \{x : f(x) > \alpha\}$ であるから，$\{x : f(x) > \alpha\}$ は $\emptyset$ でも X でもない．したがって，f は $\{\emptyset, X\}$-可測でない．

3 可測関数　187

演習 3.3 必要ならば番号を付け替えて $0 < a_1 < \cdots < a_m$ としてよい．このとき $\{x \in X : a_1 1_{E_1}(x) + \cdots + a_m 1_{E_m}(x) > t\}$ は以下のようになる．$t < 0$ のとき X；$0 \leq t < a_1$ のとき $E_1 \cup \cdots \cup E_m$；一般に $a_i \leq t < a_{i+1}$ のとき $E_{i+1} \cup \cdots \cup E_m$；$t \geq a_m$ のとき $\emptyset$．以上から，$E_1, \ldots, E_m$ がすべて可測集合であれば，$E_{i+1} \cup \cdots \cup E_m$ は可測集合となり，$a_1 1_{E_1} + \cdots + a_m 1_{E_m}$ は可測関数．また $E_i = (E_i \cup \cdots \cup E_m) \setminus (E_{i+1} \cup \cdots \cup E_m)$ とみれば，$a_1 1_{E_1} + \cdots + a_m 1_{E_m}$ が可測関数ならば E_i は可測集合．

演習 3.4 可測集合族を $\mathscr{B}$ とする．$\{x \in X : f(x) = \infty\} = \bigcap_{n \geq 0}\{x \in X : f(x) > n\} \in \mathscr{B}$．$\{x \in X : f(x) \leq n\} = X \setminus \{x \in X : f(x) > n\} \in \mathscr{B}$．$\{x \in X : f(x) = -\infty\} = \bigcap_{n \leq 0}\{x \in X : f(x) \leq n\} \in \mathscr{B}$．以上から $\{x \in X : |f(x)| = \infty\} = \{x \in X : f(x) = -\infty\} \cup \{x \in X : f(x) = \infty\} \in \mathscr{B}$．

演習 3.5 α を任意の実数とする．有理数の稠密性から，

$$\{x : f(x) - g(x) > \alpha\} = \{x : f(x) > g(x) + \alpha\} = \bigcup_{q \in \mathbb{Q}} \{x : f(x) > q\} \cap \{x : q > g(x) + \alpha\}.$$

f, g が可測関数ゆえ，右辺の各集合は可測集合．よって $\{x : f(x) - g(x) > \alpha\}$ は可測集合である．α は任意だから $f - g$ は可測関数である．この証明で $\alpha = 0$ とすれば，$\{x : f(x) > g(x)\}$ が可測集合であることがわかる．f と g を交換して，$\{x : f(x) < g(x)\}$ は可測集合であり，$\{x : f(x) = g(x)\} = (\{x : f(x) > g(x)\} \cup \{x : f(x) < g(x)\})^c$ も可測集合である．

別法．$\varphi(y_1, y_2) = y_1 - y_2$ は $\mathbb{R}^2$ から $\mathbb{R}$ への連続写像であり，Borel 可測．したがって $f(x) - g(x) = \varphi(f(x), g(x))$ は可測関数．ゆえに $\{x : f(x) > g(x)\} = \{x : \varphi(f(x), g(x)) > 0\}$ および $\{x : f(x) = g(x)\} = \{x : \varphi(f(x), g(x)) = 0\}$ は可測集合．

演習 3.6 $\{x \in X : f(x) = \alpha\} = \{x \in X : f(x) \geq \alpha\} \setminus \{x \in X : f(x) > \alpha\}$ であるから $\Longrightarrow$ は正しいが，$\Longleftarrow$ は一般には正しくない．$\odot$ $\mathscr{E} = \{\{\alpha\} : \alpha \in \mathbb{R}\}$ から生成される σ-加法族 $\mathscr{B} = \{E \subset \mathbb{R} : E$ または $\mathbb{R} \setminus E$ は高々可算集合$\}$ は Borel 集合族より真に小さいからである．具体的な反例．$\mathbb{R}$ 上の関数 $f(x) = x$ を考えると，任意の $\alpha \in \mathbb{R}$ に対して，$\{x \in \mathbb{R} : f(x) = \alpha\} = \{\alpha\} \in \mathscr{B}$ であるが，$\{x \in \mathbb{R} : f(x) > \alpha\} = (\alpha, \infty) \notin \mathscr{B}$ であるので，f は $\mathscr{B}$-可測でない．

Lebesgue 測度に対する反例．$E \subset (0, \infty)$ を 1 次元 Lebesgue 非可測集合とし，$F = \mathbb{R} \setminus E$，$f(x) = x 1_E(x) - x 1_F(x)$ とする．$y = f(x)$ のグラフ参照．このとき任意の $\alpha \in \mathbb{R}$ に対して $\{x : f(x) = \alpha\}$ は $\{\alpha, -\alpha\}$ に含まれ，高々 2 点からなる有限集合であるから Lebesgue 可測集合．一方，

$$\{x : f(x) > 0\} = \{x \in E : x > 0\} \cup \{x \in F : -x > 0\} = E \cup (-\infty, 0)$$

は Lebesgue 非可測集合であり，f は Lebesgue 非可測関数．

演習 3.7 可測関数である．理由．可測集合 $E = \{x : f(x) = 0\}$ を用いると

$$\{x : g(x) > \alpha\} = (\{x : 1/f(x) > \alpha\} \setminus E) \cup (E \cap \{x : 0 > \alpha\})$$

となるが，これは α によらず可測集合であるから g は可測関数である．実際，$\alpha > 0$ のとき $\{x : 1/f(x) > \alpha\} = \{x : 0 < f(x) < 1/\alpha\}$，$\alpha = 0$ のとき $\{x : 1/f(x) > 0\} = \{x : f(x) > 0\}$，$\alpha < 0$ のとき $\{x : 1/f(x) > \alpha\} = \{x : f(x) \geq 0\} \cup \{x : f(x) < 1/\alpha\}$ である．また，$\alpha \geq 0$ のとき $\{x : 0 > \alpha\} = \emptyset$ であり，$\alpha < 0$ のとき $\{x : 0 > \alpha\} = X$．以上，出てきた集合はすべて可測集合である．

演習 3.8 (i) f を連続関数とする．任意の $\alpha \in \mathbb{R}$ に対し，$\{x \in \mathbb{R} : f(x) > \alpha\} = f^{-1}((\alpha, +\infty))$ は開集合であるから，$\mathscr{B}(\mathbb{R})$ に入る．したがって f は Borel 可測である．

(ii) f を単調増加関数とする．任意の $\alpha \in \mathbb{R}$ をとる．α が f の値域に入っていれば，$f(a) = \alpha$ となる $a \in \mathbb{R}$ が存在する．a_0 をこのような a の上限とすれば，$x > a_0$ ならば，$f(x) > \alpha$ である．$f(a_0)$ は $f(a_0) = \alpha$ または $f(a_0) > \alpha$ であり，$\{x \in \mathbb{R} : f(x) > \alpha\}$ は (a_0, ∞) または $[a_0, \infty)$ で，どちらも $\mathscr{B}(\mathbb{R})$ に入る．したがって f は Borel 可測である．単調減少関数についても同様である．

(iii) $\{x \in \mathbb{R} : 1_{\mathbb{Q}}(x) > \alpha\}$ は $\emptyset$ か，$\mathbb{Q}$，または $\mathbb{R}$ である．これらはすべて $\mathscr{B}(\mathbb{R})$ に入る．(1点は閉集合なので $\mathscr{B}(\mathbb{R})$ に入り，$\mathbb{Q}$ は可算個の点であるから $\mathscr{B}(\mathbb{R})$ に入る．) したがって $1_{\mathbb{Q}}$ は Borel 可測である．

(iv) $f(x) = \sin x \cdot 1_{\mathbb{Q}} - \cos x \cdot (1 - 1_{\mathbb{Q}})$．Borel 可測関数の積・和は Borel 可測関数．

演習 3.9 (i) と (ii) は定義よりほとんど明らか．

(iii) $\Longrightarrow$ の証明．$a \in \mathbb{R}^n$ とする．任意の $\varepsilon > 0$ に対して $U = \{x : f(x) < f(a) + \varepsilon\}$ は a を含む開集合．したがって $^{\exists}r > 0$ s.t. $B(a, r) \subset U$．すなわち $|x - a| < r \Longrightarrow f(x) < f(a) + \varepsilon$．ゆえに $\sup_{0 < |x-a| < r} f(x) \leq f(a) + \varepsilon$．$\varepsilon > 0$ は任意より $\limsup_{x \to a} f(x) \leq f(a)$．

$\Longleftarrow$ の証明．任意に α をとり，$U = \{x : f(x) < \alpha\}$ とおく．$a \in U$ とすると

$$\alpha > f(a) \geq \limsup_{x \to a} f(x) = \inf_{r > 0} \left(\sup_{0 < |x-a| < r} f(x) \right)$$

であるから $^{\exists}r > 0$ s.t. $\sup_{0 < |x-a| < r} f(x) < \alpha$．ゆえに $B(a, r) \subset U$．よって U は開集合．

(iv) (iii) と同様.

演習 3.10 $\{x \in X : \varphi \circ f(x) > \alpha\} = (\varphi \circ f)^{-1}((\alpha, \infty)) = f^{-1}(\varphi^{-1}((\alpha, \infty)))$ である. φ は Borel 可測関数だから, $\varphi^{-1}((\alpha, \infty)) \in \mathscr{B}(\mathbb{R})$ であり, f は $\mathscr{B}$-可測関数であるから, $f^{-1}(\varphi^{-1}((\alpha, \infty))) \in \mathscr{B}$ である. したがって $\varphi \circ f$ は X 上の $\mathscr{B}$-可測関数である.

演習 3.11 f_n を $\mathscr{B}$-可測関数とする. $\limsup\limits_{n \to \infty} f_n(x)$ と $\liminf\limits_{n \to \infty} f_n(x)$ は $\mathscr{B}$-可測関数であるから, $E \in \mathscr{B}$ である. $\alpha \in \mathbb{R}$ に対して,

$$\{x \in X : f(x) > \alpha\} = \begin{cases} E \cap \{x \in X : \limsup\limits_{n \to \infty} f_n(x) > \alpha\} & (\alpha \geq c) \\ E \cap \{x \in X : \limsup\limits_{n \to \infty} f_n(x) > \alpha\} \cup (X \setminus E) & (\alpha < c) \end{cases}$$

で, この集合は $\mathscr{B}$ に属するので f は $\mathscr{B}$-可測関数である.

演習 3.12 f_n を $\mathscr{B}$-可測関数とする. $F_n = \sum_{k=1}^{n} f_k$ とすれば, 級数 $\sum_{n=1}^{\infty} f_n(x)$ の確定・非確定は $F_n(x)$ の極限の確定・非確定と同値であり, 確定するときには $F(x) = \lim_{n \to \infty} F_n(x)$ となる. $\limsup_{n \to \infty} F_n(x)$ と $\liminf_{n \to \infty} F_n(x)$ は $\mathscr{B}$-可測関数であるから, 級数 $\sum_{n=1}^{\infty} f_n(x)$ が確定するような x 全体 $E = \{x \in X : \limsup\limits_{n \to \infty} F_n(x) = \liminf\limits_{n \to \infty} F_n(x)\}$ は $\mathscr{B}$ に属する. $\alpha \in \mathbb{R}$ に対して,

$$\{x \in X : F(x) > \alpha\} = \begin{cases} E \cap \{x \in X : \limsup\limits_{n \to \infty} F_n(x) > \alpha\} & (\alpha \geq c) \\ E \cap \{x \in X : \limsup\limits_{n \to \infty} F_n(x) > \alpha\} \cup (X \setminus E) & (\alpha < c) \end{cases}$$

で, この集合は $\mathscr{B}$ に属するので F は $\mathscr{B}$-可測関数である.

演習 3.13 (i) $\emptyset = f^{-1}(\emptyset) \in \sigma[f]$. $f^{-1}(F) \in \sigma[f]$, ただし $F \in \mathscr{B}(\mathbb{R})$, ならば, $X \setminus f^{-1}(F) = f^{-1}(\mathbb{R} \setminus F)$ となり, $\mathbb{R} \setminus F \in \mathscr{B}(\mathbb{R})$ より, $X \setminus f^{-1}(F) \in \sigma[f]$. 最後に $f^{-1}(F_n) \in \sigma[f]$, ただし $F_n \in \mathscr{B}(\mathbb{R})$, ならば, $\bigcup_n f^{-1}(F_n) = f^{-1}(\bigcup_n F_n)$ となり, $\bigcup_n F_n \in \mathscr{B}(\mathbb{R})$ より, $\bigcup_n f^{-1}(F_n) \in \sigma[f]$.

(ii) $\sigma[f]$ の定義より, $F \in \mathscr{B}(\mathbb{R})$ ならば, $f^{-1}(F) \in \sigma[f]$. ゆえに, 可測性の同値条件より, f は $\sigma[f]$-可測.

(iii) f が $\mathscr{B}$-可測とすると, 可測性の同値条件より, 任意の $F \in \mathscr{B}(\mathbb{R})$ に対して $f^{-1}(F) \in \mathscr{B}$. ゆえに, $\sigma[f]$ の定義より, $\sigma[f] \subset \mathscr{B}$.

演習 3.14 (i) f が定数でなければ, $\exists p, q \in X$ s.t. $f(p) \neq f(q)$. ここで $E = \{x \in X : f(x) = f(p)\} = f^{-1}(\{f(p)\}) \in \sigma[f]$ であるが, $p \in E, q \notin E$ より, $E \neq \emptyset, X$ となって矛盾.

(ii) (a) $\sigma[f] = \mathscr{B}(\mathbb{R})$ である. 実際, 連続関数 $f(x) = x$ は Borel 可測なので, $\sigma[f] \subset \mathscr{B}(\mathbb{R})$ である. 逆に, 任意の実数 α に対して $f^{-1}((\alpha, \infty)) = (\alpha, \infty)$ で $\mathscr{E} = \{(\alpha, \infty) : \alpha \in \mathbb{R}\}$ は $\mathscr{B}(\mathbb{R})$ を生成するから $\mathscr{B}(\mathbb{R}) \subset \sigma[f]$ である.

(b) $\sigma[f] = \{E \in \mathscr{B}(\mathbb{R}) : -E \in \mathscr{B}(\mathbb{R})\}$ である．ただし，$-E = \{-x : x \in E\}$（0に関する対称集合）である．つまり，$\mathscr{B}$ を右辺の集合族とすると，$E \in \mathscr{B}(\mathbb{R})$ のうち「$x \in E \iff -x \in E$」をみたすもの全部が $\mathscr{B}$ である．このとき $\mathscr{B}$ は σ-加法族である．実際，$\emptyset \in \mathscr{B}$ は明らか．「$x \in E \iff -x \in E$」は「$x \in \mathbb{R} \setminus E \iff -x \in \mathbb{R} \setminus E$」と同値だから，$E \in \mathscr{B}$ ならば $\mathbb{R} \setminus E \in \mathscr{B}$．$E_n \in \mathscr{B}$ とする．$x \in \bigcup_n E_n$ ならば，ある n_0 があって $x \in E_{n_0}$，したがって $-x \in E_{n_0} \subset \bigcup_n E_n$．よって $\bigcup_n E_n \in \mathscr{B}$．一方，$f^{-1}((-\infty, \alpha]) = [-\sqrt{\alpha}, \sqrt{\alpha}]$（$\alpha \geq 0$ のとき），$f^{-1}((-\infty, \alpha]) = \emptyset$（$\alpha < 0$ のとき）であるから，$\mathscr{B} = \sigma[f]$ がわかる．

(c) $\sigma[f] = \{F \cup (-\infty, 0] : F \in \mathscr{B}(\mathbb{R})\} \cup \{F \setminus (-\infty, 0] : F \in \mathscr{B}(\mathbb{R})\}$．右辺が σ-加法族であることを確かめる．

演習 3.15 $\mathscr{A} = \{E \subset \mathbb{R}^2 : T^{-1}(E) \in \mathscr{B}\}$ とすると $\mathscr{A}$ は $\mathbb{R}^2$ 上の σ-加法族である（$\mathscr{B}$ の T による押し出し）．一方，$\mathscr{B}(\mathbb{R}^2)$ は開集合族から生成される $\mathbb{R}^2$ 上の σ-加法族であるが，これは2次元の区間の族 $\mathscr{I}_0 = \{(a_1, b_1) \times (a_2, b_2) : a_j, b_j \in \mathbb{R}\}$ から生成される．f と g は $\mathscr{B}$-可測関数だから，

$$T^{-1}((a_1, b_1) \times (a_2, b_2)) = \{x \in X : f(x) \in (a_1, b_1)\} \cap \{x \in X : g(x) \in (a_2, b_2)\} \in \mathscr{B}.$$

したがって $(a_1, b_1) \times (a_2, b_2) \in \mathscr{A}$．よって $\mathscr{I}_0 \subset \mathscr{A}$．ゆえに $\mathscr{B}(\mathbb{R}^2) = \sigma[\mathscr{I}_0] \subset \mathscr{A}$．これは「$E \in \mathscr{B}(\mathbb{R}^2)$ ならば $T^{-1}(E) \in \mathscr{B}$」を意味する．

演習 3.16 写像 $T : X \to \mathbb{R}^2$ を $T(x) = (f(x), g(x))$ と定めると，$\Phi(f(x), g(x)) = \Phi \circ T(x)$ である．このとき $E \subset \mathbb{R}$ に対して

$$(\Phi \circ T)^{-1}(E) = T^{-1}(\Phi^{-1}(E))$$

である．∵ $x \in (\Phi \circ T)^{-1}(E) \iff \Phi \circ T(x) = \Phi(T(x)) \in E \iff T(x) \in \Phi^{-1}(E) \iff x \in T^{-1}(\Phi^{-1}(E))$．

したがって $E \in \mathscr{B}(\mathbb{R})$ とすると，$\Phi^{-1}(E) \in \mathscr{B}(\mathbb{R}^2)$ であり，T は $\mathscr{B}$-可測写像だから $T^{-1}(\Phi^{-1}(E)) \in \mathscr{B}$．ゆえに $\Phi(f(x), g(x))$ は $\mathscr{B}$-可測関数である．

具体的な関数 $\Phi(u, v) = u + v$，$\Phi(u, v) = uv$，$\Phi(u, v) = \max\{u, v\}$，$\Phi(u, v) = \min\{u, v\}$ は $\mathbb{R}^2$ 上の連続関数だから，Borel 可測関数であり，前半の結果を応用すれば，f, g が可測関数ならば $f + g$，fg，$\max\{f, g\}$，$\min\{f, g\}$ も可測であることがわかる．

（注意．$T^{-1}(\Phi^{-1}(E))$ を $(T^{-1} \circ \Phi^{-1})(E)$ と書いてはいけない．逆写像 T^{-1}，Φ^{-1} の存在は不明．）

演習 3.17 $\mathscr{I}_0 = \{I_1 \times \cdots \times I_n : I_j \text{ は } \mathbb{R} \text{ の区間}\}$ とすれば，$\mathscr{B}(\mathbb{R}^n) = \sigma[\mathscr{I}_0]$ である．したがって，Φ が $\mathscr{B}$-可測写像である必要十分条件は任意の区間の直積 $I_1 \times \cdots \times I_n$ に対して $\Phi^{-1}(I_1 \times \cdots \times I_n) \in \mathscr{B}$ となることである．ここで

$$\Phi(x) \in I_1 \times \cdots \times I_n \iff \text{すべての } j = 1, \ldots, n \text{ に対して } f_j(x) \in I_j$$

であるから，

$$\Phi^{-1}(I_1 \times \cdots \times I_n) = \bigcap_{j=1}^n f_j^{-1}(I_j).$$

したがって，すべての $j=1,\ldots,n$ に対して f_j が $\mathscr{B}$-可測関数ならば，$f_j^{-1}(I_j) \in \mathscr{B}$ であり，Φ は $\mathscr{B}$-可測写像となる．逆に，Φ が $\mathscr{B}$-可測写像とすれば，特別な区間直積 $I_1 \times \mathbb{R} \times \cdots \times \mathbb{R}$ の Φ による逆像は $f_1^{-1}(I_1) \in \mathscr{B}$ となり，f_1 は $\mathscr{B}$-可測関数であることがわかる．同様にして，すべての $j=1,\ldots,n$ に対して f_j は $\mathscr{B}$-可測関数である．

演習 3.18 $\mathscr{A} = \{E \subset \mathbb{R}^n : T^{-1}(E) \in \mathscr{B}(\mathbb{R}^m)\}$ とすると $\mathscr{A}$ は $\mathbb{R}^n$ 上の σ-加法族である（$\mathscr{B}(\mathbb{R}^m)$ の押し出し）．一方，$\mathscr{O}_n$ を n 次元開集合の全体とすると，T は連続であるから $U \in \mathscr{O}_n$ ならば $T^{-1}(U) \in \mathscr{O}_m \subset \mathscr{B}(\mathbb{R}^m)$．したがって $\mathscr{O}_n \subset \mathscr{A}$．よって $\mathscr{B}(\mathbb{R}^n) = \sigma[\mathscr{O}_n] \subset \sigma[\mathscr{A}] = \mathscr{A}$ であり，これは示すべき性質が成り立つことを意味する．

演習 3.19 まず Φ が Borel 可測写像であることを示す．X と Y の開集合族をそれぞれ $\mathscr{O}_X$ と $\mathscr{O}_Y$ とする．このとき，$\mathscr{B}(X) = \sigma[\mathscr{O}_X]$，$\mathscr{B}(Y) = \sigma[\mathscr{O}_Y]$ である．示すべきことは $E \in \mathscr{B}(Y) \implies \Phi^{-1}(E) \in \mathscr{B}(X)$ である．そこで $\mathscr{A} = \{E \subset Y : \Phi^{-1}(E) \in \mathscr{B}(X)\}$ とおくと，$\mathscr{A}$ は Y の σ-加法族であることがわかっている（押し出し）．一方，Φ は連続だから，$U \in \mathscr{O}_Y$ ならば $\Phi^{-1}(U) \in \mathscr{O}_X \subset \mathscr{B}(X)$ である．したがって $\mathscr{O}_Y \subset \mathscr{A}$．よって $\mathscr{B}(Y) = \sigma[\mathscr{O}_Y] \subset \sigma[\mathscr{A}] = \mathscr{A}$ となり，これは $E \in \mathscr{B}(Y) \implies \Phi^{-1}(E) \in \mathscr{B}(X)$ を意味する．以上から Φ は Borel 可測写像である．

$E \in \mathscr{B}(\mathbb{R})$ とすると，$(f \circ \Phi)^{-1}(E) = \Phi^{-1}(f^{-1}(E))$ である．f は Borel 可測関数だから，$f^{-1}(E) \in \mathscr{B}(Y)$ であり，先に示したように Φ は Borel 可測写像であるから，$\Phi^{-1}(f^{-1}(E)) \in \mathscr{B}(X)$．したがって $f \circ \Phi$ は $\mathscr{B}(X)$-可測関数．

演習 4.1 $E \cup F = (E \setminus F) \cup (E \cap F) \cup (F \setminus E)$ と直和に分解されるから $\mu(E \cup F) = \mu(E \setminus F) + \mu(E \cap F) + \mu(F \setminus E)$．また $E = (E \cap F) \cup (E \setminus F)$ および $F = (E \cap F) \cup (F \setminus E)$ は直和であるから，両辺に $\mu(E \cap F)$ を加えて，求める式を得る．

ただし，$\mu(E \cup F) = \mu(E) + \mu(F) - \mu(E \cap F)$ と書いてはいけない．例．$E = F$ で $\mu(E) = \infty$ のとき，右辺は $\mu(E) + \mu(F) - \mu(E \cap F) = \infty + \infty - \infty$ と不確定になる．

演習 4.2 (i) $A_N = \bigcap_{n \geq N} E_n \in \mathscr{B}$ は N について単調増加であるから $\mu(A_N) \uparrow \mu(\bigcup_N A_N) = \mu(\liminf_n E_n)$．一方，$A_N \subset E_N$ であるから，$\mu(A_N) \leq \mu(E_N)$．両辺の下極限をとって，N を n に書き換えると，$\mu(\liminf_n E_n) \leq \liminf_n \mu(E_n)$．

(ii) $B_N = \bigcup_{n \geq N} E_n \in \mathscr{B}$ は N について単調減少であるから，$\mu(B_1) < \infty$ の仮定の下で，$\mu(B_N) \downarrow \mu(\limsup_n E_n)$．一方，$B_N \supset E_N$ であるから，$\mu(B_N) \geq \mu(E_N)$．両辺の上極限をとって，N を n に書き換えると，$\mu(\limsup_n E_n) \geq \limsup_n \mu(E_n)$．

(iii) 測度の可算劣加法性および $\sum_{n=1}^{\infty} \mu(E_n) < \infty$ から $\mu(B_N) \leq \sum_{n \geq N} \mu(E_n) \downarrow 0$．したがって，$\mu(\limsup E_n) = \lim_N \mu(B_N) = 0$．

(iv) de Morgan の法則から

$$X \setminus (\limsup_{n \to \infty} E_n) = X \setminus \Big(\bigcap_{N=1}^{\infty} \bigcup_{n \geq N} E_n \Big) = X \cap \Big(\bigcup_{N=1}^{\infty} \bigcap_{n \geq N} E_n^c \Big) = \liminf_{n \to \infty} E_n^c.$$

したがって (iii) より $\mu(\liminf_{n \to \infty} E_n^c) = \mu(X \setminus (\limsup_{n \to \infty} E_n)) = \mu(X)$.

演習 4.3 μ の可算加法性を示す. $\{E_n\} \subset \mathscr{B}$ が互いに素とする. 正項級数の和の順序交換より

$$\mu(\bigcup_n E_n) = \sum_j a_j \mu_j(\bigcup_n E_n) = \sum_j a_j \sum_n \mu_j(E_n) = \sum_n \sum_j a_j \mu_j(E_n) = \sum_n \mu(E_n).$$

演習 4.4 μ の可算加法性を示す. E の特性関数 1_E を用いると, $\mu(E) = \sum_{n \in \mathbb{N}} p_n 1_E(n)$ である. $\{E_j\}_j$ が互いに素なとき $1_{\cup_j E_j} = \sum_j 1_{E_j}$ であるから, 正項級数の和の順序交換をして

$$\mu(\bigcup_j E_j) = \sum_{n \in \mathbb{N}} p_n 1_{\cup_j E_j}(n) = \sum_{n \in \mathbb{N}} p_n \sum_j 1_{E_j}(n) = \sum_j \sum_{n \in \mathbb{N}} p_n 1_{E_j}(n) = \sum_j \mu(E_j).$$

演習 4.5 (i) 右連続 (ii) 左連続 (iii) 右連続 (iv) 一般には不連続

演習 4.6 (i) $m_g(E) = \#(E \cap \mathbb{Z})$. (ii) $m_g(E) = m(\{x \in E : x \geq 0\})$.

演習 4.7 $0 \leq f(x) \leq \mu(A) < \infty$ より, f は有限値である. 単調性と Lipschitz 連続性を示す. $x < y$ としてよい. $(-\infty, y] = (-\infty, x] \cup (x, y]$ (直和) ゆえ, $f(y) = f(x) + m(A \cap (x, y])$. ここで $0 \leq m(A \cap (x, y]) \leq m((x, y]) = y - x$ であるから, f は単調増加で, $0 \leq f(y) - f(x) = m(A \cap (x, y]) \leq y - x$.

演習 4.8 (i) $\mu \geq 0$ は明らかである. また定義から $\mu(\mathbb{R}) = \sum_{j=1}^{\infty} 1/2^j = 1 < \infty$ ゆえ, μ は有限である. μ の可算加法性を示す. $\{E_n\} \subset \mathbb{R}$ が互いに素で, $E = \bigcup_n E_n$ とすると, $1_E = \sum_n 1_{E_n}$ である. Dirac 測度の定義から, 一般に $\delta_a(E) = 1_E(a)$ であるから,

$$\mu(E) = \sum_{j=1}^{\infty} \frac{1}{2^j} 1_E(q_j) = \sum_{j=1}^{\infty} \frac{1}{2^j} \sum_n 1_{E_n}(q_j) = \sum_n \sum_{j=1}^{\infty} \frac{1}{2^j} 1_{E_n}(q_j) = \sum_n \mu(E_n).$$

(ii) $-\infty < x < y < \infty$ とすれば, $(-\infty, x] \subset (-\infty, y]$ で $^\exists q_j \in (x, y]$ であるから, $f(x)$ が狭義単調増加であることがわかる. また, $y_n \downarrow x$ とすると $(-\infty, x] = \bigcap_{n=1}^{\infty} (-\infty, y_n]$ より, $f(y_n) = \mu((-\infty, y_n]) \downarrow \mu((-\infty, x]) = f(x)$. $y_n \downarrow x$ は任意より, $\lim_{y \downarrow x} f(y) = f(x)$. よって f は右連続.

(iii) 一般に $a_n \uparrow a$ のとき, 測度の単調性から, $f(a_n) = \mu((-\infty, a_n)) \uparrow \mu((-\infty, a))$. a を有理数とすれば, ある j に対して $a = q_j$ となるから, $f(a) = \mu((-\infty, a)) + \mu(\{a\}) = \lim_{n \to \infty} f(a_n) + 1/2^j$ となり, f は a で不連続. a を無理数とすれば, $\mu(\{a\}) = 0$ であるから, $f(a) = \mu((-\infty, a)) = \lim_{n \to \infty} f(a_n)$ となって, f は a で左連続. (ii) とあわせて f は a で連続.

演習 4.9 $E \in \mathscr{E}^+$ とすると測度の単調性から $\mu(E \cap X_n) \uparrow \mu(E) > 0$ である. したがって, $\mathscr{E}_n^+ = \{E \in \mathscr{E} : \mu(E \cap X_n) > 0\}$ とすると $\mathscr{E}^+ = \bigcup_{n=1}^{\infty} \mathscr{E}_n^+$ である. さらに $\mathscr{E}_{nj}^+ = \{E \in \mathscr{E} :$

$\mu(E \cap X_n) \geq 1/j\}$ とすると $\mathscr{E}_n^+ = \bigcup_{j=1}^\infty \mathscr{E}_{nj}^+$ である．$\mathscr{E}$ は互いに素であるから $\mathscr{E}_{nj}^+$ も互いに素で，

$$\infty > \mu(X_n) \geq \sum_{E \in \mathscr{E}_{nj}^+} \mu(E \cap X_n) \geq \sum_{E \in \mathscr{E}_{nj}^+} \frac{1}{j}.$$

ゆえに，$\mathscr{E}_{nj}^+$ は高々有限個の集合からなる．したがって，$\mathscr{E}_n^+$，さらに $\mathscr{E}^+$ の濃度は高々可算である．

演習 4.10 $\mu \geq 0$ は明らかである．可算加法性を示す．$\{E_j\}$ は互いに素とする．$E = \bigcup_j E_j$ として，$\mu(E) = \sum_j \mu(E_j)$ を示す．E_j のうち1つでも非可算なものがあれば E は非可算であり，$\mu(E) = \sum_j \mu(E_j) = +\infty$ が成り立つ．E_j がすべて可算ならば E は可算であり，$x \in E$ ならば x はちょうど1つの E_j に属する．したがって

$$\mu(E) = \sum_{x \in E} f(x) = \sum_j \sum_{x \in E_j} f(x) = \sum_j \mu(E_j).$$

演習 4.11 μ_f の可算加法性を示す．$\{E_j\} \subset \mathscr{B}(\overline{\mathbb{R}})$ を互いに素とすると $\{f^{-1}(E_j)\} \subset \mathscr{B}$ も互いに素である．$\odot$ $j \neq k \implies f^{-1}(E_j) \cap f^{-1}(E_k) = f^{-1}(E_j \cap E_k) = \emptyset$．したがって

$$\mu_f(\cup_j E_j) = \mu(f^{-1}(\cup_j E_j)) = \mu(\cup_j f^{-1}(E_j)) = \sum_j \mu(f^{-1}(E_j)) = \sum_j \mu_f(E_j).$$

μ_f のその他の性質は明らかである．

演習 4.12 $1 = \mu(X) = \mu(E_n) + \mu(E_n^c)$ であるから，仮定より $\mu(E_n^c) \leq \frac{1}{2^{n+1}}$．したがって $\mu\left(\bigcup_{n=1}^\infty E_n^c\right) \leq \sum_{n=1}^\infty \frac{1}{2^{n+1}} = \frac{1}{2}$．これを

$$1 = \mu(X) = \mu\left(\bigcap_{n=1}^\infty E_n\right) + \mu\left(\left(\bigcap_{n=1}^\infty E_n\right)^c\right) = \mu\left(\bigcap_{n=1}^\infty E_n\right) + \mu\left(\bigcup_{n=1}^\infty E_n^c\right)$$

に代入して，$\mu\left(\bigcap_{n=1}^\infty E_n\right) \geq \frac{1}{2}$．

演習 4.13 (i) $F_n = E_n \setminus \left(\bigcup_{j=1}^{n-1} E_j\right)$ とおくと，$\{F_n\}$ は互いに素で $\bigcup_{n=1}^\infty F_n = \bigcup_{n=1}^\infty E_n$ かつ $\mu(F_n) = \mu(E_n)$ である．したがって

$$\mu(\bigcup_{n=1}^\infty E_n) = \mu(\bigcup_{n=1}^\infty F_n) = \sum_{n=1}^\infty \mu(F_n) = \sum_{n=1}^\infty \mu(E_n).$$

(ii) $\mu(\bigcup_{n=1}^\infty E_n) = \sum_{n=1}^\infty \mu(E_n) < \infty$ とする．したがって，これから出てくる量はすべて有限値である．背理法によって示そう．$\{E_n\} \subset \mathscr{B}$ はほとんど互いに素ではないとする．番号を付

け替えて $\mu(E_1 \cap E_2) > 0$ としてよい．このとき $\mu(E_1 \cup E_2) + \mu(E_1 \cap E_2) = \mu(E_1) + \mu(E_2)$ であるから，$\mu(E_1 \cup E_2) < \mu(E_1) + \mu(E_2)$ である．真の不等号！したがって測度の可算劣加法性から，以下の矛盾が生ずる：

$$\mu\Big(\bigcup_{n=1}^{\infty} E_n\Big) \leq \mu(E_1 \cup E_2) + \sum_{n=3}^{\infty} \mu(E_n) < \mu(E_1) + \mu(E_2) + \sum_{n=3}^{\infty} \mu(E_n) = \sum_{n=1}^{\infty} \mu(E_n).$$

演習 4.14 (i) $\alpha = \sup\{\mu(E) : E \in \mathscr{A}\}$ とする．上限の定義より $E_j \in \mathscr{A}$ で $\mu(E_j) \to \alpha$ となるものが存在する．$F = \bigcup_j E_j \in \mathscr{A}$ とすると，上限の定義より $\mu(F) \leq \alpha$ である．測度の単調性より，任意の j に対して $\mu(F) \geq \mu(E_j)$ であるから，$\mu(F) = \alpha$ となる．

(ii) もし $\mu(E \setminus F) > 0$ となる $E \in \mathscr{A}$ があったとすると，$\mu(E \cup F) = \mu(F) + \mu(E \setminus F) > \mu(F)$ となる．（真の不等号には $\mu(F) < \infty$ が必要．）ところが $E \cup F \in \mathscr{A}$ であるから上限の定義に矛盾．

(iii) $X = \mathbb{Z}$ とし $E \in 2^{\mathbb{Z}}$ に対して $\mu(E) = \#(E)$ とすれば μ は測度である．$\mathscr{A} = 2^{\mathbb{N}}$ は $E_j \in \mathscr{A} \implies \bigcup_j E_j \in \mathscr{A}$ をみたし，$\sup\{\mu(E) : E \in \mathscr{A}\} = \infty$ である．このとき $F = \{2, 4, 6, \ldots\}$ とすれば，$\mu(F) = \infty$ であるが，$E = \{1\} \in \mathscr{A}$ に対して，$\mu(E \setminus F) = \mu(\{1\}) = 1$ である．

演習 4.15 (i) $\implies$ (ii). $A = A_2 \setminus A_1$ とおけば，$A \in \mathscr{B}$, $\mu(A) = 0$, $(E \setminus A_1) \subset A$．したがって (i) より $(E \setminus A_1) \in \mathscr{A}$．ゆえに $E = (E \setminus A_1) \cup A_1 \in \mathscr{A}$．

(ii) $\implies$ (i). $\emptyset \subset E \subset A$ と思えば明らか．

演習 4.16 σ-加法族の 3 条件を示す．

(i) $\emptyset \in \mathscr{B}^*$ は明らか．

(ii) $E \in \mathscr{B}^*$ とすると $\exists A, \exists B \in \mathscr{B}$ s.t. $A \subset E \subset B$, $\mu(B \setminus A) = 0$．このとき $B^c \subset E^c \subset A^c$ で $A^c \setminus B^c = B \setminus A$ であるから，$\mu(A^c \setminus B^c) = 0$．よって $E^c \in \mathscr{B}^*$．

(iii) $E_n \in \mathscr{B}^*$ とすると $\exists A_n, \exists B_n \in \mathscr{B}$ s.t. $A_n \subset E_n \subset B_n$, $\mu(B_n \setminus A_n) = 0$．$A = \bigcup_n A_n \in \mathscr{B}$, $B = \bigcup_n B_n \in \mathscr{B}$ とすると，$A \subset \bigcup_n E_n \subset B$．さらに $B \setminus A \subset \bigcup_n (B_n \setminus A_n)$．$\because x \in B \setminus A$ とすると，ある n_0 があって $x \in B_{n_0}$．一方，任意の n に対して，$x \notin A_n$ であるから，$x \in B_{n_0} \setminus A \subset \bigcup_n (B_n \setminus A_n)$．よって $B \setminus A \subset \bigcup_n (B_n \setminus A_n)$．したがって $\mu(B \setminus A) \leq \sum_n \mu(B_n \setminus A_n) = 0$．よって $\bigcup_n E_n \in \mathscr{B}^*$．

演習 5.1 $E = \{x \in A : f(x) \geq g(x)\}$ とすると，仮定より $\mu(E) = 0$ で，$\int_A f d\mu = \int_{A \setminus E} f d\mu$, $\int_A g d\mu = \int_{A \setminus E} g d\mu$ である．また，$\mu(A) = \mu(A \setminus E) + \mu(E)$ より，$\mu(A \setminus E) = \mu(A) > 0$．一方，$A_n = \{x \in A : f(x) \leq g(x) - 1/n\}$ とすると，A_n は単調増加で $A \setminus E = \{x \in A : f(x) < g(x)\} = \bigcup_n A_n$ であるから，ある n があって $\mu(A_n) > 0$．したがって

$$\int_A f d\mu = \int_{A\setminus E} f d\mu = \int_{A_n} f d\mu + \int_{(A\setminus E)\setminus A_n} f d\mu$$
$$\leq \int_{A_n} (g - 1/n) d\mu + \int_{(A\setminus E)\setminus A_n} g d\mu = \int_{A\setminus E} g d\mu - \frac{\mu(A_n)}{n} < \int_A g d\mu.$$

演習 5.2 対偶を示せばよい．1 点 a で f と g が異なっているとする．必要なら交換して $f(a) < g(a)$ としてよい．$\varepsilon = (g(a) - f(a))/2 > 0$ とおく．f と g の連続性より，$\delta > 0$ があって $|x - a| < \delta$ ならば $|f(x) - f(a)| < \varepsilon$, $|g(x) - g(a)| < \varepsilon$ となる．三角不等式と ε の定義より，$x \in (a - \delta, a + \delta)$ のとき $f(x) < f(a) + \varepsilon = (g(a) + f(a))/2 = g(a) - \varepsilon < g(x)$. したがって Lebesgue 測度正の集合 $(a - \delta, a + \delta)$ で f と g は異なっている．

演習 5.3 (i) は問 1.33 と同様である．
(ii)「f_n が f に各点収束」とは「$f_n(x)$ が $f(x)$ に収束しない x の集合は空」であるから (i) より明らか．
(iii)「f_n が f に一様収束」$\iff$「任意の $\varepsilon > 0$ に対して $N = N(\varepsilon)$ が存在して $n \geq N$ ならば，任意の x で $|f_n(x) - f(x)| < \varepsilon$」$\iff$「任意の $\varepsilon > 0$ に対して $N = N(\varepsilon)$ が存在して $\bigcup_{n \geq N(\varepsilon)} \{x : |f_n(x) - f(x)| \geq \varepsilon\} = \emptyset$」．
(iv)「$\{f_n(x)\}$ は Cauchy 列」$\iff$「任意の $\varepsilon > 0$ に対して $N = N(\varepsilon, x)$ があって，$n, k \geq N$ ならば $|f_n(x) - f_k(x)| < \varepsilon$」である．ここで必要なら n と k を交換して $n < k$ としてよく，$k = n + m$, $m \geq 1$ と表すことができる．したがって「$\{f_n(x)\}$ は Cauchy 列でない」$\iff$「$\varepsilon > 0$ が存在して任意の N に対して $n \geq N$ および $m \geq 1$ が存在して，$|f_n(x) - f_{n+m}(x)| \geq \varepsilon$」である．これを集合で表すと $\bigcup_{\varepsilon > 0} \bigcap_N \bigcup_{n \geq N} \bigcup_{m \geq 1} \{x : |f_n(x) - f_{n+m}(x)| \geq \varepsilon\}$.

演習 5.4 測度収束の仮定から $k \geq 1$ に対して n_k を $\mu(\{x : |f_{n_k}(x) - f(x)| \geq 1/k\}) \leq 2^{-k}$ となるように選ぶことができる．ここで $E = \limsup_{k \to \infty} \{x : |f_{n_k}(x) - f(x)| \geq 1/k\}$ とすれば，任意の $K \geq 1$ に対して

$$\mu(E) \leq \mu\Big(\bigcup_{k \geq K} \{x : |f_{n_k}(x) - f(x)| \geq 1/k\}\Big)$$
$$\leq \sum_{k \geq K} \mu(\{x : |f_{n_k}(x) - f(x)| \geq 1/k\}) \leq \sum_{k \geq K} 2^{-k} = 2^{1-K}.$$

K は任意より $\mu(E) = 0$. 一方，$x \in A \setminus E$ ならば，$x \in \bigcup_K \bigcap_{k \geq K} \{x : |f_{n_k}(x) - f(x)| < 1/k\}$, すなわち，$K = K(x)$ が存在して $k \geq K$ ならば $|f_{n_k}(x) - f(x)| < 1/k$, とくに $\lim_{k \to \infty} f_{n_k}(x) = f(x)$. 以上より A 上 μ-a.e. に $f_{n_k} \to f$.
部分列をとる必要がある例は次の演習 5.5 参照．

演習 5.5 $\limsup_{n \to \infty} f_n(x) = 1$, $\liminf_{n \to \infty} f_n(x) = 0$. したがって f_n は各点収束しないし，a.e. 収束もしない．一方，$0 < \varepsilon < 1$ に対して $m(\{x : f_n(x) \geq \varepsilon\}) \leq 1/2^j \to 0$. したがって $f_n \to 0$ (m 測度収束). $\int_0^1 |f_n(x)|^p dx = 1/2^j \to 0$. したがって L^p 収束．

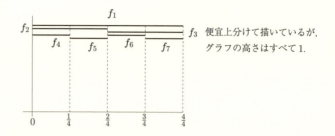
便宜上分けて描いているが，グラフの高さはすべて1.

演習 5.6 $f_n(x)$ が $f(x)$ に収束しないような $x \in A$ 全体は

$$\bigcup_{\varepsilon>0} \bigcap_{N=1}^{\infty} \bigcup_{n=N}^{\infty} \{x \in A : |f_n(x) - f(x)| \geq \varepsilon\}$$

であるから，A 上 μ-a.e. に $f_n \to f$ ならば，任意の $\varepsilon > 0$ に対して，

$$\mu\Big(\bigcap_{N=1}^{\infty} \bigcup_{n=N}^{\infty} \{x \in A : |f_n(x) - f(x)| \geq \varepsilon\}\Big) = 0.$$

ここで $\mu(A) < \infty$ より，単調減少集合列の測度の性質から

$$\mu(\{x \in A : |f_N(x) - f(x)| \geq \varepsilon\}) \leq \mu\Big(\bigcup_{n=N}^{\infty} \{x \in A : |f_n(x) - f(x)| \geq \varepsilon\}\Big) \downarrow 0.$$

これから A 上で $f_n \to f$ (測度収束) となる．
　$\mu(A) = \infty$ のときは，この性質は成り立たない．例えば $X = \mathbb{R}$ とし，μ を 1 次元 Lebesgue 測度とする．$f_n(x) = n^{-1}x$ は 0 に各点収束するが，$\mu(\{x \in \mathbb{R} : |f_n(x)| \geq \varepsilon\}) = \mu((-\infty, -\varepsilon n] \cup [\varepsilon n, \infty)) = \infty$ となり，この測度は 0 に収束しない．

演習 5.7 f_n が g に収束しないところは，

$$\bigcup_{\eta>0} \bigcap_{N\geq 1} \bigcup_{n\geq N} \{x \in A : |f_n(x) - g(x)| \geq \eta\}$$

である．これは A の部分集合で $\mu(A) < \infty$ であるから，測度の単調性と仮定より任意の $\eta > 0$ に対して

$$\mu(\bigcup_{n\geq N} \{x \in A : |f_n(x) - g(x)| \geq \eta\}) \downarrow 0 \quad (N \to \infty).$$

したがって，任意の $\varepsilon > 0$ および $k \geq 1$ に対して N_k を

$$\mu\Big(\bigcup_{n\geq N_k} \big\{x \in A : |f_n(x) - g(x)| \geq \frac{1}{k}\big\}\Big) < \frac{\varepsilon}{2^k}$$

と選ぶことができる．そこで $E = \bigcup_{k\geq 1} \bigcup_{n\geq N_k} \big\{x \in A : |f_n(x) - g(x)| \geq \frac{1}{k}\big\}$ とすれば，測度の可算劣加法性から $\mu(E) < \varepsilon$ である．このとき $B = A \setminus E$ とすると，任意の $k \geq 1$ に対して，

$x \in B$ では $n \geq N_k$ のとき $|f_n(x) - g(x)| < 1/k$ が成り立つ.（E の定義に現れる不等式の否定が成立.）すなわち B 上で f_n は g に一様収束する.

なお $\mu(A) = \infty$ のときには Egoroff の定理の結論は成り立たない. $A = \mathbb{R}$, μ を Lebesgue 測度, $f_n(x) = x/n$ とすると, 各点で $f_n(x) \to 0$ であるが, f_n がその上で 0 に一様収束するような B を $\mu(A \setminus B)$ が小さくなるようにとることはできない.

演習 5.8 (i) 仮定より $E = \{x \in X : f(x) \neq g(x)\}$ は零集合である. μ は完備測度ならば, これは可測集合であって, その補集合 $\{x \in X : f(x) = g(x)\}$ も可測である. したがって, 任意の実数 α に対して,
$$\{x \in X : g(x) > \alpha\} = \{x \in X \cap E : g(x) > \alpha\} \cup \{x \in X \setminus E : f(x) > \alpha\}$$
と表せば, $\{x \in X \cap E : g(x) > \alpha\}$ は零集合 E の部分集合だから零集合であって, μ の完備性より可測集合. 一方, f の可測性より, $\{x \in X \setminus E : f(x) > \alpha\} = \{x \in X : f(x) > \alpha\} \setminus E$ は可測集合. したがって g は可測関数である.

(ii) 全体集合を $X = \{-1, 0, 1\}$ とする. $A = \{0\}$ とし, $\mathscr{B} = \{\emptyset, A, A^c, X\}$ とすれば $\mathscr{B}$ は σ-加法族である. さらに $\mathscr{B}$ 上の集合関数 μ を $\mu(\emptyset) = \mu(A^c) = 0$, $\mu(A) = \mu(X) = 1$ とすれば, μ は測度になる. $A^c = \{-1, 1\}$ の部分集合 $\{-1\}$, $\{1\}$ は零集合であるが, $\mathscr{B}$ に入らないので, μ は完備ではない. $f = 1_A$ は $\mathscr{B}$-可測関数で, $g = 1_{\{0,1\}}$ は $\mathscr{B}$-可測関数でない. しかし, $\{x : f(x) \neq g(x)\} = \{1\}$ で, これは零集合であるから f と g はほとんどいたるところ一致する.

演習 6.1 (v) と (vi) は可積分でない. それ以外は可積分.

演習 6.2 $\{E_n\}$ の重なりは m である. つまり
$$\sum_n 1_{E_n}(x) = m \quad (\forall x \in X).$$
実際, 任意の x に対して $2^N \leq |f(x)| < 2^{N+1}$ をみたす整数 N がただ 1 つ存在する. ($2^N \leq |f(x)|$ となる最大の整数.) このとき $x \in E_n \iff N - m + 1 \leq n \leq N$. よって $\sum_{n=-\infty}^{\infty} 1_{E_n}(x) = \sum_{n=N-m+1}^{N} 1 = m$. したがって項別積分定理より
$$m \int_X |f| d\mu = \int_X |f| \sum_{n=-\infty}^{\infty} 1_{E_n}(x) d\mu(x) = \sum_{n=-\infty}^{\infty} \int_{E_n} |f| d\mu.$$
各 n に対して $2^n \mu(E_n) \leq \int_{E_n} |f| d\mu \leq 2^{n+m} \mu(E_n)$ であるから
$$\frac{1}{m} \sum_{n=-\infty}^{\infty} 2^n \mu(E_n) \leq \int_X |f| d\mu \leq \frac{2^m}{m} \sum_{n=-\infty}^{\infty} 2^n \mu(E_n).$$

演習 6.3 (i) 定義より $\{E_n\}$ は互いに素で $X = \bigcup_{n=0}^{\infty} E_n$ である. したがって, $\int_X |f| d\mu = \sum_{n=0}^{\infty} \int_{E_n} |f| d\mu$ であり, $n\mu(E_n) \leq \int_{E_n} |f| d\mu \leq (n+1)\mu(E_n)$ を加えて
$$\sum_{n=0}^{\infty} n\mu(E_n) \leq \int_X |f| d\mu \leq \sum_{n=0}^{\infty} (n+1)\mu(E_n) = \sum_{n=0}^{\infty} n\mu(E_n) + \mu(X).$$

これから同値性がわかる.

(ii) $\implies$ は正しいが, $\impliedby$ は成り立たない. $\mu(X) = \infty$ のとき $f \equiv \frac{1}{2}$ とすれば, $n \geq 1$ のとき $E_n = \emptyset$ だから, $\sum_{n=1}^{\infty} n\mu(E_n) = 0 < \infty$. しかし, $\int_X |f(x)| d\mu = \frac{1}{2}\mu(X) = \infty$.

演習 6.4 (i) $f < \infty$ a.e. であるから, a.e. $x \in X$ に対して $N \geq 0$ を $N \leq f(x) < N+1$ となるように選ぶ. このとき $n \leq N \iff x \in F_n$ であるから, $\sum_{n=1}^{\infty} 1_{F_n}(x) = \sum_{n=1}^{N} 1 = N \leq f(x)$.
したがって X 上で $\sum_{n=1}^{\infty} 1_{F_n}(x) \leq f(x)$ が a.e. に成り立つ. これを項別積分して,

$$\sum_{n=1}^{\infty} \mu(F_n) = \int_X \sum_{n=1}^{\infty} 1_{F_n} d\mu \leq \int_X f d\mu < \infty.$$

(ii) $E_n = F_n - F_{n+1} = \{x : n \leq f(x) < n+1\}$ とすると, $\{E_n\}$ は互いに素で $X = \bigcup_{n=0}^{\infty} E_n$ である. また, $\mu(E_n) = \mu(F_n) - \mu(F_{n+1})$. ($\mu(X) < \infty$ より, 測度の引き算 OK!) したがって, $\int_{E_n} f d\mu \leq (n+1)\mu(E_n) = (n+1)(\mu(F_n) - \mu(F_{n+1}))$ を加えて

$$\sum_{n=1}^{N} \int_{E_n} f d\mu \leq \sum_{n=1}^{N} (n+1)(\mu(F_n) - \mu(F_{n+1})).$$

式変形すれば右辺は $\mu(F_1) + \sum_{n=1}^{N} \mu(F_n) - (N+1)\mu(F_{N+1})$ となるから,

$$\int_X f d\mu = \sum_{n=0}^{\infty} \int_{E_n} f d\mu \leq \mu(F_1) + \sum_{n=1}^{\infty} \mu(F_n) < \infty.$$

(iii) $\mu(X) = \infty$ のとき (ii) の結論は不成立. $f \equiv \frac{1}{2}$ とすれば, $n \geq 1$ のとき $F_n = \emptyset$ だから, $\sum_{n=1}^{\infty} \mu(F_n) = 0 < \infty$. しかし, $\int_X f d\mu = \frac{1}{2}\mu(X) = \infty$.

演習 6.5 $E_j = \{x \in X : f(x) \geq 1/j\}$ とする. このとき $E_j \uparrow X$ であり, $1_{E_j} f \uparrow f$ である. したがって単調収束定理から $\int_{E_j} f d\mu = \int_X 1_{E_j} f d\mu \uparrow \int_X f d\mu < \infty$. よって j を大きくとれば $\int_X f d\mu \leq \int_{E_j} f d\mu + \varepsilon$ とできる. 一方,

$$\infty > \int_X f d\mu \geq \int_{E_j} f d\mu \geq \int_{E_j} \frac{1}{j} d\mu = \frac{1}{j}\mu(E_j)$$

であるから, $\mu(E_j) \leq j \int_X f d\mu < \infty$ である.

演習 6.6 $E = \{t > 0 : \mu(\{x : f(x) = t\}) > 0\}$ が高々可算であることを示す. $E_{mn} = \{t \geq 1/m : \mu(\{x : f(x) = t\}) \geq 1/n\}$ とすれば $E = \bigcup_{m \geq 1, n \geq 1} E_{mn}$ である. また,

$$\int_X f d\mu \geq \int_{\{x : f(x) \in E_{mn}\}} \frac{1}{m} d\mu \geq \frac{\#(E_{mn})}{mn}$$

演習 6.7 (i) f を I に値をとる可積分関数とすると，積分の単調性から $y_0 =: \fint_X f d\mu \in I$ である．$\varphi(y) - [\varphi'(y_0)(y - y_0) + \varphi(y_0)]$ の増減表より，$\varphi(y) \geq \varphi'(y_0)(y - y_0) + \varphi(y_0)$ $(\forall y \in I)$ となる．したがって $m = \varphi'(y_0)$ とすれば，
$$\varphi(f(x)) \geq m(f(x) - y_0) + \varphi(y_0) \quad (x \in X)$$
となり，この積分平均をとると
$$\fint_X \varphi(f(x)) d\mu(x) \geq m\Big(\fint_X f d\mu - y_0\Big) + \varphi(y_0) = \varphi\Big(\fint_X f d\mu\Big).$$

(ii) μ を $\mathbb{N}$ 上の計数測度とする．$(0, \infty)$ で $(-\log x)'' = 1/x^2 > 0$ であるから，Jensen の不等式より
$$-\log \frac{x_1 + \cdots + x_n}{n} \leq -\frac{\log x_1 + \cdots + \log x_n}{n} = -\log \sqrt[n]{x_1 \cdots x_n}.$$
-1 をかけて，指数関数を合成すれば，求める式が得られる．

演習 6.8 (i) 省略．

(ii) $\varphi'' \geq 0$ のとき (*) を示す．簡単のため $x_t = (1 - t)x_0 + tx_1$ とする．平均値定理より $x_0 <{}^\exists c_0 < x_t <{}^\exists c_1 < x_1$ s.t.
$$\varphi'(c_0) = \frac{\varphi(x_t) - \varphi(x_0)}{x_t - x_0} = \frac{\varphi(x_t) - \varphi(x_0)}{t(x_1 - x_0)}, \quad \varphi'(c_1) = \frac{\varphi(x_1) - \varphi(x_t)}{x_1 - x_t} = \frac{\varphi(x_1) - \varphi(x_t)}{(1 - t)(x_1 - x_0)}$$
となるものが存在する．$\varphi'' \geq 0$ より，φ' は単調増加なので，$\varphi'(c_0) \leq \varphi'(c_1)$．したがって
$$\frac{\varphi(x_t) - \varphi(x_0)}{t(x_1 - x_0)} \leq \frac{\varphi(x_1) - \varphi(x_t)}{(1 - t)(x_1 - x_0)}.$$
分母を払って $(1 - t)(\varphi(x_t) - \varphi(x_0)) \leq t(\varphi(x_1) - \varphi(x_t))$．これを整理して (*) を得る．

逆に (*) を仮定する．$\varphi(x_0)$ を辺々引いて，$\varphi(x_t) - \varphi(x_0) \leq t(\varphi(x_1) - \varphi(x_0))$．両辺を $x_t - x_0 = t(x_1 - x_0) > 0$ で割って
$$\frac{\varphi(x_t) - \varphi(x_0)}{x_t - x_0} \leq \frac{t(\varphi(x_1) - \varphi(x_0))}{t(x_1 - x_0)} = \frac{\varphi(x_1) - \varphi(x_0)}{x_1 - x_0}. \tag{**}$$
$t \to 0$ とすれば，$x_t \to x_0$ より，$\varphi'(x_0) \leq \dfrac{\varphi(x_1) - \varphi(x_0)}{x_1 - x_0}$．同様にして，(*) から $\varphi(x_1)$ を辺々引いて両辺を $x_t - x_1 = (t - 1)(x_1 - x_0) < 0$ で割って $t \to 1$ とすれば，$x_t \to x_1$ より，$\varphi'(x_1) \geq \dfrac{\varphi(x_1) - \varphi(x_0)}{x_1 - x_0}$．これから，$\varphi'(x_0) \leq \varphi'(x_1)$．すなわち，$\varphi'$ は単調増加で $\varphi'' \geq 0$．

(iii) φ が凸関数のとき，(ii) の証明は φ の左微分・右微分が存在し，それぞれ単調増加で，「左微分 $\leq$ 右微分」であることを示している．$x_0 \in I$ に対して $m = \lim\limits_{x \downarrow x_0} \dfrac{\varphi(x) - \varphi(x_0)}{x - x_0}$ (x_0 における

200　演習問題の解答

右微分）とすれば，$\varphi(x) \geq m(x - x_0) + \varphi(x_0)$ が $^\forall x \in I$ に成り立つ．残りは演習 6.7 と同様．なお m は閉区間 [左微分, 右微分] 内のどの値でもよい．[左微分, 右微分] を φ の**劣微分**という．

演習 7.1　仮定より $-g \leq f_j \leq g$ である．したがって $g + f_j \geq 0$ に Fatou の補題を適用すると

$$\int g d\mu + \int \liminf_{j \to \infty} f_j d\mu = \int (g + \liminf_{j \to \infty} f_j) d\mu = \int \liminf_{j \to \infty}(g + f_j) d\mu$$

$$\leq \liminf_{j \to \infty} \int (g + f_j) d\mu = \int g d\mu + \liminf_{j \to \infty} \int f_j d\mu.$$

両辺から $\int g d\mu$（有限値！）を引けば，$\int \liminf_{j \to \infty} f_j d\mu \leq \liminf_{j \to \infty} \int f_j d\mu$．同様に，$g - f_j \geq 0$ に Fatou の補題を適用すると

$$\int g d\mu - \int \limsup_{j \to \infty} f_j d\mu = \int (g - \limsup_{j \to \infty} f_j) d\mu = \int \liminf_{j \to \infty}(g - f_j) d\mu$$

$$\leq \liminf_{j \to \infty} \int (g - f_j) d\mu = \int g d\mu - \limsup_{j \to \infty} \int f_j d\mu.$$

両辺から $\int g d\mu$ を引き，移項すれば $\limsup_{j \to \infty} \int f_j d\mu \leq \int \limsup_{j \to \infty} f_j d\mu$．

演習 7.2　$X = \mathbb{R}$, μ を Lebesgue 測度とする．$f_j = 1/j$ とすれば $\liminf_{j \to \infty} f_j = \lim_{j \to \infty} f_j = 0$ であり，$\int \liminf_{j \to \infty} f_j d\mu = 0 < \liminf_{j \to \infty} \int f_j d\mu = \infty$．

別例．$X = \mathbb{N}$, μ を計数測度とする．$n \in \mathbb{N}$ に対して $f_j(n) = 1/j$ とすれば $\liminf_{j \to \infty} f_j(n) = \lim_{j \to \infty} f_j(n) = 0$ であり，$\int \liminf_{j \to \infty} f_j d\mu = 0 < \liminf_{j \to \infty} \int f_j d\mu = \sum_{n=1}^{\infty} \frac{1}{j} = \infty$．

演習 7.3　$-\infty < x < \infty$ で $f_j(x) = -1/j$ と定義すれば，$f_j(x) \uparrow 0$ であるが，$\int_{-\infty}^{\infty} f_j(x) dx = -\infty \not\to 0 = \int_{-\infty}^{\infty} 0 dx$．

演習 7.4　$X = \mathbb{N}$, $\mathscr{B} = 2^X$, μ を計数測度とする．X 上の関数 $f_n(j) = a_{j,n}$ に対して

$$\sum_{j=1}^{\infty}(\liminf_{n \to \infty} a_{j,n}) = \int_X (\liminf_{n \to \infty} f_n(j)) d\mu(j) \leq \liminf_{n \to \infty} \int_X f_n(j) d\mu(j) = \liminf_{n \to \infty} \sum_{j=1}^{\infty} a_{j,n}.$$

演習 7.5　(i) と (vi) 以外は誤り．

(ii)　(b) $\not\Rightarrow$ (c): $f_n(x) = \begin{cases} n & (0 \leq x \leq 1/n) \\ 0 & (1/n < x \leq 1) \end{cases}$ とすると，$f_n(x) \to 0$ a.e. であるが，$\int_I |f_n(x)| dx = 1 \not\to 0$．

(iii) (c) $\not\Rightarrow$ (a): $f_n(x) = \begin{cases} 1 & (0 \leq x \leq 1/n) \\ 0 & (1/n < x \leq 1) \end{cases}$ とすると，$\int_I |f_n(x)|dx = 1/n \to 0$ であるが，$\sup_I |f_n(x)| = 1 \not\to 0$．なお，(v) の反例からもわかる．

(iv) (a) $\not\Leftarrow$ (b): $f_n(x)$ が同上のとき，$f_n(x) \to 0$ a.e. であるが $\sup_I |f_n(x)| = 1 \not\to 0$．

(v) (b) $\not\Leftarrow$ (c): n に対して整数 j を $2^j \leq n < 2^{j+1}$ と定め，$I_n = \left[\dfrac{n-2^j}{2^j}, \dfrac{n-2^j+1}{2^j}\right]$ とし，$f_n(x) = \chi_{I_n}(x)$ とすると，$\int_I |f_n(x)|dx = m(I_n) \to 0$ であるが，$f_n(x) \not\to 0$ a.e.

演習 7.6 $F(x) = \int_\mathbb{R} 1_{(-\infty,x]} f(y)dy$ と表され，$|1_{(-\infty,x]} f(y)| \leq |f(y)|$ であるから，Lebesgue の収束定理（連続パラメータ版）より $F(x)$ は連続である．とくに $\lim_{x \to \infty} F(x) = \int_\mathbb{R} f(y)dy$ および $\lim_{x \to -\infty} F(x) = 0$ である．

演習 7.7 $[0,1)$ で $f(x)$ が有限なところでは $\lim_{n \to \infty} x^n f(x) = 0$ である．したがって，$[0,1]$ 上 a.e. に $\lim_{n \to \infty} x^n f(x) = 0$ である．また，$[0,1]$ 上で $|x^n f(x)| \leq |f(x)|$ で，$\int_0^1 |f(x)|dx < \infty$ である．ゆえに Lebesgue の優収束定理より $\lim_{n \to \infty} \int_0^1 x^n f(x)dx = \int_0^1 \lim_{n \to \infty} x^n f(x)dx = 0$．

演習 7.8 $0 < x < 1$ とする．等比級数の公式より被積分関数は $\sum_{n=0}^\infty x^{p+n} \log \dfrac{1}{x}$ となる．各項は正だから項別積分して

$$\sum_{n=0}^\infty \int_0^1 x^{p+n} \log \frac{1}{x} dx = \sum_{n=0}^\infty \left\{ \left[\frac{x^{p+n+1}}{p+n+1} \log \frac{1}{x}\right]_0^1 + \int_0^1 \frac{x^{p+n}}{p+n+1} dx \right\} = \sum_{n=0}^\infty \frac{1}{(p+n+1)^2}.$$

演習 7.9 絶対値をつけた級数に対して項別積分定理と変数変換より

$$\int_\mathbb{R} \sum_{n=1}^\infty 2^n |f(3^n x)| dx = \sum_{n=1}^\infty \int_\mathbb{R} 2^n |f(3^n x)| dx = \sum_{n=1}^\infty \frac{2^n}{3^n} \int_\mathbb{R} |f(x)| dx = 2 \int_\mathbb{R} |f(x)| dx < \infty.$$

これが有限値だから絶対値をつけない級数も項別積分可能で積分値は $2\int_\mathbb{R} f(x)dx$．

演習 7.10 $g(x) = \sum_{n=1}^\infty |f_n(x)|$ とする．項別積分定理から

$$\int_X g(x)d\mu = \int_X \sum_{n=1}^\infty |f_n(x)|d\mu = \sum_{n=1}^\infty \int_X |f_n(x)|d\mu < \infty.$$

したがって $g(x) < \infty$ （μ-a.e. $x \in X$）である．

演習 7.11 $|x| > 1$ とすると $|x - x_n| \geq |x| - 1 > 0$. したがって

$$\sum_{n=1}^{\infty} \frac{1}{2^n |x - x_n|^\alpha} \leq \frac{1}{(|x|-1)^\alpha} \sum_{n=1}^{\infty} \frac{1}{2^n} = \frac{1}{(|x|-1)^\alpha} < \infty.$$

一方,項別積分定理より

$$\int_{-1}^{1} \sum_{n=1}^{\infty} \frac{1}{2^n |x-x_n|^\alpha} dx = \sum_{n=1}^{\infty} \int_{-1}^{1} \frac{1}{2^n |x-x_n|^\alpha} dx$$

$$\leq \sum_{n=1}^{\infty} \frac{1}{2^n} \int_{|x-x_n|\leq 2} \frac{1}{|x-x_n|^\alpha} dx = \sum_{n=1}^{\infty} \frac{1}{2^n} \frac{2^{2-\alpha}}{1-\alpha} < \infty.$$

したがって $|x| \leq 1$ では $\displaystyle\sum_{n=1}^{\infty} \frac{1}{2^n |x-x_n|^\alpha}$ はほとんどすべての x に対して収束.

演習 7.12 いずれも優関数が存在する. (i) $\displaystyle\int_{-1}^{1} \frac{dx}{\sqrt{|x|}} = 2\left[2x^{1/2}\right]_0^1 = 4 < \infty.$

(ii) $1/\sqrt{x + f_n(x)} \leq 1/\sqrt{x}$ で $1/\sqrt{x}$ は $[0,1]$ で可積分.

(iii) $\displaystyle\int_{-\infty}^{\infty} \frac{dx}{1+x^2} = \left[\tan^{-1} x\right]_{-\infty}^{\infty} = \frac{\pi}{2} + \frac{\pi}{2} = \pi < \infty.$

(iv) $\displaystyle\left|\frac{e^{if_n(x)}}{1+x^2}\right| = \frac{1}{1+x^2}.$

演習 7.13 ヒントは次のようにわかる. $|\alpha| \leq |\beta|$ としてよい.

$$|\alpha + \beta|^p \leq (|\alpha| + |\beta|)^p \leq (2|\beta|)^p \leq 2^p(|\alpha|^p + |\beta|^p).$$

ヒントより $|f_n - f|^p \leq 2^p(|f_n|^p + |f|^p)$ である. $2^p(|f_n|^p + |f|^p) - |f_n - f|^p \geq 0$ に Fatou の補題を用いると

$$\int_X 2^{p+1}|f|^p d\mu = \int_X \liminf_{n\to\infty}(2^p(|f_n|^p + |f|^p) - |f_n - f|^p)d\mu$$

$$\leq \liminf_{n\to\infty} \int_X (2^p(|f_n|^p + |f|^p) - |f_n - f|^p)d\mu$$

$$= \int_X 2^{p+1}|f|^p d\mu - \limsup_{n\to\infty} \int_X |f_n - f|^p d\mu.$$

両辺から $\int_X 2^{p+1}|f|^p d\mu < \infty$ を引き,移項して $\displaystyle\limsup_{n\to\infty} \int_X |f - f_n|^p d\mu = 0.$

反例. $X = (0,1)$, μ を X 上の 1 次元 Lebesgue 測度,

$$f_n(x) = \begin{cases} n^{1/p} & (0 < x \leq 1/n), \\ 0 & (1/n < x < 1) \end{cases}$$

とすれば X の各点で $f_n(x) \to 0$ であるが,$\displaystyle\int_X |0 - f_n|^p d\mu = 1 \not\to 0 = \int_X |f|^p d\mu.$

演習 7.14 (i) $\dfrac{n}{e^{nx}}$ にロピタルの定理を用いる.

(ii) $\int_0^\infty ne^{-nx}dx = \left[-e^{-nx}\right]_0^\infty = 1$.

(iii) n によらない可積分関数で ne^{-nx} を押さえるものが存在しないから矛盾しない. ∵ g が任意の $n \geq 1$ に対して $ne^{-nx} \leq g(x)$ $(0 \leq x \leq 1)$ をみたしたとすると, $g(x) \geq 1/(2ex)$ $(0 < x \leq 1/2)$ となって g は可積分でない. 詳しくいうと, $0 < x \leq 1/2$ に対して $n \leq 1/x < n+1$ となる自然数 $n = n(x)$ をとると, $nx \leq 1$ かつ $n > (1/x) - 1 \geq 1/2x$ であるから, $g(x) \geq 1/(2x) \cdot e^{-1}$ である.

(iv) (ii) より

$$\left|\int_0^\infty ne^{-nx}f(x)dx - f(0)\right| \leq \int_0^\infty ne^{-nx}|f(x) - f(0)|dx.$$

$x = 0$ での連続性より $\forall \varepsilon > 0$ に対して $\exists \delta > 0$ s.t. $0 \leq x \leq \delta$ のとき $|f(x) - f(0)| < \varepsilon$. よって

$$\int_0^\delta ne^{-nx}|f(x) - f(0)|dx \leq \varepsilon \int_0^\delta ne^{-nx}dx \leq \varepsilon \int_0^\infty ne^{-nx}dx = \varepsilon.$$

f が有界のとき $|f| \leq M$ となる定数 M があって,

$$\int_\delta^\infty ne^{-nx}|f(x) - f(0)|dx \leq (M + |f(0)|)\int_\delta^\infty ne^{-nx}dx$$
$$= (M + |f(0)|)\left[-e^{-nx}\right]_\delta^\infty = (M + |f(0)|)e^{-n\delta} \to 0.$$

また, f が可積分のときは

$$\int_\delta^\infty ne^{-nx}|f(x) - f(0)|dx \leq \int_\delta^\infty ne^{-n\delta}|f(x)|dx + \int_\delta^\infty ne^{-nx}|f(0)|dx$$
$$\leq ne^{-n\delta}\int_0^\infty |f(x)|dx + |f(0)|e^{-n\delta} \to 0.$$

以上から $\limsup_{n\to\infty} \int_0^\infty ne^{-nx}|f(x) - f(0)|dx \leq \varepsilon$. さらに $\varepsilon > 0$ は任意より, 左辺は 0 となる. したがって, $\int_0^\infty ne^{-nx}f(x)dx \to f(0)$.

演習 7.15 $\lim_{n\to\infty} \int_0^\infty nxe^{-nx^2}f(x)dx = \dfrac{1}{2}f(0)$. やり方は演習 7.14 とほとんど同様.

演習 7.16 $\lim_{a\downarrow 0} \int_{-\infty}^\infty \dfrac{af(x)}{x^2 + a^2}dx = \pi f(0)$. やり方は演習 7.14 とほとんど同様.

演習 7.17 (i) $N \to \infty$ のとき, $1_{|x|\geq N}(x)f(x) \downarrow 0$ だから単調収束定理より

$$\int_{|x|\geq N} f(x)dx = \int_\mathbb{R} 1_{|x|\geq N}(x)f(x)dx \downarrow 0.$$

(ii) 変数変換 $y = jx$ および (i) より $\int_{|x|\geq \delta} f_j(x)dx = \int_{|y|\geq \delta j} f(y)dy \to 0$.

(iii) $|g| \leq M$ とする. $x \in \mathbb{R}$ を固定する. x での連続性より $\forall \varepsilon > 0$ に対して $\exists \delta > 0$ s.t. $|y| < \delta$ ならば $|g(x-y) - g(x)| < \varepsilon$ とできる. 変数変換より $\int_{\mathbb{R}} f_j(y) dy = 1$ であることに注意すると

$$\left| \int g(x-y) f_j(y) dy - g(x) \right| \leq \int |g(x-y) - g(x)| f_j(y) dy$$

$$\leq \int_{|y|<\delta} \varepsilon f_j(y) dy + \int_{|y| \geq \delta} 2M f_j(y) dy$$

$$\leq \varepsilon + 2M \int_{|y| \geq \delta} f_j(y) dy.$$

ゆえに (ii) より $\limsup_{j \to \infty} \left| \int g(x-y) f_j(y) dy - g(x) \right| \leq \varepsilon$. $\varepsilon > 0$ は任意より (iii) を得る.

演習 7.18 $\int_{\mathbb{R}} |f(x+y) - f(x)| \, dx \leq \int_{\mathbb{R}} (|f(x+y)| + |f(x)|) dx = 2 \int_{\mathbb{R}} |f(x)| \, dx$ が三角不等式よりわかる. したがって

$$\limsup_{|y| \to \infty} \int_{\mathbb{R}} |f(x+y) - f(x)| \, dx \leq 2 \int_{\mathbb{R}} |f(x)| \, dx \qquad (*)$$

は明らか. 逆向きの不等式を示す. 任意の $\varepsilon > 0$ に対して $\exists R > 0$ s.t. $\int_{|x| \geq R} |f(x)| \, dx < \varepsilon$. そこで $g(x) = 1_{|x| \leq R} f(x)$ とすると, $\int_{\mathbb{R}} |f(x) - g(x)| \, dx = \int_{\mathbb{R}} |f(x+y) - g(x+y)| \, dx < \varepsilon$. したがって

$$\int_{\mathbb{R}} |f(x+y) - f(x) - \{g(x+y) - g(x)\}| \, dx < 2\varepsilon.$$

よって

$$\int_{\mathbb{R}} |g(x+y) - g(x)| \, dx - 2\varepsilon \leq \int_{\mathbb{R}} |f(x+y) - f(x)| \, dx \leq \int_{\mathbb{R}} |g(x+y) - g(x)| \, dx + 2\varepsilon. \quad (**)$$

ここで, $|y| \geq 2R$ ならば, $\int_{\mathbb{R}} |g(x+y) - g(x)| \, dx$ は

$$\int_{\{|x+y| \leq R\}} |g(x+y)| \, dx + \int_{\{|x| \leq R\}} |g(x)| \, dx = 2 \int_{\mathbb{R}} |g(x)| dx > 2 \int_{\mathbb{R}} |f(x)| \, dx - 2\varepsilon$$

となる. ゆえに (**) で下極限をとって

$$2 \int_{\mathbb{R}} |f(x)| \, dx - 4\varepsilon \leq \liminf_{|y| \to \infty} \int_{\mathbb{R}} |g(x+y) - g(x)| \, dx - 2\varepsilon \leq \liminf_{|y| \to \infty} \int_{\mathbb{R}} |f(x+y) - f(x)| \, dx.$$

$\varepsilon > 0$ は任意より, (*) とあわせて求める等式を得る.

演習 7.19 求める極限は $\lim_{n \to \infty} \int_X n^\alpha (1 - \cos(f/n)) d\mu = \begin{cases} 0 & (0 < \alpha < 2) \\ \frac{1}{2} \int_X f^2 d\mu & (\alpha = 2) \\ \infty & (\alpha > 2) \end{cases}$

以下はその詳細.

(i) $f = 0$ ならば極限値は 0. $f \neq 0$ のとき, $t = 1/n$ としてロピタルの定理を用いると

$$\lim_{n \to \infty} n^\alpha (1 - \cos(f/n)) = \lim_{t \to +0} \frac{1 - \cos(tf)}{t^\alpha} = \lim_{t \to +0} \frac{f \sin(tf)}{\alpha t^{\alpha-1}} = \begin{cases} 0 & (0 < \alpha < 2) \\ f^2/2 & (\alpha = 2) \\ \infty & (\alpha > 2) \end{cases}$$

(ii) $\int_X f^2 d\mu > 0$ より, $X' = \{x \in X : f(x) \neq 0\}$ の μ-測度は正である. $\alpha > 2$ のときは Fatou の補題と (i) を用いると

$$\liminf_{n \to \infty} \int_X n^\alpha (1 - \cos(f/n)) d\mu \geq \int_X \liminf_{n \to \infty} n^\alpha (1 - \cos(f/n)) d\mu \geq \int_{X'} \infty \, d\mu = \infty.$$

(iii) $0 < \alpha \leq 2$ とする. 実数 t に対する初等的な不等式 $0 \leq 1 - \cos t \leq \frac{1}{2} t^2$ に $t = f/n$ を代入して,

$$0 \leq n^\alpha (1 - \cos(f/n)) \leq \frac{1}{2} n^{\alpha-2} f^2 \leq \frac{1}{2} f^2.$$

仮定より $\int_X f^2 d\mu < \infty$ であるから, Lebesgue の収束定理と (i) より $\int_X n^\alpha (1 - \cos(f/n)) d\mu$ の極限値は

$$\int_X \lim_{n \to \infty} n^\alpha (1 - \cos(f/n)) d\mu = \begin{cases} 0 & (0 < \alpha < 2) \\ \frac{1}{2} \int_X f^2 d\mu & (\alpha = 2) \end{cases}$$

演習 7.20 $|\sin(xt) f(x)| \leq |f(x)|$ であるから, $|F(t)| \leq \int_{-\infty}^{\infty} |f(x)| dx < \infty$ であり, Lebesgue の収束定理（連続パラメータ版）より $F(t)$ は連続. また, $\sin(xt) f(x)$ を t で偏微分すると $x \cos(xt) f(x)$ となり, $|x \cos(xt) f(x)| \leq |xf(x)|$ かつ $\int_{-\infty}^{\infty} |xf(x)| dx < \infty$ であるから積分記号下の微分ができて $F'(t) = \int_{-\infty}^{\infty} x \cos(xt) f(x) dx$.

演習 7.21 (i) $x^2 = t$, すなわち $x = \sqrt{t}$ と変数変換すると $dx = \frac{1}{2} t^{-1/2} dt$ ゆえ

$$\frac{1}{2} \int_0^\infty t^{n-1/2} e^{-t} dt = \frac{1}{2} \Gamma\left(n + \frac{1}{2}\right) = \frac{1}{2} \left(n - \frac{1}{2}\right) \cdots \frac{1}{2} \Gamma\left(\frac{1}{2}\right) = \frac{(2n-1)!!}{2^n} \frac{\sqrt{\pi}}{2}.$$

(ii) $e^{-x^2} \cos \alpha x = \sum_{n=0}^{\infty} (-1)^n e^{-x^2} \frac{(\alpha x)^{2n}}{(2n)!}$ の各項に絶対値をつけて項別積分. (i) より

$$\int_0^\infty \sum_{n=0}^{\infty} \left|(-1)^n e^{-x^2} \frac{(\alpha x)^{2n}}{(2n)!}\right| dx = \sum_{n=0}^{\infty} \frac{\alpha^{2n}}{(2n)!} \int_0^\infty x^{2n} e^{-x^2} dx = \sum_{n=0}^{\infty} \frac{\alpha^{2n}}{(2n)!} \frac{(2n-1)!!}{2^n} \frac{\sqrt{\pi}}{2}$$

$$= \frac{\sqrt{\pi}}{2} \sum_{n=0}^{\infty} \frac{(\alpha/2)^{2n}}{n!} = \frac{\sqrt{\pi}}{2} \exp\left(\frac{\alpha^2}{4}\right) < \infty.$$

したがって絶対値をつけずに項別積分可能で，

$$\int_0^\infty \sum_{n=0}^\infty (-1)^n e^{-x^2} \frac{(\alpha x)^{2n}}{(2n)!} dx = \frac{\sqrt{\pi}}{2} \sum_{n=0}^\infty \frac{(-\alpha^2/4)^n}{n!} = \frac{\sqrt{\pi}}{2} \exp\Big(-\frac{\alpha^2}{4}\Big).$$

演習 7.22 Lebesgue の収束定理を用いて積分記号下の微分を正当化する．

(i) $|e^{-y^2} \cos(2xy)| \leq e^{-y^2}$, $\left|\frac{\partial}{\partial x}(e^{-y^2} \cos(2xy))\right| \leq 2|y|e^{-y^2}$ で e^{-y^2} や $2|y|e^{-y^2}$ は x に関係しない $\mathbb{R}$ 上の可積分関数だから，自由に積分記号下の微分ができる．それを部分積分する．

$$F'(x) = \int_{-\infty}^\infty e^{-y^2}(-2y) \sin(2xy) dy$$
$$= \Big[e^{-y^2} \sin(2xy)\Big]_{y=-\infty}^{y=\infty} - \int_{-\infty}^\infty e^{-y^2} 2x \cos(2xy) dy = -2x F(x).$$

(ii) $\dfrac{dF}{dx} = -2xF$ を $F(0) = \displaystyle\int_{-\infty}^\infty e^{-y^2} dy = \sqrt{\pi}$ の下で解いて $F(x) = \sqrt{\pi} e^{-x^2}$．

演習 7.23 (i) $|e^{-x^2} \cos(\alpha x)| \leq e^{-x^2}$ で $\displaystyle\int_0^\infty e^{-x^2} dx = \dfrac{\sqrt{\pi}}{2} < \infty$ より被積分関数は可積分．さらに $\dfrac{d}{d\alpha}(e^{-x^2} \cos(\alpha x) dx) = -e^{-x^2} x \sin(\alpha x)$ でその絶対値は可積分関数 xe^{-x^2} で押さえられる．よって積分記号下の微分ができて

$$\frac{d}{d\alpha} J(\alpha) = -\int_0^\infty xe^{-x^2} \sin(\alpha x) dx$$
$$= -\Big[-\frac{1}{2}e^{-x^2} \sin(\alpha x)\Big]_0^\infty - \int_0^\infty \frac{1}{2}e^{-x^2} \alpha \cos(\alpha x) dx = -\frac{\alpha}{2} J(\alpha).$$

(ii) 変数分離形の常微分方程式を $J(0) = \dfrac{\sqrt{\pi}}{2}$ の下で解いて $J(\alpha) = \dfrac{\sqrt{\pi}}{2} \exp\Big(-\dfrac{\alpha^2}{4}\Big)$．

演習 7.24 定義から $F(x)$ は偶関数であり，$F(0) = \displaystyle\int_0^\infty e^{-t^2} dt = \dfrac{\sqrt{\pi}}{2}$ であることがわかる．Lebesgue の収束定理から $F(x)$ は連続であることもわかる．

(i) 積分記号下での微分が可能であるとすれば，

$$F'(x) = \int_0^\infty -\frac{2x}{t^2} e^{-t^2 - x^2/t^2} dt$$

である．実際，これは $|x| \neq 0$ ならば可能である．$|x| > c > 0$ ならば

$$\Big|-\frac{2x}{t^2} e^{-t^2 - x^2/t^2}\Big| \leq \frac{2|x|/t^2}{e^{x^2/t^2}} e^{-t^2} \leq \frac{2|x|/t^2}{x^2/t^2} e^{-t^2} = \frac{2}{|x|} e^{-t^2} \leq \frac{2}{c} e^{-t^2}$$

であり，e^{-t^2} は可積分であるから c の任意性より $|x| \neq 0$ での微分可能性がわかる．

さて，$x > 0$ のとき $u = x/t$ と変数変換すれば

$$F'(x) = \int_\infty^0 2e^{-x^2/u^2 - u^2} du = -2F(x).$$

$x < 0$ のときも同様にして $F'(x) = 2F(x)$.

(ii) $x > 0$ で $F'(x) = -2F(x)$ を $F(0) = \dfrac{\sqrt{\pi}}{2}$ の下で解いて $F(x) = \dfrac{\sqrt{\pi}}{2} e^{-2x}$. $F(x)$ は偶関数だから $F(x) = \dfrac{\sqrt{\pi}}{2} e^{-2|x|}$.

演習 7.25 (i) $|F(\xi)| \leq \int_{-\infty}^\infty |e^{-2\pi i x\xi} f(x)| dx = \int_{-\infty}^\infty |f(x)| dx < \infty$ より $F(\xi)$ は有界. $|e^{-2\pi i x\xi} f(x)| \leq |f(x)|$ で，$|f(x)|$ は ξ に関係しない可積分関数であるから Lebesgue の優収束定理により，$\lim_{\xi \to \xi_0} F(\xi) = \int_{-\infty}^\infty \lim_{\xi \to \xi_0} e^{-2\pi i x\xi} f(x) dx = F(\xi_0)$ となり，$F(\xi)$ は連続.

(ii) $|\partial(e^{-2\pi i x\xi} f(x))/\partial \xi| = |-2\pi i x e^{-2\pi i x\xi} f(x)| = 2\pi |xf(x)|$ で，$\int_{-\infty}^\infty |xf(x)| dx < \infty$ であるから，積分記号下の微分ができて，$F'(\xi) = -2\pi i \int_{-\infty}^\infty x e^{-2\pi i x\xi} f(x) dx$.

演習 7.26 $A_j = \{x : f(x) \geq 1/j\}$ とすると，$\{A_j\}$ は単調増加可測集合列で，仮定より $m([0,1] \setminus \bigcup_{j=1}^\infty A_j) = 0$. したがって j を十分大きくとって，$m(A_j) \geq 3/4$ とできる．任意に $E \in \mathscr{E}$ をとると，

$$1 \geq m(E \cup A_j) = m(E) - m(E \cap A_j) + m(A_j) \geq \frac{1}{2} - m(E \cap A_j) + \frac{3}{4}$$

であるから，$m(E \cap A_j) \geq 1/4$ でなければならない．よって

$$\int_E f dx \geq \int_{E \cap A_j} f dx \geq \frac{m(E \cap A_j)}{j} \geq \frac{1}{4j}.$$

したがって下限は $1/4j$ 以上である．

演習 7.27 $X_j = \{x : f(x) \geq 1/j\}$ とすると，仮定より $\bigcup_{j=1}^\infty X_j = \{x : f(x) > 0\} = X$. よって $\mu(X_j) \uparrow \mu(X)$. したがって j を十分大きくとって，$\mu(X_j) \geq \mu(X) - p/2$ とできる．$\mu(X) < \infty$ だから，$\mu(X) - \mu(X_j) \leq p/2$ である．さて，可測集合 E が $\mu(E) \geq p$ をみたせば

$$\mu(X) \geq \mu(E \cup X_j) = \mu(E) + \mu(X_j) - \mu(E \cap X_j)$$

ゆえ，

$$\mu(E \cap X_j) \geq \mu(E) + \mu(X_j) - \mu(X) \geq p - p/2 = p/2.$$

よって

$$\int_E f d\mu \geq \int_{E \cap X_j} f d\mu \geq \frac{\mu(E \cap X_j)}{j} \geq \frac{p}{2j}.$$

したがって $q = p/(2j)$ とすれば，求める不等式が成り立つ．

反例. μ を $\mathbb{R}$ 上の Lebesgue 測度, $f(x) = 1/(1+x^2)$ とする. $E_n = [n, n+1]$ とすれば, $\mu(E_n) = 1$ であるが, $n \to \infty$ のとき, $\int_{E_n} \dfrac{dx}{1+x^2} = \tan^{-1}(n+1) - \tan^{-1} n \to 0$.

演習 7.28 $f_n \to f$ (測度収束) とする. 右側の積分の被積分関数は 1 以下だから, 任意の $\varepsilon > 0$ に対して,

$$\int_X \frac{|f_n - f|}{1+|f_n - f|} d\mu = \int_{|f_n - f| \geq \varepsilon} \frac{|f_n - f|}{1+|f_n - f|} d\mu + \int_{|f_n - f| < \varepsilon} \frac{|f_n - f|}{1+|f_n - f|} d\mu$$
$$\leq \mu(\{|f_n - f| \geq \varepsilon\}) + \varepsilon \mu(X).$$

この上極限をとって

$$\limsup_{n \to \infty} \int_X \frac{|f_n - f|}{1+|f_n - f|} d\mu \leq \varepsilon \mu(X).$$

$\varepsilon > 0$ は任意で, $\mu(X) < \infty$ だから $\Longrightarrow$ がわかった. 逆に

$$\int_X \frac{|f_n - f|}{1+|f_n - f|} d\mu \geq \int_{|f_n - f| \geq \varepsilon} \frac{|f_n - f|}{1+|f_n - f|} d\mu$$
$$\geq \int_{|f_n - f| \geq \varepsilon} \frac{|f_n - f|}{|f_n - f|/\varepsilon + |f_n - f|} d\mu = \frac{\varepsilon}{\varepsilon + 1} \mu(\{|f_n - f| \geq \varepsilon\})$$

より, $\Longleftarrow$ がわかる. この証明は $\mu(X) = \infty$ のときも成り立つ.

$\mu(X) = \infty$ のとき, $\Longleftarrow$ は成り立つが, $\Longrightarrow$ は一般には成り立たない. 反例. μ を $X = (1, \infty)$ 上の Lebesgue 測度, $f_n(x) = 1/(nx)$ とすると, 任意の $\varepsilon > 0$ に対し, $\{x \in (1, \infty) : 1/(nx) \geq \varepsilon\} = (1, 1/(n\varepsilon))$ でこの測度は 0 に収束. したがって $f_n \to 0$ (測度収束). 一方, $\int_X \dfrac{|f_n - f|}{1+|f_n - f|} d\mu = \int_1^\infty \dfrac{1/(nx)}{1+1/(nx)} dx = \int_1^\infty \dfrac{dx}{nx+1} = \infty$.

演習 7.29 任意の $\varepsilon > 0$ に対して

$$\varepsilon^p \mu(\{x : |f_n(x) - f(x)| \geq \varepsilon\}) \leq \int_{\{f_n - f| \geq \varepsilon\}} \varepsilon^p d\mu \leq \int_X |f_n - f|^p d\mu \to 0.$$

演習 7.30 成り立つ. 結論を否定すると, 部分列 n_k を選んで, $\lim_{k \to \infty} \int |f - f_{n_k}| d\mu > 0$ とできる. $f_{n_k} \to f$ (μ 測度収束) であるから, さらに部分列を選んで, $f_{n_{k_j}} \to f$ μ-a.e とできる. この部分列に Lebesgue の優収束定理を用いると $\lim_{j \to \infty} \int |f - f_{n_{k_j}}| d\mu = 0$. これは $\lim_{k \to \infty} \int |f - f_{n_k}| d\mu > 0$ であったことに反する.

演習 7.31 $|f|$ を考えることにより, 最初から $f \geq 0$ としてよい. このとき非負可測単関数 $\varphi_n \uparrow f$ が存在する. 単調収束定理より, $\int_X \varphi_n^p d\mu \uparrow \int_X f^p d\mu$ である. また, 集合として $\{x : \varphi_n(x) > \alpha\} \uparrow \{x : f(x) > \alpha\}$ であるから, 測度の単調性より $\lambda_n(\alpha) = \mu(\{x : \varphi_n(x) > \alpha\}) \uparrow \lambda(\alpha) = \mu(\{x : f(x) > \alpha\})$. ゆえに単調収束定理より,

$$\int_0^\infty \lambda_n(\alpha) d\alpha^p \uparrow \int_0^\infty \lambda(\alpha) d\alpha^p$$

となる．したがって，f が非負可測単関数のときに等式を示せばよい．f の 0 以外の値を $\{\alpha_1, \ldots, \alpha_J\}$ とし，$E_j = \{x : f(x) = \alpha_j\}$ とすれば，$\{E_j\}$ は互いに素で，$f = \sum_{j=1}^{J} \alpha_j 1_{E_j}$ となる．番号を付け替えて $0 < \alpha_1 < \alpha_2 < \cdots < \alpha_J$ としてよい．このとき

$$\lambda(\alpha) = \mu(\{x : f(x) > \alpha\}) = \begin{cases} 0 & (\alpha \geq \alpha_J) \\ \mu(E_J) & (\alpha_{J-1} \leq \alpha < \alpha_J) \\ \mu(E_{J-1}) + \mu(E_J) & (\alpha_{J-2} \leq \alpha < \alpha_{J-1}) \\ \cdots & \cdots \\ \mu(E_1) + \cdots + \mu(E_J) & (0 \leq \alpha < \alpha_1) \end{cases}$$

であるから，

$$\int_0^\infty \lambda(\alpha) d\alpha^p = \int_0^{\alpha_1} \lambda(\alpha) d\alpha^p + \int_{\alpha_1}^{\alpha_2} \lambda(\alpha) d\alpha^p + \cdots + \int_{\alpha_{J-1}}^{\alpha_J} \lambda(\alpha) d\alpha^p$$

$$= (\mu(E_1) + \cdots + \mu(E_J))\alpha_1^p + \cdots + \mu(E_J)(\alpha_J^p - \alpha_{J-1}^p)$$

$$= \alpha_1^p \mu(E_1) + \alpha_2^p \mu(E_2) + \cdots + \alpha_J^p \mu(E_J)$$

$$= \int_X f^p d\mu.$$

演習 8.1 $\Gamma(F) = 0$ とする．単調性および劣加法性より $\Gamma(E) \leq \Gamma(E \cup F) \leq \Gamma(E) + \Gamma(F) = \Gamma(E)$．よって $\Gamma(E \cup F) = \Gamma(E)$．

演習 8.2 Γ_j の可算劣加法性より，Γ の可算劣加法性を示す．
(i) $\Gamma(\cup_n A_n) = \sup_j \Gamma_j(\cup_n A_n) \leq \sup_j \left(\sum_n \Gamma_j(A_n) \right) \leq \sup_j \left(\sum_n \Gamma(A_n) \right) = \sum_n \Gamma(A_n)$.
(ii) $\Gamma(\cup_n A_n) = \sum_j a_j \Gamma_j(\cup_n A_n) \leq \sum_j a_j \sum_n \Gamma_j(A_n)$
$\qquad\qquad\qquad\qquad\qquad\quad = \sum_n \sum_j a_j \Gamma_j(A_n) = \sum_n \Gamma_j(A_n)$.

演習 8.3 (i) $\overline{\Gamma}$ は外測度．証明は演習 8.2 と同じ．

(ii) $\underline{\Gamma}$ は外測度とは限らない．$X = \mathbb{N}$ に対して $\Gamma_j(A) = \frac{1}{j}\#(A)$ と定義する．このとき $\#(A) < \infty$ ならば，$\underline{\Gamma}(A) = \inf_j \frac{1}{j} \#(A) = 0$．また，$\#(A) = \infty$ ならば，任意の j に対して $\Gamma_j(A) = \frac{1}{j}\#(A) = \infty$．そこで $A_n = \{n\}$ とすれば $\mathbb{N} = \bigcup_{n=1}^\infty A_n$ であるが，$\underline{\Gamma}(\bigcup_n A_n) = \underline{\Gamma}(\mathbb{N}) = \infty > 0 = \sum_n \underline{\Gamma}(A_n)$ となって可算加法性が成り立たない．別例．$X = \mathbb{N}$ に対して $\Gamma_j = \delta_j$（j における点測度）とする．このとき $A_n = \{n\}$ とすれば，任意の j に対して $\Gamma_j(\bigcup_n A_n) = \Gamma_j(X) = 1$ だから $\underline{\Gamma}(\bigcup_n A_n) = 1$．一方，$j \neq n$ ならば $\Gamma_j(A_n) = 0$ だから $\underline{\Gamma}(A_n) = 0$．よって $\sum_n \underline{\Gamma}(A_n) = 0$．

演習 8.4 (i) $\max\{a, b\} \leq c \leq a + b$．∵ 左側の不等式は Γ の単調性，右側の不等式は Γ の可算劣加法性より．

(ii) $c = a + b$．∵ $\Gamma(X) = \Gamma(X \cap \{p\}) + \Gamma(X \setminus \{p\}) = \Gamma(\{p\}) + \Gamma(\{q\})$ より．

演習 8.5 δ_a の非負性と単調性は明らかである．可算劣加法性 $\delta_a(\bigcup_n A_n) \leq \sum_n \delta_a(A_n)$ を示す．左辺が 0 ならば明らかである．そうでなければ左辺は 1 で $a \in \bigcup_n A_n$ である．したがって a を含む A_{n_0} があり，$\delta_a(A_{n_0}) = 1$ である．したがって右辺は 1 以上であり，可算劣加法性がわかる．

任意の部分集合は δ_a-可測である．これを示すには，任意の部分集合 T と A に対して $\delta_a(T) \geq \delta_a(T \cap A) + \delta_a(T \setminus A)$ であることをいえばよい．それには右辺が正のときのみ考えればよく，そのときは $a \in T \cap A$ または $a \in T \setminus A$ であり，a はどちらか一方にのみ属する．また，どちらの場合も $a \in T$ で左辺と右辺はどちらも 1 で等しい．

演習 8.6 Γ の非負性，単調性は明らかである．可算劣加法性 $\Gamma(\bigcup_n A_n) \leq \sum_n \Gamma(A_n)$ を示す．右辺は有限であるとしてよい．このとき高々有限個の n を除いて $A_n = \emptyset$ である．したがって有限個の合併の個数の評価に帰着され，Γ が可算劣加法性をみたすことがわかる．

X の任意の部分集合は Γ-可測である．∵ 任意の $A \subset X$ をとる．このとき任意の $T \subset X$ で $\Gamma(T) < \infty$ となるものに対して

$$\Gamma(T) \geq \Gamma(T \cap A) + \Gamma(T \setminus A)$$

を示せばよいが，これは有限集合 T を $T \cap A$ と $T \setminus A$ に分けて数え上げることにより，等式で成立することがわかる．

演習 8.7 (i) Γ の非負性，単調性は明らかである．可算劣加法性 $\Gamma(\bigcup_n A_n) \leq \sum_n \Gamma(A_n)$ を示す．左辺が正，したがって 1 のときを示せばよい．このとき $(\bigcup_n A_n) \cap E_0 \neq \emptyset$ ゆえ，$\exists n_0$ s.t. $A_{n_0} \cap E_0 \neq \emptyset$．したがって $\Gamma(A_{n_0}) = 1$ で，右辺は 1 以上．

(ii) Γ-可測集合 A は $E_0 \subset A$ または $E_0 \cap A = \emptyset$ をみたすものである．∵ A がこの条件をみたせば，任意の $T \subset X$ に対して $(T \setminus A) \cap E_0 = \emptyset$ または $(T \cap A) \cap E_0 = \emptyset$ となり（なお，$(T \setminus A) \cap E_0 = (T \cap A) \cap E_0 = \emptyset$ となることもある），$\Gamma(T \setminus A) = 0$ または $\Gamma(T \cap A) = 0$ が成り立つ．したがって Γ の単調性より，$\Gamma(T) \geq \Gamma(T \setminus A) + \Gamma(T \cap A)$ となり，A は Γ-可測である．一方，$A \setminus E_0 \neq \emptyset$ かつ $E_0 \cap A \neq \emptyset$ ならば，$\Gamma(A^c) = 1$ かつ $\Gamma(A) = 1$ となり，$\Gamma(A) + \Gamma(A^c) = 2 > 1 = \Gamma(X)$ であるから，$T = X$ として A は Γ-可測集合でない．

(iii) E_0 は 1 点集合．このとき $A \setminus E_0 \neq \emptyset$ かつ $E_0 \cap A \neq \emptyset$ となる A は存在しない．

演習 8.8 $\Gamma|_A$ の可算劣加法性を示す．$E \subset \bigcup_j E_j$ とすると，$E \cap A \subset \bigcup_j E_j \cap A$．よって，$\Gamma$ の可算劣加法性より

$$\Gamma|_A(E) = \Gamma(E \cap A) \leq \sum_j \Gamma(E_j \cap A) = \sum_j \Gamma|_A(E_j).$$

演習 8.9 対称的なので A が Γ-可測としてよい．$T = A \cup B$ に A の Γ-可測性を用いると

$$\Gamma(A \cup B) = \Gamma((A \cup B) \cap A) + \Gamma((A \cup B) \setminus A) = \Gamma(A) + \Gamma(B \setminus A). \quad (*)$$

$T = B$ に A の Γ-可測性を用いると $\Gamma(B) = \Gamma(B \cap A) + \Gamma(B \setminus A)$ であるから，(*) の両辺に $\Gamma(A \cap B)$ を加えると

$$\Gamma(A \cup B) + \Gamma(A \cap B) = \Gamma(A) + \Gamma(B \setminus A) + \Gamma(A \cap B) = \Gamma(A) + \Gamma(B).$$

演習 8.10 (i) 正しい．$\Gamma(A^c) = \Gamma(\emptyset) = 0$ とする．このとき任意の $T \subset X$ に対して，$\Gamma(T \cap A) + \Gamma(T \setminus A) \leq \Gamma(T) + \Gamma(A^c) = \Gamma(T)$ であるから，A は Γ-可測である．
 (ii) 正しくない．反例．$X = \{1, 2\}$．$\Gamma(\emptyset) = 0$, $\Gamma(\{1\}) = \Gamma(\{2\}) = \Gamma(X) = 1$ は外測度．しかし，$A = \{1\}$ は Γ-可測ではない．$T = X$ とすると $\Gamma(T) = 1 < 2 = \Gamma(\{1\}) + \Gamma(\{2\}) = \Gamma(T \cap A) + \Gamma(T \setminus A)$．

演習 8.11 $\underline{\mu^* = \mu^{**} \text{の証明}}$．$\mu^{**}(A)$ の定義で $\bigcup_{j=1}^\infty E_j \in \mathscr{B}$ であり，可算劣加法性から $\mu(\bigcup_{j=1}^\infty E_j) \leq \sum_{j=1}^\infty \mu(E_j)$ であるから，$\mu^*(A) \leq \mu^{**}(A)$ である．一方，$E_1 = E$, $E_2 = E_3 = \cdots = \emptyset$ とすれば，$\mu^{**}(A) \leq \mu^*(A)$ がわかる．
 $\underline{\mu^* \text{が外測度になること}}$．非負・単調性は明らか．可算劣加法性を示す．$A_n \subset X$ に対し，$\mu^*(\bigcup_{n=1}^\infty A_n) \leq \sum_{n=1}^\infty \mu^*(A_n)$ を示せばよい．$\sum_{n=1}^\infty \mu^*(A_n) = \infty$ ならば明らかである．$\sum_{n=1}^\infty \mu^*(A_n) < \infty$ のとき，各 $\mu^*(A_n)$ は有限であるから，inf の定義より任意の $\varepsilon > 0$ に対して $E_n \in \mathscr{B}$ で $A_n \subset E_n$, $\mu(E_n) < \mu^*(A_n) + \varepsilon/2^n$ となるものが存在する．このとき $\bigcup_{n=1}^\infty A_n \subset \bigcup_{n=1}^\infty E_n$ で

$$\sum_{n=1}^\infty \mu(E_n) \leq \sum_{n=1}^\infty (\mu^*(A_n) + \varepsilon/2^n) = \sum_{n=1}^\infty \mu^*(A_n) + \varepsilon.$$

よって $\mu^*(\bigcup_{n=1}^\infty A_n) \leq \sum_{n=1}^\infty \mu^*(A_n) + \varepsilon$．さらに $\varepsilon > 0$ は任意だから $\mu^*(\bigcup_{n=1}^\infty A_n) \leq \sum_{n=1}^\infty \mu^*(A_n)$．

演習 8.12 $\mu^*(A) = \infty$ のときは $E = X$ とすればよい．$\mu^*(A) < \infty$ のときは下限の定義から $\exists E_j \in \mathscr{B}$ s.t. $A \subset E_j$ かつ $\mu(E_j) \to \mu^*(A)$, $\mu(E_j) < \infty$．そこで $E = \bigcap_j E_j$ とすれば，$E \in \mathscr{B}$, $A \subset E$ で $\mu(E) = \mu^*(A)$．

演習 8.13 $J(A \cup B) \leq J(A) + J(B)$ を示そう．$J(A) < \infty$, $J(B) < \infty$ と仮定してよい．任意の $\varepsilon > 0$ に対して A および B を有限個の区間で覆って，$A \subset \bigcup_{n=1}^N [a_n, b_n]$ かつ $\sum_{n=1}^N (b_n - a_n) < J(A) + \varepsilon$, $B \subset \bigcup_{m=1}^M [c_m, d_m]$ かつ $\sum_{m=1}^M (c_m - b_m) < J(B) + \varepsilon$ とできる．$\{[a_1, b_1], \ldots, [a_N, b_N], [c_1, d_1], \ldots, [c_M, d_M]\}$ は $A \cup B$ を覆っているから

$$J(A \cup B) \leq \sum_{n=1}^N (b_n - a_n) + \sum_{m=1}^M (c_m - b_m) < J(A) + J(B) + 2\varepsilon.$$

ここで，$\varepsilon > 0$ は任意だから，$J(A \cup B) \leq J(A) + J(B)$．したがって J は劣加法的である．
 しかし，J は可算劣加法的でない．$A = [0, 1] \cap \mathbb{Q}$ とする．このとき A は $[0, 1]$ で稠密，ゆえに A の任意の有限被覆 $\bigcup_{n=1}^N [a_n, b_n]$ は $[0, 1]$ を含む．したがって $\sum_{n=1}^N (b_n - a_n) \geq 1$ であり，A の有限被覆 $\bigcup_{n=1}^N [a_n, b_n]$ に関する下限をとって，$J(A) \geq 1$ である．一方，1点集合は $J(\{x\}) = 0$ をみたし，A は可算であるから $A = \{x_1, x_2, \ldots\} = \bigcup_{j=1}^\infty \{x_j\}$ と表され，$\sum_{j=1}^\infty J(\{x_j\}) = 0$ である．

演習 8.14 補題 2.11 の証明と基本的に同じなので，g の右連続性を使うところを中心に述べよう．

(i) 補題 2.8 と同じ議論である.

(ii) 区間塊 $E \in \mathscr{I}$ が互いに素な区間塊 $E_n \in \mathscr{I}$ の和 $\bigcup_{n=1}^{\infty} E_n$ で表されたとしよう. m_g の有限加法性より $\sum_{n=1}^{\infty} m_g(E_n) \leq m_g(E)$ となるのは補題 2.11 の証明と同一である.

逆向きの不等号を示そう. 区間塊 E を $\bigcup_{j=1}^{J}(a_j, b_j]$ (直和), $-\infty \leq a_1 < b_1 < \cdots < a_J < b_J \leq \infty$, と一意的に表す. まず $-\infty < a_1 < b_1 < \cdots < a_J < b_J < \infty$ のときを考える. 任意に $\varepsilon > 0$ をとる. g は右連続だから $a'_j \in (a_j, b_j)$ を $g(a_j) \leq g(a'_j) \leq g(a_j) + \varepsilon/J$ ととり, 1 つ 1 つの半開半閉区間の左側を少し削って $E' = \bigcup_{j=1}^{J}(a'_j, b_j]$ とすると $E' \subset \overline{E'} \subset E$ で

$$m_g(E') = \sum_{j=1}^{J} \{g(b_j) - g(a'_j)\} \geq \sum_{j=1}^{J} \{g(b_j) - g(a_j)\} - \varepsilon = m_g(E) - \varepsilon$$

となる. ここに $\overline{E'}$ は E' の閉包であり, コンパクトになっている.

一方, $E = \bigcup_{n=1}^{\infty} E_n$ となる区間塊 E_n に対しては, E_n を $\bigcup_{j=1}^{J_n}(a^n_j, b^n_j]$ (直和), $a^n_1 < b^n_1 < \cdots < a^n_{J_n} < b^n_{J_n}$, と一意的に表す. $b_J < \infty$ より, b^n_j はすべて有限値としてよい. g の右連続性を用いて, $\tilde{b}^n_j > b^n_j$ を $g(b^n_j) \leq g(\tilde{b}^n_j) \leq g(b^n_j) + \varepsilon/(J_n 2^n)$ となるようにとり, $\tilde{E}_n = \bigcup_{j=1}^{J_n}(a^n_j, \tilde{b}^n_j]$ とおく. このとき, $E_n \subset \text{int}(\tilde{E}_n) \subset \tilde{E}_n$ で $m_g(\tilde{E}_n) \leq m_g(E_n) + \varepsilon/2^n$ である. $\overline{E'}$ はコンパクト集合で各 $\text{int}(\tilde{E}_n)$ は開集合だから, コンパクト性より自然数 N が存在して

$$E' \subset \overline{E'} \subset \bigcup_{n=1}^{N} \text{int}(\tilde{E}_n) \subset \bigcup_{n=1}^{N} \tilde{E}_n.$$

ここで $E', \tilde{E}_n \in \mathscr{I}$ だから m_g の単調性と有限劣加法性により,

$$m_g(E) - \varepsilon \leq m_g(E') \leq \sum_{n=1}^{N} m_g(\tilde{E}_n) \leq \sum_{n=1}^{N} \left(m_g(E_n) + \frac{\varepsilon}{2^n}\right) \leq \sum_{n=1}^{\infty} m_g(E_n) + \varepsilon.$$

$\varepsilon > 0$ は任意だったから $m_g(E) \leq \sum_{n=1}^{\infty} m_g(E_n)$ がわかった.

$a_1 = -\infty$ または $b_J = +\infty$ のときは, 補題 2.11 の証明と同様である.

演習 8.15 (i) μ^* の非負性と単調性は明らかなので, 可算劣加法性: $E = \bigcup_{n=1}^{\infty} E_n$ のとき, $\mu^*(E) \leq \sum_{n=1}^{\infty} \mu^*(E_n)$ を示せばよい. $\sum_{n=1}^{\infty} \mu^*(E_n) < \infty$ としてよい. 任意の $\varepsilon > 0$ に対して開集合 $G_n \supset E_n$ で, $\mu(G_n) < \mu^*(E_n) + \varepsilon/2^n$ となるものがある. このとき $G = \bigcup_{n=1}^{\infty} G_n$ は E を含む開集合で

$$\mu^*(E) \leq \mu(G) \leq \sum_{n=1}^{\infty} \mu(G_n) < \sum_{n=1}^{\infty} \left\{\mu^*(E_n) + \frac{\varepsilon}{2^n}\right\} = \sum_{n=1}^{\infty} \mu^*(E_n) + \varepsilon.$$

$\varepsilon > 0$ は任意だから可算劣加法性がわかった. 以上から μ^* は外測度である.

(ii) μ^*-可測集合族 $\mathscr{M}_{\mu^*}$ は σ-加法族であるから, $\mathscr{O} \subset \mathscr{M}_{\mu^*}$ を示せばよい. ($\odot \mathscr{B}(\mathbb{R}^d) = \sigma[\mathscr{O}] \subset \sigma[\mathscr{M}_{\mu^*}] = \mathscr{M}_{\mu^*}$.) 任意の開集合 U が μ^*-可測であることを示す. 任意の $T \subset X$ で $\mu^*(T) < \infty$ となるものをとる. 定義から任意の $\varepsilon > 0$ に対して開集合 G で $T \subset G$ かつ

$\mu(G) < \mu^*(T) + \varepsilon$ となるものがある．このとき $T \cap U \subset G \cap U$ で $G \cap U$ は開集合だから，$\mu^*(T \cap U) \leq \mu(G \cap U)$．また $T \setminus U \subset G \setminus U = G \cap U^c$ で，閉集合 U^c に対して開集合 V_n で $V_n \downarrow U^c$ となるものがとれるから，$T \setminus U \subset G \cap V_n$ より，$\mu^*(T \setminus U) \leq \mu(G \cap V_n) \downarrow \mu(G \cap U^c)$．（∵ $\mu(G \cap V_n) \leq \mu(G) < \infty$ より測度の単調性．）したがって

$$\mu^*(T \cap U) + \mu^*(T \setminus U) \leq \mu(G \cap U) + \mu(G \cap U^c) = \mu(G) < \mu^*(T) + \varepsilon.$$

$\varepsilon > 0$ は任意だったから U が μ^*-可測であることがわかった．

演習 8.16 E を Borel 集合とする．X_n を中心 0，半径 n の開球とする．定義より有界開集合 X_n に対しては $\mu(X_n) = \mu^*(X_n) < \infty$ であるから

$$\mu(X_n \cap E) + \mu(X_n \setminus E) = \mu(X_n) = \mu^*(X_n) = \mu^*(X_n \cap E) + \mu^*(X_n \setminus E) < \infty.$$

ここで最後の等号は Borel 集合 E が μ^*-可測であることより．したがって

$$\{\mu^*(X_n \cap E) - \mu(X_n \cap E)\} + \{\mu^*(X_n \setminus E) - \mu(X_n \setminus E)\} = 0.$$

一般に $\mu^* \geq \mu$ であるから，左辺の中カッコ内はどちらも非負．これらの和が 0 になるにはどちらも 0 でなければならない．とくに $\mu^*(X_n \cap E) = \mu(X_n \cap E)$．ここで $X_n \uparrow \mathbb{R}^d$ であるから，測度の単調性より，$\mu^*(E) = \mu(E)$．

演習 8.17 $\mathbb{R}$ 上の計数測度 μ は Borel 測度であるが Radon 測度でない．$\mu(\{x\}) = 1$ であるが，G が $\{x\}$ を含む開集合ならば G は無限集合で $\mu(G) = \infty$ ゆえ，$\mu(\{x\}) = 1 < \inf\{\mu(G) : \{x\} \subset G, G \text{ は開集合}\} = \infty$．

演習 8.18 $\mu(E) \geq \sup\{\mu(K) : K \subset E, K \text{ はコンパクト集合}\}$ は明らかだから，逆向きの不等号を示せばよい．

$X_n = \overline{B}(0, n)$ とする．$X_n \setminus E$ に演習 8.16 の結果を用いると

$$\mu(X_n \setminus E) = \inf\{\mu(U) : X_n \setminus E \subset U, U \text{ は開集合}\}$$

である．U を $X_n \setminus E$ を含む開集合とする．$K = X_n \setminus U$ とおくと，K はコンパクト集合で，$K \subset E \cap X_n$，$\mu(X_n) - \mu(K) = \mu(U \cap X_n) \leq \mu(U)$ である．したがって U に関する下限をとって

$$\mu(X_n \setminus E) \geq \mu(X_n) - \sup\{\mu(K) : K \subset E \cap X_n, K \text{ はコンパクト集合}\}.$$

ゆえに

$$\mu(X_n \cap E) = \mu(X_n) - \mu(X_n \setminus E) \leq \sup\{\mu(K) : K \subset E \cap X_n, K \text{ はコンパクト集合}\}$$

$$\leq \sup\{\mu(K) : K \subset E, K \text{ はコンパクト集合}\}.$$

$\mu(X_n \cap E) \uparrow \mu(E)$ であるから，$n \to \infty$ として求める不等式を得る．

演習 8.19 Γ-可測集合全体 $\mathscr{M}_\Gamma$ は Borel 集合族 $\mathscr{B}(\mathbb{R}^d)$ を含む σ-加法族で，Γ は $\mathscr{M}_\Gamma$ 上の測度であり，μ の拡張になっている．

$\Gamma(A) = \inf\{\mu(U) : A \subset U, U \text{ は開集合}\}$，$\mu^*(A) = \inf\{\mu(U) : A \subset U, U \text{ は開集合}\}$ とすると，$\Gamma(A) \leq \mu^*(A)$ は明らかである．逆向きの不等号を示そう．$\Gamma(A) < \infty$ としてよ

い．定義より，任意の $\varepsilon > 0$ に対して $E \in \mathscr{B}(\mathbb{R}^d)$ で $A \subset E$ かつ $\mu(E) < \Gamma(A) + \varepsilon/2$ となるものがある．Borel 集合 E に対しては $\mu(E) = \mu^*(E)$ であるから，開集合 U で $E \subset U$ かつ $\mu(U) < \mu(E) + \varepsilon/2$ となるものがある．したがって $A \subset U$ で $\mu(U) < \Gamma(A) + \varepsilon$ となり，$\mu^*(A) < \Gamma(A) + \varepsilon$. $\varepsilon > 0$ は任意より，$\mu^*(A) \leq \Gamma(A)$．

$\underline{\Gamma(A) = \sup\{\mu(K) : K \subset A, K \text{ はコンパクト集合}\}}$．測度の単調性から $\Gamma(A) \geq \sup\{\mu(K) : K \subset A, K \text{ はコンパクト集合}\}$ は明らかだから，逆向きの不等号を示せばよい．$X_n = \overline{B}(0, n)$ とする．$\Gamma(X_n) = \mu(X_n) < \infty$ に注意する．$X_n \setminus A$ は Γ-可測集合だから，前半の等号を $X_n \setminus A$ に適用すれば

$$\Gamma(X_n \setminus A) = \inf\{\mu(U) : X_n \setminus A \subset U, U \text{ は開集合}\}$$

である．U を $X_n \setminus A$ を含む開集合とする．$K = X_n \setminus U$ とおくと，K はコンパクト集合で，$K \subset A \cap X_n$ かつ $\mu(X_n) - \mu(K) = \mu(U \cap X_n) \leq \mu(U)$ である．したがって

$$\Gamma(X_n \setminus A) \geq \mu(X_n) - \sup\{\mu(K) : K \subset A \cap X_n, K \text{ はコンパクト集合}\}$$

となる．ゆえに

$$\Gamma(X_n \cap A) = \mu(X_n) - \Gamma(X_n \setminus A) \leq \sup\{\mu(K) : K \subset A \cap X_n, K \text{ はコンパクト集合}\}$$
$$\leq \sup\{\mu(K) : K \subset A, K \text{ はコンパクト集合}\}$$

となる．$\Gamma(X_n \cap A) \uparrow \Gamma(A)$ であるから，$n \to \infty$ として求める不等式を得る．

演習 8.20 (i) $\Longrightarrow$ (ii) E を Γ-可測集合とする．$\varepsilon > 0$ を任意にとる．$X_n = \overline{B}(0, n)$ とする．$E \cap (X_n \setminus X_{n-1})$ に対して開集合 U_n とコンパクト集合 F_n で $F_n \subset E \cap (X_n \setminus X_{n-1}) \subset U_n$ かつ

$$\mu(U_n) - \frac{\varepsilon}{2^{n+1}} < \mu(E \cap (X_n \setminus X_{n-1})) < \mu(F_n) + \frac{\varepsilon}{2^{n+1}}$$

をみたすものがある（演習 8.19）．ここで $U = \bigcup_{n=1}^{\infty} U_n$，$F = \bigcup_{n=1}^{\infty} F_n$ とすれば，U は開集合，F は閉集合で $F \subset E \subset U$ かつ

$$\mu(U \setminus F) \leq \sum_{n=1}^{\infty} \mu(U_n \setminus F) \leq \sum_{n=1}^{\infty} \mu(U_n \setminus F_n) < \sum_{n=1}^{\infty} \frac{\varepsilon}{2^n} = \varepsilon.$$

(ii) $\Longrightarrow$ (iii) 開集合列 $\{U_j\}$ と閉集合列 $\{F_j\}$ を $F_j \subset E \subset U_j$ かつ $\mu(U_j \setminus F_j) < 1/j$ と選ぶことができる．このとき $A = \bigcup_{j=1}^{\infty} F_j$ は F_σ 集合，$B = \bigcap_{j=1}^{\infty} U_j$ は G_δ 集合で $A \subset E \subset B$ で $\mu(B \setminus A) = 0$ である．

(iii) $\Longrightarrow$ (i) F_σ 集合 A と G_δ 集合 B で $A \subset E \subset B$ で $\mu(B \setminus A) = 0$ となるものをとる．$E = A \cup (E \setminus A)$ と書く．A は F_σ であるから Borel 集合である．$E \setminus A \subset B \setminus A$ であるから，$E \setminus A$ は零集合であり，E は Borel 集合と零集合の和で表されて，Γ-可測集合となる．

演習 9.1 有限加法性を繰り返し使って，$\sum_{n=1}^{N} \gamma(E_n) = \gamma(\bigcup_{n=1}^{N} E_n)$．これは γ の単調性から $\gamma(\bigcup_{n=1}^{\infty} E_n)$ 以下である．したがって，級数の定義より $\sum_{n=1}^{\infty} \gamma(E_n) = \lim_{N \to \infty} \sum_{n=1}^{N} \gamma(E_n) \leq \gamma(\bigcup_{n=1}^{\infty} E_n)$．逆向きの不等号は可算劣加法性より．

演習 9.2 $E_n \in \mathscr{A}$, $\bigcup_{n=1}^{\infty} E_n \in \mathscr{A}$, $\{E_n\}$ は互いに素とする．$F_N = \bigcup_{n=1}^{N} E_n$ とおけば，$F_N \uparrow \bigcup_{n=1}^{\infty} E_n \in \mathscr{A}$ である．したがって $\gamma(F_N) \uparrow \gamma(\bigcup_{n=1}^{\infty} E_n)$．一方，$\gamma$ の有限加法性から，$\gamma(F_N) = \gamma(\bigcup_{n=1}^{N} E_n) = \sum_{n=1}^{N} \gamma(E_n)$．級数の定義から $\sum_{n=1}^{\infty} \gamma(E_n) = \lim_{N \to \infty} \gamma(F_N) = \gamma(\bigcup_{n=1}^{\infty} E_n)$．

演習 9.3 $E_n \in \mathscr{A}$, $\bigcup_{n=1}^{\infty} E_n = E \in \mathscr{A}$, $\{E_n\}$ は互いに素とする．$F_N = \bigcup_{n=1}^{N} E_n$ とおけば，$F_N \uparrow E$, ゆえに $(E \setminus F_N) \downarrow \emptyset$ である．したがって $\gamma(E \setminus F_N) \downarrow 0$. γ が有限値であることから $\gamma(E \setminus F_N) = \gamma(E) - \gamma(F_N)$ であるが，γ の有限加法性から，$\gamma(F_N) = \sum_{n=1}^{N} \gamma(E_n)$. よって $\lim_{N \to \infty} (\gamma(E) - \sum_{n=1}^{N} \gamma(E_n)) = 0$. ゆえに $\gamma(E) = \lim_{N \to \infty} \sum_{n=1}^{N} \gamma(E_n) = \sum_{n=1}^{\infty} \gamma(E_n)$.

演習 9.4 定義から $\gamma^*(A) \leq \gamma^{**}(A)$ は明らか．$\gamma^{**}(A) \leq \gamma^*(A)$ を示す．$\gamma^*(A) < \infty$ と仮定してよい．任意の $\varepsilon > 0$ に対して $E_n \in \mathscr{A}$ を $A \subset \bigcup_{n=1}^{\infty} E_n$ かつ $\sum_{n=1}^{\infty} \gamma(E_n) < \gamma^*(A) + \varepsilon$ となるようにとれる．$F_1 = E_1$, $n \geq 2$ に対して，$F_n = E_n \setminus (E_1 \cup \cdots \cup E_{n-1})$ とすれば，$F_n \in \mathscr{A}$, $\{F_n\}$ は互いに素で，$A \subset \bigcup_{n=1}^{\infty} E_n = \bigcup_{n=1}^{\infty} F_n$. したがって $\gamma^{**}(A) \leq \sum_{n=1}^{\infty} \gamma(F_n) \leq \sum_{n=1}^{\infty} \gamma(E_n) < \gamma^*(A) + \varepsilon$. ここで $\varepsilon > 0$ は任意だったから $\gamma^{**}(A) \leq \gamma^*(A)$.

演習 9.5 μ^{**} が外測度であること．非負・単調性は明らか．可算劣加法性を示す．$A_n \subset X$ に対し，$\mu^{**}(\bigcup_{n=1}^{\infty} A_n) \leq \sum_{n=1}^{\infty} \mu^{**}(A_n)$ を示せばよい．$\sum_{n=1}^{\infty} \mu^{**}(A_n) = \infty$ ならば明らかである．$\sum_{n=1}^{\infty} \mu^{**}(A_n) < \infty$ のとき，各 $\mu^{**}(A_n)$ は有限であるから，inf の定義より任意の $\varepsilon > 0$ に対して $E_{nj} \in \mathscr{A}$ で $A_n \subset \bigcup_{j=1}^{\infty} E_{nj}$, $\sum_{j=1}^{\infty} \mu(E_{nj}) < \mu^{**}(A_n) + \varepsilon/2^n$ となるものが存在する．このとき $\bigcup_{n=1}^{\infty} A_n \subset \bigcup_{n,j} E_{nj}$ で $\sum_{n,j} \mu(E_{nj}) \leq \sum_{n=1}^{\infty} (\mu^{**}(A_n) + \varepsilon/2^n) = \sum_{n=1}^{\infty} \mu^{**}(A_n) + \varepsilon$. よって $\mu^{**}(\bigcup_{n=1}^{\infty} A_n) \leq \sum_{n=1}^{\infty} \mu^{**}(A_n) + \varepsilon$. $\varepsilon > 0$ は任意だから $\mu^{**}(\bigcup_{n=1}^{\infty} A_n) \leq \sum_{n=1}^{\infty} \mu^{**}(A_n)$.

<u>$\mu^*(A)$ は外測度とは限らない例</u>．$X = \mathbb{N}$ とする．このとき X は無限集合．$\mathscr{A} = \{E \subset X : \#(E) < \infty$ または $\#(X \setminus E) < \infty\}$ とし，$\#(E) < \infty$ のとき $\mu(E) = 0$, $\#(X \setminus E) < \infty$ のとき $\mu(E) = 1$ と定義すると，$\mathscr{A}$ は有限加法族で，μ は $\mathscr{A}$ 上の有限加法的測度．実際，$A \in \mathscr{A} \implies X \setminus A \in \mathscr{A}$ は明らか．$A, B \in \mathscr{A}$ とする．どちらも有限集合ならば $A \cup B$ も有限集合で $\mathscr{A}$ に属する．どちらか例えば A が有限集合でなければ，$X \setminus A$ は有限集合．したがって $X \setminus (A \cup B) \subset X \setminus A$ より，$A \cup B \in \mathscr{A}$.

<u>μ の有限加法性</u>．$A, B \in \mathscr{A}$ が互いに素とする．$\mu(A \cup B) = \mu(A) + \mu(B)$ を示す．$\mu(A \cup B) = 0$ のとき，$A \cup B$ は有限集合，したがって A も B も有限集合で $\mu(A) + \mu(B) = 0 = \mu(A \cup B)$. $\mu(A \cup B) = 1$ のとき，$X \setminus (A \cup B)$ は有限集合，X は無限集合だから，A または B は無限集合でなければならない．A が無限集合とすれば，$X \setminus A$ は有限集合で，$\mu(A) = 1$. A と B は互いに素だから $B \subset (X \setminus A)$ であり，B は有限集合．したがって $\mu(B) = 0$. よって $\mu(A) + \mu(B) = 1 = \mu(A \cup B)$.

<u>μ^* は可算劣加法性をみたさない</u>．定義から $\mu^*(X) = 1$. 一方，$A_n = \{n\}$ とすれば，$\mu^*(A_n) = 0$, $X = \bigcup_{n=1}^{\infty} A_n$ であり，$\mu^*(X) = 1 > 0 = \sum_{n=1}^{\infty} \mu^*(A_n)$.

演習 10.1 $(x,y) \in A \times B \iff x \in A$ かつ $y \in B$ に注意すると，$(A \times B)_x = \{y : (x,y) \in A \times B\}$ は $x \in A$ ならば B で，$x \notin A$ ならば $\emptyset$ である．y による切口は $y \in B$ のとき $(A \times B)_y = A$，$y \notin B$ のとき $(A \times B)_y = \emptyset$．

演習 10.2 $\alpha = 0$ のとき $\log \dfrac{b}{a}$. ☺ $e^{-xy} > 0$ なので積分の順序交換ができて，以下の積分は一致する．

$$\int_0^\infty dx \int_a^b e^{-xy} dy = \int_0^\infty \left[-\frac{e^{-xy}}{x} \right]_{y=a}^{y=b} dx = \int_0^\infty \frac{e^{-ax} - e^{-bx}}{x} dx,$$

$$\int_a^b dy \int_0^\infty e^{-xy} dx = \int_a^b \left[-\frac{e^{-xy}}{y} \right]_{x=0}^{x=\infty} dy = \int_a^b \frac{1}{y} dy = \log \frac{b}{a}.$$

同様にして，$0 < \alpha < 1$ のとき $\dfrac{\Gamma(1-\alpha)}{\alpha}(b^\alpha - a^\alpha)$．

演習 10.3 絶対値を中につければ積分の順序変更はいつでも可能である．y から先に積分して

$$\int_0^\infty dx \int_0^\infty |e^{-x(y+1)} \sin x| \, dy = \int_0^\infty \left[-\frac{e^{-x(y+1)}}{x} \right]_{y=0}^{y=\infty} |\sin x| \, dx$$

$$= \int_0^\infty \frac{|\sin x|}{xe^x} dx \leq \int_0^\infty \frac{dx}{e^x} = 1 < \infty.$$

これが有限だから絶対値をつけない積分も順序変更可能である．y から先に積分して

$$\int_0^\infty dx \int_0^\infty e^{-x(y+1)} \sin x \, dy = \int_0^\infty \left[-\frac{e^{-x(y+1)}}{x} \right]_{y=0}^{y=\infty} \sin x \, dx = \int_0^\infty \frac{\sin x}{xe^x} dx.$$

一方，x から先に積分し，部分積分を 2 回使うと

$$\int_0^\infty dy \int_0^\infty e^{-x(y+1)} \sin x \, dx = \int_0^\infty \frac{dy}{(y+1)^2 + 1} = \left[\tan^{-1}(y+1) \right]_0^\infty = \frac{\pi}{4}.$$

演習 10.4 E 上で $f(x,y) \geq 0$ であるから Fubini の定理より積分の順序変更が可能である．

$$\iint_E f(x,y) dx dy = \int_0^\infty dy \int_0^\infty y e^{-xy} \sin^2 x \, dx = \int_0^\infty dx \int_0^\infty y e^{-xy} \sin^2 x \, dy. \quad (*)$$

ここで半角の公式より，

$$\int_0^\infty y e^{-xy} \sin^2 x \, dx = \int_0^\infty y e^{-xy} \frac{1 - \cos 2x}{2} dx = \frac{y}{2} \left\{ \left[-\frac{e^{-xy}}{y} \right]_{x=0}^{x=\infty} - I \right\} = \frac{1}{2}(1 - yI).$$

ただし，$I = \int_0^\infty e^{-xy} \cos 2x \, dx$．$I$ を 2 回部分積分し，整理すると $I = \dfrac{y}{y^2 + 4}$ で，

$$\int_0^\infty y e^{-xy} \sin^2 x \, dx = \frac{2}{y^2 + 4}.$$

ゆえに (*) の中央の積分は $\int_0^\infty \frac{2}{y^2+4} dy = \frac{\pi}{2}$ で，これは (*) の最後の積分 $\int_0^\infty \frac{\sin^2 x}{x^2} dx$ の値．

演習 10.5 (i) $|x| \neq |y|$ のとき，部分分数を用いて

$$\frac{1}{(1+t^2x^2)(1+t^2y^2)} = \frac{1}{x^2-y^2}\left\{\frac{x^2}{1+t^2x^2} - \frac{y^2}{1+t^2y^2}\right\}.$$

変数変換 $t|x|=s$ や $t|y|=s$ を用いて上の積分を計算すればよい．$|x|=|y|\neq 0$ のときは $|x|\neq|y|$ のケースから極限を取ればよい．(Lebesgue の収束定理)

(ii) 答えは $\pi\log 2$．$\odot$ $f(x,y)$ を $(0,1)\times(0,1)$ で積分．そのまま計算すると

$$\int_0^1 dx \int_0^1 \frac{\pi}{2(|x|+|y|)} dy = \frac{\pi}{2}\int_0^1(\log(x+1)-\log x)dx = \pi\log 2.$$

一方，被積分関数はすべて正だから Fubini の定理で積分順序を変更すると

$$\int_0^1 dx \int_0^1 f(x,y)dy = \int_0^\infty dt \int_0^1 \frac{dx}{1+t^2x^2}\int_0^1 \frac{dy}{1+t^2y^2} = \int_0^\infty \left(\frac{\tan^{-1}t}{t}\right)^2 dt.$$

演習 10.6 $|\sin t|\leq 1$ および $|\sin t|\leq |t|$ を用いると $|f(x,y)|\leq \min\{e^{-x}y^{-2}, xe^{-x}\}$．ゆえに

$$\iint_E |f(x,y)|dxdy \leq \int_0^\infty dx \int_0^1 xe^{-x}dy + \int_0^\infty dx \int_1^\infty \frac{e^{-x}}{y^2}dy < \infty.$$

したがって $f(x,y)$ は E で可積分．Fubini の定理より，

$$\iint_E f(x,y)dxdy = \int_0^\infty \frac{\sin y}{y^2}dy \int_0^\infty e^{-x}\sin(xy)dx = \int_0^\infty \frac{y\sin y}{(1+y^2)y^2}dy. \qquad (*)$$

ここで最後の等号は部分積分を 2 回使って，$\int_0^\infty e^{-x}\sin(xy)dx = y/(1+y^2)$ となるからである．主値積分の留数計算 (e.g. 拙著『複素関数入門（共立講座 数学探検）』共立出版 (2016) の定理 5.38) より

$$\text{p.v.}\int_{-\infty}^\infty \frac{e^{ix}}{x(1+x^2)}dx = \pi i\,\text{Res}(0) + 2\pi i\,\text{Res}(i) = i\pi(e-1)/e$$

であるから，虚部を比べて 2 で割れば，(*) の最右辺の積分は $\pi(e-1)/(2e)$ となる．

演習 10.7 (i) $\sin x \cdot \cos(xy) = \dfrac{\sin(x+xy)+\sin(x-xy)}{2}$ であることから

$$\int_0^R f(x,y)dx = \frac{1}{2}\left(\int_0^R \frac{\sin((1+y)x)}{x}dx + \int_0^R \frac{\sin((1-y)x)}{x}dx\right) \qquad (*)$$

となる．積分を $1\pm y$ の符号で場合分けして変数変換し，$R\to\infty$ とする．極限値は $0\leq y<1$ のとき $\pi/2$，$y=1$ のとき $\pi/4$，$y>1$ のとき 0．

(ii) $\left|\dfrac{\sin x \cdot \cos(xy)}{x}\right| \le 1$ であるから Fubini の定理が使えて

$$\int_0^R dx \int_0^a f(x,y) dy = \int_0^a dy \int_0^R f(x,y) dx. \tag{**}$$

一般に $A > 0$ によらず $\left|\int_0^A \dfrac{\sin x}{x} dx\right| \le 3$ であるから, (*) で絶対値をとると, y, R によらず $\left|\int_0^R f(x,y) dx\right| \le 3$. したがって Lebesgue の収束定理と (i) の計算より, (**) の右辺の極限を計算すると

$$\lim_{R\to\infty} \int_0^a \Big(\int_0^R f(x,y) dx\Big) dy = \int_0^a \Big(\lim_{R\to\infty} \int_0^R f(x,y) dx\Big) dy = \begin{cases} \pi a/2 & (0 < a \le 1) \\ \pi/2 & (a > 1) \end{cases}$$

となる. 一方, (**) の左辺の極限は

$$\int_0^\infty dx \int_0^a \frac{\sin x \cdot \cos(xy)}{x} dy = \int_0^\infty \frac{\sin x}{x} \Big[\frac{\sin(xy)}{x}\Big]_{y=0}^{y=a} dx = \int_0^\infty \frac{\sin(ax) \cdot \sin x}{x^2} dx.$$

演習 10.8 (i) 被積分関数は正なので Lebesgue 積分として意味がある. 積分値は留数計算によって求められる (e.g. 拙著『複素関数入門 (共立講座 数学探検)』共立出版 (2016) の例題 5.40).

(ii) $x^2 = t$ と変数変換すると

$$\int_0^\infty \frac{x^{\alpha-1}}{x^2+1} dx = \int_0^\infty \frac{t^{(\alpha-1)/2}}{t+1} \cdot \frac{1}{2} t^{-1/2} dt = \frac{1}{2} \int_0^\infty \frac{t^{\alpha/2-1}}{t+1} dt = \frac{\pi}{2\sin(\pi\alpha/2)}.$$

(iii) 条件 $\alpha < 2$ より, $|(\sin x)/x^\alpha| \le x^{1-\alpha}$ は $(0,1)$ で可積分. したがって, $\int_0^\infty \dfrac{\sin x}{x^\alpha} dx = \lim_{A\to\infty} \int_0^A \dfrac{\sin x}{x^\alpha} dx$ は広義積分として意味がある. Fubini の定理より

$$\int_0^A \frac{\sin x}{x^\alpha} dx = \frac{1}{\Gamma(\alpha)} \int_0^\infty y^{\alpha-1} dy \int_0^A e^{-xy} \sin x\, dx.$$

ここで最後の積分を I とおき, 部分積分を 2 回繰り返すと

$$I = \Big[-\frac{1}{y} e^{-xy} \sin x\Big]_{x=0}^{x=A} + \frac{1}{y} \int_0^A e^{-xy} \cos x\, dx$$

$$= -\frac{1}{y} e^{-Ay} \sin A + \frac{1}{y} \Big\{\Big[-\frac{1}{y} e^{-xy} \cos x\Big]_{x=0}^{x=A} - \frac{1}{y} \int_0^A e^{-xy} \sin x\, dx\Big\}$$

$$= \frac{1}{y^2} - e^{-Ay} \Big(\frac{\sin A}{y} + \frac{\cos A}{y^2}\Big) - \frac{1}{y^2} I.$$

これから, $y > 0$ のとき,

$$I = \frac{1/y^2}{1+1/y^2} - \frac{e^{-Ay}}{1+1/y^2} \cdot \frac{y \sin A + \cos A}{y^2} \to \frac{1}{y^2+1} \quad (A \to \infty).$$

したがって Lebesgue の収束定理より

$$\lim_{A\to\infty}\int_0^A \frac{\sin x}{x^\alpha}dx = \frac{1}{\Gamma(\alpha)}\int_0^\infty \frac{y^{\alpha-1}}{y^2+1}dy = \frac{\pi}{2\Gamma(\alpha)\sin(\pi\alpha/2)}.$$

(iv) 条件より $\alpha+\beta > -1$ であるから，$|x^\alpha \sin(x^\beta)| \leq x^{\alpha+\beta}$ は $(0,1)$ で可積分である．$0 < A < \infty$ のとき，$x^\beta = t$ と置換すると

$$\int_0^A x^\alpha \sin(x^\beta)dx = \int_0^{A^\beta} t^{\alpha/\beta}\sin t \cdot \frac{1}{\beta}t^{1/\beta-1}dt = \frac{1}{\beta}\int_0^{A^\beta} t^{(\alpha+1)/\beta-1}\sin t\, dt. \quad (*)$$

右辺の $(1, A^\beta)$ 上の積分は部分積分により

$$\int_1^{A^\beta} t^{(\alpha+1)/\beta-1}\sin t\, dt = \Big[-t^{(\alpha+1)/\beta-1}\cos t\Big]_1^{A^\beta} + \Big(\frac{\alpha+1}{\beta}-1\Big)\int_1^{A^\beta} t^{(\alpha+1)/\beta-2}\cos t\, dt$$

となるが，条件より $(\alpha+1)/\beta < 1$ であるから，$A \to \infty$ のとき収束する．したがって，$(*)$ で $A \to \infty$ として，(iii) を用いると $\lim_{A\to\infty}\int_0^A x^\alpha \sin(x^\beta)dx$ は

$$\lim_{A\to\infty}\frac{1}{\beta}\int_0^{A^\beta} t^{(\alpha+1)/\beta-1}\sin t\, dt = \frac{\pi}{2\beta\Gamma\Big(1-\dfrac{\alpha+1}{\beta}\Big)\cos\Big(\dfrac{\pi(\alpha+1)}{2\beta}\Big)}.$$

演習 10.9 前問とほとんど同様であるので答のみ記す．

(i) $\displaystyle\int_0^\infty \frac{\cos x}{x^\alpha}dx = \frac{\pi}{2\Gamma(\alpha)\cos(\pi\alpha/2)}.$

(ii) $0 < \alpha+1 < \beta$ のとき $\displaystyle\int_0^\infty x^\alpha \cos(x^\beta)dx = \dfrac{\pi}{2\beta\Gamma\Big(1-\dfrac{\alpha+1}{\beta}\Big)\sin\Big(\dfrac{\pi(\alpha+1)}{2\beta}\Big)}.$

演習 10.10 (i) と (ii) はほとんど同様なので (i) だけ解答する．x および y に関する不定積分は

$$\int \frac{x-y}{(x+y)^3}dx = -\frac{x}{(x+y)^2}+C, \quad \int \frac{x-y}{(x+y)^3}dy = \frac{y}{(x+y)^2}+C$$

となる（∵ 右辺を微分）．したがって

$$\int_0^1\int_0^1 \frac{x-y}{(x+y)^3}dxdy = \int_0^1 \Big[-\frac{x}{(x+y)^2}\Big]_{x=0}^{x=1}dy = -\int_0^1 \frac{1}{(y+1)^2}dy = -\frac{1}{2},$$

$$\int_0^1\int_0^1 \frac{x-y}{(x+y)^3}dydx = \int_0^1 \Big[\frac{y}{(x+y)^2}\Big]_{y=0}^{y=1}dx = \int_0^1 \frac{1}{(x+1)^2}dx = \frac{1}{2}.$$

積分の順序交換ができない理由．

$$\int_0^1 \Big|\frac{x-y}{(x+y)^3}\Big|dx = \int_0^y \frac{y-x}{(x+y)^3}dx + \int_y^1 \frac{x-y}{(x+y)^3}dx = \frac{1}{2y} - \frac{1}{(y+1)^2}$$

となるが，$\int_0^1 \left(\frac{1}{2y} - \frac{1}{(y+1)^2}\right)dy = \infty$ であるから，$\int_0^1 \int_0^1 \left|\frac{x-y}{(x+y)^3}\right|dxdy = \infty$．

演習 10.11 $m_2(E) = \iint_{\mathbb{R}^2} 1_E(x,y)dxdy = \int_{\mathbb{R}} dx \int_{\mathbb{R}} 1_E(x,y)dy = \int_{\mathbb{R}} m_1(E_x)dx = 0$．

演習 10.12 すべて 2 次元 Lebesgue 測度 0．

演習 10.13 $d=1$ のときは代数学の基本定理から E は有限集合となり，とくに 1 次元 Lebesgue 測度は 0 である．$d \geq 2$ とし，$d-1$ のときに命題が正しいと仮定しよう．d 変数多項式を x_d について整理すると，
$$P(x_1, \ldots, x_d) = a_0 + a_1 x_d + \cdots + a_n x_d^n$$
となる．ただし，$a_j = a_j(x_1, \ldots, x_{d-1})$ は恒等的には 0 でない $x_1, \ldots, x_{d-1}$ の多項式である．したがって $a_n(x_1, \ldots, x_{d-1}) = 0$ となる $(x_1, \ldots, x_{d-1})$ 全部を F とすれば，帰納法の仮定より，$m_{d-1}(F) = 0$ である．一方，$(x_1, \ldots, x_{d-1}) \in \mathbb{R}^{d-1} \setminus F$ を固定すれば，$P(x_1, \ldots, x_d)$ は x_d の恒等的には 0 でない n 次多項式である．したがって，その零点は高々 n 個で，とくに 1 次元 Lebesgue 測度は 0 である．すなわち $1_E(x_1, \ldots, x_{d-1}, \cdot) = 0$ m_1-a.e. である．よって Fubini の定理から
$$m_d(E) = \int_{\mathbb{R}} dx_d \int_{\mathbb{R}^{d-1}} 1_E dx_1 \cdots dx_{d-1}$$
$$\leq \int_{\mathbb{R}} dx_d \int_F dx_1 \cdots dx_{d-1} + \int_{\mathbb{R}^{d-1} \setminus F} dx_1 \cdots dx_{d-1} \int_{\mathbb{R}} 0 dx_d = 0.$$

演習 10.14 2 次元 Borel 集合族 $\mathscr{B}(\mathbb{R}^2)$ は 2 次元開集合族 $\mathscr{O}_2$ を含む最小の σ-加法族である．一方，1 次元 Borel 集合族 $\mathscr{B}(\mathbb{R})$ の直積 $\mathscr{B}(\mathbb{R}) \times \mathscr{B}(\mathbb{R})$ は直積集合族 $\mathscr{K}_0 = \{E \times F : E, F \in \mathscr{B}(\mathbb{R})\}$ を含む最小の σ-加法族である．2 次元の開集合は開長方形 $(a,b) \times (c,d) \in \mathscr{K}_0$ の可算和で表すことができるから，$\mathscr{O}_2 \subset \sigma[\mathscr{K}_0] = \mathscr{B}(\mathbb{R}) \times \mathscr{B}(\mathbb{R})$ である．よって，$\mathscr{B}(\mathbb{R}^2) = \sigma[\mathscr{O}_2] \subset \sigma[\sigma[\mathscr{K}_0]] = \sigma[\mathscr{K}_0] = \mathscr{B}(\mathbb{R}) \times \mathscr{B}(\mathbb{R})$．

逆向きの包含を示す．$\mathscr{O}_1$ を 1 次元の開集合全体の族とする．まず，$\mathbb{R}$ 上の集合族
$$\mathscr{A}_1 = \{E \in \mathscr{B}(\mathbb{R}) : F \in \mathscr{O}_1 \implies E \times F \in \mathscr{B}(\mathbb{R}^2)\}$$
を考える．$E, F \in \mathscr{O}_1$ ならば $E \times F \in \mathscr{O}_2 \subset \mathscr{B}(\mathbb{R}^2)$ であるから，$\mathscr{O}_1 \subset \mathscr{A}_1$ である．さらに $\mathscr{A}_1$ は $\mathbb{R}$ 上の σ-加法族である．$\odot$ $\emptyset \in \mathscr{A}_1$ は明らか．$E \in \mathscr{A}_1$ ならば $(\mathbb{R} \setminus E) \times F = (\mathbb{R} \times F) \setminus (E \times F) \in \sigma[\mathscr{O}_2] = \mathscr{B}(\mathbb{R}^2)$ であるから，$\mathbb{R} \setminus E \in \mathscr{A}_1$ である．また，$E_j \in \mathscr{A}_1$ ならば $(\bigcup_j E_j) \times F = \bigcup_j (E_j \times F) \in \sigma[\mathscr{O}_2]$ であるから，$\bigcup_j E_j \in \mathscr{A}_1$．以上から $\mathscr{A}_1$ は $\mathscr{O}_1$ を含む $\mathbb{R}$ 上の σ-加法族．したがって $\mathscr{B}(\mathbb{R}) = \sigma[\mathscr{O}_1] \subset \sigma[\mathscr{A}_1] = \mathscr{A}_1$．これを解釈すると，$E \in \mathscr{B}(\mathbb{R})$ かつ $F \in \mathscr{O}_1 \implies E \times F \in \mathscr{B}(\mathbb{R}^2)$．次に
$$\mathscr{A}_2 = \{F \in \mathscr{B}(\mathbb{R}) : E \in \mathscr{B}(\mathbb{R}) \implies E \times F \in \mathscr{B}(\mathbb{R}^2)\}$$
を考える．上のことから $\mathscr{O}_1 \subset \mathscr{A}_2$ であり，上と同様にして $\mathscr{A}_2$ は $\mathscr{O}_1$ を含む $\mathbb{R}$ 上の σ-加法族．したがって $\mathscr{B}(\mathbb{R}) = \sigma[\mathscr{O}_1] \subset \sigma[\mathscr{A}_2] = \mathscr{A}_2$．これを解釈すると $E \in \mathscr{B}(\mathbb{R})$ かつ $F \in \mathscr{B}(\mathbb{R}) \implies E \times F \in \mathscr{B}(\mathbb{R}^2)$．つまり，$\mathscr{K}_0 \subset \mathscr{B}(\mathbb{R}^2)$．よって $\mathscr{B}(\mathbb{R}) \times \mathscr{B}(\mathbb{R}) = \sigma[\mathscr{K}_0] \subset \mathscr{B}(\mathbb{R}^2)$．

演習 10.15 d 次元 Borel 集合族 $\mathscr{B}(\mathbb{R}^d)$ は d 次元開集合族 $\mathscr{O}_d$ を含む最小の σ-加法族である. 一方, $\mathscr{B}(\mathbb{R}) \times \mathscr{B}(\mathbb{R}^{d-1})$ は $\mathscr{K}_0 = \{E \times F : E \in \mathscr{B}(\mathbb{R}), F \in \mathscr{B}(\mathbb{R}^{d-1})\}$ を含む最小の σ-加法族である. d 次元の開集合は d 次元の直方体の可算和で表すことができるから, $\mathscr{O}_d \subset \sigma[\mathscr{K}_0] = \mathscr{B}(\mathbb{R}) \times \mathscr{B}(\mathbb{R}^{d-1})$ である. よって, $\mathscr{B}(\mathbb{R}^d) = \sigma[\mathscr{O}_d] \subset \sigma[\sigma[\mathscr{K}_0]] = \sigma[\mathscr{K}_0] = \mathscr{B}(\mathbb{R}) \times \mathscr{B}(\mathbb{R}^{d-1})$.

逆向きの包含を示す. $\mathscr{O}_1$ を 1 次元の開集合全体の族, $\mathscr{O}_{d-1}$ を $d-1$ 次元の開集合全体の族とする. まず, $\mathbb{R}$ 上の集合族

$$\mathscr{A}_1 = \{E \in \mathscr{B}(\mathbb{R}) : F \in \mathscr{O}_{d-1} \implies E \times F \in \mathscr{B}(\mathbb{R}^d)\}$$

を考える. $E \in \mathscr{O}_1$ かつ $F \in \mathscr{O}_{d-1}$ ならば $E \times F \in \mathscr{O}_d \subset \mathscr{B}(\mathbb{R}^d)$ であるから, $\mathscr{O}_1 \subset \mathscr{A}_1$ である. さらに $\mathscr{A}_1$ は $\mathbb{R}$ 上の σ-加法族である. ⊙ $\emptyset \in \mathscr{A}_1$ は明らか. $E \in \mathscr{A}_1$ ならば $(\mathbb{R} \setminus E) \times F = (\mathbb{R} \times F) \setminus (E \times F) \in \sigma[\mathscr{O}_d] = \mathscr{B}(\mathbb{R}^d)$ であるから, $\mathbb{R} \setminus E \in \mathscr{A}_1$ である. また, $E_j \in \mathscr{A}_1$ ならば $(\bigcup_j E_j) \times F = \bigcup_j (E_j \times F) \in \sigma[\mathscr{O}_d]$ であるから, $\bigcup_j E_j \in \mathscr{A}_1$. 以上から $\mathscr{A}_1$ は $\mathscr{O}_1$ を含む $\mathbb{R}$ 上の σ-加法族. したがって $\mathscr{B}(\mathbb{R}) = \sigma[\mathscr{O}_1] \subset \sigma[\mathscr{A}_1] = \mathscr{A}_1$. これを解釈すると, $E \in \mathscr{B}(\mathbb{R})$ かつ $F \in \mathscr{O}_{d-1} \implies E \times F \in \mathscr{B}(\mathbb{R}^d)$. 次に

$$\mathscr{A}_2 = \{F \in \mathscr{B}(\mathbb{R}^{d-1}) : E \in \mathscr{B}(\mathbb{R}) \implies E \times F \in \mathscr{B}(\mathbb{R}^d)\}$$

を考える. 上のことから $\mathscr{O}_{d-1} \subset \mathscr{A}_2$ であり, 上と同様にして $\mathscr{A}_2$ は $\mathscr{O}_{d-1}$ を含む $\mathbb{R}^{d-1}$ 上の σ-加法族. したがって $\mathscr{B}(\mathbb{R}^{d-1}) = \sigma[\mathscr{O}_{d-1}] \subset \sigma[\mathscr{A}_2] = \mathscr{A}_2$. これを解釈すると $E \in \mathscr{B}(\mathbb{R})$ かつ $F \in \mathscr{B}(\mathbb{R}^{d-1}) \implies E \times F \in \mathscr{B}(\mathbb{R}^d)$. つまり, $\mathscr{K}_0 \subset \mathscr{B}(\mathbb{R}^d)$. よって $\mathscr{B}(\mathbb{R}) \times \mathscr{B}(\mathbb{R}^{d-1}) = \sigma[\mathscr{K}_0] \subset \mathscr{B}(\mathbb{R}^d)$.

演習 10.16 定義より, 直積 σ-加法族 $\mathscr{B}_X \times \mathscr{B}_Y$ は $\mathscr{K} = \{E \times F : E \in \sigma[\mathscr{E}_X], F \in \sigma[\mathscr{E}_Y]\}$ によって生成される σ-加法族 $\sigma[\mathscr{K}]$ である. $\sigma[\mathscr{E}_X \times \mathscr{E}_Y] \subset \sigma[\mathscr{K}]$ は明らかであるから, 逆向きの包含を示せばよい.

証明を 3 段階に分ける. $X = \bigcup_n X_n$, $X_n \in \mathscr{E}_X$, $Y = \bigcup_n Y_n$, $Y_n \in \mathscr{E}_Y$ とする.

(ia) $E \in \mathscr{E}_X \implies E \times Y \in \sigma[\mathscr{E}_X \times \mathscr{E}_Y]$. ⊙ $E \times Y = \bigcup_n (E \times Y_n) \in \sigma[\mathscr{E}_X \times \mathscr{E}_Y]$.

(ib) $F \in \mathscr{E}_Y \implies X \times F \in \sigma[\mathscr{E}_X \times \mathscr{E}_Y]$. ⊙ 上と同様.

(iia) $E \in \sigma[\mathscr{E}_X] \implies E \times Y \in \sigma[\mathscr{E}_X \times \mathscr{E}_Y]$. ⊙ $\mathscr{A} = \{E \subset X : E \times Y \in \sigma[\mathscr{E}_X \times \mathscr{E}_Y]\}$ とすると, $\mathscr{A}$ は X の σ-加法族. 実際,

- $X \in \mathscr{A}$. ⊙ $X \times Y = \bigcup_n (X_n \times Y_n) \in \sigma[\mathscr{E}_X \times \mathscr{E}_Y]$.
- $E \in \mathscr{A} \implies E \times Y \in \sigma[\mathscr{E}_X \times \mathscr{E}_Y] \implies (E \times Y)^c = E^c \times Y \in \sigma[\mathscr{E}_X \times \mathscr{E}_Y] \implies E^c \in \mathscr{A}$.
- $E_j \in \mathscr{A} \implies E_j \times Y \in \sigma[\mathscr{E}_X \times \mathscr{E}_Y] \implies \bigcup_j (E_j \times Y) = (\bigcup_j E_j) \times Y \in \sigma[\mathscr{E}_X \times \mathscr{E}_Y] \implies \bigcup_j E_j \in \mathscr{A}$.

(ia) より $\mathscr{E}_X \subset \mathscr{A}$ であるから, $\sigma[\mathscr{E}_X] \subset \sigma[\mathscr{A}] = \mathscr{A}$. これを解釈すると $E \in \sigma[\mathscr{E}_X] \implies E \times Y \in \sigma[\mathscr{E}_X \times \mathscr{E}_Y]$.

(iib) $F \in \sigma[\mathscr{E}_Y] \implies X \times F \in \sigma[\mathscr{E}_X \times \mathscr{E}_Y]$. ⊙ 上と同様.

(iii) $E \in \sigma[\mathscr{E}_X]$, $F \in \sigma[\mathscr{E}_Y]$ とすると, $(E \times F)^c = (E^c \times Y) \cup (X \times F^c)$ であるから, (iia) および (iib) より $(E \times F)^c \in \sigma[\mathscr{E}_X \times \mathscr{E}_Y]$. したがって $E \times F \in \sigma[\mathscr{E}_X \times \mathscr{E}_Y]$. よって $\mathscr{K} \subset \sigma[\mathscr{E}_X \times \mathscr{E}_Y]$ であり, $\sigma[\mathscr{K}] \subset \sigma[\sigma[\mathscr{E}_X \times \mathscr{E}_Y]] = \sigma[\mathscr{E}_X \times \mathscr{E}_Y]$.

演習 10.17 $\mathscr{A}$ は $\mathbb{R}^2$ の開集合族を含む，σ-加法族である．

- $U \subset \mathbb{R}^2$ を開集合とすると，U_x は 1 次元開集合．$\because$ $y \in U_x$ ならば，$(x,y) \in U$. U は開集合より，(x,y) を中心とするある正方形が U に入る．すなわち $r > 0$ があって，$(x-r, x+r) \times (y-r, y+r) \subset U$. このとき $U_x \supset (y-r, y+r)$. したがって y は U_x の内点．よって U_x は 1 次元開集合．同様にして U_y は 1 次元開集合．
- $\emptyset \in \mathscr{A}$ は明らか．$E \in \mathscr{A}$ ならば $(E^c)_x = (E_x)^c \in \mathscr{B}(\mathbb{R})$ かつ $(E^c)_y = (E_y)^c \in \mathscr{B}(\mathbb{R})$. よって $E^c \in \mathscr{A}$. $E_n \in \mathscr{A}$ ならば $(\bigcup_n E_n)_x = \bigcup_n (E_n)_x \in \mathscr{B}(\mathbb{R})$ かつ $(\bigcup_n E_n)_y = \bigcup_n (E_n)_y \in \mathscr{B}(\mathbb{R})$. よって $\bigcup_n E_n \in \mathscr{A}$. 以上から $\mathscr{A}$ は σ-加法族．

2 次元 Borel 集合族 $\mathscr{B}(\mathbb{R}^2)$ は開集合族を含む最小の σ-加法族だから，$\mathscr{B}(\mathbb{R}^2) \subset \mathscr{A}$. これは $E \in \mathscr{B}(\mathbb{R}^2)$ ならばその切口 E_x および E_y は 1 次元 Borel 集合であることを意味する．

演習 10.18 F は 2 次元 Borel 非可測集合であるが，2 次元 Lebesgue 可測集合である．

- もし F が 2 次元 Borel 可測集合ならば，その切口 F_y は 1 次元 Borel 可測集合である ($\forall y$). ところが，$y = 0$ における F の切口 E は 1 次元 Lebesgue 非可測集合であるから，1 次元 Borel 可測集合ではない．矛盾．
- $F \subset \mathbb{R} \times \{0\}$ で $\mathbb{R} \times \{0\}$ の 2 次元 Lebesgue 測度は 0 であるから，F は 2 次元 Lebesgue 零集合であり，とくに 2 次元 Lebesgue 可測集合である．

演習 10.19 E は 2 次元 Borel 集合になるとは限らない．実際，E を直線 $y = x$ 上の 1 次元 Lebesgue 非可測集合とすれば，E の切口 E_x および E_y は空集合か 1 点であるから，どちらの場合でも 1 次元 Borel 集合である．しかし E は 2 次元 Borel 集合ではない．$\because$ もし，E が 2 次元 Borel 集合ならば，E を回転すれば x 軸上の 2 次元 Borel 集合 F に写る．Fubini の定理より，任意の y に対して切口 F_y は 1 次元 Borel 集合のはずであるが，$y = 0$ のとき 1 次元 Lebesgue 非可測集合であるから，とくに 1 次元 Borel 集合ではなく矛盾．

演習 11.1 定義 $\operatorname{ess\,sup} f = \sup\{t : \mu(\{x : f(x) > t\}) > 0\}$ より $t < \operatorname{ess\,sup} f$ とすると $0 < \mu(\{x : f(x) > t\}) = \mu(\{x : g(x) > t\})$. よって $t \leq \operatorname{ess\,sup} g$. t の任意性より $\operatorname{ess\,sup} f \leq \operatorname{ess\,sup} g$. f と g を交換すれば逆向きの不等式が成り立ち，$\operatorname{ess\,sup} f = \operatorname{ess\,sup} g$.

定義 $\operatorname{ess\,inf} f = \inf\{t : \mu(\{x : f(x) < t\}) > 0\}$ より，$t > \operatorname{ess\,inf} f$ とすると $0 < \mu(\{x : f(x) < t\}) = \mu(\{x : g(x) < t\})$. よって $\operatorname{ess\,inf} g \leq t$. t の任意性より $\operatorname{ess\,inf} g \leq \operatorname{ess\,inf} f$. f と g を交換すれば逆向きの不等式が成り立ち，$\operatorname{ess\,inf} f = \operatorname{ess\,inf} g$.

演習 11.2 $\operatorname{ess\,sup}(-f)$ を定義どおり表すと
$$\sup\{t : \mu(\{x : -f(x) > t\}) > 0\} = \sup\{t : \mu(\{x : f(x) < -t\}) > 0\}.$$
$t = -s$ とおけば，これは
$$\sup\{-s : \mu(\{x : f(x) < s\}) > 0\} = -\inf\{s : \mu(\{x : f(x) < s\}) > 0\} = -\operatorname{ess\,inf} f.$$
後半も同様にできるが，前半を $-f$ に適用して，$\operatorname{ess\,sup}(-(-f)) = -\operatorname{ess\,inf}(-f)$ としてもよい．

演習 11.3 $g = \max\{\min\{f, \operatorname{ess\,sup} f\}, \operatorname{ess\,inf} f\}$.

演習 11.4 定義から $\beta \leq \gamma$ と $\operatorname{ess\,sup} f \leq \alpha$ は明らかである．したがって $\alpha \leq \beta$ と $\gamma \leq \operatorname{ess\,sup} f$ を示せばよい．

$\alpha \leq \beta$. 任意に $t > \beta$ をとる. 補助的に $\beta < t' < t$ をとると β の定義より, $0 = \mu(\{x \in X : f(x) > t'\}) \geq \mu(\{x \in X : f(x) \geq t\})$. したがって, この t が α を定義する t にはなれない. これが任意の $t > \beta$ に対して成り立つから, $\alpha \leq \beta$.

$\gamma \leq \operatorname{ess\,sup} f$. 任意に $t > \operatorname{ess\,sup} f$ をとる. 補助的に $\operatorname{ess\,sup} f < t' < t$ をとると $\operatorname{ess\,sup} f$ の定義より, $0 = \mu(\{x \in X : f(x) > t'\}) \geq \mu(\{x \in X : f(x) \geq t\})$. したがって, この t は γ を定義する t になれる. よって $\gamma \leq t$. これが任意の $t > \operatorname{ess\,sup} f$ に対して成り立つから, $\gamma \leq \operatorname{ess\,sup} f$.

$\operatorname{ess\,inf} f$ については以下の等式が成り立つ.

$$\operatorname{ess\,inf} f = \inf\{t : \mu(\{x : f(x) \leq t\}) > 0\}$$
$$= \sup\{t : \mu(\{x : f(x) < t\}) = 0\} = \sup\{t : \mu(\{x : f(x) \leq t\}) = 0\}.$$

演習 11.5 上限の定義より $\alpha < \sup_I f$ ならば, $x_0 \in I$ で $f(x_0) > \alpha$ となるものが存在する. f は x_0 で連続だからある $\delta > 0$ が存在して $|x - x_0| < \delta$ ならば $f(x) > \alpha$ となる. $(x_0 - \delta, x_0 + \delta)$ の Lebesgue 測度は正だから $\operatorname{ess\,sup}_I f \geq \alpha$ である. (I が閉区間で, x_0 が区間の端点のときは $(x_0 - \delta, x_0]$ または $[x_0, x_0 + \delta)$ などと直す.) $\forall \alpha < \sup_I f$ なので, $\operatorname{ess\,sup}_I f \geq \sup_I f$. 逆の不等式は定義より明らか.

演習 11.6 上限の定義より $\alpha < \sup_U f$ ならば, $x_0 \in U$ で $f(x_0) > \alpha$ となるものが存在する. f は x_0 で連続だからある $\delta > 0$ が存在して $|x - x_0| < \delta$ ならば $f(x) > \alpha$ となる. $B(x_0, \delta)$ の Lebesgue 測度は正だから $\operatorname{ess\,sup}_U f \geq \alpha$ である. $\forall \alpha < \sup_U f$ なので, $\operatorname{ess\,sup}_U f \geq \sup_U f$. 逆の不等式は定義より明らか.

$\operatorname{ess\,sup}_{\overline{U}} f = \sup_{\overline{U}} f$ は成り立つ. $\alpha < \sup_{\overline{U}} f$ とすると $\xi \in \overline{U}$ で $f(\xi) > \alpha$ なるものが存在する. f は ξ で連続だからある $\delta > 0$ が存在して $B(\xi, \delta) \cap \overline{U}$ 上で $f > \alpha$ となる. $\xi \in \overline{U}$ だから, $B(\xi, \delta) \cap U \neq \emptyset$ でこれは開集合だから $m_d(B(\xi, \delta) \cap U) > 0$. したがって $\operatorname{ess\,sup}_{\overline{U}} f \geq \alpha$ である. α の任意性より $\operatorname{ess\,sup}_{\overline{U}} f \geq \sup_{\overline{U}} f$. 逆の不等式は定義より明らか.

演習 11.7 条件を正確に書くと任意の $\varepsilon > 0$ に対して $N(\varepsilon)$ が存在して $n \geq N(\varepsilon)$ ならば $\|f_n - f\|_\infty < \varepsilon$. したがって $\mu(\{x : |f_n(x) - f(x)| > \varepsilon\}) = 0$ である. そこで

$$E = \bigcup_{j=1}^\infty \left(\bigcup_{n \geq N(1/j)} \{x : |f_n(x) - f(x)| > 1/j\} \right)$$

とおくと $\mu(E) = 0$ で $x \notin E$ ならば, 任意の $j \geq 1$ に対して $x \notin \bigcup_{n \geq N(1/j)} \{x : |f_n(x) - f(x)| > 1/j\}$, すなわち, $n \geq N(1/j)$ ならば $|f_n(x) - f(x)| \leq 1/j$ となる. これは $x \notin E$ ならば, $f_n(x) \to f(x)$ であることを意味し, $f_n \to f$ a.e. がわかった.

演習 11.8 $p' = p/(p-1)$ とする. $\dfrac{p'}{q} + \dfrac{p'}{r} = 1$ に注意して Hölder の不等式を 2 回使うと

$$\|fgh\|_1 \leq \|f\|_p \|gh\|_{p'} = \|f\|_p \left(\int_X |gh|^{p'} d\mu \right)^{1/p'} \leq \|f\|_p \|g\|_q \|h\|_r.$$

演習 11.9 $\alpha = \sup\{|\int_X fgd\mu| : \|g\|_q \leq 1\}$ とおく．Hölder の不等式

$$\Big|\int_X fgd\mu\Big| \leq \|f\|_p \|g\|_q$$

より，$\alpha \leq \|f\|_p$ である．逆向きの不等号を示そう．$\|f\|_p = 0$ ならば，$f = 0$ a.e. なので $\alpha = 0$ となり等式が成り立つ．そこで $\|f\|_p > 0$ とする．$1 \leq p < \infty$ と $p = \infty$ の 2 つの場合に分ける．

<u>$1 \leq p < \infty$ のとき．</u>まず $\|f\|_p < \infty$ とする．

$$g(x) = \begin{cases} \|f\|_p^{1-p} |f(x)|^{p-2} \overline{f(x)} & (f(x) \neq 0) \\ 0 & (f(x) = 0) \end{cases}$$

とおく．$p = 1$ ならば $q = \infty$ で $\|g\|_\infty = 1$．$1 < p < \infty$ ならば

$$\|g\|_q = \|f\|_p^{1-p} \Big(\int_X |f(x)|^{(p-1)q} d\mu\Big)^{1/q} = \|f\|_p^{1-p} \|f\|_p^{p/q} = 1.$$

したがって，どちらのときも g は α の定義に現れる条件をみたす．また

$$\int_X fgd\mu = \|f\|_p^{1-p} \int_X f(x)|f(x)|^{p-2}\overline{f(x)}d\mu = \|f\|_p^{1-p} \|f\|_p^p = \|f\|_p$$

であるから，$\alpha \geq \|f\|_p$ である．ここまでは μ の σ-有限性は不要である．

次に $\|f\|_p = \infty$ とする．f を正の部分，負の部分に分けると，$\|f^+\|_p = \infty$ または $\|f^-\|_p = \infty$ となっている．一般性を失うことなく $\|f^+\|_p = \infty$ としてよい．μ は σ-有限だから可測集合 X_n を $X_n \uparrow X$，$\mu(X_n) < \infty$ となるようにとれる．このとき $f_n = \min\{f^+, n\}1_{X_n}$ とすれば，$0 \leq f_n \leq f^+$，$f_n \uparrow f^+$，$\|f_n\|_p < \infty$ かつ $\|f_n\|_p \uparrow \infty$ となっている．n を大きくして $\|f_n\|_p > 0$ も仮定してよい．ここで $g_n(x) = \|f_n\|_p^{1-p} f_n(x)^{p-1}$ とおけば $\|g_n\|_q = 1$ で

$$\alpha \geq \int_X fg_n d\mu \geq \int_X f_n g_n d\mu = \|f_n\|_p \uparrow \infty.$$

したがって $\alpha = \infty = \|f\|_p$ である．

<u>$p = \infty$ のとき．</u>$\|f\|_\infty > 0$ としてよい．$0 < t < \|f\|_\infty$ となる t をとると $\mu(\{x : |f(x)| > t\}) > 0$ である．必要なら $-f$ を考えることにより，$\mu(\{x : f(x) > t\}) > 0$ としてよい．σ-有限の条件を使うと $\mu(X_n \cap \{x : f(x) > t\}) \uparrow \mu(\{x : f(x) > t\})$．$n$ を大きくとって $E_n = X_n \cap \{x : f(x) > t\}$ は $0 < \mu(E_n) < \infty$ をみたすとしてよい．そこで $g(x) = 1_{E_n}(x)/\mu(E_n)$ とおくと，$\|g\|_1 = 1$ であり，

$$\int_X fgd\mu = \int_{E_n} \frac{f}{\mu(E_n)} d\mu \geq t.$$

t の任意性より $\alpha \geq \|f\|_\infty$．

μ が σ-有限でないとき．$\|f\|_p \geq \sup\{|\int_X fgd\mu| : \|g\|_q \leq 1\}$ は常に成り立ち，$\|f\|_1 = \sup\{|\int_X fgd\mu| : \|g\|_\infty \leq 1\}$ も成り立つ（$\because$ $f(x) \geq 0$ のとき $g(x) = 1$，$f(x) < 0$ のと

き $g(x) = -1$ とすれば，$\|g\|_\infty = 1$ で，$\int_X fg d\mu = \|f\|_1$．しかし，$1 < p \le \infty$ のときは $\|f\|_p \le \sup\{|\int_X fg d\mu| : \|g\|_q \le 1\}$ は成り立つとは限らない．例えば $E \ne \emptyset$ のとき $\mu(E) = \infty$，$\mu(\emptyset) = 0$ となる自明な測度を考えると，$1 \le q < \infty$ であるから $\|g\|_q < \infty$ となる g は恒等的に 0 なる．したがって f が恒等的に 0 でない限り，$\|f\|_p > \sup\{|\int_X fg d\mu| : \|g\|_q \le 1\} = 0$ である．

演習 11.10 μ を $\mathbb{N}$ 上の計数測度とする．$f : \mathbb{N} \times \mathbb{N} \to \mathbb{R}$ を $f(n, m) = a_{nm}$ と定義すると，積分形の Minkowski の不等式から

$$\left\{\sum_n \left(\sum_m a_{nm}\right)^p\right\}^{1/p} = \left\{\int_\mathbb{N} \left(\int_\mathbb{N} f(n, m) d\mu(m)\right)^p d\mu(n)\right\}^{1/p}$$

$$\le \int_\mathbb{N} \left(\int_\mathbb{N} f(n, m)^p d\mu(n)\right)^{1/p} d\mu(m) = \sum_m \left(\sum_n a_{nm}^p\right)^{1/p}.$$

演習 11.11 $p = \infty$ のとき．$\|f_n - g\|_\infty \to 0$ より，$f_n \to g$ a.e. となるから，$f = g$ a.e.
$1 \le p < \infty$ のとき．f_n の部分列 f_{n_j} を $\|f_{n_j} - g\|_p < 1/2^j$ と取ると，列に関する Minkowski の不等式から

$$\left(\int_X \left(\sum_{j=1}^\infty |f_{n_j} - g|\right)^p d\mu\right)^{1/p} = \left\|\sum_{j=1}^\infty |f_{n_j} - g|\right\|_p \le \sum_{j=1}^\infty \|f_{n_j} - g\|_p \le \sum_{j=1}^\infty \frac{1}{2^j} < \infty.$$

とくに $\sum_{j=1}^\infty |f_{n_j} - g| < \infty$ a.e. であるから，f_{n_j} は g に a.e. に収束する．一方，$f_n \to f$ a.e. であったから $f = g$ a.e.

演習 11.12 正しくない．反例．$[0, 1]$ 上の関数列を以下のように作る．$n \ge 1$ および $0 \le j \le 2^n - 1$ に対し $E_j^n = [0, 2^{-n}] + 2^{-n}j$，$f_j^n = 1_{E_j^n}$ とおく．このとき $\int_0^1 |f_j^n(x)|^p dx = m_1(E_j^n) = 2^{-n} \to 0$ $(n \to \infty)$ であるから，

$$f_0^1, f_1^1, f_0^2, f_1^2, f_2^2, f_3^2, \ldots, f_0^n, \ldots, f_{2^n-1}^n, \ldots$$

は L^p ノルムで 0 に収束するが，$[0, 1] = \limsup E_j^n$ であるので任意の $x \in [0, 1]$ で $\limsup f_j^n(x) = 1$ であり，$f_j^n(x) \not\to 0$ である．

演習 11.13 任意に $\varepsilon > 0$ をとると Chebyshev の不等式により

$$\mu(\{x : |f_n(x) - f(x)| \ge \varepsilon\}) \le \frac{1}{\varepsilon^p} \int_X |f_n(x) - f(x)|^p d\mu \to 0 \quad (n \to \infty).$$

演習 11.14 (i) $f \in L^q(X)$ とする．Hölder の不等式を $q/p > 1$ に用いると

$$\int_X |f|^p d\mu \le \left(\int_X |f|^q d\mu\right)^{p/q} \left(\int_X 1 d\mu\right)^{1-p/q} = \left(\int_X |f|^q d\mu\right)^{p/q} \mu(X)^{1-p/q} < \infty.$$

(ii) $\mu(X) = 1$ ならば，(i) の不等式は $\|f\|_p^p \le \|f\|_q^p$ となる．

(iii) $\mu(X) = \infty$ のとき (i) や (ii) の結論は成り立つとは限らない（演習 11.16 参照）．

演習 11.15 (i) Hölder の不等式を $1/\theta > 1$ に用いると

$$\int_X |f|^p d\mu = \int_X |f|^{p_1\theta} \cdot |f|^{p_2(1-\theta)} d\mu \le \left(\int_X |f|^{p_1} d\mu\right)^\theta \left(\int_X |f|^{p_2} d\mu\right)^{1-\theta}.$$

(ii) 有界性は (i) よりわかる．連続性を示すために $F(x) = \begin{cases} |f(x)|^{p_1} & (|f(x)| \le 1) \\ |f(x)|^{p_2} & (|f(x)| > 1) \end{cases}$ とおく．
この関数は p に無関係で $p_1 \le p \le p_2$ のとき $|f(x)|^p \le F(x)$ かつ

$$\int_X F d\mu = \int_{|f| \le 1} |f|^{p_1} d\mu + \int_{|f| > 1} |f|^{p_2} d\mu \le \|f\|_{p_1}^{p_1} + \|f\|_{p_2}^{p_2} < \infty$$

をみたす．したがって Lebesgue の収束定理より，$\varphi(p) = \int_X |f|^p d\mu$ は p の連続関数である．さらに，$\|f\|_p = \varphi(p)^{1/p}$ も連続である．実際，$p_0 \in [p_1, p_2]$ で連続であることを示す．もし $\varphi(p_0) = 0$ ならば，$f = 0$ μ-a.e. であるから $\varphi(p) \equiv 0$ となり $\|f\|_p = \varphi(p)^{1/p}$ の連続性は明らか．したがって $\varphi(p_0) > 0$ と仮定してよい．任意に $0 < \varepsilon < \varphi(p_0)$ をとる．$\varphi(p)$ の連続性より $\delta > 0$ が存在して $p \in [p_1, p_2]$ が $|p - p_0| < \delta$ をみたせば，$\varphi(p_0) - \varepsilon < \varphi(p) < \varphi(p_0) + \varepsilon$. この $1/p$ 乗をとり，上極限および下極限をとれば，

$$(\varphi(p_0) - \varepsilon)^{1/p_0} \le \liminf_{p \to p_0} \varphi(p)^{1/p} \le \limsup_{p \to p_0} \varphi(p)^{1/p} \le (\varphi(p_0) + \varepsilon)^{1/p_0}.$$

$\varepsilon > 0$ はいくらでも小さくとれるから $\lim_{p \to p_0} \varphi(p)^{1/p} = \varphi(p_0)^{1/p_0}$．

(iii) $\|f\|_\infty = 0$ ならば $f = 0$ a.e. で，任意の p に対して $\|f\|_p = 0$ となるから明らか．$\|f\|_\infty > 0$ とする．$0 < M < \|f\|_\infty$ とし，$E_M = \{x : |f(x)| > M\}$ とおくと本質的上限の定義より $\mu(E_M) > 0$ で，

$$\|f\|_p \ge \left(\int_{E_M} M^p d\mu\right)^{1/p} = \mu(E_M)^{1/p} M$$

となる．$\mu(E_M) < \infty$ ならば，$p \to \infty$ のとき最右辺は M に収束し，M の任意性より $\liminf_{p \to \infty} \|f\|_p \ge \|f\|_\infty$. これは $\mu(E_M) = \infty$ のときにも成り立つ．($\because$ $\mu(E_M) = \infty$ ならば任意の p に対して $\|f\|_p = \infty$.) 一方，$p > q$ ならば $p \to \infty$ のとき

$$\|f\|_p \le \left(\int_X |f(x)|^q \|f\|_\infty^{p-q} d\mu\right)^{1/p} = \|f\|_q^{q/p} \|f\|_\infty^{1-q/p} \to \|f\|_\infty.$$

ゆえに $\limsup_{p \to \infty} \|f\|_p \le \|f\|_\infty$. 結局，$\lim_{p \to \infty} \|f\|_p = \|f\|_\infty$.

演習 11.16 $\{a_n\} \in \ell^p(\mathbb{N})$ とすると $\sum_{n=1}^\infty |a_n|^p < \infty$ である．とくに $a_n \to 0$ であるから，ある N があって $n \ge N$ ならば，$|a_n| \le 1$ である．これからとくに $\|\{a_n\}\|_\infty \le \max\{|a_1|, \ldots, |a_N|, 1\} < \infty$ となり，$\{a_n\} \in \ell^\infty(\mathbb{N})$ である．また，$p < q < \infty$ のときは $|a_n|^p \ge |a_n|^q$ $(n \ge N)$ となるから，$\sum_{n=1}^\infty |a_n|^q \le \sum_{n=1}^N |a_n|^q + \sum_{n \ge N}^\infty |a_n|^p < \infty$ となって $\{a_n\} \in \ell^q(\mathbb{N})$ である．以上から $\ell^p(\mathbb{N}) \subset \ell^q(\mathbb{N})$. 一方，$a_n = n^{-\alpha}$ とすると，$\{a_n\} \in \ell^p(\mathbb{N}) \iff \alpha p > 1$ であるから，$1/q < \alpha < 1/p$ とすれば，$\{a_n\} \in \ell^q(\mathbb{N}) \setminus \ell^p(\mathbb{N})$．

演習 11.17 $\|f+g\|_p \leq \|f\|_p + \|g\|_p$ が不成立な例. $X = [0,2]$, μ は X 上の Lebesgue 測度, $f = 1_{[0,1)}$, $g = 1_{[1,2]}$ とすると, $\|f\|_p = \|g\|_p = 1$, $\|f+g\|_p = 2^{1/p}$ である. したがって, $0 < p < 1$ のとき $\|f+g\|_p = 2^{1/p} > 2 = \|f\|_p + \|g\|_p$.

弱い不等式の証明. まずヒントの不等式を示す. $0 \leq x \leq 1$ に対して $\varphi(x) = x^r + (1-x)^r$ とすると $\varphi'(x) = r(x^{r-1} - (1-x)^{r-1})$. 増減表を書くと $r \geq 1$ のとき $\varphi(x) \geq \varphi(\frac{1}{2}) = 2^{1-r}$, $0 < r < 1$ のとき $\varphi(x) \geq \varphi(0) = \varphi(1) = 1$. これを $x = a/(a+b)$ に適用して, $0 < r \leq 1$ ならば $(a+b)^r \leq a^r + b^r$. $r > 1$ ならば $(a+b)^r \leq 2^{r-1}(a^r + b^r)$.

ヒントの不等式を $r = p < 1$ に適用して

$$(|f(x) + g(x)|)^p \leq |f(x)|^p + |g(x)|^p.$$

これを積分して $1/p$ 乗し, ヒントの不等式を $r = 1/p > 1$ に適用すれば,

$$\|f+g\|_p \leq \Big(\int_X (|f(x)|^p + |g(x)|^p) d\mu\Big)^{1/p} = \big(\|f\|_p^p + \|g\|_p^p\big)^{1/p} \leq 2^{(1-p)/p}(\|f\|_p + \|g\|_p).$$

演習 11.18 (i) $t \geq 0$ に対して $\varphi(t) = t^{1/p} - \frac{1}{p}t - \frac{1}{q}$ とおくと, 増減表より $\varphi(t) \geq \varphi(1) = 0$. そこで $t = a^p/b^q$ とおけば,

$$\frac{1}{p}\frac{a^p}{b^q} + \frac{1}{q} \leq \Big(\frac{a^p}{b^q}\Big)^{1/p} = ab^{1-q}.$$

両辺に b^q をかければよい.

(ii) $\|f\|_p > 0$, $\|g\|_q > 0$ としてよい. $q < 0$ より $|g| > 0$ a.e. である. また, 集合 $\{x : f(x) = 0\}$ を除いても $\|f\|_p$ や $\|fg\|_1$ に影響しないので, 最初からすべての x に対して $|f(x)| > 0$, $|g(x)| > 0$ としてよい. $a = \frac{|f(x)|}{\|f\|_p}$, $b = \frac{|g(x)|}{\|g\|_q}$ として (i) を用いると

$$\frac{1}{p}\Big(\frac{|f(x)|}{\|f\|_p}\Big)^p + \frac{1}{q}\Big(\frac{|g(x)|}{\|g\|_q}\Big)^q \leq \frac{|f(x)g(x)|}{\|f\|_p\|g\|_q}.$$

これを積分して $1 = \frac{1}{p}\frac{\|f\|_p^p}{\|f\|_p^p} + \frac{1}{q}\frac{\|g\|_q^q}{\|g\|_q^q} \leq \frac{\|fg\|_1}{\|f\|_p\|g\|_q}$. 分母をはらって逆 Hölder の不等式.

(iii) $0 < \||f| + |g|\|_p < \infty$ としてよい. 逆 Hölder の不等式を

$$(|f(x)| + |g(x)|)^p = (|f(x)| + |g(x)|)^{p-1}|f(x)| + (|f(x)| + |g(x)|)^{p-1}|g(x)|$$

に用いると,

$$\||f| + |g|\|_p^p \geq \|(|f| + |g|)^{p-1}\|_q(\|f\|_p + \|g\|_p) = \||f| + |g|\|_p^{p/q}(\|f\|_p + \|g\|_p).$$

ここで $p/q = p - 1$ であるから, 両辺を $\||f| + |g|\|_p^{p-1}$ で割って, 逆 Minkowski の不等式.

演習 11.19 (i) 2 項展開および Hölder の不等式より, $r \geq 1$ のとき

$$x^r + y^r \leq (x+y)^r \leq 2^{r-1}(x^r + y^r) \quad (x, y \geq 0).$$

この不等式を $r=p/2$, $x=|a+b|^2$, $y=|a-b|^2$ に適用し，さらに $x=2|a|^2$, $y=2|b|^2$ に適用すると

$$|a+b|^p+|a-b|^p \leq (|a+b|^2+|a-b|^2)^{p/2}$$
$$=(2|a|^2+2|b|^2)^{p/2} \leq 2^{p/2-1}\{(2|a|^2)^{p/2}+(2|b|^2)^{p/2}\}.$$

これを整理して (a) を得る．$a=f(x)$, $b=g(x)$ として (a) を用い，積分すれば (b) を得る．

(ii) (c) の証明は技巧的．[11], [12] 参照．(d) を示す．$r=p/q=p-1$ とする．一般に $u \geq 0$ のとき

$$\|u^q\|_r = \Big(\int_X u^{qr} d\mu\Big)^{1/r} = \Big(\int_X u^p d\mu\Big)^{\frac{1}{p-1}} = \|u\|_p^q$$

である．これを $u=|f+g|$ および $u=|f-g|$ に適用し，$0<r<1$ に注意して逆 Minkowski の不等式を用いると

$$\|f+g\|_p^q+\|f-g\|_p^q = \| |f+g|^q\|_r + \| |f-g|^q\|_r$$
$$\leq \| |f+g|^q+|f-g|^q\|_r = \Big(\int_X (|f+g|^q+|f-g|^q)^{p-1} d\mu\Big)^{\frac{1}{p-1}}.$$

ここで (c) より $|f+g|^q+|f-g|^q \leq 2(|f|^p+|g|^p)^{q-1}$ であるから，右辺のカッコ内の積分は

$$\int_X 2^{p-1}(|f|^p+|g|^p) d\mu = 2^{p-1}(\|f\|_p^p+\|g\|_p^p)$$

以下である．ゆえに

$$\|f+g\|_p^q+\|f-g\|_p^q \leq \Big(2^{p-1}(\|f\|_p^p+\|g\|_p^p)\Big)^{\frac{1}{p-1}} = 2(\|f\|_p^p+\|g\|_p^p)^{q-1}.$$

演習 11.20 (i) 前問の Clarkson の不等式を $\frac{1}{2}f$ と $\frac{1}{2}g$ に適用すればよい．

(ii) f_n を最小化列とする．$(f_n+f_m)/2 \in \mathscr{K}$ であるから，$\|(f_n+f_m)/2\|_p \geq \alpha$ である．$2 \leq p < \infty$ のとき，Clarkson の不等式より，

$$\Big\|\frac{f_n-f_m}{2}\Big\|_p^p \leq \frac{\|f_n\|_p^p+\|f_m\|_p^p}{2} - \Big\|\frac{f_n+f_m}{2}\Big\|_p^p \leq \frac{\|f_n\|_p^p+\|f_m\|_p^p}{2} - \alpha^p.$$

この上極限をとって $\displaystyle\limsup_{n,m\to\infty} \Big\|\frac{f_n-f_m}{2}\Big\|_p^p \leq \frac{\alpha^p+\alpha^p}{2}-\alpha^p=0.$

$1 < p < 2$ のとき，Clarkson の不等式より，

$$\Big\|\frac{f_n-f_m}{2}\Big\|_p^q \leq \Big(\frac{\|f_n\|_p^p+\|f_m\|_p^p}{2}\Big)^{q-1} - \Big\|\frac{f_n+f_m}{2}\Big\|_p^q \leq \Big(\frac{\|f_n\|_p^p+\|f_m\|_p^p}{2}\Big)^{q-1} - \alpha^q.$$

この上極限をとって $\displaystyle\limsup_{n,m\to\infty} \Big\|\frac{f_n-f_m}{2}\Big\|_p^p \leq \Big(\frac{\alpha^p+\alpha^p}{2}\Big)^{q-1}-\alpha^q=0.$

定義から最小化列は必ず存在し，前半より Cauchy 列になっている．L^p 空間は完備だから極限関数 $f \in L^p$ が存在し，$\|f\|_p = \alpha$ である．$\mathscr{K}$ が閉ならば $f \in \mathscr{K}$ である．また Clarkson の不等式より $g \in \mathscr{K}$ が $\|g\|_p = \alpha$ をみたせば $\|(f-g)/2\|_p = 0$ となり，$f=g$ a.e. である．

演習 11.21 任意に $\varepsilon > 0$ をとる．(*) より $\lambda > 0$ を $\int_{\{|f_n| \geq \lambda\}} |f_n| d\mu < \varepsilon/2$ と選ぶことができる．そこで $\delta = \varepsilon/(2\lambda)$ とすると，$\mu(E) < \delta$ ならば，

$$\int_E |f_n| d\mu = \int_{E \cap \{|f_n| \geq \lambda\}} |f_n| d\mu + \int_{E \cap \{|f_n| < \lambda\}} |f_n| d\mu$$

$$\leq \int_{\{|f_n| \geq \lambda\}} |f_n| d\mu + \lambda \mu(E) < \frac{\varepsilon}{2} + \lambda \frac{\varepsilon}{2\lambda} = \varepsilon.$$

演習 11.22 (i) $\varepsilon > 0$ とする．不定積分の絶対連続性より各 f_n に対して $\delta_n > 0$ を $\mu(E) < \delta_n$ ならば $\int_E |f_n| d\mu < \varepsilon$ と取れる．$\delta = \min\{\delta_1, \ldots, \delta_N\}$ とすれば $\{f_1, \ldots, f_N\}$ が一様可積分であることがわかる．

(ii) $\varepsilon > 0$ とする．仮定より $N \geq 1$ を $n > N$ ならば $\|f_n - f_0\|_1 < \varepsilon/2$ となるようにとれる．(i) より $\{f_0, f_1, \ldots, f_N\}$ は一様可積分であるから，$\delta > 0$ を $\mu(E) < \delta$ ならば $\int_E |f_n| d\mu < \varepsilon/2$ ($n = 0, 1, \ldots, N$) となるようにとれる．このとき，任意の n に対して $\mu(E) < \delta$ ならば

$$\int_E |f_n| d\mu \leq \int_E |f_0| d\mu + \int_E |f_n - f_0| d\mu < \frac{\varepsilon}{2} + \|f_n - f_0\|_1 < \varepsilon.$$

(iii) 反例．$\mathbb{R}$ 上の関数 f_n を $0 \leq x \leq 1/n$ のとき $f_n(x) = n$，それ以外で $f_n(x) = 0$ とすると，$\{f_n\}$ は一様可積分でない．$\because$ どのような $\delta > 0$ に対しても $n > 1/\delta$ と取れば，$E_n = (0, 1/n)$ は $m(E_n) < \delta$ で $\int_{E_n} f_n(x) dx = 1$.

演習 11.23 演習 11.21 の (*) を示せばよい．$p = \infty$ のときは $\lambda > M$ と取れば，$\{x : |f_n(x)| \geq \lambda\}$ の測度は 0 であるから (*) は明らかに成り立つ．$1 < p < \infty$ のとき，

$$M^p \geq \int_{|f_n| \geq \lambda} |f_n|^p d\mu \geq \lambda^p \mu(\{x : |f_n(x)| \geq \lambda\})$$

であるから，$\mu(\{x : |f_n(x)| \geq \lambda\}) \leq (M/\lambda)^p$ がわかる（Chebyshev の不等式）．さらに Hölder の不等式より

$$\int_{|f_n| \geq \lambda} |f_n| d\mu \leq \Big(\int_{|f_n| \geq \lambda} |f_n|^p d\mu\Big)^{1/p} \Big(\int 1^q_{|f_n| \geq \lambda} d\mu\Big)^{1/q}$$

$$\leq M(\mu(\{x : |f_n(x)| \geq \lambda\}))^{1/q} \leq M(M/\lambda)^{p/q} = M^p/\lambda^{p-1}.$$

ここに $q = p/(p-1)$．最後の項は $\lambda \to \infty$ のとき 0 に収束するから，(*) が成り立つ．

$p = 1$ のとき $\{f_n\}$ は一様可積分とは限らない．演習 11.22 (iii) と同じ関数列が反例を与える．

演習 11.24 (i) 演習 11.23 により任意の $\varepsilon > 0$ に対して，$\lambda > 0$ を演習 11.21 の (*) が成り立つようにとれる．ゆえに

$$\int_X |f_n| d\mu \leq \int_{|f_n| \geq \lambda} |f_n| d\mu + \int_{|f_n| \leq \lambda} |f_n| d\mu \leq \varepsilon + \int_{|f_n| \leq \lambda} |f_n| d\mu.$$

$n \to \infty$ とした上極限をとると，$\mu(\{|f_n| \leq \lambda\}) \leq \mu(X) < \infty$ より，Lebesgue の有界収束定理から最後の積分は 0 に収束する．したがって $\limsup_{n \to \infty} \int_X |f_n| d\mu \leq \varepsilon$ となる．$\varepsilon > 0$ は任意なので，$\lim_{n \to \infty} \int_X |f_n| d\mu = 0$.

(ii) 成り立たない．反例．$X = \mathbb{R}$, μ を $\mathbb{R}$ 上の Lebesgue 測度, $f_n(x) = \chi_{[n-1,n]}$ とする．このとき f_n は X で 0 に各点収束し，任意の $p > 0$ に対して $\int_X |f_n|^p d\mu = 1$ となる．ゆえに $\sup_n \int_X |f_n(x)|^p d\mu(x) = 1 < \infty$．しかし，$\lim_{n\to\infty} \int_X |f_n| d\mu = 1 \neq 0$．

演習 12.1 (i) $1 \leq p < \infty$ のとき $\|x^n\|_p = \left(\int_0^1 |x^n|^p dx\right)^{1/p} = \left(\left[\dfrac{1}{np+1} x^{np+1}\right]_0^1\right)^{1/p} = \left(\dfrac{1}{np+1}\right)^{1/p}$．一方，$p = \infty$ のとき $x \to 1$ として，$\|x^n\|_\infty = 1$．

(ii) $\left\|\dfrac{x^n}{n}\right\|_p = \dfrac{1}{n}\left(\dfrac{1}{np+1}\right)^{1/p} \leq \dfrac{1}{n}\left(\dfrac{1}{np}\right)^{1/p} = \dfrac{p^{-1/p}}{n^{1+1/p}}$．したがってこの和は収束する．

(iii) $\sum_{n=1}^\infty \dfrac{x^n}{n} \notin L^\infty(0,1)$ である．$x = 1$ を代入すると $\sum_{n=1}^\infty \dfrac{1}{n} = \infty$ だからである．厳密には $x = 1$ は定義域に入っていないので，

$$\left\|\sum_{n=1}^\infty \dfrac{x^n}{n}\right\|_\infty = \operatorname*{ess\,sup}_{0<x<1}\left|\sum_{n=1}^\infty \dfrac{x^n}{n}\right| \geq \operatorname*{ess\,sup}_{0<x<1}\sum_{n=1}^N \dfrac{x^n}{n} = \sum_{n=1}^N \dfrac{1}{n} \to \infty \quad (N \to \infty)$$

とすればよい．もちろん Taylor 展開 $-\log(1-x) = \sum_{n=1}^\infty \dfrac{x^n}{n}$ ($|x| < 1$) を使ってもよい．

演習 12.2 $x \leq 0$ で $f(x) = 0$, $x > 0$ で $f(x) = x^{-1/p}(1+|\log x|)^{-2/p}(\log(e+x))^{-2/p}$ は求める性質をみたす．積分範囲を分け，置換積分 $\log x = t$ を行うと

$$\int_0^\infty f(x)^p dx \leq \int_0^{1/e}\dfrac{dx}{x|\log x|^2} + \int_{1/e}^e \dfrac{dx}{x} + \int_e^\infty \dfrac{dx}{x(\log x)^2} = \int_{-\infty}^{-1}\dfrac{dt}{t^2} + 2 + \int_1^\infty \dfrac{dt}{t^2} = 4.$$

$0 < r < p$ のとき．$\log x$ と x のベキ乗を比較して

$$\lim_{x\to\infty}\dfrac{x^{1-r/p}}{(1+|\log x|)^{2r/p}(\log(e+x))^{2r/p}} = \infty.$$

したがって $R > 1$ を大きくとれば，

$$\int_0^\infty f(x)^r dx \geq \int_1^\infty \dfrac{x^{1-r/p}dx}{x(1+|\log x|)^{2r/p}(\log(e+x))^{2r/p}} \geq \int_R^\infty \dfrac{dx}{x} = \infty.$$

$p < r < \infty$ のとき．$\log x$ と x のベキ乗を比較して

$$\lim_{x\to 0}\dfrac{x^{1-r/p}}{(1+|\log x|)^{2r/p}(\log(e+x))^{2r/p}} = \infty.$$

したがって $0 < \delta < 1$ を小さくとれば

$$\int_0^\infty f(x)^r dx \geq \int_0^1 \dfrac{x^{1-r/p}dx}{x(1+|\log x|)^{2r/p}(\log(e+x))^{2r/p}} \geq \int_0^\delta \dfrac{dx}{x} = \infty.$$

演習 12.3 $a = q/(q-1)$, $b = p/(p-1)$ とすると, $1 \leq a, b \leq \infty$ で $\dfrac{1}{p} = \dfrac{1}{r} + \dfrac{1}{a}$, $\dfrac{1}{q} = \dfrac{1}{r} + \dfrac{1}{b}$, $\dfrac{1}{r} + \dfrac{1}{a} + \dfrac{1}{b} = 1$ が成り立つ. したがって

$$|f(x-y)g(y)| = \Big(|f(x-y)|^{p/r}|g(y)|^{q/r}\Big)\Big(|f(x-y)|^{p/a}\Big)\Big(|g(y)|^{q/b}\Big).$$

Hölder の不等式の一般形を用いると

$$|f*g(x)| \leq \Big(\int_{\mathbb{R}^d}|f(x-y)|^p|g(y)|^q dy\Big)^{1/r}\Big(\int_{\mathbb{R}^d}|f(x-y)|^p dy\Big)^{1/a}\Big(\int_{\mathbb{R}^d}|g(y)|^q dy\Big)^{1/b}$$
$$= \|f\|_p^{p/a}\|g\|_q^{q/b}\Big(\int_{\mathbb{R}^d}|f(x-y)|^p|g(y)|^q dy\Big)^{1/r}.$$

ゆえに Fubini の定理より

$$\|f*g\|_r \leq \|f\|_p^{p/a}\|g\|_q^{q/b}\Big\{\int_{\mathbb{R}^d}dx\int_{\mathbb{R}^d}|f(x-y)|^p|g(y)|^q dy\Big\}^{1/r}$$
$$= \|f\|_p^{p/a}\|g\|_q^{q/b}\Big\{\int_{\mathbb{R}^d}|g(y)|^q dy\int_{\mathbb{R}^d}|f(x-y)|^p dx\Big\}^{1/r}$$
$$= \|f\|_p^{p/a}\|g\|_q^{q/b}\|g\|_q^{q/r}\|f\|_p^{p/r} = \|f\|_p\|g\|_q.$$

演習 12.4 $t < 0$ では $f^{(n)}(t) \equiv 0$ である. $t > 0$ では何度でも微分できて, 数学的帰納法により

$$f^{(n)}(t) = \frac{P_n(t)}{t^{2n}} e^{-1/t}. \tag{*}$$

ただし $P_n(t)$ は t の多項式. 実際, $f^{(n)}(t) = \dfrac{P_n(t)}{t^{2n}} e^{-1/t}$ と仮定すると, これを微分して

$$f^{(n+1)}(t) = \frac{P_n'(t)t^2 - P_n(t)2nt - P_n(t)}{t^{2n+2}} e^{-1/t}.$$

これから $n+1$ のときがわかる.

次に $f(t)$ は $t = 0$ で何度でも微分できて $f^{(n)}(0) = 0$ であることを数学的帰納法で証明する. $n = 0$ のときは定義より $f^{(0)}(0) = f(0) = 0$ である. $n \geq 0$ として $f^{(n)}(0) = 0$ を仮定して, $f^{(n+1)}(0) = 0$ を示そう. h が負から 0 に近づくとき $\displaystyle\lim_{h \to -0}\dfrac{f^{(n)}(h) - f^{(n)}(0)}{h} = 0$ は明らかである. h が正から 0 に近づくとき, $(*)$ とロピタルの定理から

$$\lim_{h \to +0}\frac{f^{(n)}(h) - f^{(n)}(0)}{h} = \lim_{h \to +0}\frac{P_n(h)}{h^{2n+1}e^{1/h}} = 0$$

最後に $t = |x|^2 - 1 = x_1^2 + \cdots + x_d^2 - 1$ は無限回連続的微分可能だから連鎖律 (chain rule) によって $\varphi(x) = f(|x|^2 - 1)$ は $\mathbb{R}^d$ で無限回連続的微分可能. $|x| \geq 1$ で $\varphi(x) \equiv 0$ は明らか.

演習 12.5 仮定より $\exists R>0$ s.t. $|y| \geq R$ なら $\varphi(y) \equiv 0$. また $|\varphi(x)|$ と $|\nabla\varphi(x)|$ は定数 M で押さえられる. 任意の $a \in \mathbb{R}^n$ で微分可能を示す. $\delta>0$ をとる. $|x-a|<\delta$ のとき $|f(y)\varphi(x-y)|$ と $|f(y)\nabla_x\varphi(x-y)|$ はどちらも $M|f(y)| \cdot 1_{B(0,|a|+R+\delta)}(y)$ で押さえられ, これは x に関係ない y の可積分関数だから, 積分記号下の微分ができて

$$\nabla(f*\varphi(x)) = \int f(y)\nabla_x\varphi(x-y)dy.$$

これを繰り返し, $f*\varphi$ は $\mathbb{R}^n$ で無限回微分可能.

演習 12.6 (i) 省略. (ii) 変数変換 $y=jx$ より $\int \varphi_j(x)dx = \int \varphi(y)dy = 1$.
(iii) φ_j も無限回微分可能に注意する. 任意の $R>0$ に対し $B(0,R)$ で $f*\varphi_j$ は無限回微分可能であることを示そう. $1 \leq k \leq n$ に対し

$$\frac{\partial}{\partial x_k}f*\varphi_j(x) = \frac{\partial}{\partial x_k}\int_{\mathbb{R}^n}f(y)\varphi_j(x-y)dy = \int_{|x-y|\leq 1/j}f(y)\frac{\partial}{\partial x_k}\varphi_j(x-y)dy.$$

積分記号下の微分は $\int_{|y|\leq R+1}|f(y)|dy < \infty$ かつ $\left|\frac{\partial}{\partial x_k}\varphi_j(x-y)\right| \leq C_j$ であるから正当化され, さらに微分を繰り返すことができる. ゆえに $f*\varphi_j$ は無限回微分可能. R は任意だったから $f*\varphi_j$ は $\mathbb{R}^n$ で無限回微分可能.
(iv) 任意の $R>0$ に対し $B(0,R)$ で一様収束することを示せばよい. f は $B(0,R+1)$ で一様連続だから $\forall\varepsilon>0$ に対して $0 < \exists\delta < 1$ s.t. $|y|<\delta \implies |f(x-y)-f(x)| < \varepsilon$ が任意の $x \in B(0,R)$ に対して成り立つ. したがって $j > 1/\delta$ とすると

$$|f*\varphi_j(x) - f(x)| \leq \int_{\mathbb{R}^n}|f(x-y)-f(x)|\varphi_j(y)dy \leq \int_{\mathbb{R}^n}\varepsilon\varphi_j(y)dy = \varepsilon.$$

$x \in B(0,R)$ は任意だったから $B(0,R)$ の上で $f*\varphi_j$ は f に一様収束する.
(v) 問 3.5 より $\forall\varepsilon>0$ に対して $\delta>0$ を $|y|<\delta$ ならば $\left(\int_{\mathbb{R}^n}|f(x-y)-f(x)|^p dx\right)^{1/p} < \varepsilon$ となるようにとれる. そこで $j>1/\delta$ とすると, Minkowski の不等式の積分形より

$$\left(\int_{\mathbb{R}^n}|f(x)-f*\varphi_j(x)|^p dx\right)^{1/p} = \left(\int_{\mathbb{R}^n}\left|\int_{\mathbb{R}^n}(f(x)-f(x-y))\varphi_j(y)dy\right|^p dx\right)^{1/p}$$

$$\leq \int_{\mathbb{R}^n}\varphi_j(y)\left(\int_{\mathbb{R}^n}|f(x)-f(x-y)|^p dx\right)^{1/p}dy \leq \varepsilon\int_{\mathbb{R}^n}\varphi_j(y)dy = \varepsilon.$$

$\varepsilon>0$ は任意より, $\int_{\mathbb{R}^n}|f(x)-f*\varphi_j(x)|^p dx \to 0$.

演習 12.7 第 1 式の左辺を変数変換 $t=xs$ し, 積分形の Minkowski の不等式を使う. さらに変数変換 $xs=y$ をすると

$$\Big(\int_0^\infty \Big|\int_0^1 f(xs)x\,ds\Big|^p x^{-r-1}\,dx\Big)^{1/p} \le \int_0^1 \Big(\int_0^\infty |xf(xs)|^p x^{-r-1}\,dx\Big)^{1/p}\,ds$$

$$= \int_0^1 \Big(\int_0^\infty \Big|\frac{y}{s}f(y)\Big|^p \Big(\frac{y}{s}\Big)^{-r-1}\frac{dy}{s}\Big)^{1/p}\,ds$$

$$= \int_0^1 s^{(r-p)/p}\,ds\Big(\int_0^\infty |yf(y)|^p y^{-r-1}\,dy\Big)^{1/p}$$

$$= \frac{p}{r}\Big(\int_0^\infty |yf(y)|^p y^{-r-1}\,dy\Big)^{1/p}.$$

第2式の左辺を変数変換 $t = xs$ し，積分形の Minkowski の不等式を使い，変数変換 $xs = y$ をすると

$$\Big(\int_0^\infty \Big|\int_1^\infty f(xs)x\,ds\Big|^p x^{r-1}\,dx\Big)^{1/p} \le \int_1^\infty \Big(\int_0^\infty |xf(xs)|^p x^{r-1}\,dx\Big)^{1/p}\,ds$$

$$= \int_1^\infty \Big(\int_0^\infty \Big|\frac{y}{s}f(y)\Big|^p \Big(\frac{y}{s}\Big)^{r-1}\frac{dy}{s}\Big)^{1/p}\,ds$$

$$= \int_1^\infty s^{(-r-p)/p}\,ds\Big(\int_0^\infty |yf(y)|^p y^{r-1}\,dy\Big)^{1/p}$$

$$= \frac{p}{r}\Big(\int_0^\infty |yf(y)|^p y^{r-1}\,dy\Big)^{1/p}.$$

演習 13.1 $C_0(\mathbb{R})$ の稠密性より，任意の $\varepsilon > 0$ に対して $g \in C_0(\mathbb{R})$ で $\int_{\mathbb{R}} |f - g|\,dx < \varepsilon$ となるものが存在する．g のサポートは $[-R, R]$ に含まれているとする．g は一様連続より $0 < \delta < 1$ を $|y| < \delta$ ならば $|g(x) - g(x - y)| < \varepsilon/(R+1)$ ($\forall x$) と選ぶことができる．このとき

$$\int_{-\infty}^\infty |g(x) - g(x-y)|\,dx \le \int_{-R-1}^{R+1} \frac{\varepsilon}{R+1}\,dx < 2\varepsilon \qquad (*)$$

である．$\sin(nx + \pi) = -\sin(nx)$ に注意して，$I_n = \int_{-\infty}^\infty g(x)\sin(nx)\,dx$ に置換積分 $t = x + \pi/n$ を行うと

$$I_n = -\int_{-\infty}^\infty g(x)\sin(nx+\pi)\,dx = -\int_{-\infty}^\infty g(t - \pi/n)\sin(nt)\,dt.$$

したがって

$$I_n = \frac{1}{2}\int_{-\infty}^\infty (g(x) - g(x - \pi/n))\sin(nx)\,dx.$$

ゆえに $\pi/n < \delta$ ならば (*) より

$$|I_n| \le \frac{1}{2}\int_{-\infty}^\infty |g(x) - g(x - \pi/n)|\,dx < \varepsilon.$$

よって

$$\Big|\int_{-\infty}^\infty f(x)\sin(nx)\,dx\Big| \le \Big|\int_{-\infty}^\infty (f(x) - g(x))\sin(nx)\,dx\Big| + \Big|\int_{-\infty}^\infty g(x)\sin(nx)\,dx\Big|$$

$$\le \int_{-\infty}^\infty |f(x) - g(x)|\,dx + \varepsilon < 2\varepsilon.$$

以上から $\int_{-\infty}^{\infty} f(x)\sin(nx)dx \to 0$. まったく同様にして $\int_{-\infty}^{\infty} f(x)\cos(nx)dx \to 0$.

演習 13.2 (i) $\varphi_K(x) = \dfrac{\mathrm{dist}(x, U^c)}{\mathrm{dist}(x, K) + \mathrm{dist}(x, U^c)}$.

(ii) $\varphi_{AB}(x) = \dfrac{\mathrm{dist}(x, B) - \mathrm{dist}(x, A)}{\mathrm{dist}(x, A) + \mathrm{dist}(x, B)} \times \dfrac{\mathrm{dist}(x, U^c)}{\mathrm{dist}(x, A \cup B) + \mathrm{dist}(x, U^c)}$.

(iii) $\|f\|_{L^\infty(K)} = c > 0$ としてよい．$A = \{x \in K : f(x) \geq c/3\}$, $B = \{x \in K : f(x) \leq -c/3\}$ とする．A, B はコンパクト集合でどちらかは空集合でない．⊙ もし $A = B = \emptyset$ ならば，$-c/3 < f < c/3$ となり $\|f\|_{L^\infty(K)} \leq c/3$ となって矛盾．

片方が空集合のとき．同じことだから，$B = \emptyset$ とする．このとき K 上で $f > -c/3$ であるから，(i) の $\varphi_K \in C_0(U)$ を用いて $g = \frac{1}{3}c\varphi_K$ とすると，$g \in C_0(U)$, $\|g\|_{L^\infty(U)} \leq c/3$ かつ K 上 $g = c/3$．ゆえに K 上で $-2c/3 < f - g \leq 2c/3$ となり，$\|f - g\|_{L^\infty(K)} \leq 2c/3$ である．

どちらも空集合でないとき．(ii) で作った $\varphi_{AB} \in C_0(U)$ を用いて $g = \frac{1}{3}c\varphi_{AB}$ とする．このとき $\|g\|_{L^\infty(\mathbb{R}^d)} \leq c/3$ かつ

$$|f(x) - g(x)| = \begin{cases} |f(x) - c/3| \leq 2c/3 & (x \in A), \\ |f(x)| + |g(x)| \leq 2c/3 & (x \in K \setminus (A \cup B)), \\ |f(x) + c/3| \leq 2c/3 & (x \in B). \end{cases}$$

ゆえに $\|f - g\|_{L^\infty(K)} \leq 2c/3$.

<u>Tietze の拡張定理の証明</u>．K を含む開集合 U をとる．$g_n \in C_0(U)$ を帰納的に 2 条件

$$\|g_n\|_{L^\infty(U)} \leq \frac{1}{3}\left(\frac{2}{3}\right)^{n-1}\|f\|_{L^\infty(K)},$$

$$\left\|f - \sum_{k=1}^{n} g_k\right\|_{L^\infty(K)} \leq \left(\frac{2}{3}\right)^n \|f\|_{L^\infty(K)} \quad (*)$$

をみたすように作る．⊙ (iii) により $n = 1$ のときがわかる．n までできたとする．$f - \sum_{k=1}^n g_k$ の K への制限に (iii) を適用すれば，$g_{n+1} \in C_0(U)$ を

$$\|g_{n+1}\|_{L^\infty(U)} \leq \frac{1}{3}\left\|f - \sum_{k=1}^{n}g_k\right\|_{L^\infty(K)} \leq \frac{1}{3}\left(\frac{2}{3}\right)^n \|f\|_{L^\infty(K)},$$

$$\left\|f - \sum_{k=1}^{n+1} g_k\right\|_{L^\infty(K)} \leq \frac{2}{3}\left\|f - \sum_{k=1}^{n} g_k\right\|_{L^\infty(K)} \leq \left(\frac{2}{3}\right)^{n+1}\|f\|_{L^\infty(K)}$$

をみたすように作れる．すなわち (*) の n を $n + 1$ に替えたものが成り立つ．

最後に $F = \sum_{n=1}^{\infty} g_n$ とすれば級数は U で一様収束し，$F \in C_0(U) \subset C_0(\mathbb{R}^d)$ で K 上では $F = f$ となる．

演習 13.3 1 次元の Weierstrass の多項式近似定理（定理 4.10）と基本的な方針は同じである．最初のステップは Tietze の拡張定理である．d 次元の熱核は

13 Lebesgue 測度の詳しい性質　235

$$p_t(x) = p_t(x_1, \ldots, x_d) = \frac{1}{\sqrt{4\pi t}^d} \exp\Big(-\frac{x_1^2 + \cdots + x_d^2}{4t}\Big)$$

であることを使えば，残りはほとんど同じ．

演習 13.4 定理 4.9 より，

$$\int_I f(x)g(x)dx = 0 \quad (\forall g \in C_0(I)) \tag{$*$}$$

を示せばよい．(*) が成立しない $g \in C_0(I)$ があったとすると，$|\int_I f(x)g(x)dx| = c > 0$ となっている．このとき $\|f\|_{L^1(I)} > 0$ である．Weierstrass の多項式近似定理（定理 4.10）より多項式 P で

$$\|g - P\|_{L^\infty(I)} < \frac{c}{2\|f\|_{L^1(I)}}$$

となるものがある．仮定より $\int_I f(x)P(x)dx = 0$ であるから

$$c = \Big|\int_I f(x)g(x)dx\Big| = \Big|\int_I f(x)(g(x) - P(x))dx\Big| \leq \frac{c\|f\|_{L^1(I)}}{2\|f\|_{L^1(I)}} = \frac{c}{2}$$

と矛盾が生ずる．したがって (*) が成立し，定理 4.9 によって $f = 0$ a.e. である．

一般次元の場合．$D \subset \mathbb{R}^d$ を有界集合で f を D で可積分とする．任意の複合指数 $\alpha = (\alpha_1, \ldots, \alpha_d)$ に対して $\int_D x^\alpha f(x)dx = 0$ ならば D 上で $f = 0$ a.e. となる．ただし，$x^\alpha = x_1^{\alpha_1} \cdots x_d^{\alpha_d}$ である．証明は一般次元の Weierstrass の多項式近似定理を用いれば 1 次元のときと同様である．

演習 13.5 定理 4.9 により

$$\int_I f(\theta)g(\theta)d\theta = 0 \quad (\forall g \in C_0(I)) \tag{\#}$$

を示せばよい．$g \in C_0(I)$ ならば $g(-\pi) = g(\pi) = 0$ であるので単位円周 $\{|z| = 1\}$ 上の連続関数 $\tilde{g}$ があって，$g(\theta) = \tilde{g}(e^{i\theta})$ となる．Weierstrass の多項式近似定理により多項式 $P(x, y)$ で $\tilde{g}$ を近似できる．ここで $P(\cos\theta, \sin\theta)$ は三角関数の積を和に直す公式を繰り返し使えば，$\cos n\theta$, $\sin n\theta$ $(n = 0, 1, 2, \ldots)$ の一次結合で表すことができ，さらに Euler の公式より，$e^{in\theta}$ $(n \in \mathbb{Z})$ の一次結合で表すことができる．したがって仮定より，

$$\int_I f(\theta)P(\cos\theta, \sin\theta)d\theta = 0.$$

演習 13.4 と同様にすれば，これから (#) を導くことができて，$f = 0$ a.e. となる．

演習 13.6 (i)〜(iii) は G_δ 集合かつ F_σ 集合である．
 (i) $[0, 1] = \bigcap_{n=1}^\infty (-1/n, 1 + 1/n)$，よって G_δ 集合．$[0, 1]$ は閉集合，とくに F_σ 集合．
 (ii) $(0, 1) = \bigcup_{n=1}^\infty [1/n, 1 - 1/n]$，よって F_σ 集合．$(0, 1)$ は開集合，とくに G_δ 集合．
 (iii) $(0, 1] = \bigcap_{n=1}^\infty (0, 1 + 1/n) = \bigcup_{n=1}^\infty [1/n, 1]$.

(iv) $\mathbb{Q}$ は F_σ 集合であるが，G_δ 集合ではない．$\mathbb{Q}$ は可算なので，$\mathbb{Q} = \{q_1, q_2, \dots\}$ とできて，$\mathbb{Q} = \bigcup_{n=1}^\infty \{q_n\}$ より，$\mathbb{Q}$ は F_σ 集合である．もし，$\mathbb{Q}$ が G_δ 集合ならば，開集合 U_n があって，$\mathbb{Q} = \bigcap_{n=1}^\infty U_n$ となる．ここで $V_n = U_n \setminus \{q_n\}$ とすると V_n は開集合で $\bigcap_{n=1}^\infty V_n = \emptyset$ である．1点を除いても稠密性は変わらないから V_n は $\mathbb{R}$ で稠密である．これは不自然であり，以下のように矛盾が生じる．V_1 は開集合であるから開区間を含む．その少し内側をとれば，閉区間 $[a_1, b_1]$ を含む．V_2 の稠密性より，$(a_1, b_1) \cap V_2 \neq \emptyset$ であり，V_1 のときと同じようにして閉区間 $[a_2, b_2] \subset [a_1, b_1] \cap V_2$ が存在する．これを繰り返して閉区間の減少列 $[a_n, b_n] \subset V_n$ を得る．区間縮小原理により $\bigcap_{n=1}^\infty [a_n, b_n] \neq \emptyset$ であるが，これは $\bigcap_{n=1}^\infty [a_n, b_n] \subset \bigcap_{n=1}^\infty V_n = \emptyset$ に矛盾する．（本質的に **Baire** のカテゴリー定理である．）

(v) $\mathbb{R} \setminus \mathbb{Q}$ は G_δ 集合であるが F_σ 集合ではない．一般に，G_δ 集合の補集合は F_σ 集合で，F_σ 集合の補集合は G_δ 集合であるから，(iv) よりわかる．

演習 13.7 任意に $\varepsilon > 0$ をとって固定しておく．

ケース $m_d(E) < \infty$．このときは F をコンパクト集合にとれることを示そう．

f が非負単関数のとき．E 内の互いに素な Lebesgue 可測集合 $E_1, \dots, E_J$ があって，$f = \sum_{j=1}^J \alpha_j 1_{E_j}$ と表される．必要なら $E \setminus (E_1 \cup \dots \cup E_J)$ の特性関数を係数 0 で加えて $E = \bigcup_{j=1}^J E_j$ （直和）としてよい．Lebesgue 測度は内側からコンパクト集合で近似されるから，コンパクト集合 $F_j \subset E_j$ を $m_d(E_j \setminus F_j) < \varepsilon/2^j$ ととれる．$F = \bigcup_{j=1}^J F_j$ とすれば，$m_d(E \setminus F) = \sum_{j=1}^J m_d(E_j \setminus F_j) < \varepsilon$ であり，$f|_F$ は F 上で連続である．☺ 有限個の互いに素なコンパクト集合 F_j のそれぞれで定数ゆえ．

一般のとき．正負の部分に分けることにより $f \geq 0$ としてよい．仮定より $m_d(\{x \in E : f(x) = \infty\}) = 0$ であるから，$m_d(E) < \infty$ より，$N \to \infty$ のとき $m_d(\{x \in E : f(x) > N\}) \to 0$ である．したがって N を十分大きくとって $m_d(\{x \in E : f(x) > N\}) < \varepsilon$ とできる．E の代わりに $\{x \in E : f(x) \leq N\}$ を考えればよいから，f は E で有界としてよい．このとき標準的な単関数 φ_n による f の下からの近似は E で一様収束している．各単関数 φ_n に前半の結果を用いてコンパクト集合 $F_n \subset E$ で $m_d(E \setminus F_n) < \varepsilon/2^n$ かつ $\varphi_n|_{F_n}$ は連続となるものが存在する．このとき $F = \bigcap_n F_n$ とすれば，F はコンパクト集合で，すべての n に対して $\varphi_n|_F$ は F 上で連続で，$n \to \infty$ のとき f に一様収束する．したがって $f|_F$ は連続である．さらに $m_d(E \setminus F) \leq \sum_{n=1}^\infty m_d(E \setminus F_n) \leq \sum_{n=1}^\infty \varepsilon/2^n = \varepsilon$．以上から $m_d(E) < \infty$ のケースの証明が完成した．

ケース $m_d(E) = \infty$．このときは $E_n = \{x \in E : n-1 \leq |x| < n\}$ とおけば $E = \bigcup_{n=1}^\infty E_n$ （直和）で各 E_n は測度有限である．前半のケースよりコンパクト集合 $F_n \subset E_n$ を $m_d(E_n \setminus F_n) < \varepsilon/2^n$ かつ $f|_{F_n}$ は連続となるようにとれる．このとき $F = \bigcup_{n=1}^\infty F_n$ とおくと，F は E 内の閉集合で（☺ 任意の N に対して $\{|x| \leq N\}$ は高々 N 個の F_n しか交わらない），$f|_F$ は連続で $m_d(E \setminus F) = \sum_{n=1}^\infty m_d(E_n \setminus F_n) \leq \varepsilon/2^n = \varepsilon$．以上から Lusin の定理が完全に証明された．

演習 13.8 (i) 本質的内部はどちらも $B(0, 1)$．

(ii) x が E の通常の内点ならば，ある $r > 0$ があって，$B(x, r) \subset E$．とくに $m(B(x, r) \setminus E) = 0$ となって E の本質的内点でもある．

(iii) $x \in \mathrm{essint}(E)$ とすると，ある $r > 0$ があって $m(B(x,r) \setminus E) = 0$ である．このとき任意の $y \in B(x,r)$ に対して $B(y, r - |x-y|) \subset B(x,r)$ であるから，$m(B(y, r-|x-y|) \setminus E) = 0$ となり，y は E の本質的内点．したがって $B(x,r) \subset \mathrm{essint}(E)$ となって x は $\mathrm{essint}(E)$ の通常の内点．$x \in \mathrm{essint}(E)$ は任意なので E は通常の開集合．

(iv) 本質的閉包は
$$\overline{E}^{\mathrm{ess}} = \{x \in \mathbb{R}^d : m(B(x,r) \cap E) > 0 \quad (\forall r > 0)\}.$$

本質的境界は
$$\partial_{\mathrm{ess}} E = \{x \in \mathbb{R}^d : m(B(x,r) \cap E) > 0 \text{ かつ } m(B(x,r) \setminus E) > 0 \quad (\forall r > 0)\}.$$

$\overline{E}^{\mathrm{ess}}$ が通常の閉集合であることを示すには $\mathbb{R}^d \setminus \overline{E}^{\mathrm{ess}}$ が通常の開集合であることをいえばよい．$x \in \mathbb{R}^d \setminus \overline{E}^{\mathrm{ess}}$ をとると，ある $r > 0$ があって $m(B(x,r) \cap E) = 0$ である．このとき任意の $y \in B(x,r)$ に対して $B(y, r-|x-y|) \subset B(x,r)$ であるから，$m(B(y, r-|x-y|) \cap E) = 0$ となり，y は E の本質的閉包には入らない．すなわち，$B(x,r) \subset \mathbb{R}^d \setminus \overline{E}^{\mathrm{ess}}$ であり，$\mathbb{R}^d \setminus \overline{E}^{\mathrm{ess}}$ は通常の開集合である．よって $\overline{E}^\infty$ は通常の閉集合．

定義から $\partial_{\mathrm{ess}} E = \overline{E}^{\mathrm{ess}} \setminus \mathrm{essint}(E)$ であり，いままでのことから $\partial_{\mathrm{ess}} E$ は閉集合から開集合を除いたものであって，閉集合である．また，通常の閉包，境界との関係は $\overline{E}^{\mathrm{ess}} \subset \overline{E}$ および $\partial_{\mathrm{ess}} E = \overline{E}^{\mathrm{ess}} \setminus \mathrm{essint}(E) \subset \partial E$ となる．

演習 13.9 Cantor 集合を構成する途中の閉区間の和を K_n とすると，$K_n \downarrow K$ である．ここに $K_1 = [0, 1/3] \cup [2/3, 1]$ で以下これを繰り返す．$|a| \le 1$ のとき直線 $L_a : y = x + a$ は任意の $n \ge 1$ に対して直積 $K_n \times K_n$ と交わる．☺ $K_1 \times K_1$ は 4 つの閉正方形 $[0, 1/3] \times [0, 1/3]$，$[0, 1/3] \times [2/3, 1]$，$[2/3, 1] \times [0, 1/3]$，$[2/3, 1] \times [2/3, 1]$ からなるが $|a| \le 1/3$ ならば，L_a は $[0, 1/3] \times [0, 1/3]$ と交わり，$1/3 \le a \le 1$ ならば，L_a は $[0, 1/3] \times [2/3, 1]$ と交わり，$-1 \le a \le -1/3$ ならば，L_a は $[2/3, 1] \times [0, 1/3]$ と交わる．したがって $|a| \le 1$ のとき L_a は $K_1 \times K_1$ と交わる．さらに $K_1 \times K_1$ を構成する閉正方形に相似性を用いると L_a は $K_2 \times K_2$ と交わることがわかり，これを繰り返して L_a は任意の $n \ge 1$ に対して直積 $K_n \times K_n$ と交わる．したがって，$L_a \cap (K_n \times K_n) \ne \emptyset$ はコンパクト集合の減少列であり，$L_a \cap (K \times K) \ne \emptyset$ となる．これは $|a| \le 1$ ならば $a = y - x$ となる $x, y \in K$ が存在することを意味し，$[-1, 1] \subset K - K$ がわかる．逆向きの包含関係は明らかである．

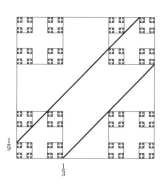

演習 13.10 E は有界と仮定してよい．このとき $1_E \in L^1(\mathbb{R}^d)$ であるから，

$$\lim_{\delta \to 0} \Big(\sup_{|h|<\delta} \int_{\mathbb{R}^d} |1_E(x-h) - 1_E(x)| dx \Big) = 0.$$

したがって $\delta > 0$ を $|h| < \delta$ ならば

$$\frac{m_d(E)}{2} > \int_E |1_E(x-h) - 1_E(x)| dx \geq m_d(E \setminus (E+h))$$

となるようにとることができる. ここに $E + h = \{x+h : x \in E\}$ である. ($\because x \notin E+h$ ならば $1_E(x-h) = 0$.) ここで $\infty > m_d(E) = m_d(E \cap (E+h)) + m_d(E \setminus (E+h))$ であるから, $m_d(E \cap (E+h)) > m_d(E)/2 > 0$. とくに $x \in E \cap (E+h)$ が存在し, $x = y+h$ ($y \in E$) と表される. これから $h = x - y \in E - E$ であり, $|h| < \delta$ となる h は任意だったから, $B(0,\delta) \subset E - E$ がわかった.

演習 13.11 (i) 条件式で $x = y = 0$ とすると $f(0) = 2f(0)$ ゆえ, $f(0) = 0$. また $y = -x$ とすると $0 = f(x-x) = f(x) + f(-x)$ ゆえ, $f(-x) = -f(x)$.

(ii) 条件式で $x = y$ とすると $f(2y) = 2f(y)$. さらに帰納法で $f(ny) = nf(y)$ (n は自然数). ここで, $x = ny$ とおけば $f\Big(\dfrac{x}{n}\Big) = \dfrac{1}{n}f(x)$. 前半の帰納法を自然数 m に用いて $f\Big(\dfrac{mx}{n}\Big) = mf\Big(\dfrac{x}{n}\Big) = \dfrac{m}{n}f(x)$. ゆえに $f(-x) = -f(x)$ より, すべての $q \in \mathbb{Q}$ に対して $f(qx) = qf(x)$.

(iii) $f(x)$ が $x = 0$ で連続ならば, 任意の $\varepsilon > 0$ に対して $\delta > 0$ があって $|x| < \delta$ ならば $|f(x)| < \varepsilon$ となる. 任意に $x \in \mathbb{R}$ をとる. $\mathbb{Q}$ は稠密だから $|x - q| < \delta$ となる $q \in \mathbb{Q}$ が存在する. このとき

$$|f(x) - xf(1)| \leq |f(x) - f(q)| + |f(q) - qf(1)| + |qf(1) - xf(1)|$$
$$= |f(x-q)| + 0 + |q-x||f(1)| < \varepsilon + \delta|f(1)|.$$

で $\varepsilon > 0$ は任意. $\delta > 0$ はいくらでも小さくとれるから, $f(x) = xf(1)$.

(iv) $f(x)$ が $x = 0$ の近傍で有界ならば, $r > 0$, $M > 0$ があって $|x| < r$ ならば $|f(x)| \leq M$ となっている. 任意に $\varepsilon > 0$ をとる. 自然数 N を $M/N < \varepsilon$ ととり, $\delta = r/N$ とすると, $|x| < \delta$ のとき, $|Nx| < r$ であるから, $|f(x)| = |N^{-1}f(Nx)| \leq M/N < \varepsilon$. したがって $f(x)$ は $x = 0$ で連続.

(v) $M \uparrow \infty$ のとき $\{x : |f(x)| \leq M\} \uparrow \mathbb{R}$ であるから, M を十分大きくとると $E = \{x : |f(x)| \leq M\}$ は正の Lebesgue 測度をもつ. 演習 13.10 より, 集合のベクトルとしての差, $E - E = \{x - y : x, y \in E\}$ は原点中心のある区間 $(-\delta, \delta)$ を含む. したがって $|z| < \delta$ ならば, $z = x - y$ ($x, y \in E$) と表され, $|f(z)| = |f(x-y)| \leq |f(x)| + |f(y)| \leq 2M$. ゆえに f は原点の近傍で有界.

参考文献

[1] 新井仁之, ルベーグ積分講義 — ルベーグ積分と面積 0 の不思議な図形たち, 日本評論社 (2003)
[2] 猪狩惺, 実解析入門, 岩波書店 (1996)
[3] 伊藤清三, ルベーグ積分入門（数学選書 (4)), 裳華房 (1963)
[4] 岩田耕一郎, ルベーグ積分 理論と計算手法, 森北出版 (2015)
[5] 岸正倫, ルベーグ積分, サイエンス社 (1975)
[6] 小谷眞一, 測度と確率, 岩波書店 (2005)
[7] 澤野嘉宏, 早わかりルベーグ積分（数学のかんどころ 29), 共立出版 (2015)
[8] 志賀浩二, ルベーグ積分 30 講（数学 30 講シリーズ), 朝倉書店 (1990)
[9] 柴田良弘, ルベーグ積分論, 内田老鶴圃 (2006)
[10] 谷口説男, ルベーグ積分の基礎・基本（理工系数学の基礎・基本), 牧野書店 (2016)
[11] 西白保敏彦, 測度・積分論（数理解析入門シリーズ), 横浜図書 (2003)
[12] 水田義弘, 実解析入門 - 測度・積分・ソボレフ空間, 培風館 (1999)
[13] 溝畑茂, ルベーグ積分（岩波全書 (265)), 岩波書店 (1994)
[14] 盛田健彦, 実解析と測度論の基礎（数学レクチャーノート基礎編), 培風館 (2004)
[15] 谷島賢二, ルベーグ積分と関数解析（講座 数学の考え方 13), 朝倉書店 (2015)
[16] 吉田伸生, ルベーグ積分入門 — 使うための理論と演習, 遊星社 (2006)
[17] 吉田洋一, ルベグ積分入門（ちくま学芸文庫), 筑摩書房 (2015)
[18] L. C. Evans and R. F. Gariepy, Measure theory and fine properties of functions, Studies in Advanced Mathematics, CRC Press (1992)
[19] G. B. Folland, Real analysis, Pure and Applied Mathematics, John Wiley & Sons, Inc., second edition (1999)
[20] W. Rudin, Real and complex analysis, McGraw-Hill Book Co., third edition (1987)
[21] E. M. Stein and R. Shakarchi, Real analysis, Princeton Lectures in Analysis, vol. 3, Princeton University Press (2005)
[22] T. Tao, An introduction to measure theory, Graduate Studies in Mathematics, vol. 126, American Mathematical Society (2011)

Lebesgue 積分についての書物は数多く出版されている．その中から数学的にきちんとした本をいくつかあげてみよう．本書の執筆にあたって，これらの本を大いに参考にした．著者のバックグラウンドによって解析系と確率系に大別される．

解析系では [3] をはじめとして，[1], [2], [5], [8], [9], [11], [13], [14], [15], [17] があり，多くの本は本書の程度を越えた専門領域にまで入っている．[5] は Lebesgue 積分の教科書である．少ないページ数で Radon-Nikodym の定理までカバーしている．[7] は概説的であるが微分に詳しい．[11] は実解析の観点から詳しく厳密に書かれている．[13] は通常とは異なった独特のアプローチを取っている．読み物としては [1], [8], [14] が面白い．

確率論には Lebesgue 積分が必須であり，確率論研究者による良書が多い．解析に進む場合でもその最初の部分は非常に参考になる．[4], [6], [10], [16] など．この中で [10] は本書と同程度の内容で半期の授業にもよい．[6] は古典解析の公式を数多く取り扱っている．[16] は力作であり多くの内容があるが，読み通すのはかなり大変である．

洋書では [18], [19], [20], [21], [22] をあげる．[18] はコンパクトでありながら面積公式や BV 関数など進んだ内容が入っている．その分，行間を埋める作業が必要である．また，外測度から入っているのは要注意である．[19] は大部でいろいろ詳しい結果が載っている．[20] は Lebesgue 積分と複素解析をまとめて扱っているが，別々に読むこともできる．Lebesgue 積分に限定すればコンパクトにまとまっている．[21] は解析学の大家による詳しい解説．[22] は Fields 賞受賞者による測度論への入門書．短い中に内容が詰まっている．[21], [22] には和訳もある．

索引

■記号

$\vee$	15
$\wedge$	15
$\|f\|_p$	103
1_E	12
2^X	1
$\aleph$	121
$\aleph_0$	120
$B(x,r)$	9
$\mathscr{B}(\mathbb{R}^d)$	8
$\mathscr{B}_X \times \mathscr{B}_Y$	67
$\mathscr{B}_X \otimes \mathscr{B}_Y$	68
$C_0(\mathbb{R}^d)$	92
$C^\infty(\mathbb{R}^d)$	110
$C_0^\infty(\mathbb{R}^d)$	110
χ_E	12
$\mathrm{dist}(x,A)$	92
$d\mu(x)$	29
E^c	3
$E_n \uparrow E$	4
$E_n \downarrow E$	4
$\mathrm{ess\,inf}\, f$	101
$\mathrm{ess\,sup}\, f$	101
$\inf$	123
$\int_X f d\mu$	141
$\mathscr{I}(\mathbb{R}^d)$	78
$\mathscr{K}$	69
$\mathscr{K}_0$	68
L^∞ ノルム	103
L^p 空間	103
L^p ノルム	103
$L_0^\infty(\mathbb{R}^d)$	113
$L_{\mathrm{loc}}^1(\mathbb{R}^d)$	112
$\liminf$	125
$\limsup$	125
$L^p(X)$	103
$\mathscr{L}(\mathbb{R}^d)$	79
m_d^*	79
$\max$	122
$\min$	123
μ-a.e.	29
$\mu(dx)$	29
$\mu \times \nu$	67
$\mu \otimes \nu$	68
$\mathcal{P}(X)$	122
σ-algebra	3
σ-field	4
σ-加法族	3
σ-集合体	4
σ-有限	57
$\sigma[\mathscr{E}]$	6
$\sup$	123
$\mathrm{supp}\, f$	92

■A

a.e.	29

a.e. に単調増加	38
algebra	3
almost everywhere	29

■B

$\mathscr{B}$-可測写像	137
Banach 空間	107
Borel 可測関数	15, 88
Borel 可測写像	137
Borel 関数	88
Borel 集合族	8, 69
Borel 測度	148

■C

Cantor 関数	98
Cantor 集合	97
Cantor の対角線論法	122
Carathéodory 可測集合	55
Cauchy 列	107
Chebyshev の不等式	30
Clarkson の不等式	155
convolution	109

■D

de Morgan の法則	3
Dirac 測度	20
Dirichlet 問題	51
disjoint union	6
Dynkin 族	134

■E

Egoroff の定理	140

■F

F_σ 集合	91
Fatou の補題	40
Fresnel 積分	84
Fubini の定理	76

■G

G_δ 集合	91
Γ-可測集合	55

■H

Hardy の不等式	157
Hölder の共役指数	104
Hölder の不等式	104
Hölder の不等式の一般形	154
Hopf の拡張定理	61

■I

improper integral	86

■J

Jensen の不等式	141

■L

Lebesgue-Stieltjes 測度	67
Lebesgue 外測度	65, 79
Lebesgue 可積分関数	78
Lebesgue 可測関数	78
Lebesgue 可測集合	65
Lebesgue 可測集合族	78
Lebesgue 測度	65, 78
Lebesgue の優収束定理	41
Lebesgue 非可測集合	95
Lusin の定理	159

■M

$\mathfrak{M}$	5
measurable set	5
measure	19
Minkowski の不等式	105
Minkowski の不等式の積分形	106
mollifier	110
mutually disjoint	6

■N

null set	22

■P

pairwise disjoint	6
partition	6
Poisson 核	51

索　引　243

■R
Radon-Nikodym の定理	99
Radon 測度	149
Riemann-Lebesgue の定理	158

■T
Tietze の拡張定理	158

■W
Weierstrass の多項式近似定理	114

■Y
Young の不等式	109
Young の不等式の一般形	157

■ア行
悪魔の階段	98
異常積分	86
位相的 Borel 集合族	7
一様可積分	156
押し出し	10

■カ行
開集合	120
概収束	38
外測度	53
下極限	125, 135
下極限集合	131
下限	123
可算加法的	61
可積分	29
可測関数	11
可測空間	5
可測集合	5
下半連続関数	135
完備	107
完備化	23, 59
完備測度空間	22
逆像	9
級数	127
級数の Minkowski の不等式	154

強劣加法性	148
局所可積分	112
切口	70
区間塊	8, 59, 78
計数測度	20
広義積分	83
合成積	109
項別積分定理	42

■サ行
最小化列	155
最小上界	123
最小値	123
サポート	92
集合族	1
集合列の極限が確定	132
上界	123
上極限	125, 135
上極限集合	131
上限	123
上半平面	51
上半連続関数	135
正項級数	127
生成された	6
正則関数	116
積分確定	29
積分記号下の微分	44
積分平均	141
絶対収束	127
絶対連続関数	99
零集合	22
選択公理	95
像	9
測度	19
測度空間	19
測度収束	140

■タ行

第 2 可算公理	121
互いに素	6
単関数	17
単調減少	4
単調収束定理	38
単調増加	4
単調族	73
中線定理	103
稠密	111, 119
調和関数	51
直積 σ-加法族	69
直積塊	69
直積測度	72
直積測度空間	67
直和	6
点測度	20
特異関数	98
特性関数	12
凸関数	142

■ナ行

軟化子	110
2 重級数	128
熱核	47
濃度	120

■ハ行

発散	127
半加法族	134
引き戻し	10
非有界	123
符号付き測度	45
不定積分	45
不定積分の絶対連続性	45
部分列	124
部分和	127

分割	6
分布関数	82
平行移動不変性	66
変格積分	86
補集合	3
ほとんどいたるところ	29
本質的下限	101
本質的境界	159
本質的上限	101
本質的内点	159
本質的内部	159
本質的閉包	159

■ヤ行

有界	123
有界収束定理	42
優関数	42
有限加法族	3
有限加法的測度	59
有限測度	57
有理点	120
予備測度	59

■ラ行

ラプラシアン	51

Memorandum

Memorandum

〈著者紹介〉

相川　弘明（あいかわ　ひろあき）
1980年　広島大学大学院理学研究科博士課程前期 修了
　　　　北海道大学大学院理学研究院数学部門 教授 を経て
現　在　中部大学理工学部 教授
　　　　理学博士
専　門　解析学（ポテンシャル論）
著　書　Potential Theory — Selected Topics（共著 Springer Verlag, 1996）
　　　　『複雑領域上のディリクレ問題』（岩波書店，2008）
　　　　『複素関数入門』（共立講座 数学探検 第 13 巻，共立出版，2016）

小林　政晴（こばやし　まさはる）
2007年　東京理科大学大学院博士後期課程 修了
現　在　北海道大学大学院理学研究院数学部門 准教授
　　　　博士（理学）
専　門　解析学（実関数論）

ルベーグ積分 要点と演習	著　者　相川弘明　　　　©2018 　　　　小林政晴	
2018 年 9 月 20 日 初版 1 刷発行 2024 年 9 月 15 日 初版 5 刷発行	発行者　南條光章 発行所　共立出版株式会社 郵便番号 112-0006 東京都文京区小日向 4 丁目 6 番 19 号 電話 (03) 3947-2511（代表） 振替口座 00110-2-57035 番 URL www.kyoritsu-pub.co.jp 印　刷　啓文堂 製　本　協栄製本	
検印廃止 NDC 413.4		一般社団法人 自然科学書協会 会員
ISBN 978-4-320-11341-1	Printed in Japan	

─────────────────────────────
JCOPY　〈出版者著作権管理機構委託出版物〉
本書の無断複製は著作権法上での例外を除き禁じられています．複製される場合は，そのつど事前に，
出版者著作権管理機構（TEL：03-5244-5088，FAX：03-5244-5089，e-mail：info@jcopy.or.jp）の
許諾を得てください．
─────────────────────────────

◆ 色彩効果の図解と本文の簡潔な解説により数学の諸概念を一目瞭然化！

ドイツ Deutscher Taschenbuch Verlag 社の『dtv-Atlas事典シリーズ』は，見開き2ページで1つのテーマが完結するように構成されている．右ページに本文の簡潔で分り易い解説を記載し，かつ左ページにそのテーマの中心的な話題を図像化して表現し，本文と図解の相乗効果で理解をより深められるように工夫されている．これは，他の類書には見られない『dtv-Atlas事典シリーズ』に共通する最大の特徴と言える．本書は，このシリーズの『dtv-Atlas Mathematik』と『dtv-Atlas Schulmathematik』の日本語翻訳版．

カラー図解 **数学事典**

Fritz Reinhardt・Heinrich Soeder [著]
Gerd Falk [図作]
浪川幸彦・成木勇夫・長岡昇勇・林　芳樹 [訳]

数学の最も重要な分野の諸概念を網羅的に収録し，その概観を分り易く提供．数学を理解するためには，繰り返し熟考し，計算し，図を書く必要があるが，本書のカラー図解ページはその助けとなる．

【主要目次】　まえがき／記号の索引／序章／数理論理学／集合論／関係と構造／数系の構成／代数学／数論／幾何学／解析幾何学／位相空間論／代数的位相幾何学／グラフ理論／実解析学の基礎／微分法／積分法／関数解析学／微分方程式論／微分幾何学／複素関数論／組合せ論／確率論と統計学／線形計画法／参考文献／索引／著者紹介／訳者あとがき／訳者紹介

■菊判・ソフト上製本・508頁・定価6,050円(税込)■

カラー図解 **学校数学事典**

Fritz Reinhardt [著]
Carsten Reinhardt・Ingo Reinhardt [図作]
長岡昇勇・長岡由美子 [訳]

『カラー図解 数学事典』の姉妹編として，日本の中学・高校・大学初年級に相当するドイツ・ギムナジウム第5学年から13学年で学ぶ学校数学の基礎概念を1冊に編纂．定義は青で印刷し，定理や重要な結果は緑色で網掛けし，幾何学では彩色がより効果を上げている．

【主要目次】　まえがき／記号一覧／図表頁凡例／短縮形一覧／学校数学の単元分野／集合論の表現／数集合／方程式と不等式／対応と関数／極限値概念／微分計算と積分計算／平面幾何学／空間幾何学／解析幾何学とベクトル計算／推測統計学／論理学／公式集／参考文献／索引／著者紹介／訳者あとがき／訳者紹介

■菊判・ソフト上製本・296頁・定価4,400円(税込)■

www.kyoritsu-pub.co.jp　　共立出版　　(価格は変更される場合がございます)